高等职业教育土木建筑大类专业系列新形态教材

建筑设备工程

鲍东杰　李　静　主　编

林　青　王向宁　陈　颖　副主编

清华大学出版社

北　京

内 容 简 介

本书包含11个模块，分为基础部分和专业部分，基础部分为建筑设备施工图识读基础，专业部分分为建筑给水排水、供暖通风与空调、建筑电气三个部分。

本书涉及的知识面较广，内容介绍深入浅出，注重实用性。将现行规范充分融入专业理论知识中，以当前建筑设备设计及施工主体技术和方法为主，适当加大对前沿技术和方法的介绍，使书中内容具备一定的前瞻性。本书同时强化建筑设备施工图的识读，充分培养学生的建筑设备施工图识读能力和专业施工中的协调配合能力，符合技能型人才培养的要求。

本书可作为高职高专院校建筑工程技术、工程监理、工程造价、建筑装饰工程技术、室内设计技术、物业管理等相关专业的教材，也可供从事建筑设备工程技术、给水排水工程技术、建筑环境与设备工程等工作的人员参考使用。

图书在版编目(CIP)数据

建筑设备工程/鲍东杰，李静主编. —北京：清华大学出版社，2022.1
高等职业教育土木建筑大类专业系列新形态教材
ISBN 978-7-302-55801-9

Ⅰ.①建…　Ⅱ.①鲍…　②李…　Ⅲ.①房屋建筑设备－高等职业教育－教材　Ⅳ.①TU8

中国版本图书馆CIP数据核字(2020)第110971号

责任编辑：杜　晓
封面设计：曹　来
责任校对：李　梅
责任印制：曹婉颖

出版发行：清华大学出版社
网　　址：http://www.tup.com.cn，http://www.wqbook.com
地　　址：北京清华大学学研大厦A座　　**邮　　编**：100084
社 总 机：010-62770175　　**邮　　购**：010-62786544
投稿与读者服务：010-62776969，c-service@tup.tsinghua.edu.cn
质量反馈：010-62772015，zhiliang@tup.tsinghua.edu.cn
课件下载：http://www.tup.com.cn，010-83470410
印 装 者：三河市龙大印装有限公司
经　　销：全国新华书店
开　　本：185mm×260mm　　**印　　张**：20.5　　**字　　数**：496千字
版　　次：2022年1月第1版　　**印　　次**：2022年1月第1次印刷
定　　价：59.90元

产品编号：088936-01

前　言

本书以《高等职业学校专业教学标准》为依据，及时对接现行职业标准和岗位要求，反映新知识、新技术、新工艺和新方法，体现行业的发展趋势。

建筑设备是现代建筑工程的三大组成部分之一，因此，“建筑设备工程”是一门涵盖面极广的课程，是土建系列相关专业的平台课程。本书的编写目的就是为广大高职高专土建系列相关专业的学生提供一本学习建筑给水排水、供暖通风与空调、建筑电气知识的通用性简明教材。

本书由鲍东杰、李静任主编，林青、王向宁、陈颖任副主编，由鲍东杰统编定稿。全书编写分工如下：李静编写模块1，模块2中的2.1～2.3节、2.5节、2.6节，模块3，陈颖编写模块2中的2.4节和模块9，鲍东杰编写模块4，模块10，模块11中的11.3节、11.4节，林青编写模块5和模块8，王向宁编写模块6，模块7，模块11中的11.1节，苏娟编写模块11中的11.2节。

本书由全国注册电气工程师河北守敬建筑设计有限公司李同顺高级工程师和华东交通大学唐朝春教授担任主审。

本书在编写过程中得到了邢台职业技术学院、华东交通大学、邯郸职业技术学院、河套大学、南京市基础设施开发总公司、河北鑫德顺工程项目管理有限公司及邢台市污水处理厂等单位的大力支持，在此表示由衷的感谢。

由于编者水平及实践经验有限，加上时间仓促，书中不妥之处在所难免，恳请广大读者批评指正。

编　者

2020年8月

目 录

模块1 建筑设备施工图识读基础

知识目标

1. 掌握管道及管道配件单、双线图的表示方法。
2. 掌握管道的交叉与重叠的表示与绘制方法。
3. 了解平面图、立面图、侧面图中管道的方位对应关系。
4. 掌握管道的斜等轴测图的表示与绘制方法。

能力目标

1. 能够识读建筑设备工程系统图(斜等轴测图),掌握管道系统的空间布置情况。
2. 能够进行管道平面图、立面图、侧面图与斜等轴测图的转换与绘制。

1.1 管道及管道配件的单、双线图

1.1.1 管道简介

管道是输送流体介质的通道,主要由管材、管件、管道附件及管道支架等组成。管道按输送的介质可分为给水管道、排水管道、燃气管道、供暖管道、通风与空调管道等;按采用的管材可分为钢管、铸铁管、塑料管、混凝土管及复合管等。管道的横截面形状一般有圆形和矩形两种。圆形管道的流体阻力较小,节省加工材料,在建筑给水排水、供暖及燃气工程中采用较多;在通风防排烟及空调工程的风管中,除采用圆形管道外还经常采用矩形管道。

管件用在管道的连接、转弯、分支、变径等处。管件的种类较多,如三通、四通、弯头、大小头、活接头等。

管道附件是指附属于管道的设备,起到流体的截断、流量的调节、过滤除污等作用,常见的管道附件有阀门、除污器、补偿器、集气罐等。

1.1.2 管道的单、双线图

管道施工图在图样表述上可分为单线图和双线图。在图形中用两条线表示管道附件和管件形状的方法称为双线表示法,由它画成的图样称为双线图。由于管道附件的截面尺寸要小得多,所以在小比例的施工图中,往往把管道附件的壁厚和空心的管腔看成是一条线的投影。这种在图形中用单根粗实线表示管道附件和管件的方法称为单线表示法,由它画成的图样称

为单线图。画图时，在同一张图上，一般将主要的管道画成双线图，次要的管道画成单线图。实际工程设计中，在不引起混淆的情况下，设计人员经常采用单线图绘制方法。

如图 1-1(a)所示，在短管主视图中虚线表示管道内壁，在短管俯视图中里面的小圆表示管道内壁，这是三面视图中常用的表示方法。在图 1-1(b)中，短管的长度和管径与图 1-1(a)相同，但是表示管道内壁的虚线和实线已经省去，这种仅用双线表示管道形状的图样就是管道的双线图。图 1-1(c)所示是管道的单线图，根据投影原理，管道的俯视图应该是一个小圆点，但是为了便于识别，在圆点外面画了一个小圆。有时在施工图中也可简化为一个小圆，圆心并不画圆点。

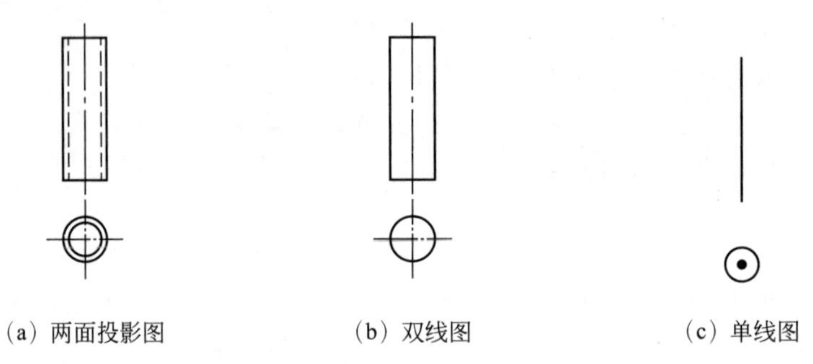

(a) 两面投影图　　(b) 双线图　　(c) 单线图

图 1-1　直管段双线图的三种画法

1.1.3　管道配件的单、双线图

1. 弯头的单、双线图

图 1-2(a)所示是一个 90°弯头的三视图，在三个视图里所有管壁都已按规定画出；图 1-2(b)所示是同一弯头的双线图，在双线图里，不但管道内壁的虚线可以不画，而且弯头投影所产生的虚线部分也经常省略不画，如图 1-2(c)所示。这两种双线图的画法虽然在图形上有所不同，但意义上却是相同的。

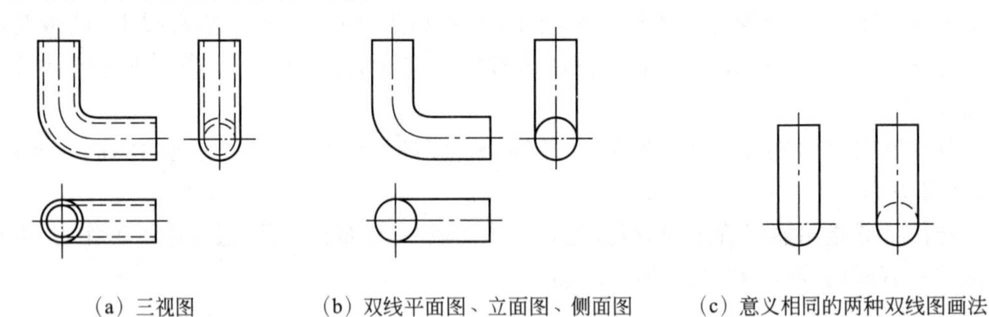

(a) 三视图　　(b) 双线平面图、立面图、侧面图　　(c) 意义相同的两种双线图画法

图 1-2　90°弯头的双线图表示法

图 1-3(a)所示是 90°弯头的单线图。在平面图上先看到立管的断口，后看到横管，画图时，与管道的单线图表示方法相同，对于立管断口的投影不画成一个小圆点，而画成一个有圆心点的小圆，横管画到小圆边上。在侧面图(左视图)上，先看到立管，横管的断口在背面看不到，这时横管应画成小圆，立管画到小圆的圆心。在单线图里，立管画到小圆的圆心，也可以把小圆稍微断开来画，如图 1-3(b)所示。这两种单线图的画法，虽然在图形上有所不

同，但在意义上却是相同的。

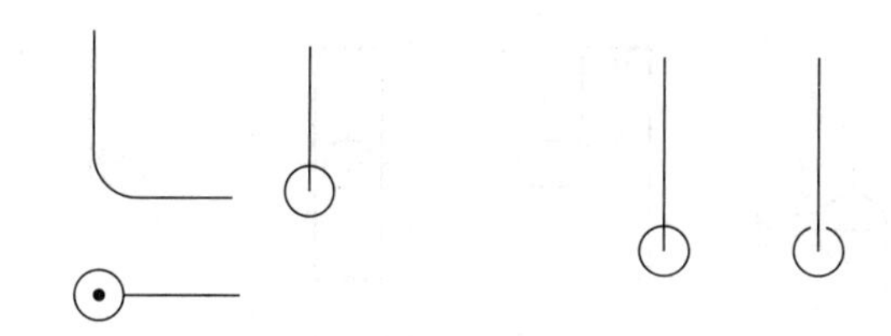

(a) 单线平面图、立面图、侧面图 (b) 意义相同的两种单线图画法

图 1-3 90°弯头的单线图表示法

图 1-4(a)所示为 45°弯头的双线平面图、立面图、侧面图。45°弯头的单线图画法与 90°弯头的画法相似，但在画小圆时，90°弯头应画成整个小圆，而 45°弯头只需画成半个小圆，如图 1-4(b)所示[注：本图中弯头的左右方向与图 1-4(a)相反]。空心的半个圆与半个圆上加一条细实线这两种画法意义完全相同，如图 1-4(c)所示。

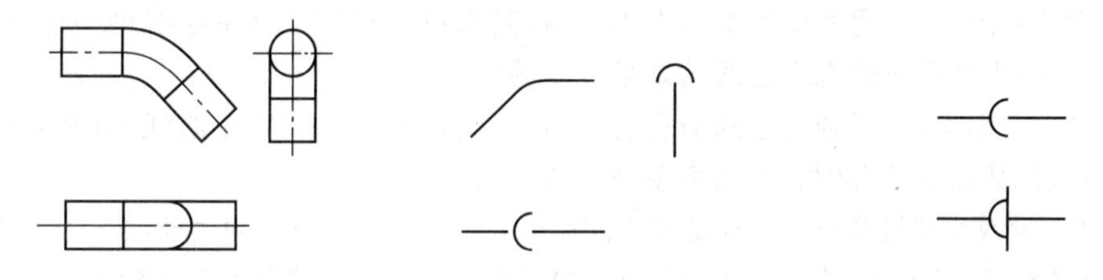

(a) 双线平面图、立面图、侧面图 (b) 单线平面图、立面图、侧面图 (c) 意义相同的两种单线图画法

图 1-4 45°弯头的单、双线图

2. 三通的单、双线图

等径正三通单线图与异径正三通单线图的图形相同。等(异)径正三通的单线平面图、立面图、侧面图如图 1-5 所示。

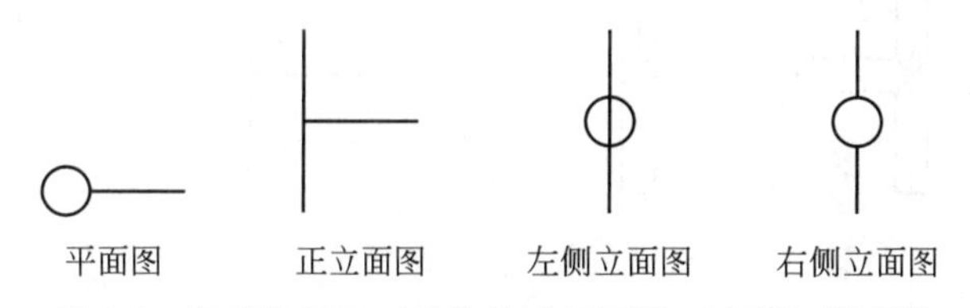

图 1-5 等(异)径正三通的单线平面图、立面图、侧面图

在平面图上，先看到三通的立管管口，将其画成一个粗实线小圆；后看到横管，将其画成一条短的水平粗实线，且画到小圆的右边上。

在正立面图上，将三通的立管画成一条竖直的粗实线；将横管画成一条短的水平粗实线，且画到竖直的粗实线上。

在左侧立面图上，三通的横管管口看不到，将其画成一个粗实线小圆；能够看到立管，将其画成一条竖直的粗实线，且从小圆的圆心通过。

在右侧立面图上，先看到三通的横管管口，将其画成一个粗实线小圆；后看到立管，将其画成一条竖直的粗实线，且画到小圆的上、下边上。

异径正三通的双线平面图、立面图、侧面图如图 1-6 所示。

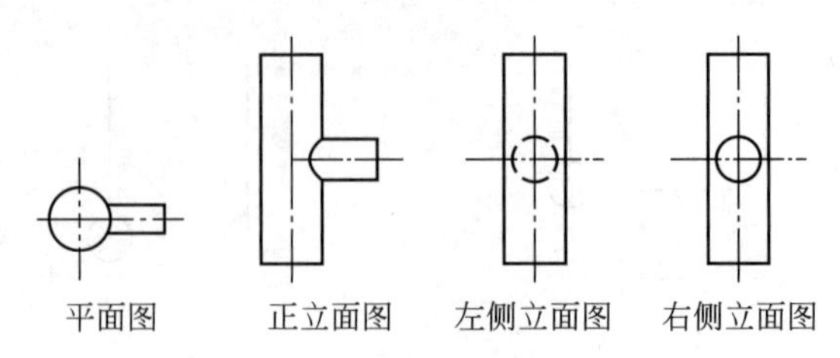

图 1-6 异径正三通的双线平面图、立面图、侧面图

在平面图上，先看到三通的立管管口，将其画成一个带有“十”字中心线的中实线小圆；后看到横管，将其画成带有中心线的两条短的水平中实线，且画到小圆的右边上。

在正立面图上，将三通的立管画成带有中心线的两条竖直的中实线；将横管画成带有中心线的两条短的水平中实线，且画到立管的竖直中实线上；将立管（即主管）与横管（即支管）的交接线（即焊缝）画成中实线弧。

在左侧立面图上，三通的横管管口看不到，将其画成带有“十”字中心线的中虚线小圆；能够看到立管，将其画成带有中心线的两条竖直的中实线。

在右侧立面图上，先看到三通的横管管口，将其画成带有“十”字中心线的中实线小圆；后看到立管，将其画成带有中心线的两条竖直的中实线。

异径正三通双线图与等径正三通双线图的图形基本相同，但也有不同之处：前者主管与支管的交接线为实线弧；后者主管与支管的交接线为“V”形中实线直线，其余图形均相同。

3. 四通的单、双线图

图 1-7 所示为等径四通的单、双线图。在等径四通的双线图中，其交接线为“X”形直线，如图 1-7(a)所示。等径四通和异径四通的单线图在图样的表示形式上相同，如图 1-7(b)所示。在施工图中用标注管道口径的方法区别四通的等径与异径。

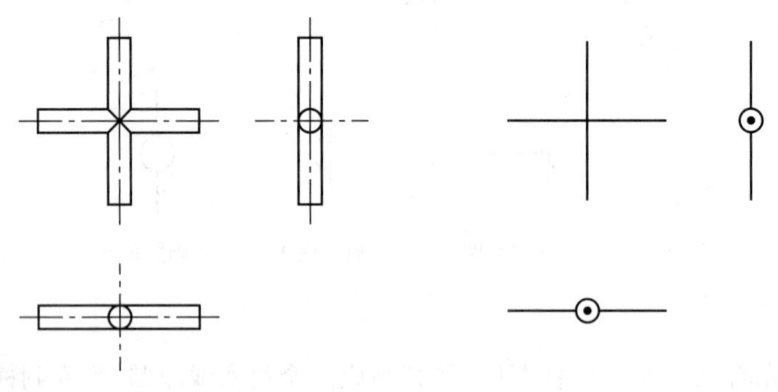

图 1-7 等径四通的单、双线图

4. 变径直通的单、双线图

图 1-8(a)所示为同心变径直通的单、双线图。同心变径直通在单线图里有的画成等腰梯形，有的画成等腰三角形，如图 1-8(b)所示，这两种表示形式意义相同。

图 1-8(c)所示是偏心变径直通的单、双线图（用立面图形式表示）。由于偏心变径直通在平面图上的图样与同心变径直通相同，所以需要用文字“偏心”二字加以注明，以免混淆。

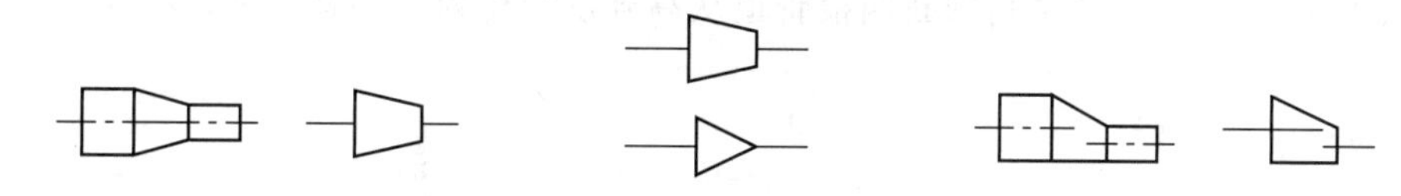

（a）同心变径直通的单、双线图　（b）单线图的两种画法　（c）偏心变径直通的单、双线图

图 1-8　变径直通的单、双线图

5. 阀门的单、双线图

在实际施工中，阀门的种类很多，用来表示阀门的特定符号也很多，因此，其单线图和双线图的图样也很多。现在仅通过一种法兰连接的截止阀来列举阀门在施工图中常见的几种表示形式（主要由立面图和平面图来表示），如表 1-1 所示。

表 1-1　阀门的单、双线图

名　称	阀柄向前	阀柄向后	阀柄向右	阀柄向左
单线图				
双线图				

1.2　管道的交叉与重叠

微课：管道的交叉与重叠

1.2.1　管道的交叉

1. 管道在单线平面图、立面图上的交叉

1）管道在单线平面图上的交叉

图 1-9 所示是两条直管的单线平面图和正立面图。从图上可以看出 1 号管为高管，2 号管为低管，两管在平面图上形成交叉，其中 1 号管未被遮挡，2 号管在与 1 号管交叉处有一部分被 1 号管遮挡，在被遮挡处将其断开。

如图 1-10 所示，在平面图上多路管道交叉但不连接的位置关系是高低关系，一般绘制原则是断（开）低不断（开）高。如果图 1-10 上的 1、2、3、4 号管没有标高，也可根据平面图断

(开)低不断(开)高的绘制原则判断四根管道从高到低的排列顺序是:3→1→4→2。

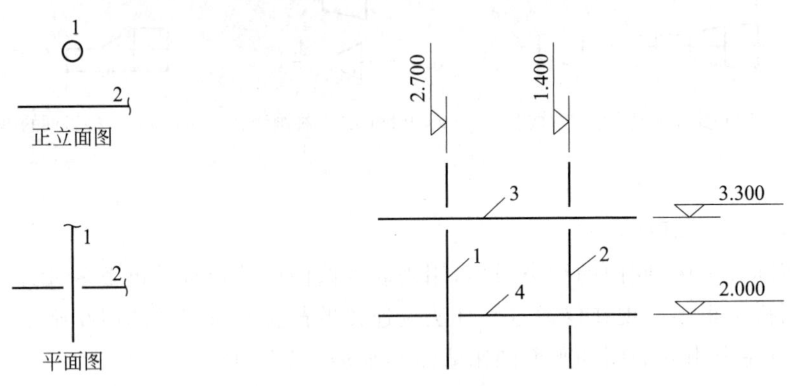

图 1-9　两路管道平面图交叉　　图 1-10　多路管道平面图交叉

2）管道在单线正立面图上的交叉

图 1-11 所示是两条直管的单线平面图和正立面图。从图中可以看出 1 号管为前管，2 号管为后管，两管在正立面图上形成交叉，其中 1 号管未被遮挡，2 号管在与 1 号管交叉处有一部分被 1 号管遮挡，在被遮挡处将其断开。

如图 1-12 所示，在立面图或剖面图上多路管道交叉但不连接的位置关系是前后关系，一般绘制原则是断(开)后不断(开)前。根据立面图和剖面图断(开)后不断(开)前的绘制原则判断四根管道从前到后的排列顺序是:3→1→4→2。

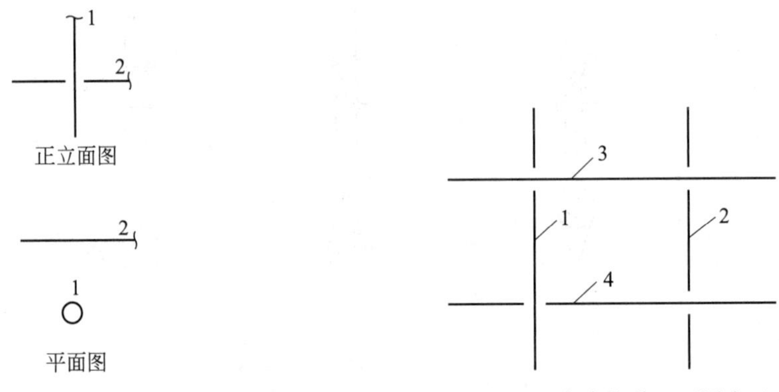

图 1-11　两路管道立面图交叉　　图 1-12　多路管道立面图交叉

另外，在系统图上的绘制要结合以上两个原则进行，也就是说，如果管道位置是高低关系，应断(开)低不断(开)高(即上通下断)；如果管道位置是前后关系，应断(开)后不断(开)前(即前通后断)。

2. 管道在双线平面图、立面图上的交叉

1）管道在双线平面图上的交叉

图 1-13(a)所示是两条直管的双线平面图和正立面图。从图中可以看出 1 号管为高管，2 号管为低管，两管在平面图上形成交叉，其中 1 号管未被遮挡，2 号管在与 1 号管交叉处有一部分被 1 号管遮挡，将被遮挡的部分画成虚线。

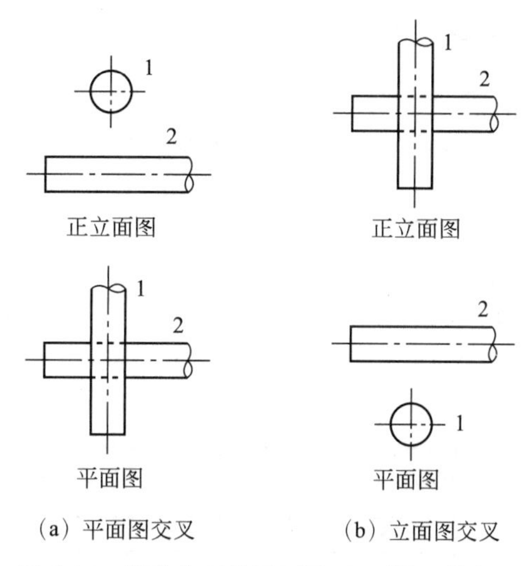

(a) 平面图交叉　(b) 立面图交叉

图 1-13　管道在双线平面图、立面图上的交叉

2) 管道在双线正立面图上的交叉

图 1-13(b)所示是两条直管的双线平面图和正立面图。从图中可以看出 1 号管为前管,2 号管为后管,两管在正立面图上形成交叉,其中 1 号管未被遮挡;2 号管在与 1 号管交叉处有一部分被 1 号管遮挡,将被遮挡的部分画成虚线。

1.2.2 管道的重叠

长短相等、直径相同的两根或两根以上的管道,如果叠合在一起,其投影会完全重合,反映在投影面上就是一根管道的投影,这种现象称为管道的重叠。

在工程图中,为了清楚表达重叠管道,可采用折断显露法来表示。即将前(或上)面的管道截去一段,并画上折断符号,显露出后(或下)面的管道。

1. 直管与弯管的重叠

如图 1-14 所示,从平面图可以看出,弯管在前而直管在后,两管在立面图上形成重叠,画图时在立面图上将直管段断开,断开处与弯管端的间距为 2～3mm,直管的左端不画"S"形标志。如图 1-15 所示,直管在前而弯管在后,画图时应在直管的断开处画"S"形标志。

2. 多路直管的重叠

四条直管的平面图、正立面图如图 1-16 所示。从图中可以看出 1 号管为最高管,2 号管为次高管,3 号管为次低管,4 号管为最低管,四条管在平面图上形成重叠。画图时将 1 号管的两断口分别画一个"S"形标志,2 号管的两断口分别画两个"S"形标志,3 号管的两断口分别画三个"S"形标志,4 号管的两端不画"S"形标志,从而依次将 2、3、4 号管显露出来。这种管道重叠的折断显露法可归结为断高前露低后,或断高露低(平面图)、断前露后(立面图或系统图)。

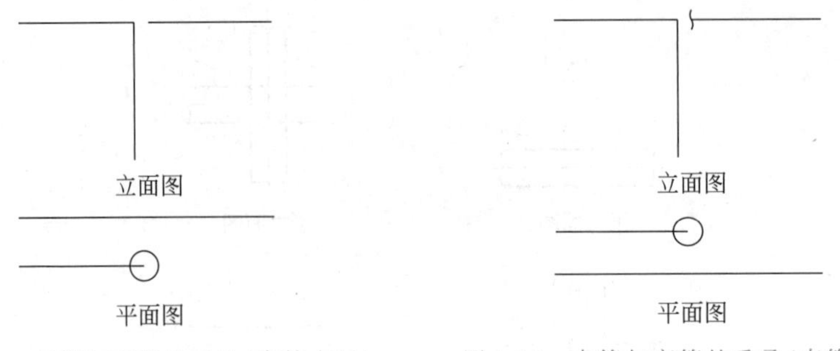

图 1-14 直管与弯管的重叠(直管在后)　图 1-15 直管与弯管的重叠(直管在前)

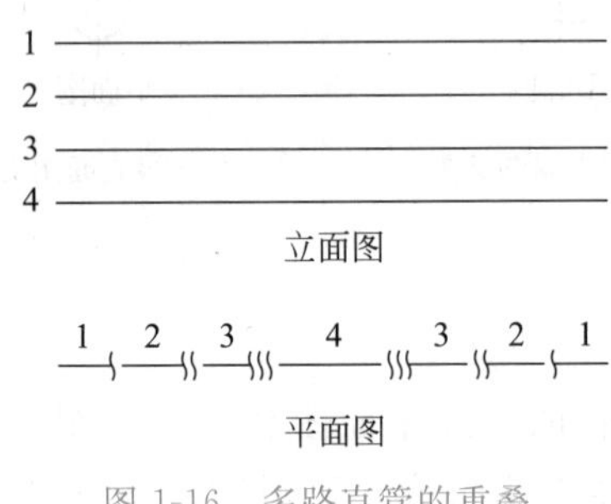

图 1-16 多路直管的重叠

1.3 管道的斜等轴测图

管道轴测图按图形可分为正等轴测图和斜等轴测图两种,多用斜等轴测图;按单双线图可分为管道单线正、斜等轴测图和管道双线正、斜等轴测图,其中多用管道单、双线斜等轴测图。

斜等轴测图的轴测轴有三根,即 O_1X_1、O_1Y_1、O_1Z_1。其中 O_1Z_1 为铅垂线,O_1X_1 为水平线,O_1Y_1 与水平线的夹角为 45°,O_1Y_1 的方向可向左也可向右。轴间角有三个,分别是 $\angle X_1O_1Y_1 = 45°$(或 135°),$\angle Y_1O_1Z_1 = 135°$,$\angle Z_1O_1X_1 = 90°$。三根轴的轴向伸缩系数(又称变形系数)都相等,一般均取 1 ,如图1-17所示。

画斜等轴测图时应注意以下几点。

(1) 物体上的直线画在轴测图上仍为直线。空间直线平行于某一坐标轴时,它的轴测投影仍应平行于相应的轴测轴。

(2) 如果空间两直线互相平行,斜等轴测图上仍然平行。

(3) 当画平行于坐标平面 $X_1O_1Z_1$ 的圆的斜等测图时,只要作出圆心的轴测图后,按实形画圆就可以了。而当画平行于坐标平面 $X_1O_1Y_1$、$Y_1O_1Z_1$ 的圆的斜等测图时,其轴测投影一般为椭圆。

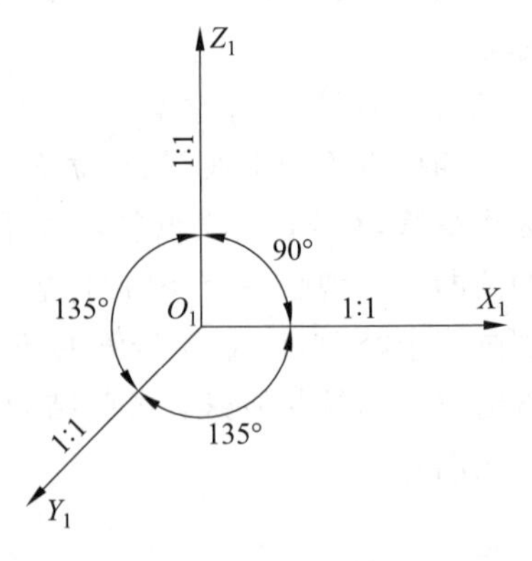

图 1-17 轴间角和轴向变化系数

(4) 轴测轴的方向可以取相反方向,画图时轴测轴可以向相反方向任意延长。

(5) O_1Z_1轴一般画成垂直位置，O_1Y_1轴可以放在与O_1Z_1轴成135°的另一侧位置上。

1. 单路管道的斜等轴测图

画单路管道的斜等轴测图时，首先要分析图形，弄清这路管道在空间的实际走向和具体位置，看其究竟是左右走向水平放置、前后走向水平放置，还是上下走向垂直放置。在确定了管道的实际走向和具体位置后，就可以确定它在轴测图中各轴之间的关系。

在图1-18中，通过对平面图、立面图的分析可知，这是一路前后走向水平放置的管道。确定前后走向是OY轴，由于OX、OY、OZ三轴的简化缩短率都是1∶1，沿轴量尺寸时，可从O点开始在OY轴上用圆规直尺直接量取管道在平面图上线段的实际长度。在图1-19中，由管道的平面图和立面图可知管道的方向为垂直方向，其方向与OZ轴一致，由于OX、OY、OZ三轴的简化缩短率都是1∶1，其长度仍然按实际长度画出。图1-20所示则为左右水平方向的单路管道及其对应的斜等轴测图的画法。

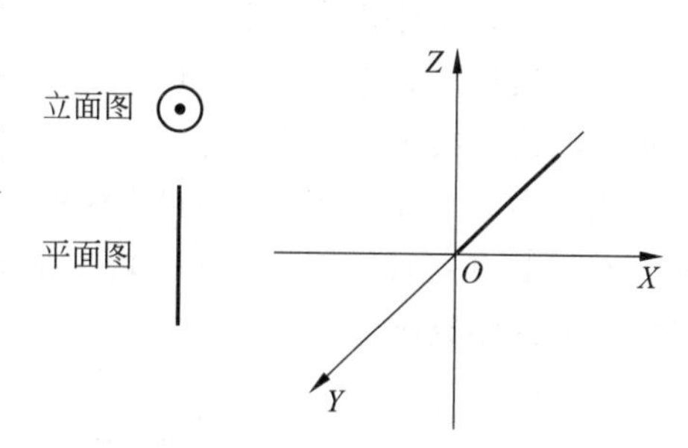

图1-18　单路管道的斜等轴测图(一)

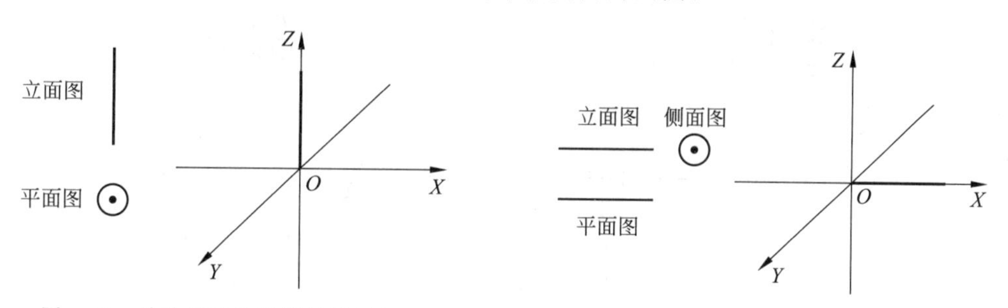

图1-19　单路管道的斜等轴测图(二)

图1-20　单路管道的斜等轴测图(三)

2. 多路管道的斜等轴测图

图1-21所示是三根不同方向的直管组成的图形，首先根据其平面图、立面图及左侧面图判断每根管道所在的方向和绘制应该选取的长度。1号管是纵向Y方向，按实际长度绘制。2号管是垂直Z方向，按实际长度绘制；要注意的是该管的下端与1号管的顶端连接成90°弯。3号管是横向X方向，按实际长度绘制；该管的左端与2号管的上端相连接，且向右拐形成90°弯。其对应的斜等轴测图如图1-22所示。另外，平面图中的1号管与3号管是前后关系，在图1-21(a)中可以看出1号管在前、3号管在后。

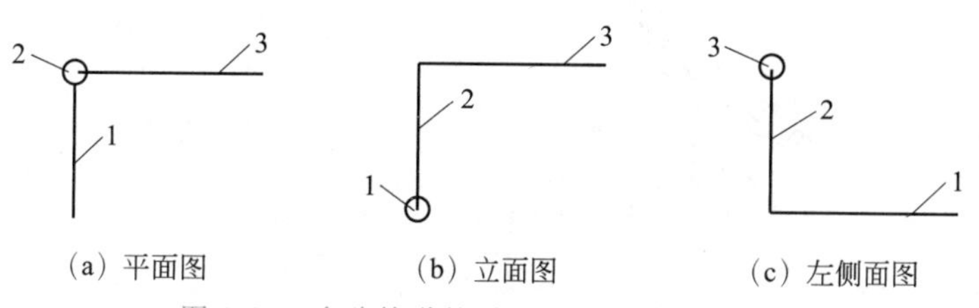

图1-21　多路管道的平面图、立面图、侧面图

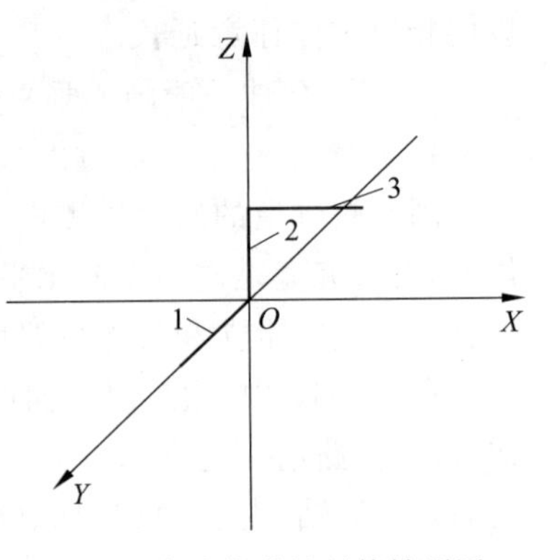

图 1-22 多路管道的斜等轴测图

3. 管道工程斜等轴测图实例

图 1-23 所示为某草坪喷灌供水管道平面图，其对应的斜等轴测图如图 1-24 所示。从图中可以看到以下三条主要管道。

第一条是供水主管 *DN*40：从断口起，至三通 a 止。其上装有 *DN*40 的内螺纹闸阀一个（设在阀门井内）。

第二条是左路供水干管 *DN*32：从三通 a 起，至弯头 3 止。其上装有立管三根（$L_1 \sim L_3$）、水平短管一根（SP_1）及 *DN*15 的内螺纹闸阀三个。

第三条是右路供水干管 *DN*32：从三通 a 起，至弯头 6 止。其上装有立管三根（$L_4 \sim L_6$）、水平短管一根（SP_2）及 *DN*15 的内螺纹闸阀三个。

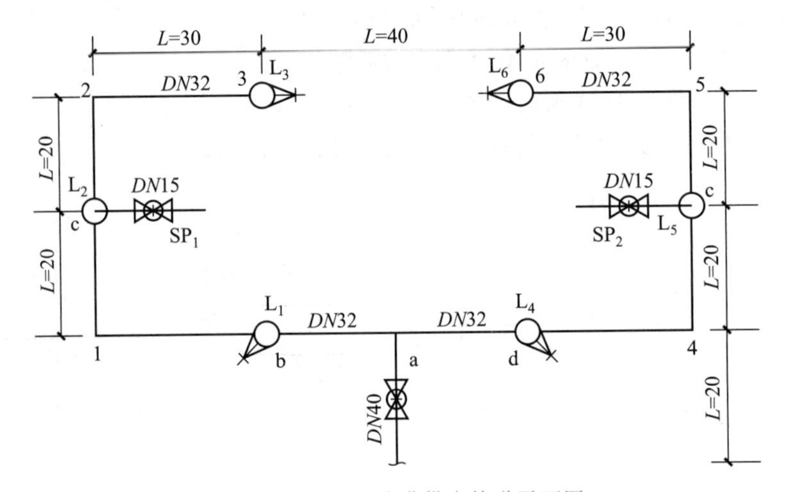

图 1-23 某草坪喷灌供水管道平面图

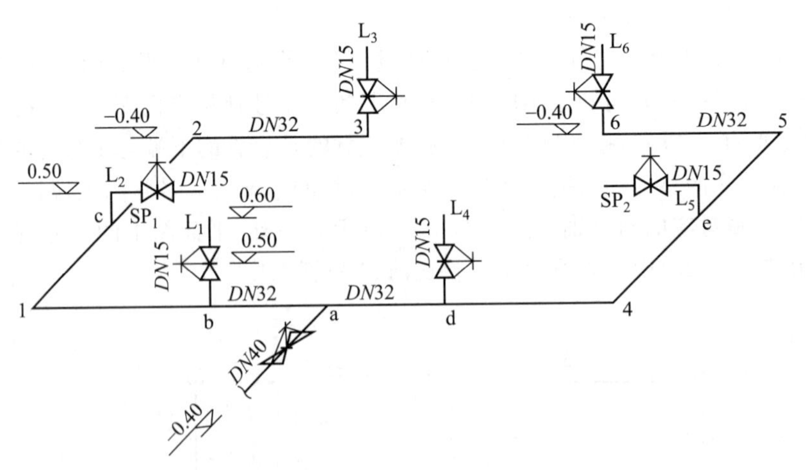

图 1-24 某草坪喷灌供水管道斜等轴测图

本章小结

本章主要介绍了管道单双线图的绘制方法、管道交叉与重叠的折断显露表示法以及管道的斜等轴测图的相关知识，为建筑设备施工图的识读奠定基础。

思考题

1.1 什么是管道的单、双线表示法？

1.2 在制图中，应如何清楚表达管道的交叉？

1.3 在工程实践中，经常会出现管道重叠的现象，在绘图中应如何清楚表示呢？

习题

1.1 试根据图1-25所示的某管道系统的平面图、立面图绘制其斜等轴测图。

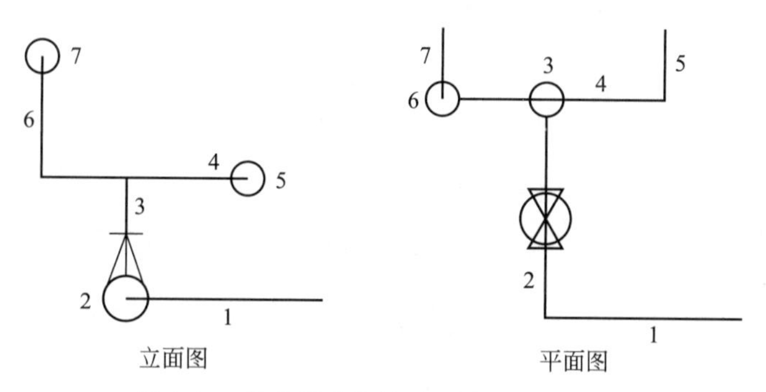

图1-25 某管道系统的平面图、立面图(一)

1.2 试根据图1-26所给出的某管道系统的平面图、立面图绘制其斜等轴测图。

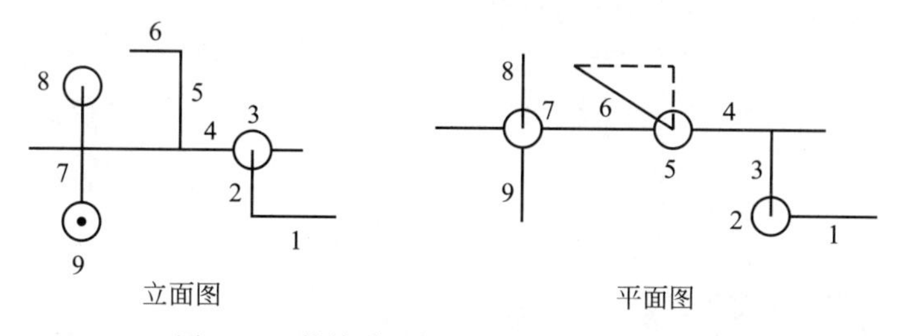

图1-26 某管道系统的平面图、立面图(二)

1.3 试根据图 1-27 所给出的某管道系统的平面图、立面图绘制其斜等轴测图。

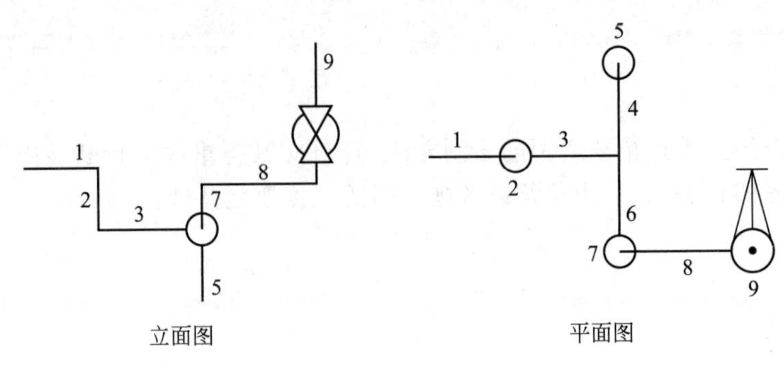

图 1-27 某管道系统的平面图、立面图(三)

模块 2 建筑给水系统

知识目标

1. 了解建筑给水系统的分类、组成及给水方式。
2. 掌握常用管材、管件、附件及设备的特点和用途。
3. 了解消火栓及自动喷水灭火系统的工作原理、系统组成。
4. 了解建筑热水、饮水和中水系统的给水方式。
5. 掌握给水管道、热水管网、消防系统的布置、敷设及安装要求。

能力目标

1. 能够根据图样了解给水系统的实施方案,并能够根据工程实际选择合理的给水方式。
2. 能够根据给定的管道材料确定合理的连接方式。
3. 能够进行建筑内部给水水表的选型工作。
4. 能够进行灭火器的选型和配置工作。
5. 能够配合相关专业进行建筑给水、消防和热水管道的布置及敷设工作。

2.1 给水系统的分类、组成及给水方式

建筑给水系统是将市政给水管网(或自备水源给水管网)中的水引入一幢建筑或一个建筑群体,供人们生活、生产和消防之用,并满足各类用水水质、水量和水压要求的冷水供应系统。

2.1.1 给水系统的分类

给水系统按用途一般分为以下三类。

1. 生活给水系统

生活给水系统供人们日常生活用水,按具体用途又分为以下三类。

1) 生活饮用水系统

供饮用、烹饪、盥洗、洗涤、沐浴等用水所配备的给水系统称为生活饮用水系统,其水质应符合《生活饮用水卫生标准》(GB 5749—2006)的要求。

2) 管道直饮水系统

供直接饮用和烹饪用水所配备的给水系统称为管道直饮水系统,其水质应符合《饮用净水水质标准》(CJ 94—2005)的要求。

3) 生活杂用水系统

供冲厕、绿化、洗车或冲洗路面等用水所配备的给水系统称为生活杂用水系统,其水质

应符合《城市污水再生利用　城市杂用水水质》(GB/T 18920—2002)的要求。

2. 生产给水系统

为工业企业生产用水所配备的给水系统称为生产给水系统，如冷却用水、锅炉用水等。生产给水系统的水质、水压等因生产工艺不同而不同。

3. 消防给水系统

为建筑物扑灭火灾用水而配备的给水系统称为消防给水系统，主要包括消火栓、消防软管卷盘和自动喷水灭火系统等设施。消防给水系统的水质只需满足《城市污水再生利用　城市杂用水质》(GB/T 18920—2002)中消防用水的要求即可，但必须根据《建筑设计防火规范》要求，保证足够的水量和水压。

这三种系统可以分别设置，也可以组成共用系统，如生活—生产—消防共用系统、生活—消防共用系统等。

2.1.2 给水系统的组成

建筑内部给水系统一般由以下各部分组成，如图 2-1 所示。

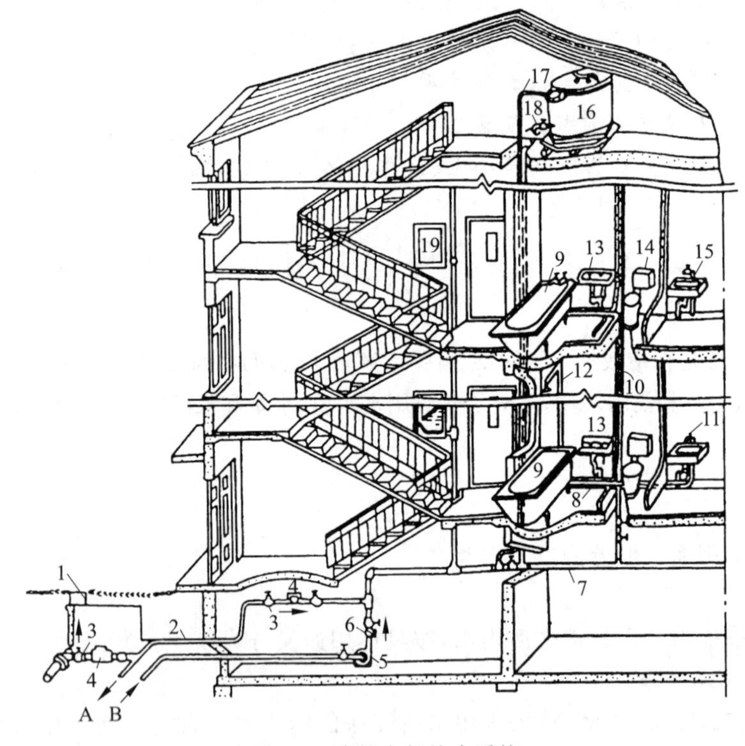

图 2-1　建筑内部给水系统

1—阀门井；2—引入管；3—闸阀；4—水表；5—水泵；6—止回阀；7—干管；8—支管；9—浴盆；10—立管；11—水龙头；12—淋浴器；13—洗脸盆；14—大便器；15—洗涤盆；16—水箱；17—进水管；18—出水管；19—消火栓；A—入贮水池；B—来自贮水池

1. 引入管

引入管又称进户管，是市政给水管网和建筑内部给水管网之间的连接管道，它的作用是从市政给水管网引水至建筑内部给水管网。直接从城镇给水管网接入建筑物的引入管上应设置止回阀,如装有倒流防止器则不需要再装止回阀。

2. 水表节点

水表节点是指在引入管上装设的水表及其前后设置的阀门和泄水装置的总称。水表用来计量建筑物的总用水量,阀门用来在水表检修、更换时关闭管道,泄水装置用于系统检修时排空或检测水表精度及测定管道进户的水压值。水表节点如图 2-2 所示。

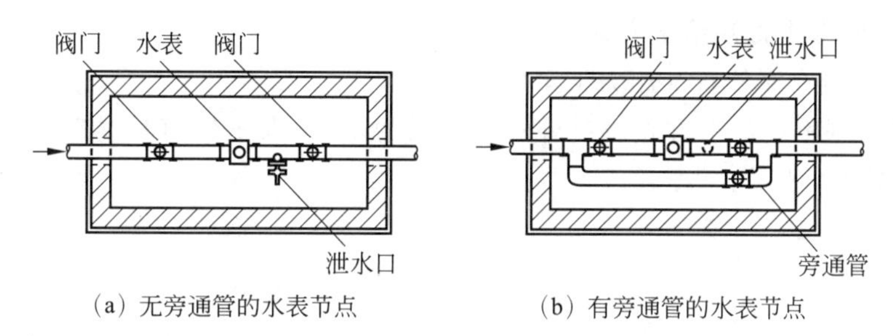

(a) 无旁通管的水表节点　(b) 有旁通管的水表节点

图 2-2　水表节点

在建筑给水系统中,除了在引入管上安装水表外,在需要进行水量计量的部位也要安装水表。住宅建筑每户入户支管前都应该安装水表,以便计量。

3. 给水管网

给水管网是指建筑内给水水平干管、立管和支管。

居住建筑由生活给水管道进入住户的入户管给水压力不应大于 0.35MPa,否则应有减压措施。

4. 配水装置和附件

配水装置即配水龙头、消火栓、喷头与各类阀门(控制阀、减压阀、止回阀等)。

5. 增压、贮水设备

当室外管网的水压、水量不能满足给水要求或要求供水压力稳定、确保供水安全可靠时,应设置水泵、气压给水设备和水池、水箱等增压及贮水设备。

6. 给水局部处理设施

当有些建筑对给水水质要求较高,超出《生活饮用水卫生标准》时或其他原因造成水质不能满足要求时,就需要增加一些设备、构筑物进行给水深度处理。

2.1.3 系统供水压力与给水方式

给水方式是指建筑内部(含小区)给水系统的具体组成与具体布置的给水实施方案。

微课:系统供水压力与供水方式

1. 给水系统所需的水压

1) 经验法

在初定生活给水系统的给水方式时,对层高不超过 3.5m 的民用建筑,室内给水系统所需压力(自室外地面算起)可用经验法估算:一层为 100kPa;二层为 120kPa;三层及以上每增加一层,增加 40kPa。

2) 计算法

水压可按式(2-1)计算,给水系统所需水压如图 2-3 所示。

$$H = H_1 + H_2 + H_3 + H_4 \tag{2-1}$$

式中，H 为给水系统所需水压(kPa)；H_1 为室内管网中最不利配水点与引入管之间的静压差(kPa)；H_2 为计算管道的沿程和局部水压损失之和(kPa)；H_3 为计算管道中水表的水压损失(kPa)；H_4 为最不利配水点所需最低工作压力(kPa)。

2. 给水方式

1）利用外网水压直接给水方式

给水系统直接在室外管网压力下工作。

(1) 室外管网直接给水方式。室外管网提供的水量、水压任何时候都能满足建筑内部用水要求，如图 2-4 所示。

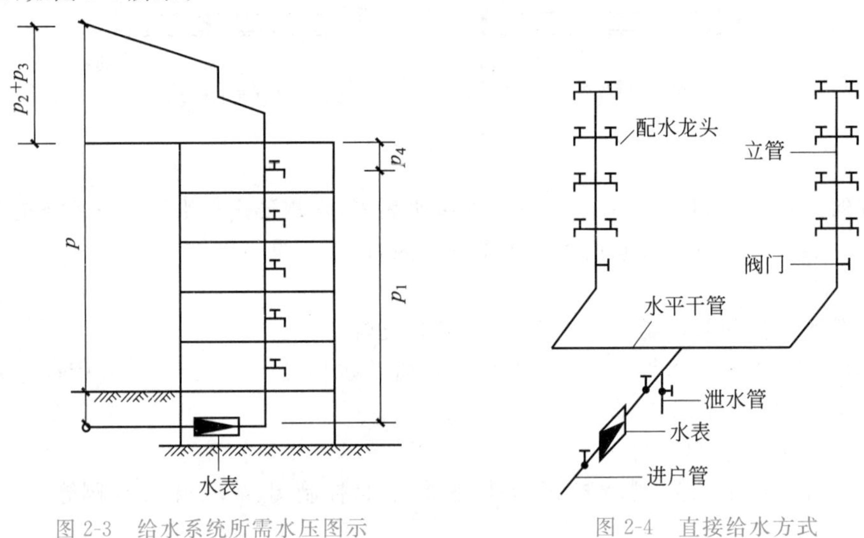

图 2-3 给水系统所需水压图示

图 2-4 直接给水方式

(2) 单设水箱的给水方式。室外管网大部分时间能满足用水要求，仅高峰时期不能满足，或建筑内要求水压稳定，并且具备设置高位水箱的条件，如图 2-5 所示。

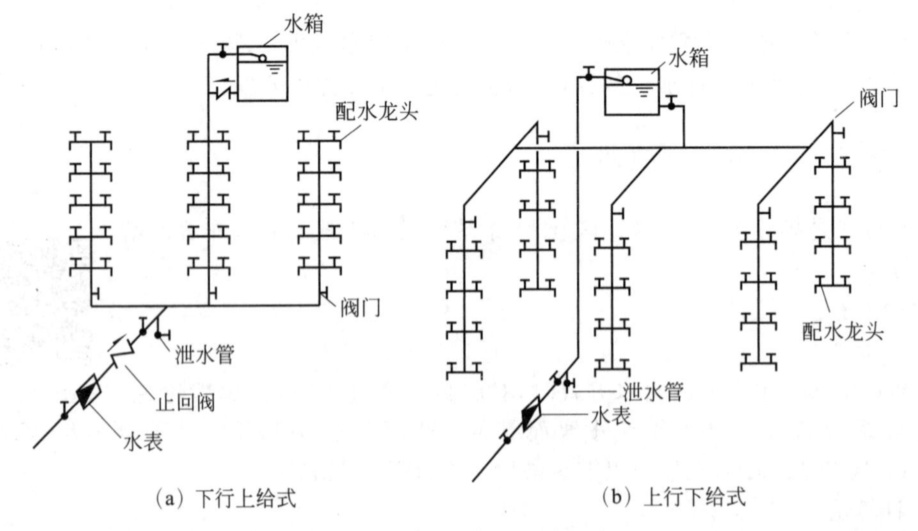

(a) 下行上给式

(b) 上行下给式

图 2-5 单设水箱的给水方式

2）设有增压与贮水设备的给水方式

（1）单设水泵的给水方式。室外管网水压经常不足且室外管网允许直接抽水，如图 2-6 所示。

（2）设水泵和水箱的给水方式。室外管网水压经常不足，室内用水不均匀，且室外管网允许直接抽水，如图 2-7 所示。

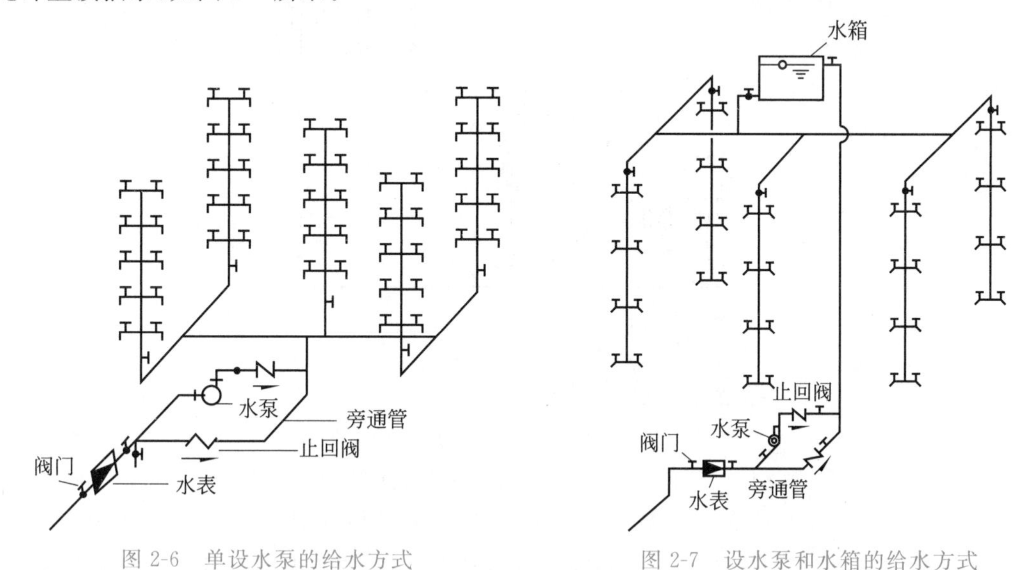

图 2-6　单设水泵的给水方式

图 2-7　设水泵和水箱的给水方式

（3）设贮水池、水泵和水箱的给水方式。建筑用水可靠性要求较高，室外管网水量、水压经常不足，且室外管网不允许直接抽水；室内用水量较大，室外管网不能保证建筑的高峰用水；室内消防设备要求贮备一定容积的水量，如图 2-8 所示。

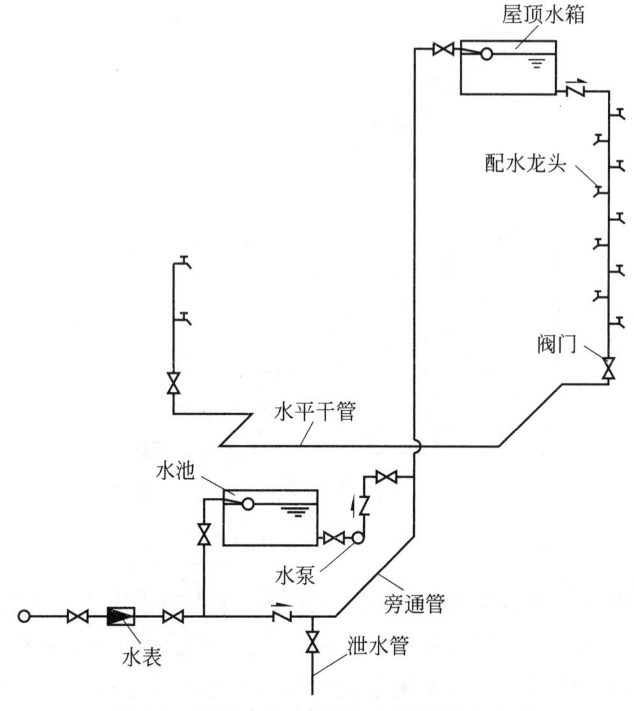

图 2-8　设贮水池、水泵和水箱的给水方式

(4) 气压给水方式。室外管网压力低于或经常不能满足室内所需水压,室内用水不均匀,且不宜设置高位水箱,如图 2-9 所示。

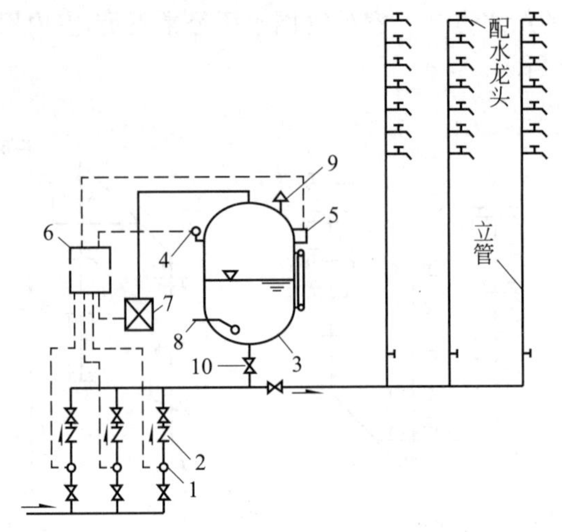

图 2-9 气压给水方式

1—水泵;2—止回阀;3—气压水罐;4—压力信号器;5—液位信号器;6—控制器;7—补气装置;8—排气阀;9—安全阀;10—阀门

(5) 变频调速恒压给水方式。室外管网压力经常不足,建筑内用水量较大且不均匀,要求可靠性高、水压恒定;或者建筑物顶部不宜设置高位水箱。

3) 分区给水方式

建筑物层数较多时,室外管网的水压只能满足较低楼层的用水要求,而不能满足较高楼层的用水要求,如图 2-10 所示。

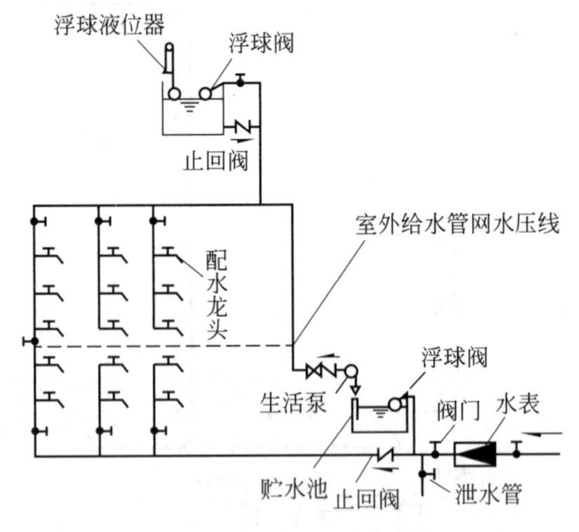

图 2-10 分区给水方式

高层建筑若采用同一给水系统供水,由于低层管道内静水压力过大必然导致超压出流,出现水击、振动、管道和附件损坏等现象。竖向分区供水是解决高层给水系统中低层管道静水压力过大的主要技术措施。给水系统竖向分区应根据建筑物用途、层数、使用要求、材料设备性能、维护管理、节约用水、能耗等因素综合确定。

(1) 建筑高度不超过 100m 的建筑,宜采用竖向分区并联供水或分区减压的供水方式。

(2) 建筑高度超过 100m 的建筑,宜采用竖向分区串联供水方式。

竖向分区压力应符合下列要求。

(1) 各分区最低卫生器具配水点处的静水压力不宜大于 0.45MPa。

(2) 静水压力大于 0.35MPa 的入户管(或配水横管),宜设减压或调压设备。

(3) 各分区最不利配水点处的水压应满足使用要求。

(4) 卫生器具给水配件承受的最大工作压力不得大于 0.6MPa。

4) 分质给水方式

根据不同用途所需的不同水质,分别设置独立的给水系统,如图 2-11 所示。

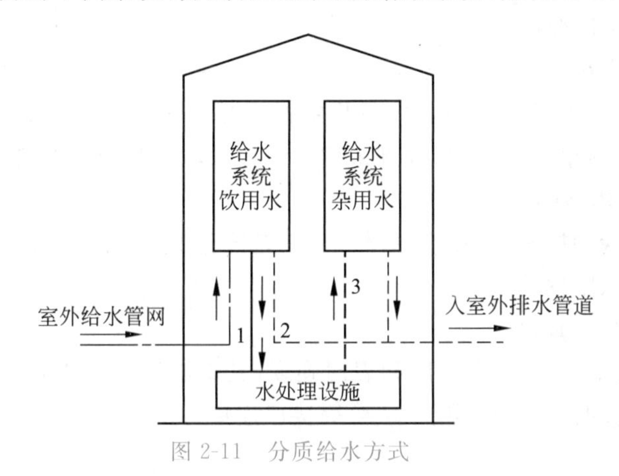

图 2-11 分质给水方式

1—生活废水;2—生活污水;3—杂用水

2.2 给水管材、附件及设备

2.2.1 给水管材

建筑内部常用给水管材有塑料管、钢管、铜管、复合管等。

1. 塑料管

塑料管按制造原料的不同,分为硬聚氯乙烯管(UPVC 管)、聚乙烯管(PE 管)和工程塑料管(ABS 管)等。塑料管的共同特点是质轻、耐腐蚀、管内壁光滑、流体摩擦阻力小、使用寿命长。塑料管近年来发展很快,逐步成为建筑给水的主要管材。采用塑料管时,其供水系统压力一般不应大于 0.6MPa,水温不应超过有关规定。

1) 硬聚氯乙烯管(UPVC 管)

UPVC 管抗腐蚀力强、技术成熟、易于黏合、价格低廉、质地坚硬,但 UPVC 管在高温下有单体和添加剂析出,只适用于输送温度不超过 45℃的给水系统。UPVC 管分为平头管材、黏接承口端管材、弹性密封圈承口端管材三种形式,其基本连接方式有螺纹连接(配件为注塑制品)、焊接(热空气焊、热熔焊、电熔焊)、法兰连接、螺纹卡套压接、承插接口、黏接等。

2）氯化聚氯乙烯管(CPVC 管)

CPVC 管可承受较大的压力、抗腐蚀力强、阻燃性好、耐老化、不受余氯影响、无色无味无臭，另外其抗拉强度和抗弯曲强度均较 UPVC 管有较大改进，具有优越的卫生性能标准。CPVC 管安装方便，使用专用熔合剂即可连接，安装时无须专用工具，既适用于明装，也适用于暗装。

3）聚乙烯管(PE 管)

PE 管耐腐蚀且韧性好。PE 管又分为 HDPE 管(高密度聚乙烯管)、LDPE 管(低密度聚乙烯管)和 PEX 管(交联聚乙烯管)，常用连接方式有热熔套接或对接、电熔连接及带密封圈塑料管连接，有的也采用法兰连接。

4）聚丙烯管(PP 管)

PP 管具有密度小、力学均衡性好、耐化学腐蚀性强、易加工成型、热变形温度高等优点。按材质可分为均聚聚丙烯(PP-H)、嵌段共聚聚丙烯(PP-B)、无规共聚聚丙烯(PP-R)三种，其基本连接方式为热熔承插连接，局部采用螺纹接口配件与金属管件连接。

5）聚丁烯管(PB 管)

PB 管具有独特的抗蠕变(冷变形)性能，其基本连接方式为热熔连接，局部采用螺纹接口配件与金属管件、附件连接。

6）工程塑料管(ABS 管)

ABS 管具有较高的耐冲击强度和表面硬度，其基本连接方式为黏接。在与其他管道或金属管件、附件连接时，可采用螺纹、法兰等接口连接。

2. 钢管

钢管主要有焊接钢管和无缝钢管两种，焊接钢管又分为镀锌钢管和不镀锌钢管。钢管镀锌的目的是防锈、防腐、防止水质变坏，延长使用年限。

钢管的连接方法有螺纹连接、焊接和法兰连接。螺纹连接多用于明装管道，利用配件连接，配件可用锻铸铁制成，也分为镀锌和不镀锌两种，钢制配件较少。镀锌钢管必须用螺纹连接，如图 2-12 所示。焊接多用于暗装管道，接头紧密，不漏水，施工迅速，不需要配件，但不能拆卸。焊接只能用于非镀锌钢管，因为镀锌钢管焊接时锌层被破坏，反而会加速锈蚀。法兰连接用于较大管径的管道，将法兰盘焊接或用螺纹连接在管端，再以螺栓连接，一般用于连接闸阀、止回阀，水泵、水表等处以及需要经常拆卸、检修的管段。

3. 铜管

铜管可以有效防止卫生洁具被污染，且光亮美观。目前其连接配件、阀门等也配套产出，但由于管材造价高，现在多在宾馆等较高级的建筑中采用。铜管的连接方法有螺纹卡套压接、焊接(有内置锡环焊接配件、内置银合金环焊接配件、加添焊药焊接配件)。

4. 复合管

复合管包括钢塑复合管和铝塑复合管等多种类型。

钢塑复合管分为两大系列，第一系列为衬塑的钢塑复合管，兼有钢材强度高和塑料耐腐蚀的优点，但需在工厂预制，不宜在施工现场切割。第二系列为涂塑的钢塑复合管，是将高分子粒末涂料均匀地涂敷在金属表面经固化或塑化后，在金属表面形成一层光滑、致密的塑料涂层，它也具备第一系列的优点。钢塑复合管一般采用螺纹连接，其配件一般也是钢塑制品。

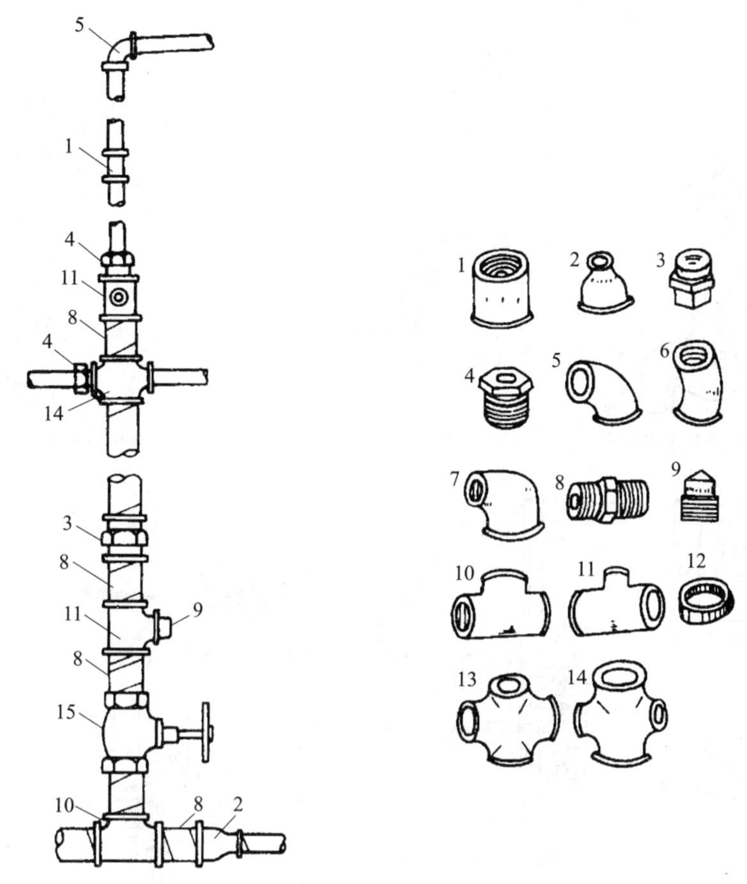

图 2-12 钢管螺纹管道配件及连接方法

1—管箍;2—异径管箍;3—活接头;4—补心;5—90°弯头;6—45°弯头;7—异径弯头;8—内管箍;9—管塞;10—等径三通;11—异径三通;12—根母;13—等径四通;14—异径四通;15—阀门

铝塑复合管内外壁均为聚乙烯,中间以铝合金为骨架,该种管材具有质量轻、耐压强度好、输送流体阻力小、耐化学腐蚀性能强、接口少、安装方便、耐热、可挠曲、美观等优点,是一种可用于给水、热水、供暖、煤气等方面的多用途管材,在建筑给水范围内可用于给水分支管。铝塑复合管一般采用螺纹卡套压接,其配件一般是铜制品。

2.2.2 管道附件

管道附件是给水管网系统中调节水量水压、控制水流方向、关断水流等各类装置的总称,可分为配水附件和控制附件两类。

1. 配水附件

配水附件主要用于调节和分配水流,常用配水附件如图 2-13 所示。

1) 截止阀式配水龙头

截止阀式配水龙头一般安装在洗涤盆、污水盆、盥洗槽上。该水龙头阻力较大,橡胶衬垫容易磨损后漏水。一些发达城市正逐渐淘汰此种铸铁水龙头。

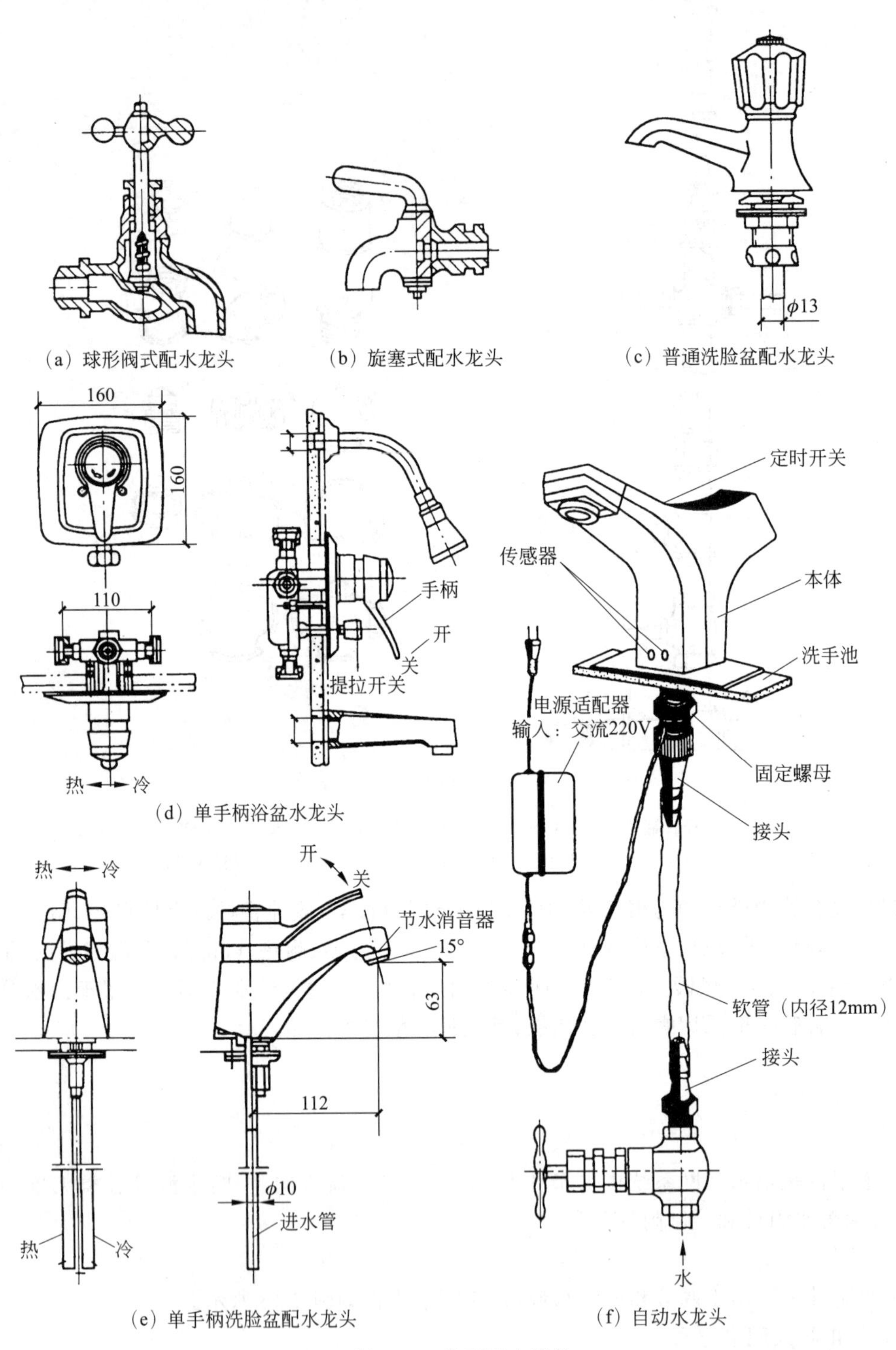

(a) 球形阀式配水龙头
(b) 旋塞式配水龙头
φ13
(c) 普通洗脸盆配水龙头
160
160
110
手柄
开
关
提拉开关
热
冷
(d) 单手柄浴盆水龙头
热
冷
开
关
节水消音器
15°
63
112
φ10
进水管
热
冷
(e) 单手柄洗脸盆配水龙头
定时开关
传感器
本体
洗手池
电源适配器
输入：交流220V
固定螺母
接头
软管（内径12mm）
接头
水
(f) 自动水龙头

图 2-13 常用配水附件

2）球形阀式配水龙头

球形阀式配水龙头装设在洗脸盆、污水盆、盥洗槽上。因水流改变流向，故压力损失较大。

3）旋塞式配水龙头

旋塞式配水龙头旋塞转 90°时即完全开启，短时间可获得较大的流量。由于水流呈直线通过，其阻力较小，但易产生水锤，适用于浴池、洗衣房、开水间等处。

4）盥洗水龙头

盥洗水龙头装设在洗脸盆上，用于供给冷热水。有莲蓬头式、角式、长脖式等多种形式。

5）混合配水龙头

混合配水龙头可调节冷热水的温度，常用于盥洗、洗涤、浴用热水等。

此外，还有小便器水龙头、皮带水龙头、电子自动水龙头等。

2. 控制附件

控制附件用于调节水量和水压、关断水流等，如截止阀、闸阀、止回阀、浮球阀和安全阀等，常用控制附件如图 2-14 所示。

1）截止阀

截止阀关闭严密，但水流阻力较大，用于管径小于或等于 50mm 的管段。

2）闸阀

闸阀全开时，水流呈直线通过，压力损失较小，但水中杂质沉积阀座时，阀板关闭不严，易产生漏水现象。管径大于 50mm 或双向流动的管段宜采用闸阀。

3）蝶阀

蝶阀为盘状圆板启闭件，绕其自身中轴旋转改变管道轴线间的夹角，从而控制水流通过，具有结构简单、尺寸紧凑、启闭灵活、开启度指示清楚、水流阻力小等优点。在双向流动的管段应采用闸阀或蝶阀。

4）止回阀

室内常用的止回阀有升降式止回阀和旋启式止回阀，其阻力均较大。旋启式止回阀可水平安装或垂直安装，垂直安装时水流只能向上流，不宜用在压力较大的管道中；升降式止回阀靠上下游压力差使阀盘自动启闭，宜用于小管径的水平管道。此外，还有消声止回阀和梭式止回阀等类型。

5）浮球阀

浮球阀是一种利用液位变化而自动启闭的阀门，一般设在水箱或水池的进水管，用以开启或切断水流。

6）液位控制阀

液位控制阀是一种靠水位升降而自动控制的阀门，可代替浮球阀用于水箱、水池和水塔的进水管，通常是立式安装。

7）安全阀

安全阀是保证系统和设备安全的保障性器材，有弹簧式和杠杆式两种。

3. 水表

1）水表的种类

水表是一种计量建筑物或设备用水量的仪表，可分为流速式和容积式两种。建筑内部的给水系统广泛使用的是流速式水表。流速式水表是根据管径一定时，通过水表的水流速

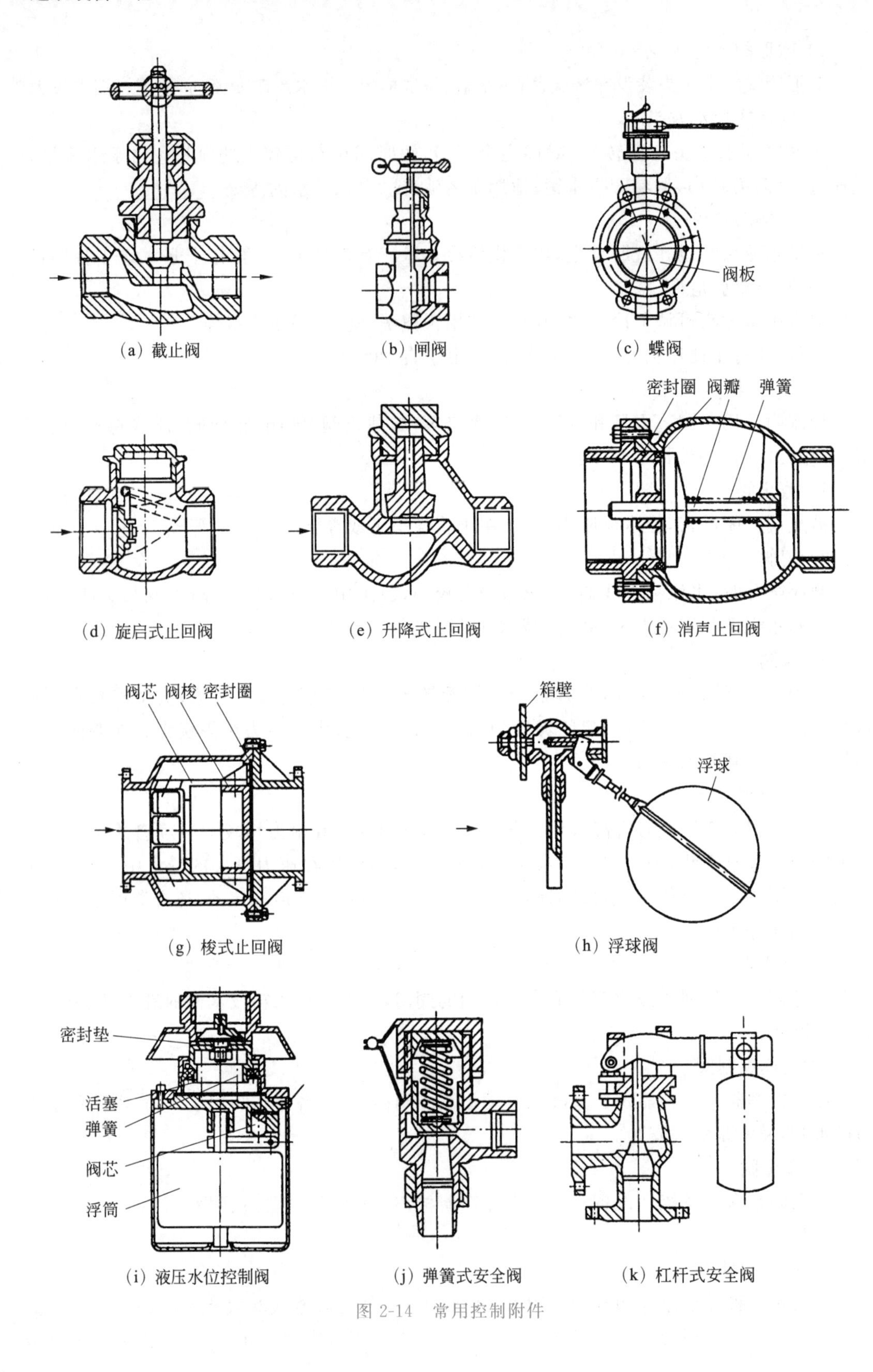
阀板
(a) 截止阀
(b) 闸阀
(c) 蝶阀
密封圈 阀瓣 弹簧
(d) 旋启式止回阀
(e) 升降式止回阀
(f) 消声止回阀
阀芯 阀梭 密封圈
箱壁
浮球
(g) 梭式止回阀
(h) 浮球阀
密封垫
活塞
弹簧
阀芯
浮筒
(i) 液压水位控制阀
(j) 弹簧式安全阀
(k) 杠杆式安全阀

图 2-14 常用控制附件

度与流量成正比的原理来测量用水量的。

流速式水表按叶轮构造不同，分为旋翼式和螺翼式两种，如图 2-15 所示。旋翼式水表叶轮转轴与水流方向垂直，阻力较大，多为小口径水表，适合测量较小的流量。螺翼式水表叶轮转轴与水流方向平行，阻力较小，适合测量较大的流量。复式水表是旋翼式和螺翼式的组合形式，在流量变化很大时采用。按计数机构是否浸于水中，水表又可分为干式和湿式两种。

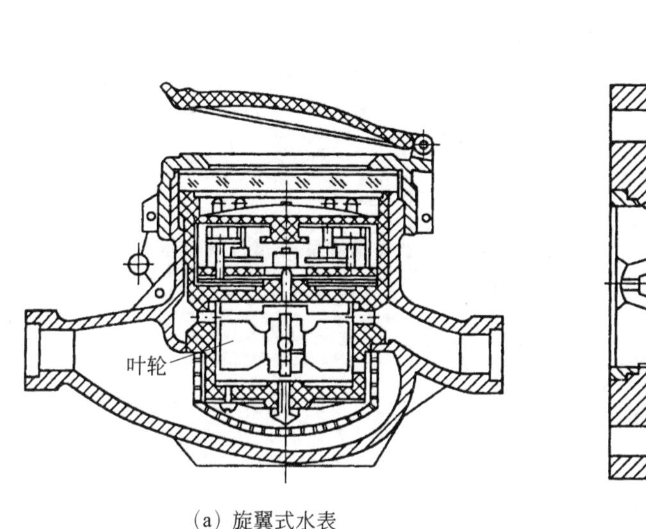

(a) 旋翼式水表

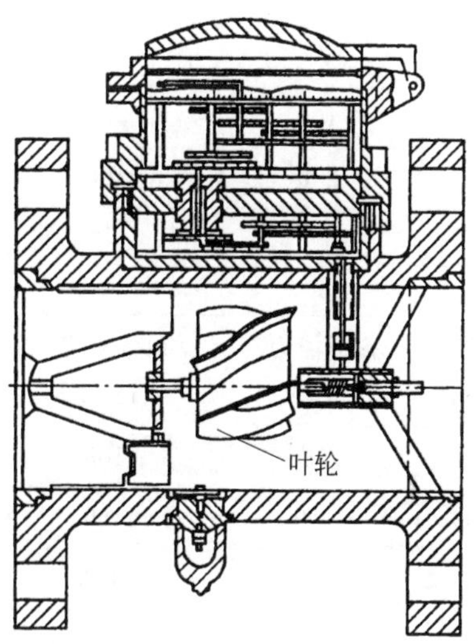

(b) 螺翼式水表

图 2-15　流速式水表

目前，随着科学技术的进步和供水体制的改革，电磁流量计、远程计量仪等自动水表应运而生，TM 卡智能水表就是其中之一。

2) 水表的技术参数

(1) 流通能力是指水流通过水表产生 10kPa 水压损失时的流量值。

(2) 特性流量是指水表中产生 100kPa 水压损失时的流量值。

(3) 最大流量是指只允许水表在短时间内超负荷使用的流量上限值。

(4) 额定流量是指水表长期正常运转流量的上限值。

(5) 最小流量是指水表开始准确指示的流量值，为水表使用的下限值。

(6) 灵敏度是指水表能连续记录(开始运转)的流量值，又称起步流量。

表 2-1 和表 2-2 所示分别为旋翼式和螺翼式水表的部分技术数据。

表 2-1　旋翼湿式水表技术数据

直径/mm	特性流量/(m^3/h)	最大流量/(m^3/h)	额定流量/(m^3/h)	最小流量/(m^3/h)	灵敏度/(≤m^3/h)	最大示值/m^3
15	3	1.5	1.0	0.045	0.017	10^3
20	5	2.5	1.6	0.075	0.025	10^3
25	7	3.5	2.2	0.090	0.030	10^3
32	10	5	3.2	0.120	0.040	10^3

续表

直径/mm	特性流量/(m^3/h)	最大流量/(m^3/h)	额定流量/(m^3/h)	最小流量/(m^3/h)	灵敏度/(≤m^3/h)	最大示值/m^3
40	20	10	6.3	0.220	0.070	10^5
50	30	15	10.0	0.400	0.090	10^5
80	70	35	22.0	1.100	0.300	10^6
100	100	50	32.0	1.400	0.400	10^6
150	200	100	63.0	2.400	0.550	10^6

表 2-2　水平螺翼式水表技术数据

直径/mm	流通能力/(m^3/h)	最大流量/(m^3/h)	额定流量/(m^3/h)	最小流量/(m^3/h)	最小示值/m^3	最大示值/m^3
80	65	100	60	3	0.1	10^5
100	110	150	100	4.5	0.1	10^5
150	270	300	200	7	0.1	10^5
200	500	600	400	12	0.1	10^7
250	800	950	450	20	0.1	10^7
300		1500	750	35	0.1	10^7
400		2800	1400	60	0.1	10^7

3）水表的选用

(1) 类型选择。一般情况下，公称直径小于或等于 50mm 时，应选用旋翼式水表；公称直径大于 50mm 时，应选用螺翼式水表；当通过流量变化幅度很大时，应选用复式水表；计量热水时，宜选用热水水表。一般应优先选用湿式水表。

(2) 直径确定。当用水均匀时，应按设计秒流量不超过水表额定流量的原则确定水表的公称直径。当用水不均匀，且其连续高峰负荷每昼夜不超过 3h 时，可按设计秒流量不大于水表最大流量的原则确定水表公称直径，同时应按表 2-3 复核水表的水压损失。当设计对象为生活(生产)—消防共用的给水系统时，水表的额定流量不包括消防流量，但应加上消防流量复核，使其总流量不超过水表的最大流量限值(水压损失必须不超过允许水压损失值，如表 2-3 所示)。按经验，新建住宅的分户水表，其公称直径一般选用 15mm，但当住宅中装有自闭式大便器冲洗阀时，为保证必要的冲洗强度，水表的公称直径不宜小于 20mm。

表 2-3　按最大小时流量选用水表时的允许水压损失值　　单位：kPa

表型	正常用水时	消防时
旋翼式	＜25	＜ 50
螺翼式	＜13	＜ 30

2.2.3 增压贮水设备

1. 水泵

水泵是给水系统中的主要增压设备。在建筑给水系统中，一般采用离心式水泵，它具有结构简单、体积小、效率高且流量和扬程在一定范围内可以调整等优点。

选择水泵应以节能为原则，保证水泵在给水系统中大部分时间保持高效运行。当采用设水泵、水箱的给水方式时，通常水泵直接向水箱输水，水泵的出水量与扬程几乎不变，选用离心式恒速水泵即可保持高效运行。对于无水量调节设备的给水系统，在电源可靠的条件下，可选用带有自动调速装置的离心式水泵。在水泵房面积较小的条件下，可采用结构紧凑、安装管理方便的离心式立式水泵或管道泵。

水泵的流量、扬程应根据给水系统所需的流量、压力确定，由流量、扬程查水泵性能表即可确定其型号。

1）水泵流量的确定

在生活（生产）给水系统中，无水箱（罐）调节时，水泵出水量应以系统的高峰用水量（即设计秒流量）确定；有水箱调节时，水泵流量可按最大小时流量确定。若水箱容积较大，且用水量均匀，则水泵流量可按平均每小时流量确定。消防水泵流量应以室内消防设计水量确定。

2）水泵扬程的确定

水泵的扬程应根据水泵的用途、与室外给水管网连接的方式来确定。

当水泵直接由室外管网吸水向室内管网输水时，其扬程为

$$H_b = H_z + H_s + H_c - H_0 \tag{2-2}$$

当水泵从贮水池吸水向室内管网输水时，其扬程为

$$H_b = H_z + H_s + H_c \tag{2-3}$$

当水泵从贮水池吸水向高位水箱输水时，其扬程为

$$H_b = H_z + H_s + H_v \tag{2-4}$$

式中，H_b 为水泵扬程(kPa)；H_z 为水泵吸入端最低水位至最不利配水点所要求的静水头(kPa)；H_s 为水泵吸入口至最不利配水点的总水头损失（含水表）(kPa)；H_c 为最不利配水点处用水设备的流出水头(kPa)；H_0 为资用水头，即室外管网所能提供的最小压头(kPa)；H_v 为水泵出水管末端的流速水头(kPa)。

如遇到第一种情况，计算出扬程选泵后，还应以室外管网的最大压力校核水泵的工作效率和超压情况，如果超压过大，会损坏管道和设备，应设置水泵回流管及管网泄压管等保护措施。

3）水泵的设置

每台水泵宜设置独立的吸水管，当必须设置成几台水泵合用吸水管时，吸水管应管顶平接且不得少于两条，并应装设必要的阀门，当一条吸水管检修时，另一条吸水管应能满足泵房设计流量的要求。水泵宜设置自动开关装置，间歇抽水的水泵装置宜采用自灌式（特别是消防泵）并在吸水管上设置阀门，当无法做到时，则采用吸上式。当水泵中心线高出吸水井

或贮水池水面时，均需设置引水装置启动水泵。

每台水泵的出水管上应设阀门、止回阀和压力表，并应采取防水锤措施。每组消防水泵的出水管应不少于两条与环状网连接，并应装设试验和检查用的放水阀门。室外给水管网允许直接吸水时，水泵宜直接从室外给水管装设阀门和压力表，并应绕水泵装设旁通管，旁通管上应装设阀门和止回阀。

水泵基础应高出地面 0.1～0.3m，吸水管内的流速宜控制在 1.0～1.2m/s，出水管流速宜控制在 1.5～2.0m/s。为减小水泵运行的噪声，宜尽量选用低噪声水泵，并采取必要的减震或隔震措施。

水泵机组一般设置在泵房内，泵房应远离需要安静、要求防震、防噪声的房间，并有良好的通风、采光、防冻和排水的条件。水泵机组的布置应保证机组工作可靠、运行安全、装卸及维修和管理方便，如图 2-16 所示。

2. 吸水井

室外给水管网能够满足建筑内所需水量，无须设置贮水池，但室外给水管网又不允许直接抽水时，可设置满足水泵吸水要求的吸水井。吸水井的尺寸应满足吸水管的布置、安装和水泵正常工作的要求，如图 2-17 所示。吸水井的容积应大于最大一台水泵 3min 的出水量。

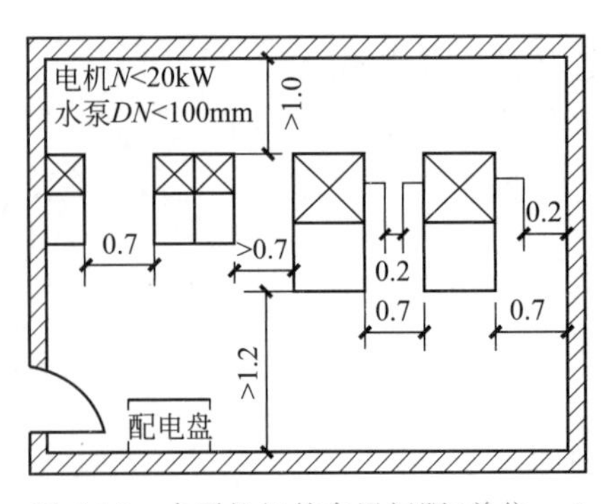

图 2-16 水泵机组的布置间距(单位：m)

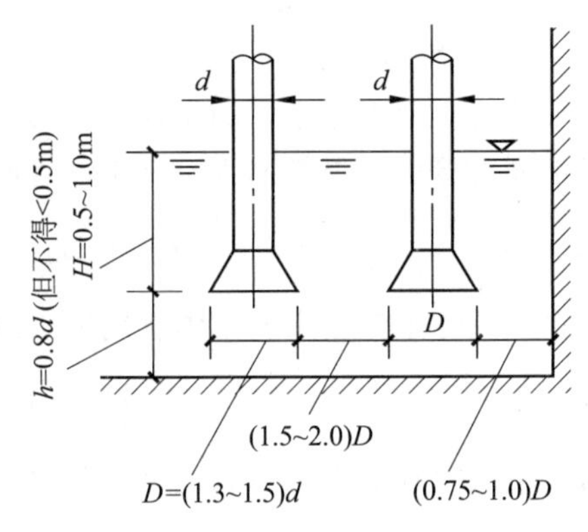

图 2-17 吸水管在吸水井中布置的最小尺寸

3. 贮水池

贮水池是常用的调节和贮存水量的构筑物，采用钢筋混凝土、砖石等材料制作，形状多为圆形和矩形。

1) 贮水池的设置要求

(1) 贮水池宜布置在地下室或室外泵房附近，并应有严格的防渗漏、防冻和抗倾覆措施。

(2) 贮水池设计应保证池内水经常流动，不得出现滞流和死角，以防水质变坏。

(3) 贮水池一般应分为两格，并能独立工作，可分别泄空，以便清洗和维修。消防水池容积超过 500m^3时，应分成两个，并应在室外设可供消防车取水用的吸水口。

(4) 生活或生产用水与消防用水合用水池时，应设有消防水平时不被动用的措施，如设置溢流墙或在非消防水泵的吸水管上消防水位处设置透气小孔等。

(5) 游泳池、戏水池、水景池等在能保证常年贮水的条件下，可兼作消防水池。

(6) 贮水池应设进水管、出水管、溢流管、泄水管、通气管和水位信号装置。

(7) 穿越贮水池壁的管道应设防水套管,贮水池与建筑物贴邻设置时,其穿越管道应采取防止因沉降不均而引起损坏的措施,如采用金属软管、橡胶接头等。

(8) 贮水池内应设吸水坑,吸水坑平面尺寸和深度应通过计算确定。

2) 贮水池容积的确定

贮水池的有效容积(不含被梁、柱、墙等构件占用的容积)应根据调节水量、消防贮备水量和生产事故备用水量确定。当资料不足时,贮水池的调节水量可按最高日用水量的10%~20%估算。

4. 水箱

按不同用途,水箱可分为高位水箱、减压水箱、冲洗水箱和断流水箱等多种类型,其形状多为矩形和圆形,制作材料有钢板、钢筋混凝土、玻璃钢和塑料等。这里只介绍给水系统中广泛采用的可以保证水压和贮存、调节水量的高位水箱。

1) 水箱的配管、附件及设置要求

水箱的配管、附件如图2-18所示。

微课:水箱

(1) 进水管。进水管一般由侧壁接入,也可由顶部或底部接入,管径按水泵出水量或设计秒流量确定。当水箱由室外管网提供压力充水时,应在进水管上安装水位控制阀,如液压阀、浮球阀,并在进水端设检修用的阀门;当管径 DN 大于或等于50mm时,控制阀不少于两个;利用水泵进水并采用液位自动控制水泵启闭时,可不设浮球阀或液压水位控制阀。侧壁进水管距水箱上缘应有150~200mm的距离。

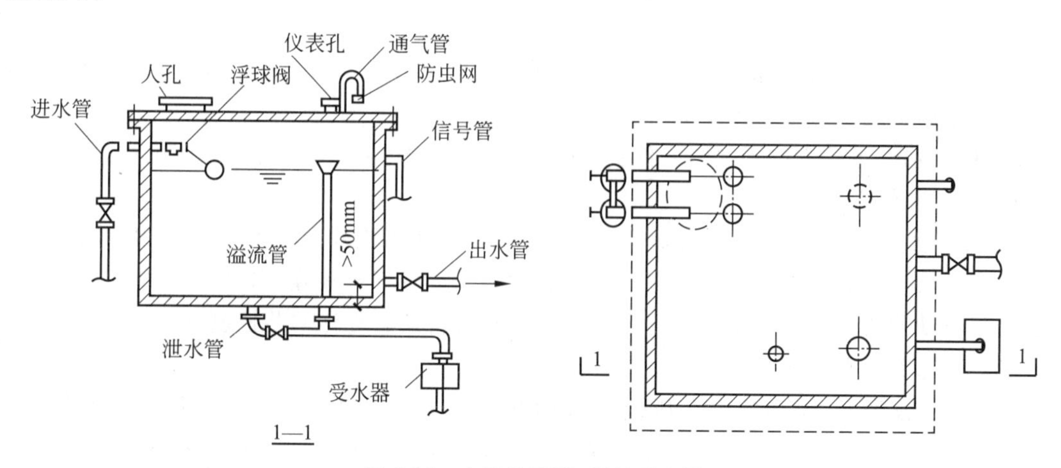

图2-18 水箱的配管、附件示意图

(2) 出水管。出水管可由水箱侧壁或底部接出,其出口应距水箱底50mm以上,管径按水泵出水量或设计秒流量确定。出水管上应安装阻力较小的闸阀(不允许安装截止阀),为防止短流,水箱进出水管宜分设在水箱两侧。水箱进出水管若合用一根管道,则应在出水管上增设阻力较小的旋启式止回阀。

(3) 溢流管。溢流管可从底部或侧壁接出,进水口应高出水箱最高水位50mm,管径一般比进水管大一号。溢流管上不允许设置阀门,应装设网罩。

(4) 水位信号装置。水位信号装置是反映水位控制失灵报警的装置,可在溢流管口(或内底)齐平处设水位信号管,直通值班室的洗涤盆等处,其管径为 15~20mm 即可。若水箱液位与水泵连锁,则可在水箱侧壁或顶盖上安装液位继电器或信号器,采用自动水位报警装置。

(5) 泄水管。泄水管从水箱底部接出,管上应设置阀门,可与溢流管相接,但不得与排水系统直接相连,其管径应大于或等于 50mm。

(6) 通气管。供生活饮用水的水箱,贮水量较大时,宜在箱盖上设通气管,以使水箱内空气流通,其管径一般大于或等于 50mm,管口应朝下并应设防虫网。

2) 水箱容积的确定

水箱容积由生活和生产贮水量及消防贮水量组成,理论上应根据用水和进水变化曲线确定,但由于变化曲线难以获得,故常按经验确定。生产贮水量由生产工艺决定。生活贮水量由水箱进出水量、时间及水泵控制方式确定。实际工程如水泵自动启闭,可按最高日用水量的 10%计算;水泵人工操作时,可按最高日用水量的 12%计算;仅在夜间进水的水箱,宜按用水人数和用水定额确定。消防贮水量以 10min 室内消防设计流量计算。

水箱的有效水深一般为 0.7~2.5m,保护高度一般为 200mm。

3) 水箱的设置高度

水箱的设置高度可由式(2-5)计算:

$$H \geqslant H_c + H_s \tag{2-5}$$

式中,H 为水箱最低水位至最不利配水点所需的静水头(m);H_c 为最不利配水点用水设备的流出水头(m);H_s 为水箱出口至最不利配水点的总水头损失(m)。

贮备消防用水的水箱满足消防流出水头有困难时,应采用增压泵等措施。

5. 气压给水设备

气压给水设备是利用密闭罐中空气的压缩性,进行贮存、调节、压送水量和保持气压的装置,其作用相当于高位水箱或水塔。

气压给水设备设置位置限制条件少,便于操作和维护,但其调节容积小,供水可靠性稍差,耗材、耗能较大。

气压给水设备按罐内水、气接触方式,可分为补气式和隔膜式两类;按输水压力的稳定状况,可分为变压式和定压式两类。气压给水设备一般由气压水罐、水泵机组、管道系统、电控系统、自动控制箱(柜)等组成。补气式气压给水设备还有气体调节控制系统。

1) 补气变压式气压给水设备

如图 2-19 所示,罐内的水在压缩空气的起始压力 p_2 的作用下,被压送至给水管网,随着罐内水量的减少,压缩空气体积膨胀,压力减小,当压力降至最小工作压力 p_1 时,压力信号器动作,使水泵启动。水泵出水除供用户使用外,多余部分进入气压水罐,罐内水位上升,空气又被压缩,当压力达到 p_2 时,压力信号器动作,使水泵停止工作,气压水罐再次向管网输水。

2) 补气定压式气压给水设备

定压式气压给水设备的输水水压相对稳定,如图 2-20 所示。一般是在气、水同罐的单罐变压式气压给水设备的供水管上安装压力调节阀,也可在气、水分罐的双罐变压式气压给水设备的压缩空气连通管上安装压力调节阀,以使供水压力稳定。

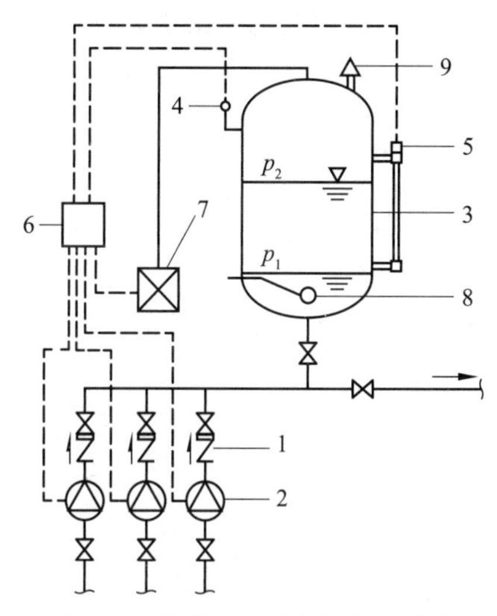

图 2-19　单罐变压式气压给水设备

1—止回阀；2—水泵；3—气压水罐；
4—压力信号器；5—液位信号器；
6—控制器；7—补气装置；
8—排气阀；9—安全阀

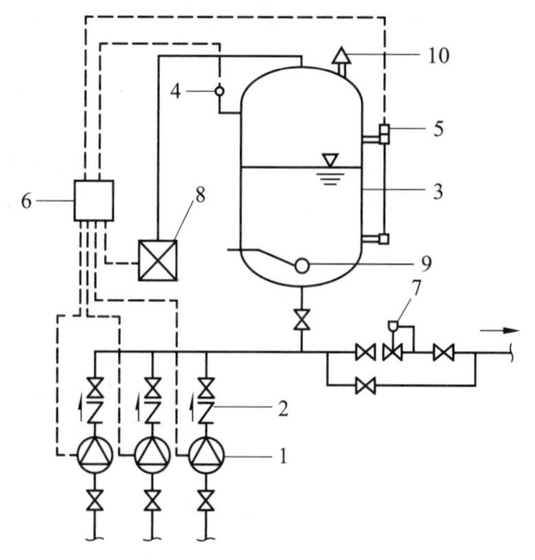

图 2-20　定压式气压给水设备

1—水泵；2—止回阀；3—气压水罐；4—压力信号器；
5—液位信号器；6—控制器；7—压力调节阀；
8—补气装置；9—排气阀；10—安全阀

补气式气压给水设备在气压水罐中气、水直接接触。设备运行过程中，部分气体溶于水中，随着气量的减少，罐内压力下降，需设补气调压装置。在允许停水的给水系统中，可采用开启罐顶进气阀，泄空罐内存水的补气法；不允许停水时，可采用空气压缩机补气，也可通过在水泵吸水管上安装补气阀、在水泵出水管上安装水射器或补气罐等方法补气。图 2-21 所示为设补气罐的补气方法。

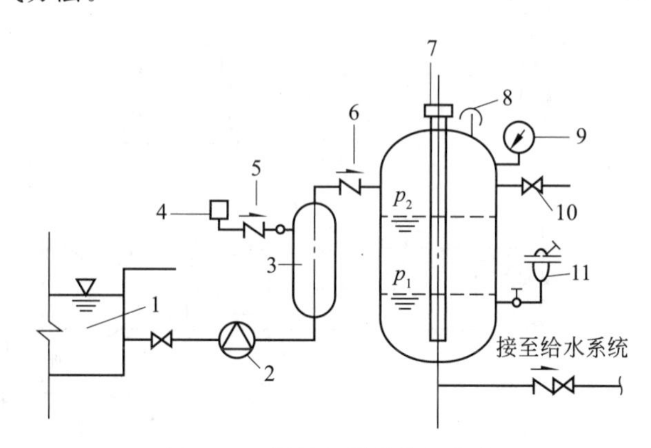

图 2-21　设补气罐的补气方法

1—水池；2—水泵；3—补气罐；4—过滤器；5—进气止回阀；6—止回阀；7—液位信号器；
8—安全阀；9—电接点压力表；10—手动放气阀；11—自动排气阀

3）隔膜式气压给水设备

隔膜式气压给水设备在气压水罐中设置弹性隔膜，将气、水分离，水质不易污染，气体也不会溶入水中，故无须设补气调压装置。隔膜主要有帽形、囊形两类，囊形隔膜又有球、梨、斗、筒、胆囊之分，两类隔膜均固定在罐体法兰盘上。囊形隔膜气密性好，调节容积大，且隔膜受力合理,不易损坏,优于帽形隔膜。图 2-22 所示为胆囊形隔膜式气压给水设备示意图。

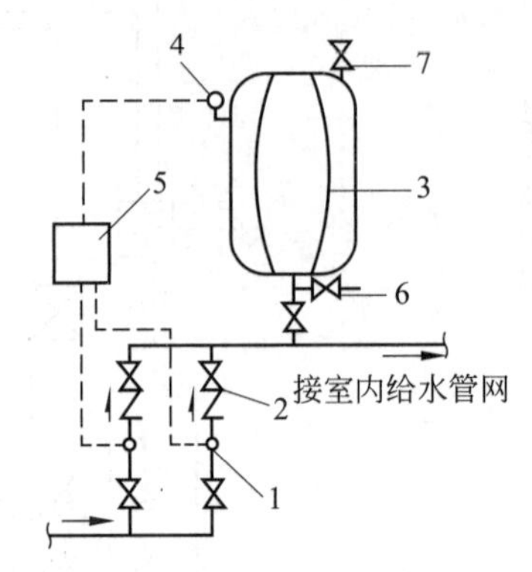

图 2-22 胆囊形隔膜式气压给水设备示意图

1—水泵;2—止回阀;3—隔膜式气压水罐;4—压力信号器;5—控制器;6—泄水阀;7—安全阀

6.叠压供水设备

叠压供水设备是利用室外给水管网余压直接抽水增压的二次供水设备。设备主要由稳流调节罐、真空抑制器(吸排气阀)、压力传感器、变频水泵和控制柜等组成,如图 2-23 所示。稳流调节罐与自来水管道相连接,起贮水和稳压作用;真空抑制器(吸排气阀)通过吸气可保证稳流调节罐内不产生负压,通过排气可将稳流调节罐内的空气排出罐外以保证在正压时罐内充满水。该设备具有可充分利用外网水压、降低能耗、设备占地少、节省机房面积等优点,适用于室外给水管网满足用户流量要求,但不能满足水压要求且叠压供水设备运行后对管网的其他用户不会产生不利影响的地区。

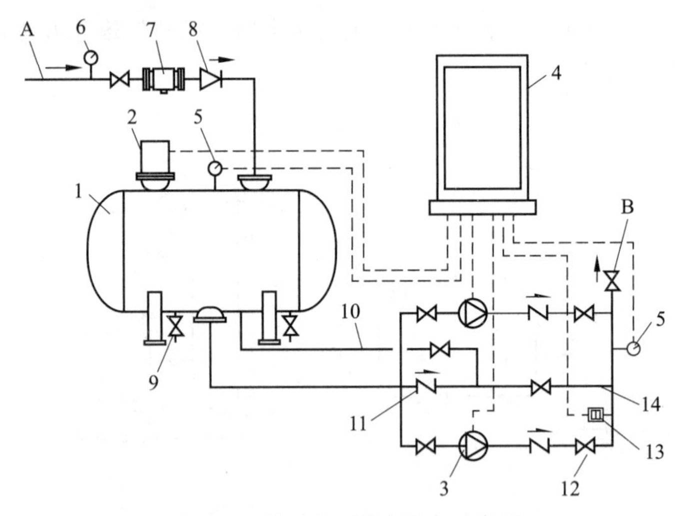

图 2-23 管网叠压供水设备示意图

1—稳流调节罐;2—真空抑制器;3—变频水泵;4—控制柜;5—压力传感器;6—负压表;7—过滤器;8—倒流防止器(可选);9—清洗排污阀;10—小流量保压管;11—止回阀;12—阀门;13—超压保护装置;14—旁通管;A—接外网管道;B—接用户管网

为减少二次污染及充分利用外网的压力,在条件许可时应优先考虑叠压供水的方案。叠压供水系统设计和设备选用应符合当地有关部门的规定,当叠压供水设备直接从城镇给水管网吸水时,其设计方案应经当地供水行政部门及供水部门的批准。

2.3 给水管道的布置与敷设

2.3.1 给水管道的布置

1. 布置原则

1）满足最佳水力条件

(1) 给水管道布置应力求短且直。

(2) 为充分利用室外给水管网的水压，给水引入管和室内给水干管宜布设在用水量最大处或不允许间断供水处。

2）满足安装维修及美观要求

(1) 给水管道应尽量沿墙、梁、柱水平或垂直敷设。

(2) 对美观要求较高的建筑物，给水管道可在管槽、管井、管沟及吊顶内暗设。

(3) 为便于检修，管井应每层设检修门，检修门宜开向走廊，每两层应有横向隔断。暗设在顶棚或管槽内的管道，在阀门处应留有检修门。

(4) 室内给水管道安装位置应有足够的空间以方便拆换附件。

(5) 给水引入管应有不小于 0.3%的坡度坡向室外给水管网或坡向阀门井、水表井，以便检修时排空管道。

3）保证生产及使用安全

(1) 给水管道的位置不应妨碍生产操作、交通运输和建筑物的使用。

(2) 给水管道不应布置在遇水会引起燃烧、爆炸或损坏的原料、产品和设备的上面，并应尽量避免在生产设备上面通过。

(3) 给水管道不应穿过配电间，以免因渗漏导致电气设备故障或短路。

(4) 对不允许断水的建筑，应从室外环状管网不同管段接出两条或两条以上给水引入管，在室内连成环状或贯通枝状双向供水。若条件达不到，可采取设贮水池(箱)或增设第二水源等安全供水措施。

4）保护管道免遭破坏

(1) 给水埋地管道应避免布置在可能会被重物压坏处。管道不得穿越生产设备基础，在特殊情况下必须穿越时，应与相关专业协商处理。

(2) 给水管道不得敷设在排水沟、烟道和风道内，不得穿过大便槽和小便槽，当给水立管距小便槽端部小于或等于 0.5m 时，应采取建筑隔断措施。

(3) 给水引入管与室内排出管外壁的水平距离不宜小于 1m。

(4) 建筑物内给水管与排水管之间的最小净距，在平行埋设时为 0.5m，在交叉埋设时为 0.15m，且给水管应在排水管的上面。

(5) 给水管宜有 0.2%～0.5%的坡度坡向泄水装置。

(6) 给水管不宜穿过伸缩缝、沉降缝或抗震缝，必须穿过时应采取有效措施。常用的措施有螺纹弯头法(如图 2-24 所示)、活动支架法(如图 2-25 所示)和软性接头法(金属波纹管或橡胶软管)。

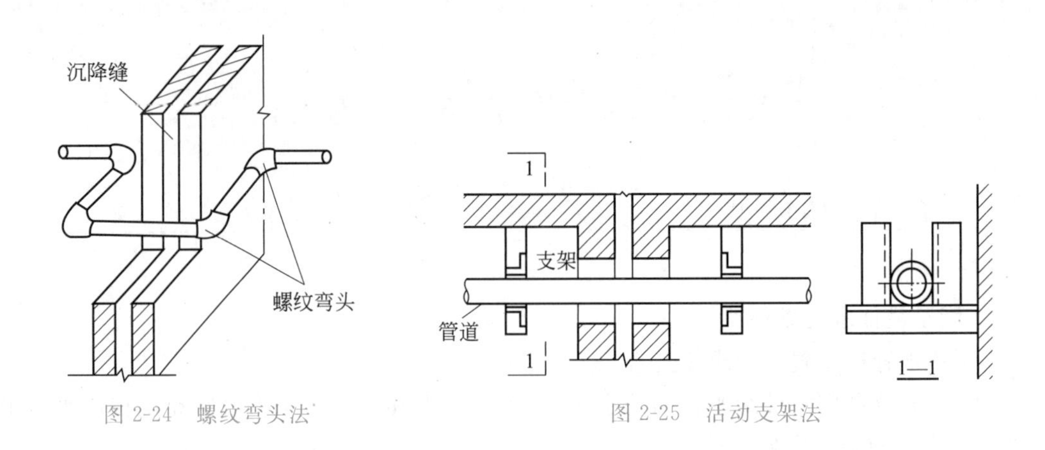

图 2-24 螺纹弯头法

图 2-25 活动支架法

2. 布置形式

给水管道的布置按供水可靠程度要求可分为枝状和环状两种形式。枝状管道单向供水，供水安全可靠性差，但节省管材、造价低；环状管道相互连通、双向供水、安全可靠，但管道长、造价高。

按照水平干管的敷设位置，可以布置成上行下给式、下行上给式和中分式。上行下给式水平配水管敷设在顶层顶棚下或吊顶之内，设有高位水箱的居住公共建筑、机械设备或地下管线较多的工业厂房多采用这种方式。与下行上给式布置相比，最高层配水点流出水头较高，安装在吊顶内的配水干管可能漏水或结露从而损坏吊顶和墙面。下行上给式水平配水管敷设在底层（明装、暗装或沟敷）或地下室顶棚下，居住建筑、公共建筑和工业建筑在用外网水压直接供水时多采用这种方式，其形式简单，明装便于安装维修。与上行下给式布置相比，最高层配水点流出水头较低，埋地管道检修不便。中分式布置方式的供水水平干管敷设在中间技术层或中间吊顶内，向上下两个方向供水，屋顶用作茶座、舞厅或设有中间技术层的高层建筑多采用这种方式，该形式管道安装在技术层内便于安装维修，有利于管道排气，不影响屋顶多功能使用，但需要设置技术层或增加某中间层的层高。

2.3.2 给水管道的敷设

1. 敷设形式

给水管道的敷设有明装、暗装两种形式。明装即管道外露，其优点是安装维修方便、造价低，但外露的管道影响美观，表面易结露、积尘，一般用于对卫生、美观没有特殊要求的建筑。暗装即管道隐蔽，如敷设在管道井、技术层、管沟、墙槽、顶棚或夹壁墙中，或直接埋地，或埋在楼板的垫层里，其优点是管道不影响室内的美观、整洁，但施工复杂、维修困难、造价高，适用于对卫生、美观要求较高的建筑，如宾馆、高级公寓和要求无尘、洁净的车间、实验室、无菌室等。

2. 敷设要求

引入管进入建筑内，一种情形是从建筑物的浅基础下通过；另一种是穿越承重墙或基础，其敷设方法如图 2-26 所示。在地下水位较高的地区，引入管穿地下室外墙或基础时，应采取防水措施，如添加防水套管等。

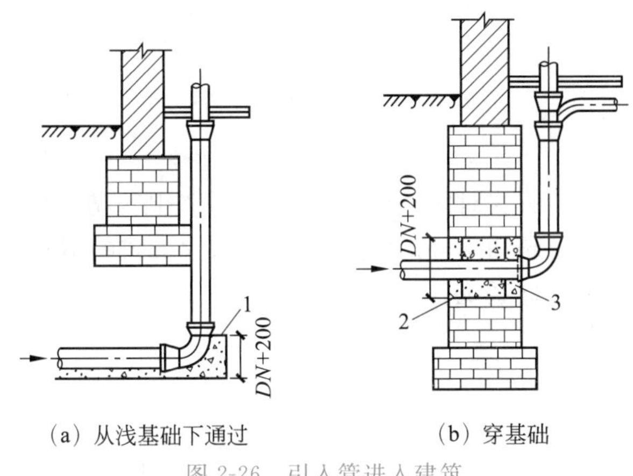

（a）从浅基础下通过　　（b）穿基础

图 2-26 引入管进入建筑

1—C5.5 混凝土支座；2—黏土；3—M5 水泥砂浆封口

室外埋地引入管要防止地面活荷载和冰冻的影响，其管顶覆土厚度不宜小于 0.7m，并应敷设在冰冻线以下 0.2m 处。建筑内埋地管在无活荷载和冰冻影响时，其管顶离地面高度不宜小于 0.3m。当将交联聚乙烯管或聚丁烯管用作埋地管时，应将其敷设在套管内，其分支处宜采用分水器。

给水横管穿承重墙或基础、立管穿楼板时均应预留孔洞。暗装管道在墙中敷设时，也应预留墙槽，以免临时打洞、刨槽影响建筑结构的强度。横管穿过预留孔洞时，管顶上部净空高度不得小于建筑物的沉降量，以保护管道不致因建筑沉降而损坏，其净空高度一般不小于 0.10m。

给水横干管宜敷设在地下室、技术层、吊顶或管沟内，宜有 0.2%～0.5%的坡度坡向泄水装置。立管可敷设在管道井内，给水管道与其他管道同沟或共架敷设时，宜敷设在排水管、冷冻管的上面或热水管、蒸汽管的下面。给水管不宜与输送易燃、可燃或有害的液体或气体的管道同沟敷设。在铁路或地下构筑物下面通过的给水管道，宜敷设在套管内。

管道在空间敷设时，必须采取固定措施，以保证施工方便与供水安全。固定管道常用的支托架如图 2-27 所示。给水钢质立管一般每层需安装一个管卡，当层高大于 5.0m 时，每层需安装两个。

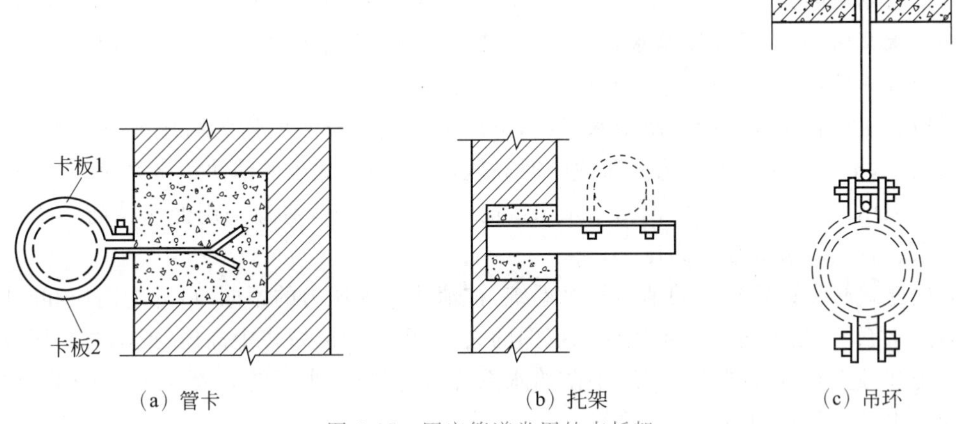

（a）管卡　　（b）托架　　（c）吊环

图 2-27 固定管道常用的支托架

2.4 消防给水系统

消防给水系统是在发生火灾时能够确保迅速、及时控制火势的管道系统。按照设置位置的不同可分为室内消防系统和室外消防系统;按照灭火方式的不同可分为消火栓系统、自动喷水灭火系统和固定灭火器系统。

2.4.1 室外消防给水系统

在一般建筑物内,消防给水通常与生活、生产给水共同组成一个系统,当建筑物对消防要求很高或者共用系统不经济或技术上不可能时(如高层建筑、生产对水质水压有特殊要求等),应设置独立的消防给水系统。

消防给水管道可采用低压管道、高压管道、临时高压管道和区域高压管道。

1. 低压管道

低压管道管网内平时水压较低,火场上水枪需要的压力由消防水车或其他移动式消防泵加压形成,保障最不利点消火栓的压力大于或等于 0.1MPa。

2. 高压管道

高压管道管网内经常保持足够的压力,火场上无须使用消防车或其他移动式水泵加压,而直接由消火栓接出水带、水枪灭火。

3. 临时高压管道

在临时高压给水管道内,水泵站内设有高压消防水泵,平时水压不高,当接到火警时,高压消防水泵启动,使管网内的压力达到高压给水管道的压力要求。

城镇、居住区、企业事业单位的室外消防给水管道,在有可能利用地势设置高位水池,或设置集中高压水泵房时,就有采用高压给水管道的可能。在一般情况下,多采用临时高压消防给水系统。

4. 区域高压管道

当城镇、居住区或工作场所有高层建筑时,一般情况下,能直接采用室外高压或临时高压消防给水系统的并不多见。通常采用区域(即数幢建筑物)合用泵房加压或独立(即每幢建筑物设水泵房)的临时高压给水系统,以保证数幢建筑的室内消火栓(室内其他消防设备)或一幢建筑物的室内消火栓(室内其他消防设备)的水压要求。

区域高压或临时高压的消防给水系统,可以采用室外或室内均为高压或临时高压的消防给水系统,也可以采用室内为高压或临时高压,而室外为低压的消防给水系统。

室内采用高压或临时高压消防给水系统时,一般情况下,室外采用低压消防给水系统。气压给水装置只能形成临时高压。

高层建筑必须设置独立的消防给水系统,按消防给水压力的不同,可分为高压和临时高压消防给水系统;按消防给水系统供水范围的大小,可分为区域集中高压(或临时高压)消防给水系统和独立高压(或临时高压)消防给水系统;按消防给水系统灭火方式的不同,可分为消火栓给水系统和自动喷水灭火系统。

2.4.2　室内消火栓给水系统的组成及设置

1. 室内消火栓给水系统的组成

室内消火栓给水系统一般由消火栓设备、消防卷盘、水泵接合器、消防管道、消防水池、消防水箱等组成。

1）消火栓设备

消火栓设备由水枪、水带和消火栓组成，均安装在消火栓箱内，如图2-28所示。

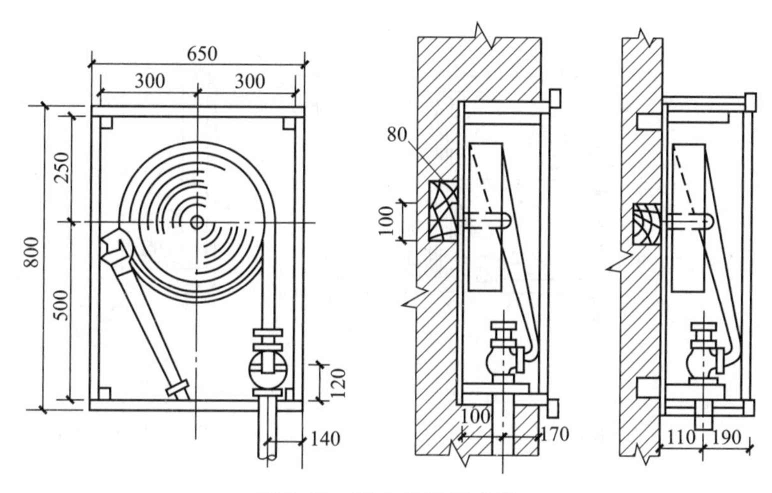

图2-28　消火栓箱示意图

水枪一般为直流式，用铝或塑料制成，喷嘴口径有13mm、16mm、19mm三种。13mm口径水枪配备直径为50mm的水带，16mm口径水枪可配直径为50mm或65mm的水带，19mm口径水枪配备直径为65mm的水带。低层建筑的消火栓可选用13mm或16mm口径水枪，高层建筑的消火栓应选用19mm口径水枪。

水带直径有50mm、65mm两种，长度一般为15mm、20mm、25mm、30mm四种；水带材质有麻织和化纤两种，有衬胶与不衬胶之分，衬胶水带阻力较小。水带长度应根据水力计算结果选定。

消火栓均为内扣式接口的球形阀式水龙头，有单出口和双出口之分，如图2-29所示。

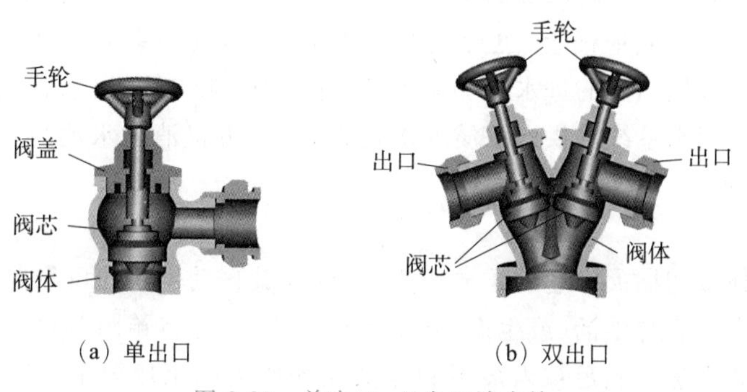

图2-29　单出口、双出口消火栓

双出口消火栓口径为 65mm；单出口消火栓口径有 50mm 和 65mm 两种。当每支水枪最小流量小于 5L/s 时选用口径为 50mm 的消火栓；最小流量大于或等于 5L/s 时选用口径为 65mm 的消火栓。

2）消防卷盘（消防水喉设备）

消防卷盘由 25mm 的小口径消火栓、内径 19mm 的胶带和口径不小于 6mm 的消防卷盘喷嘴组成。

通常将消火栓、水枪和水带按要求配套置于消火栓箱内。需要设置消防卷盘时，可按要求单独装入一箱内或将以上几种组件装于消火栓箱内，如图 2-30 所示。

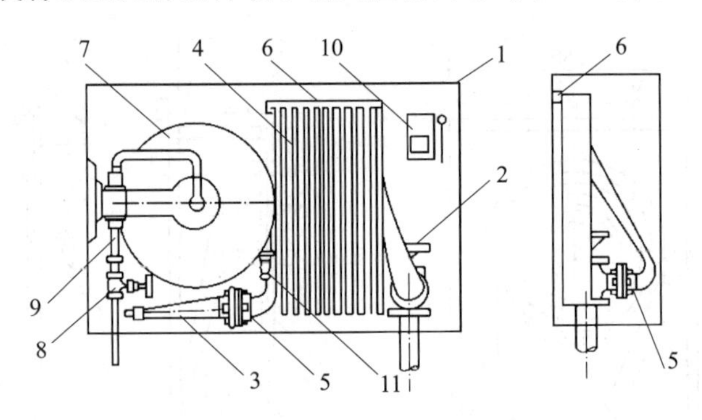

图 2-30 带消防卷盘的室内消火栓箱

1—消火栓箱；2—消火栓；3—水枪；4—水龙带；5—水龙带接扣；6—挂架；7—消防卷盘；8—闸阀；9—钢管；10—消防按钮；11—消防卷盘喷嘴

3）水泵接合器

在建筑消防给水系统中均应设置水泵接合器。水泵接合器是连接消防车向室内消防给水系统加压供水的装置，一端由消防给水管网水平干管引出，另一端设于消防车易于接近的地方，如图 2-31 所示。

4）消防管道

建筑物内消防管道是否与其他给水系统合用或独立设置，应根据建筑物的性质和使用要求经技术经济比较后确定。单独消防系统的给水管一般采用非镀锌钢管（水煤气钢管）或给水铸铁管；与生活、生产给水系统合用时，采用镀锌钢管或给水铸铁管。

5）消防水池

消防水池用于无室外消防水源的情况下，贮存火灾持续时间内的室内消防用水量。消防水池可设于室外地下或地面上，也可设在室内地下室，或与室内游泳池、水景水池兼用。消防水池应设有水位控制阀的进水管和溢水管、通气管、泄水管、出水管及水位指示器等附属装置。根据各种用水系统的供水水质要求是否一致，可将消防水池与生活或生产贮水池合用，也可单独设置。

6）消防水箱

消防水箱对扑救初期火灾起着重要作用，为确保其自动供水的可靠性，应采用重力自流供水方式。消防水箱宜与生活（或生产）高位水箱合用，以保持箱内贮水经常流动，防止水质变坏。水箱的安装高度应满足室内最不利点消火栓所需的水压要求，且应贮存室内 10min 的消防用水量。

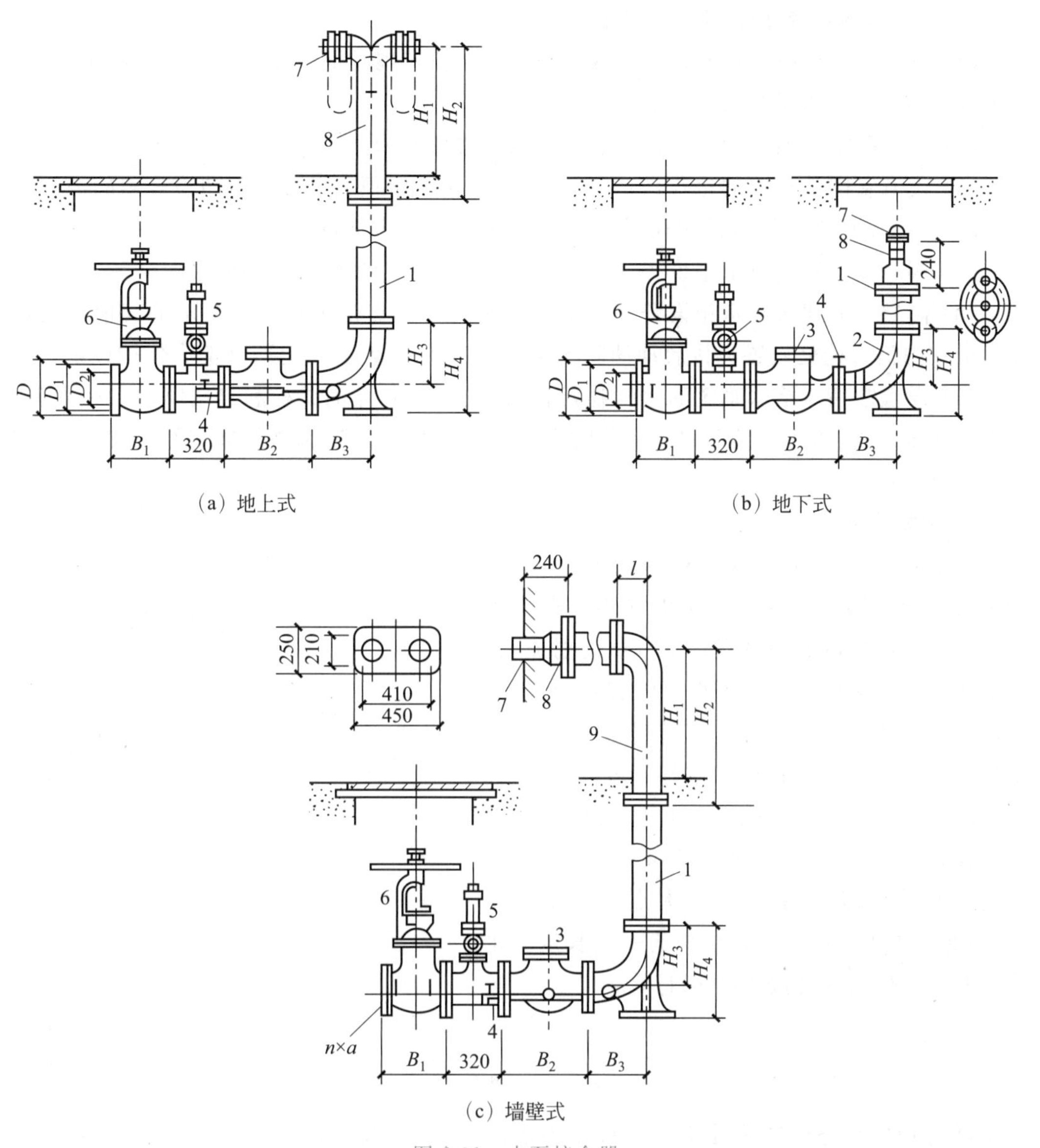

(a) 地上式

(b) 地下式

(c) 墙壁式

图 2-31　水泵接合器

1—法兰接管；2—弯管；3—升降式单向阀；4—放水阀；5—安全阀；6—楔式闸阀；7—进水用消防接扣；8—本体；9—法兰弯管

2. 室内消火栓给水系统的设置

1）室内消火栓的设置

室内消火栓的设置应符合下列要求。

(1) 设有消防给水的建筑物，其各层(无可燃物的设备层除外)均应设置消火栓。

(2) 室内消火栓的布置应保证有两支水枪的充实水柱同时到达室内任何部位(建筑高度小于或等于 24m，且体积小于或等于 5000m^3 的库房可采用一支)，均采用单出口消火栓，这是因为考虑到消火栓是室内的主要灭火设备，在任何情况下，均可使用室内消火栓进行灭火。当相邻消火栓受到火灾威胁而不能使用时，相邻的消火栓协同仍能保护任何部位。

(3) 消防电梯前室应设室内消火栓。

(4) 室内消火栓应设在明显易于取用的地点。栓口离地面高度为 1.1m,其出水方向宜向下或与设置消火栓的墙面成 90°。

(5) 冷库的室内消火栓应设在常温穿堂内或楼梯间内。

(6) 设有室内消火栓的建筑,当为平屋顶时宜在平屋顶上设置试验和检查用的消火栓。在寒冷地区,屋顶消火栓可设在顶层出口处、水箱间应采取防冻措施。

(7) 同一建筑物内应采用统一规格的消火栓、水枪和水带,以方便使用。

(8) 高层工业建筑和水箱设置高度不能满足最不利点消火栓水压要求的其他建筑,应在每个室内消火栓处设置直接启动消防水泵的按钮或报警信号装置,并应有保护设施。

(9) 设置常高压给水系统的建筑物,当能保证最不利点消火栓和自动喷水灭火设备等的水量和水压时,可不设消防水箱。临时高压给水系统应在建筑物的最高部位设置重力自流的消防水箱。

2) 水枪充实水柱长度

根据防火要求,从水枪射出的水流应具有射到着火点和足够冲击扑灭火焰的能力。充实水柱是指靠近水枪口的一段密集不分散的射流,充实水柱长度是指直流水枪灭火时的有效射程,是水枪射流中在 260~380mm 直径圆断面内、包含全部水量 75%~90%的密实水柱长度,如图 2-32 所示。火灾发生时,火场能见度低,要使水柱能喷到着火点、防止火焰的热辐射和着火物下落烧伤消防人员,消防员必须与着火点有一定的距离,因此要求水枪的充实水柱应有一定长度。水枪的充实水柱长度可按式(2-6)计算:

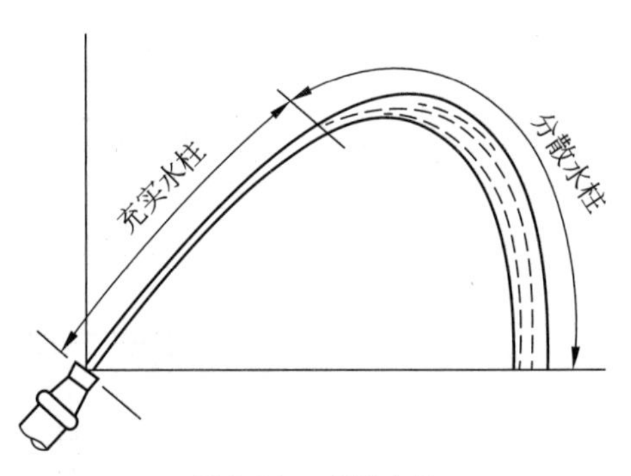

图 2-32 充实水柱

$$S_k = \frac{H_1 - H_2}{\sin\alpha} \tag{2-6}$$

式中,S_k为水枪的充实水柱长度 (m); α 为水枪倾角(一般为 45°~60°);H_1为室内最高着火点离地面高度(m);H_2为水枪喷嘴离地面高度,一般取 1m。

根据实验数据统计,当水枪的充实水柱长度小于 7m 时,火场的辐射热会使消防人员无法接近着火点,从而无法达到有效灭火的目的;当水枪的充实水柱长度大于 15m 时,因射流的反作用力会使消防人员无法把握水枪灭火。表 2-4 所示为各类建筑要求水枪充实水柱长度,设计时可参照选用。

3) 消火栓的保护半径

消火栓的保护半径是指某种规格的消火栓、水枪和一定长度的水带配套后,并考虑当消防人员使用该设备时有一定安全保障的条件下,以消火栓为圆心,消火栓能充分发挥作用的半径。

表 2-4　各类建筑要求水枪充实水柱长度

建筑物类别		充实水柱长度/m
低层建筑	一般建筑	≥7
	甲、乙类厂房>六层民用建筑>四层厂、库房	≥10
	高架库房	≥13
高层建筑	民用建筑高度≥100m	≥13
	民用建筑高度<100m	≥10
	高层工业建筑	≥13
人防工程内		≥10
停车库、修车库内		≥10

消火栓的保护半径可按式(2-7)计算：

$$R = L_d + L_s \tag{2-7}$$

式中，R 为消火栓的保护半径(m)；L_d为水带敷设长度(m)，每根水带长度不应超过 25m，需乘以水带的转弯曲折系数 0.8；L_s 为水枪充实水柱在平面上的投影长度，$L_s = S_k \cos\alpha$。

4）消火栓的间距

室内消火栓的间距应由计算确定，并且高层工业建筑，高架库房，甲、乙类厂房，其室内消火栓的间距不应超过 30m；其他单层和多层建筑室内消火栓的间距不应超过 50m。

(1) 当室内宽度较小，只有一排消火栓，并且要求有一股水柱达到室内任何部位时，可按图 2-33(a)布置，消火栓的间距可按式(2-8)计算：

$$S_1 = 2\sqrt{R^2 - b^2} \tag{2-8}$$

式中，S_1为一股水柱时的消火栓间距(m)；R 为消火栓的保护半径(m)；b 为消火栓的最大保护宽度，外廊式建筑为建筑物宽度，内廊式建筑为走道两侧中较大一侧的宽度(m)。

(2) 当室内只有一排消火栓，且要求有两股水柱同时达到室内任何部位时，可按图 2-33(b)布置，消火栓的间距可按式(2-9)计算：

$$S_2 = \sqrt{R^2 - b^2} \tag{2-9}$$

式中，S_2为两股水柱时的消火栓间距(m)。

(3) 当房间较宽，需要布置多排消火栓，且要求有一股水柱达到室内任何部位时，可按图 2-33(c)布置，消火栓的间距可按式(2-10)计算：

$$S_n = \sqrt{2}R \tag{2-10}$$

式中，S_n 为消火栓间距(m)。

(4) 当室内需要布置多排消火栓，且要求有两股水柱达到室内任何部位时，可按图 2-33(d)布置，即将按式(2-10)确定的间距缩短一半。

5）消防给水管道的设置

当室外消防用水量大于 15L/s，且室内消火栓个数多于 10 个时，室内消防给水管道应

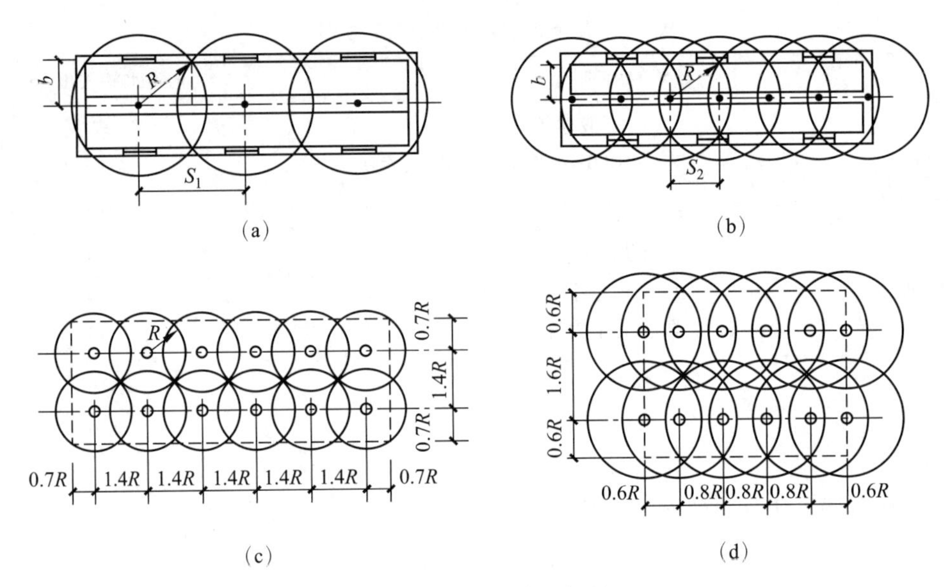

图 2-33 消火栓布置间距

布置成环状，进水管应布置两条。对于七～九层单元式住宅，允许采用一条进水管。

对于塔式和通廊式住宅，体积大于 10000m³ 的其他民用建筑、厂房和多于四层的库房，当室内消防立管大于或等于两条时，至少每两条立管相连组成环状管网。七～九层单元式住宅的消防立管允许布置成枝状。每条立管的直径应按以下原则并根据计算确定。

(1) 当每根立管最小流量不小于 5L/s 时，按最上层消火栓出水计算立管直径。

(2) 当每根立管最小流量不小于 10L/s 时，按最上两层消火栓出水计算立管直径。

(3) 当每根立管最小流量不小于 15L/s 时，按最上三层消火栓出水计算立管直径。

消火栓给水管网应与自动喷水灭火管网分开设置；当布置有困难时，可共用给水干管。

自动喷水灭火系统报警阀后不允许设消火栓。

室内消防给水管道应该用阀门分成若干独立段，当某段损坏时，检修关闭停止使用的消火栓在一层中不应超过五个。阀门的设置应便于管网维修和使用安全，并应有明显的启闭标志。多层、高层厂房、库房和多层民用建筑室内消防给水管网上阀门的布置应保证其中一条立管检修时，其余立管仍能供应消防水量。超过三条立管时，可关闭两条，其余立管仍能供应消防水量。

超过六层的住宅、超过五层的其他民用建筑、超过四层的厂房和库房以及高层工业建筑，其室内消防给水管网应设消防水泵接合器，水泵接合器应设在消防车易于到达的地点，同时还应考虑在其附近 15～40m 范围内有供消防车取水的室外消火栓或贮水池。每个水泵接合器流量可达到 10～15L/s，水泵接合器的数量应按室内消防用水量计算确定，一般不少于两个。

消防用水与其他用水合并的室内管道，当其他用水达到最大秒流量时，应能供应全部消防用水量。但其中淋浴用水量可按用水量的 15%计算，洗刷用水量可不计算在内。

当生产、生活用水量达到最大，且市政给水管道仍能满足室内外消防用水量时，室内消防泵的吸水管宜直接从市政管道接出吸水。

2.4.3 自动喷水灭火系统及设置

微课:室内消防给水系统

1. 分类和组成

1）湿式喷水灭火系统

该系统由闭式喷头、湿式报警阀、报警装置、管网及供水设施等组成，如图 2-34 所示。

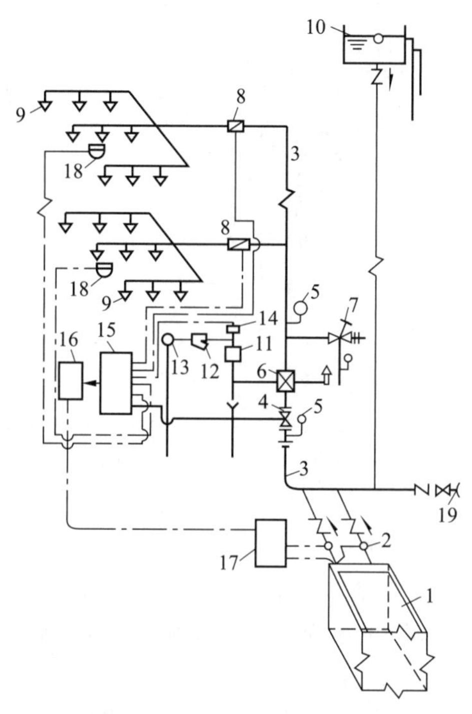

图 2-34 湿式喷水灭火系统

1—消防水池；2—消防泵；3—管网；4—蝶阀；5—压力表；6—湿式报警阀；7—泄放试验阀；8—水流指示器；9—喷头；10—高位水箱；11—延时器；12—过滤器；13—水力警铃；14—压力开关；15—报警控制器； 16—非标控制箱；17—水泵启动箱；18—探测器；19—水泵接合器

火灾发生初期，建筑物的温度不断上升，当温度上升到闭式喷头温感元件爆破或熔化脱落时，喷头即自动喷水灭火。此时，管网中的水由静止变为流动，水流指示器被感应送出电信号，在报警控制器上指示某一区域已在喷水。持续喷水造成报警阀的上部水压低于下部水压，其压力差达到一定值时，原来处于关闭状态的报警阀就会自动开启。此时，消防水通过湿式报警阀，流向干管和配水管供水灭火。同时一部分水流沿着报警阀的环行槽进入延迟器、压力开关及水力警铃等设施发出火警信号。此外，根据水流指示器和压力开关的信号或消防水箱的水位信号，控制箱内的控制器能自动启动消防泵向管网加压供水，达到持续自动供水的目的。

该系统结构简单，使用方便、可靠，便于施工、管理，灭火速度快、控火效率高，比较经济，适用范围广，但由于管网中充有有压水，当渗漏时会损坏建筑装饰和影响建筑的使用。该系统适合安装在常年室温不低于 4℃且不高于 70℃，能用水灭火的建筑物、构筑物内。

2）干式喷水灭火系统

该系统由闭式喷头、管道系统、干式报警阀、干式报警控制装置、充气设备、排气设备和供水设施等组成，如图 2-35 所示。

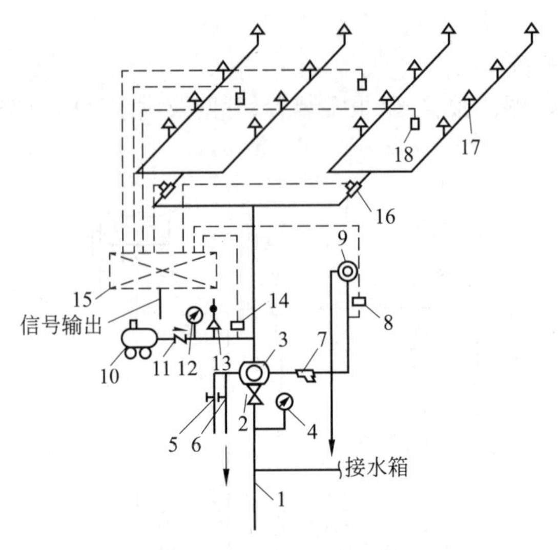

图 2-35　干式自喷系统

1—供水管；2—闸阀；3—干式报警阀；4，12—压力表；5，6—截止阀；7—过滤器；8，14—压力开关；9—水力警铃；10—空压机；11—止回阀；13—安全阀；15—火灾报警控制箱；16—水流指示器；17—闭式喷头；18—探测器

该系统与湿式喷水灭火系统类似，只是控制信号阀的结构和作用原理不同。配水管网与供水管间设置干式报警阀隔开，在配水管网中平时充满有压气体，火灾发生时，喷头首先喷出气体，致使管网中压力降低，供水管道中的压力水打开控制信号阀进入配水管网，然后从喷头喷水灭火。

其特点是：报警阀后的管道无水、不怕冻、不怕环境温度高，也可用在水渍不会造成严重损失的场所。干式系统和湿式系统相比较，多增设了一套充气设备，一次性投资高、平时管理较复杂、灭火速度较慢，适用于温度低于 4℃或高于 70℃的场所。

3）预作用喷水灭火系统

该系统由预作用阀门、闭式喷头、管网、报警装置、供水设施及探测和控制系统组成，是设在雨淋阀（属于干式报警阀）之后的管道系统，平时充以有压或无压气体（空气或氮气）。当火灾发生时，与喷头安装在一起的火灾探测器首先探测出火灾的存在，发出声响报警信号，控制器在将报警信号做声光显示的同时，开启雨淋阀，使消防水进入管网，并在较短的时间内完成充水（不宜大于 3min），即原来的干式系统迅速转变为湿式系统，以后的操作与湿式系统相同。

该系统综合运用了火灾自动探测控制技术和自动喷水灭火技术，兼容了湿式系统和干式系统的特点。系统平时为干式，火灾发生时立刻变成湿式，同时可进行火灾初期的报警。系统由干式转为湿式的过程包含灭火预备功能，故称为预作用喷水灭火系统。这种系统由于有独到的功能和特点，因此有取代干式喷水灭火系统的趋势。

预作用喷水灭火系统适用于冬季结冰和不能供暖的建筑物内，以及不允许有误喷而造成水渍损失的建筑物(如高级旅馆、医院、重要办公楼、大型商场等)和构筑物。

4)雨淋喷水灭火系统

该系统由开式喷头、管道系统、雨淋阀、火灾探测器、报警控制装置、控制组件和供水设备等组成。

正常情况时,雨淋阀后的管网充满水或压缩空气,其中的压力与进水管中水压相同,此时,雨淋阀由于传动系统中的水压作用而紧紧关闭。当建筑物发生火灾时,火灾探测器探测到火灾,便立即向控制器送出火灾信号,控制器将此信号做声光显示并输出相应控制信号,由自动控制装置打开集中控制阀门,自动释放掉传动管网中有压力的水,使传动系统中的水压骤然降低,使整个保护区域的所有喷头开始喷水灭火。该系统具有出水量大、灭火及时的优点,适用于火灾蔓延快、危险性较大的建筑物。

5)水幕系统

该系统由水幕喷头、控制阀(雨淋阀或干式报警阀等)、探测系统、报警系统和管道等组成,如图 2-36 所示。

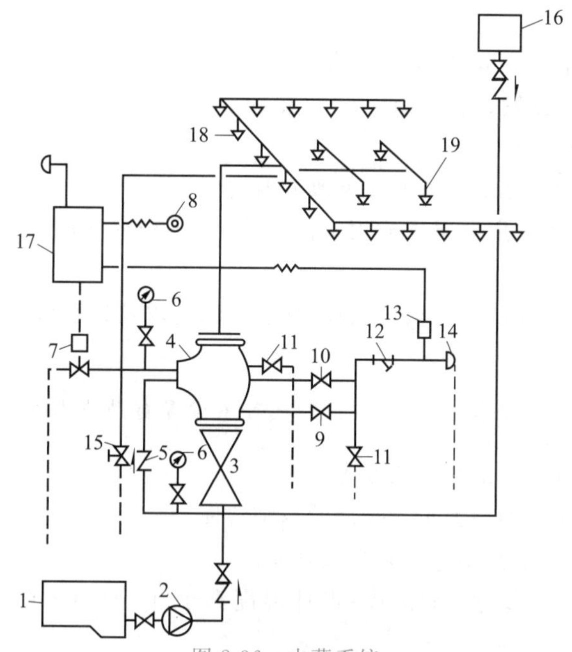

图 2-36 水幕系统

1—水池;2—水泵;3—供水阀;4—雨淋阀;5—止回阀;6—压力表;7—电磁阀;8—按钮;
9—试警铃阀;10—警铃管阀;11—放水阀;12—滤网;13—压力开关;14—警铃;
15—手动快开阀;16—水箱;17—电控箱;18—水幕喷头;19—闭式喷头

水幕系统用开式水幕喷头将水喷洒成水帘幕状,并不能直接用来扑灭火灾,通常与防火卷帘、防火幕配合使用,对它们进行冷却并提高它们的耐火性能,阻止火势扩大和蔓延;也可单独使用,用来保护建筑物的门窗、洞口或在大空间造成防火水帘,起防火分隔作用。

6)水喷雾灭火系统

该系统由水源、供水设备、管道、雨淋阀组、过滤器和水雾喷头等组成,如图 2-37 所示。

其灭火原理是当水以细小的雾状水滴喷射到正在燃烧的物质表面时,产生表面冷却、窒息、乳化和稀释的综合效应,实现灭火。

水喷雾灭火系统具有适用范围广的优点，不仅可以提高扑灭固体火灾的灭火效率，同时由于水雾具有不会造成液体火飞溅、电气绝缘性好的特点，在扑灭可燃液体火灾、电气火灾中均得到广泛的应用。

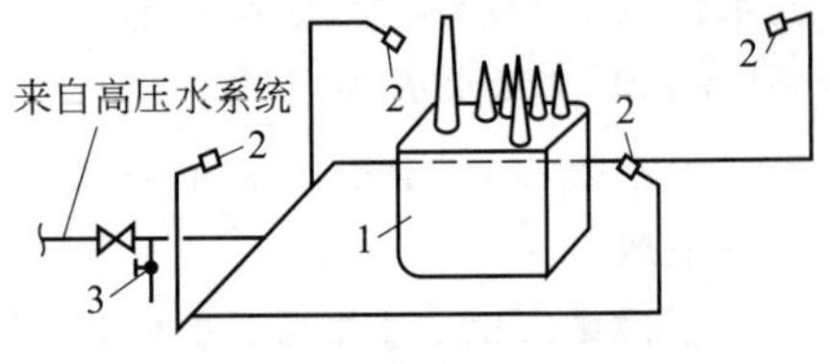

图 2-37　水喷雾灭火系统

1—变压器；2—水雾喷头；3—排水阀

2. 自动喷水灭火系统设置规定

在《建筑设计防火规范》(2018 年版)(GB 50016—2014)和《自动喷水灭火系统设计规范》(GB 50084—2017)中做出了设置规定，下列部位应设置闭式自动喷水灭火设备。

1) 除另有规定和不宜用水保护或灭火的场所外，下列厂房或生产部位应设置自动灭火系统，并宜采用自动喷水灭火系统

(1) 不小于 50000 纱锭的棉纺厂的开包、清花车间，不小于 5000 锭的麻纺厂的分级、梳麻车间，火柴厂的烤梗、筛选部位。

(2) 占地面积大于 $1500m^2$ 或总建筑面积大于 $3000m^2$ 的单、多层制鞋、制衣、玩具及电子等类似生产的厂房。

(3) 占地面积大于 $1500m^2$ 的木器厂房。

(4) 泡沫塑料厂的预发、成型、切片、压花部位。

(5) 高层乙、丙类厂房。

(6) 建筑面积大于 $500m^2$ 的地下或半地下丙类厂房。

2) 除另有规定和不宜用水保护或灭火的仓库外，下列仓库应设置自动灭火系统，并宜采用自动喷水灭火系统

(1) 占地面积超过 $1000m^2$ 的棉、毛、丝、麻、化纤、毛皮及其制品库房。

单座占地面积不大于 $2000m^2$ 的棉花库房，可不设置自动喷水灭火系统。

(2) 占地面积超过 $600m^2$ 的火柴库房。

(3) 邮政建筑内建筑面积大于 $500m^2$ 的空邮袋库。

(4) 可燃、难燃物品的高架仓库和高层仓库。

(5) 设计温度高于 0℃ 的高架冷库；设计温度高于 0℃ 且每个防火分区建筑面积大于 $1500m^2$ 非高架冷库。

(6) 总建筑面积大于 $500m^2$ 的可燃物品地下仓库。

(7) 占地面积超过 $1500m^2$ 或总建筑面积大于 $3000m^2$ 的其他单层或多层丙类物品仓库。

3) 除另有规定和不宜用水保护或灭火的仓库外，下列高层居民用建筑或场所应设置自动灭火系统，并宜采用自动喷水灭火系统

(1) 一类高层公共建筑(除游泳池、溜冰场外)及其地下、半地下室。

(2) 二类高层公共建筑及其地下、半地下室的公共活动用房、走道、办公室和旅馆的客房、可燃物品库房、自动扶梯底部。

(3) 高层民用建筑内的歌舞娱乐放映游艺场所。

(4) 建筑高度大于 100m 的住宅建筑。

4）除另有规定和不用水保护或灭火的仓库外，下列单、多层民用建筑或场所应设置自动灭火系统，并宜采用自动喷水灭火系统

（1）特等、甲等剧场，超过1500个座位的其他等级的剧场；超过2000个座位的会堂或礼堂；超过3000个座位的体育馆；超过5000个座位的体育馆的室内人员休息室与器材间等。

（2）任一层建筑面积大于1500m^2或总建筑面积大于3000m^2的展览、商店、餐饮和旅馆建筑以及医院中同样建筑规模的病房楼、门诊楼和手术部。

（3）设置送回风道（管）的集中空气调节系统且总建筑面积大于3000m^2的办公建筑等。

（4）藏书量超过50万册的图书馆。

（5）大、中型幼儿园，老年人照料设施。

（6）总建筑面积大于500m^2的地下或半地下商店。

（7）设置在地下、半地下或地上四层及以上楼层的歌舞娱乐放映游艺场所（除游泳场所外），设置在首层、二层和三层且任一层建筑面积大于3000m^2的地上歌舞娱乐放映游艺场所（除游泳场所外）。

5）下列部位宜设置水幕系统

（1）特等、甲等剧场，超过1500个座位的其他等级的剧场；超过2000个座位的会堂或礼堂和高层民用建筑内超过800个座位的剧场或礼堂的舞台口及上述场所内与舞台相连的侧台、后台的洞口。

（2）应设置防火墙等防火分隔物而无法设置的局部开口部位。

（3）需要防护冷却的防火卷帘或防火幕的上部。

注意

舞台口也可采用防火幕进行分隔，侧台、后台的较小洞口应设置乙级防火门、窗。

6）下列建筑或部位应设置雨淋自动喷水灭火系统

（1）火柴厂的氯酸钾压碾厂房，建筑面积超过100m^2且生产或使用硝化棉、喷漆棉、火胶棉、赛璐珞胶片、硝化纤维的厂房。

（2）乒乓球厂的轧坯、切片、磨球、分球检验部位。

（3）建筑面积大于60m^2或储存量超过2t的硝化棉、喷漆棉、火胶棉、赛璐珞胶片、硝化纤维的仓库。

（4）日装瓶数量大于3000瓶的液化石油气储配站的灌瓶间、实瓶库。

（5）特等、甲等剧场、超过1500个座位的其他等级的剧场和超过2000个座位的会堂或礼堂的舞台葡萄架下部。

（6）建筑面积不小于400m^2的演播室，建筑面积超过500m^2的电影摄影棚。

7）下列场所应设置自动灭火系统，并宜采用水喷雾灭火系统

（1）单台容量在40MV·A及以上的厂矿企业油浸变压器，单台容量在90MV·A及以上的电厂油浸变压器，单台容量在125MV·A及以上的独立变电站油浸变压器。

（2）飞机发动机试验台的试车部位。

（3）充可燃油并设置在高层民用建筑内的高压电容器和多油开关室。

设置在室内的油浸变压器、充可燃油的高压电容器和多油开关室，可采用细水雾灭火系统。

3. 自动喷水灭火系统的组件

1）喷头

闭式喷头是一种直接喷水灭火的组件，是带有热敏感元件及其密封组件的自动喷头。该热敏感元件可在预定温度范围下动作，使热敏感元件及其密封组件脱离喷头主体，并按规定的形状和水量在规定的保护面积内喷水灭火。它的性能好坏直接关系着系统的启动和灭火、控火效果。此种喷头按热敏感元件划分，可分为玻璃球喷头和易熔元件喷头两种类型；按安装形式、布水形状又可分为直立型喷头、下垂型喷头、边墙型喷头、吊顶型喷头和干式下垂型喷头等，如图 2-38 所示。它们的适用场所、溅水盘朝向和喷水量分配如表 2-5 所示。另外还有四种具有特殊结构或用途的喷头：自动启闭洒水喷头、快速反应洒水喷头、扩大覆盖面洒水喷头和大水滴洒水喷头。

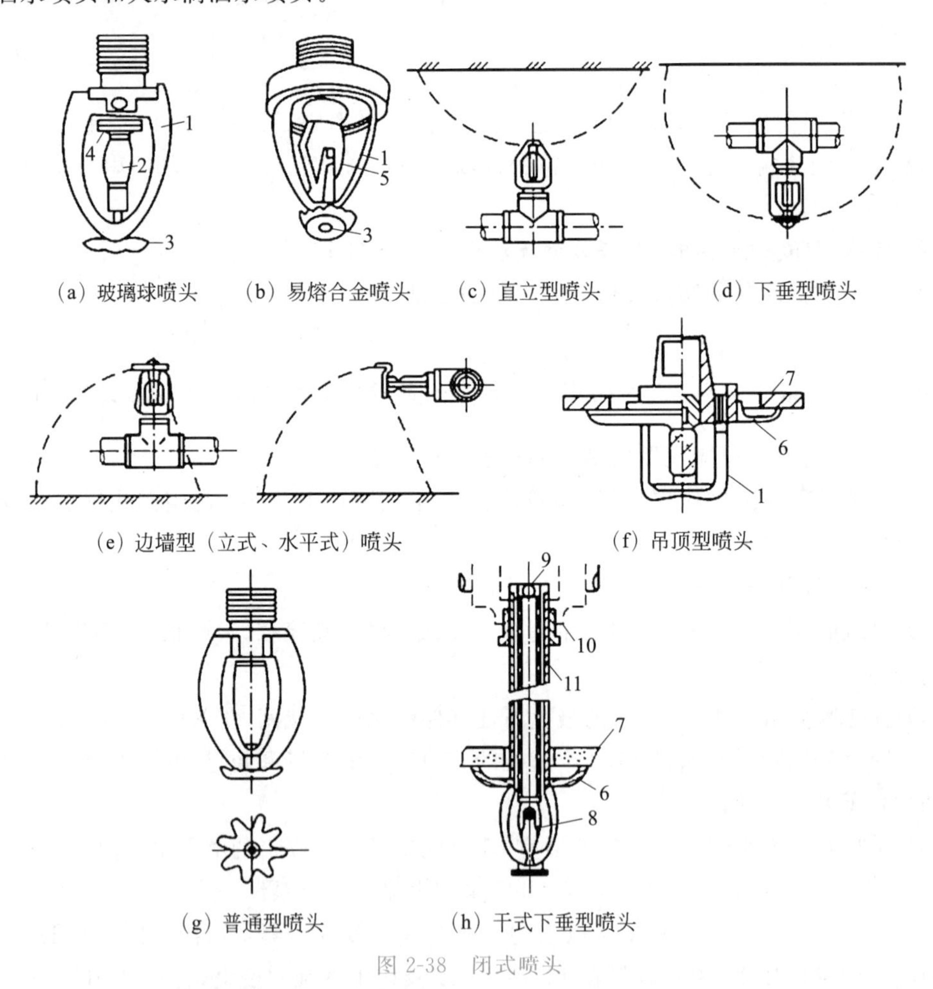

图 2-38　闭式喷头

1—支架；2—玻璃球；3—溅水盘；4—喷水口；5—合金锁片；6—装饰罩；7—吊顶；8—热敏元件；9—钢球；10—密封圈；11—套筒

表 2-5 常用闭式喷头的性能

喷头类别	适用场所	溅水盘朝向	喷水量分配
玻璃球喷头	宾馆等美观要求较高或具有腐蚀性的场所;环境温度高于－10℃	—	—
易熔合金喷头	外观要求不高或腐蚀性不大的工厂、仓库或民用建筑	—	—
直立型喷头	在管道下经常有移动物体的场所或尘埃较多的场所	向上安装	向下喷水量占 60%～80%
下垂型喷头	管道要求隐蔽的各种保护场所	向下安装	全部水量洒向地面
边墙型喷头	安装空间狭窄、走廊或通道状建筑,以及需靠墙壁安装	向上或水平安装	水量的 85% 喷向喷头前方,15%喷在后面
吊顶型喷头	装饰型喷头,可安装于旅馆、客房、餐厅、办公室等建筑	向下安装	—
普通型喷头	可直立或下垂安装,适用于有可燃吊顶的房间	向上或向下均可	水量的 40%～60%向地面喷洒,部分水量喷向顶棚
干式下垂型喷头	专用于干式喷水灭火系统的下垂型喷头	向下安装	全部水量洒向地面

开式喷头根据用途可分为开启式、水幕、喷雾三种类型,构造如图 2-39 所示。

选择喷头时应注意下列情况。

(1) 应严格按照环境温度选用喷头温级。为了准确有效地使喷头发挥作用,在不同的环境温度场所内设置喷头时,喷头公称动作温度要比环境温度高 30℃左右。

(2) 在蒸汽压力小于 0.1MPa 的散热器附近 2m 以内的空间,采用高温级喷头(121～149℃);2～6m 以内在空气热流趋向的一面采用中温级喷头(79～107℃)。

(3) 在没有保温的蒸汽管上方 0.76m 和两侧 0.3m 以内的空间,应采用中温级喷头(79～107℃);在低压蒸汽安全阀旁边 2m 以内,采用高温级喷头(121～149℃)。

(4) 在既无绝热措施,又无通风的木板或瓦楞铁皮房顶的闷顶中,以及受到日光暴晒的玻璃天窗下,应采用中温级喷头(79～107℃)。

(5) 在装置喷头的场所,应注意防止腐蚀性气体的侵蚀,为此要进行防腐处理;喷头不得受外力的撞击,并应经常清除喷头上的尘土。

闭式喷头的公称动作温度和色标如表 2-6 所示。

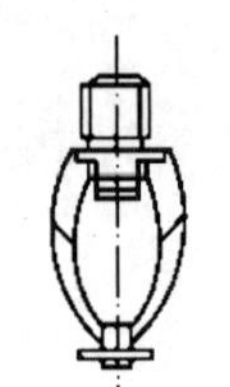
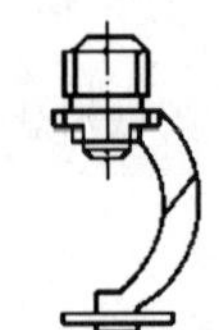
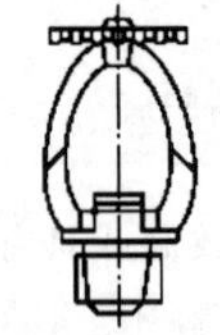
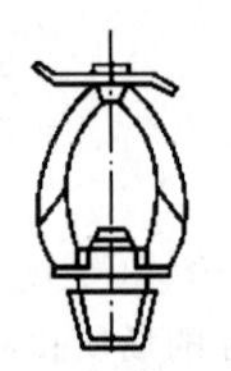

（1）双臂下垂式　（2）单臂下垂式　（3）双臂直立式　（4）双臂边墙式

（a）开启式洒水喷头

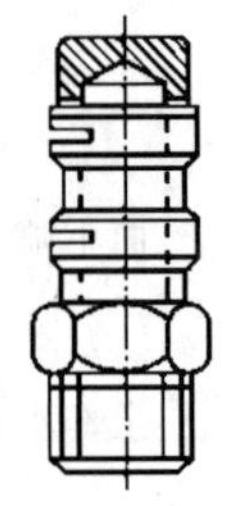
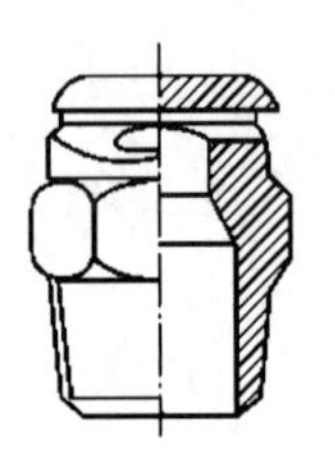

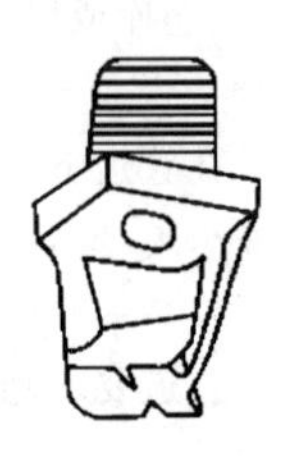

（1）双隙式　（2）单隙式　（3）窗口式　（4）檐口式

（b）水幕喷头

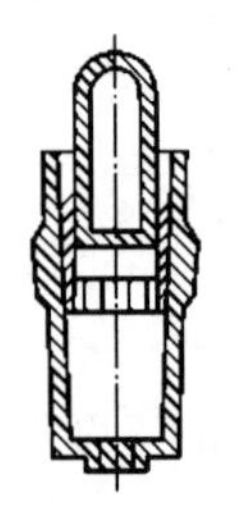
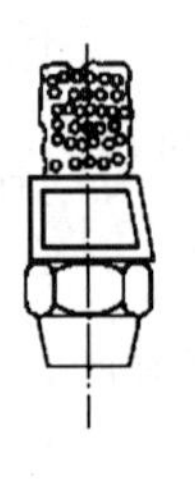

（1—1、1—2 高速喷雾式）　（2）中速喷雾式

（c）喷雾喷头

图 2-39　开式喷头

表 2-6　闭式喷头的公称动作温度和色标

玻璃球喷头		易熔元件喷头	
公称动作温度/℃	工作液色标	公称动作温度/℃	轭臂色标
57	橙色	57～77	本色
68	红色	80～107	白色
79	黄色	121～149	蓝色
93	绿色	163～191	红色
141	蓝色	204～246	绿色
182	紫红色	260～302	橙色
227	黑色	320～343	黑色
260	黑色	—	—
343	黑色	—	—

2）水力警铃

水力警铃主要用于湿式喷水灭火系统，安装在湿式报警阀附近（其连接管不宜超过6m），当报警阀打开消防水源后，具有一定压力的水流冲动叶轮，旋转铃锤，打铃报警。水力警铃不得由电动报警装置取代。

3）报警阀

报警阀的作用是开启或关闭管网的水流，传递控制信号至控制系统并启动水力警铃直接报警，有湿式、干式、干湿式和雨淋式四种类型。

4）延迟器

延迟器是一个罐式容器，安装在报警阀与水力警铃（或压力开关）之间，用来防止由于水压波动引起报警阀开启而导致的误报。

5）火灾探测器

火灾探测器有感烟和感温两种类型，布置在房间或走道的顶棚下面。

2.4.4 灭火器及其设置

1. 灭火器配置场所

为了有效地扑救工业与民用建筑初起火灾，减少火灾损失，保护人身和财产的安全，需要合理配置建筑灭火器。《建筑灭火器配置设计规范》(GB 50140—2005)适用于生产、使用或储存可燃物的新建、改建、扩建的工业与民用建筑工程；不适用于生产或储存炸药、弹药、火工品、花炮的厂房或库房。

2. 灭火器配置场所的火灾种类和危险等级

(1) 火灾种类。根据灭火器配置场所内的物质及其燃烧特性可划分为以下五类。

① A类火灾：固体物质火灾。

② B类火灾：液体或可熔化固体物质火灾。

③ C类火灾：气体火灾。

④ D类火灾：金属火灾。

⑤ E类火灾（带电火灾）：物体带电燃烧的火灾。

(2) 危险等级。民用建筑灭火器配置场所的危险等级，根据其使用性质、人员密集程度、用电用火情况、可燃物数量、火灾蔓延速度、扑救难易程度等因素，划分为以下三级。

① 严重危险级：使用性质重要，人员密集，用电用火多，可燃物多，起火后蔓延迅速，扑救困难，容易造成重大财产损失或人员群死群伤的场所。

② 中危险级：使用性质较重要，人员较密集，用电用火较多，可燃物较多，起火后蔓延较迅速，扑救较难的场所。

③ 轻危险级：使用性质一般，人员不密集，用电用火较少，可燃物较少，起火后蔓延较缓慢，扑救较易的场所。

3. 灭火器的选择

灭火器的选择应考虑灭火器配置场所的火灾种类、危险等级、灭火器的灭火效能和通用性、灭火剂对保护物品的污损程度、灭火器设置点的环境温度、使用灭火器人员的体能等因素。

在同一灭火器配置场所，宜选用相同类型和操作方法的灭火器。当同一灭火器配置场所存在不同火灾种类时，应选用通用型灭火器。

在同一灭火器配置场所，当选用两种或两种以上类型灭火器时，应选用灭火剂相容的灭火器。

不相容的灭火剂如表 2-7 所示。

表 2-7 不相容的灭火剂

灭火剂类型	不相容的灭火剂	
干粉与干粉	磷酸铵盐	碳酸氢钠、碳酸氢钾
干粉与泡沫	碳酸氢钠、碳酸氢钾	蛋白泡沫
泡沫与泡沫	蛋白泡沫、氟蛋白泡沫	水成膜泡沫

4. 灭火器的类型选择

（1）A 类火灾场所应选择水型灭火器、磷酸铵盐干粉灭火器、泡沫灭火器或卤代烷灭火器。

（2）B 类火灾场所应选择泡沫灭火器、碳酸氢钠干粉灭火器、磷酸铵盐干粉灭火器、二氧化碳灭火器、灭 B 类火灾的水型灭火器或卤代烷灭火器。极性溶剂的 B 类火灾场所应选择灭 B 类火灾的抗熔性灭火器。

（3）C 类火灾场所应选择磷酸铵盐干粉灭火器、碳酸氢钠干粉灭火器、二氧化碳灭火器或卤代烷灭火器。

（4）D 类火灾场所应选择扑灭金属火灾的专用灭火器。

（5）E 类火灾场所应选择磷酸铵盐干粉灭火器、碳酸氢钠干粉灭火器、卤代烷灭火器或二氧化碳灭火器，但不得选用装有金属喇叭喷筒的二氧化碳灭火器。

5. 灭火器的设置

灭火器应设置在位置明显和便于取用的地点，且不得影响安全疏散。对有视线障碍的灭火器设置点，应设置指示其位置的发光标志。灭火器的摆放应稳固，其铭牌应朝外。手提式灭火器宜设置在灭火器箱内或挂钩、托架上，其顶部离地面高度不应大于 1.50m；底部离地面高度不宜小于 0.08m。灭火器箱不得上锁。灭火器不宜设置在潮湿或强腐蚀性的地点；当必须设置时，应有相应的保护措施。灭火器设置在室外时，应有相应的保护措施。灭火器不得设置在超出其使用温度范围的地点。

设置在 A 类火灾场所的灭火器，其最大保护距离应符合表 2-8 的规定。设置在 B、C 类火灾场所的灭火器，其最大保护距离应符合表 2-9 的规定。设置在 D 类火灾场所的灭火器，其最大保护距离应根据具体情况研究确定。设置在 E 类火灾场所的灭火器，其最大保护距离不应低于该场所内 A 类或 B 类火灾的规定。

表 2-8 A 类火灾场所的灭火器最大保护距离　　单位：m

危险等级	手提式灭火器	推车式灭火器
严重危险级	15	30
中危险级	20	40
轻危险级	25	50

表 2-9　B、C 类火灾场所的灭火器最大保护距离　　单位：m

危险等级	手提式灭火器	推车式灭火器
严重危险级	9	18
中危险级	12	24
轻危险级	15	30

6. 灭火器的配置

一个计算单元内配置的灭火器数量不得少于两具。每个设置点的灭火器数量不宜多于五具。当住宅楼每层的公共部位建筑面积超过 100m^{2}时，应配置一具 1A 的手提式灭火器；每增加 100m^{2}时，应增配一具 1A 的手提式灭火器。

灭火器的最低配置标准：A 类火灾场所灭火器的最低配置标准应符合表 2-10 的规定。B、C 类火灾场所灭火器的最低配置标准应符合表 2-11 的规定。D 类火灾场所灭火器的最低配置标准应根据金属的种类、物态及其特性等研究确定。E 类火灾场所灭火器的最低配置标准不应低于该场所内 A 类(或 B 类)火灾的规定。

表 2-10　A 类火灾场所灭火器的最低配置标准

危 险 等 级	严重危险级	中危险级	轻危险级
单具灭火器最小配置灭火级别	3A	2A	1A
单位灭火级别最大保护面积/(m^2/A)	50	75	110

表 2-11　B、C 类火灾场所灭火器的最低配置标准

危 险 等 级	严重危险级	中危险级	轻危险级
单具灭火器最小配置灭火级别	89B	55B	21B
单位灭火级别最大保护面积/(m^2/B)	0.5	1.0	1.5

2.5　建筑内部热水及饮水供应系统

2.5.1　热水供应系统的分类

1. 按供水范围大小分类

微课：热水供应系统的分类

建筑内部的热水供应系统按供水范围的大小，可分为局部热水供应系统、集中热水供应系统和区域热水供应系统。

局部热水供应系统供水范围小，热水分散制备，一般采用小型加热器在用水场所就地加热水，供局部范围内一个或几个配水点使用；其系统简单，造价低，维修管理容易，热水管道短，热损失小；适用于使用要求不高，用水点少而分散的建筑；其热源宜采用蒸汽、煤气、炉灶余热、电或太阳能等。

集中热水供应系统如图 2-40 所示，其供水范围大，热水集中制备，用管道输送到各配水

点；一般在建筑内设专用锅炉房或热交换器将水集中加热后，通过热水管道将水输送到一幢或几幢建筑使用；其加热设备集中，管理方便，但设备系统复杂，建设投资较高，管道热损失较大；适用于热水用量大、用水点多且分布较集中的建筑。

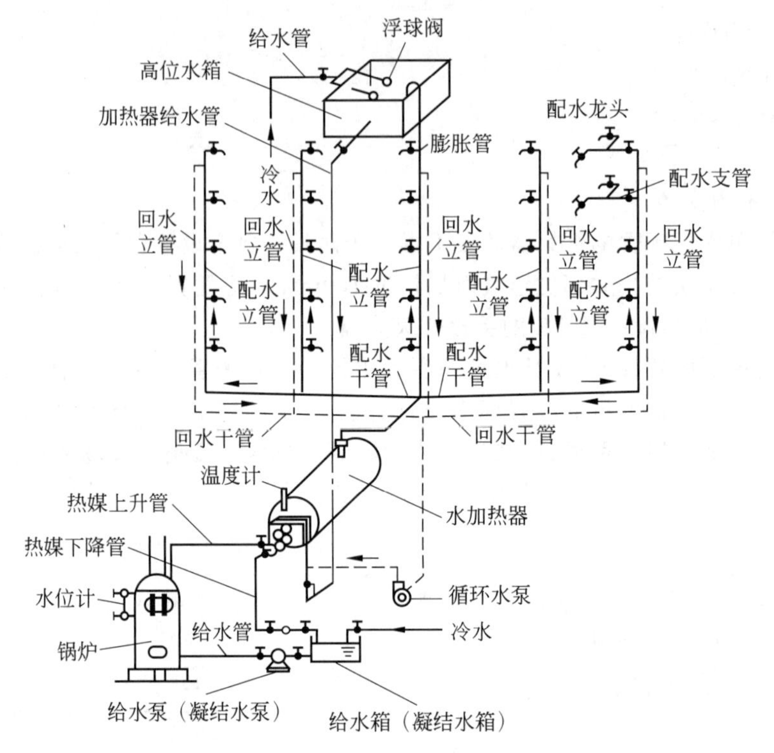

图 2-40 热媒为蒸汽的集中热水供应系统

区域热水供应系统中，水在热电厂、区域性锅炉或区域热交换站加热，通过室外热水管网将热水输送至城市街坊、住宅小区各建筑中。该系统便于集中统一维护管理和热能综合利用，并且消除了分散的小型锅炉房，减少环境污染。缺点是设备、系统复杂，需敷设室外供水和回水管道，基建投资较高。集中热水供应系统适用于要求供热水的建筑较多且较集中的区域住宅和大型工业企业。

2. 按管网压力工况分类

按管网压力工况的特点，可分为开式热水供应系统和闭式热水供应系统。开式热水供应系统中一般是在管网顶部设有水箱，管网与大气连通，系统内的水压仅取决于水箱的设置高度，而不受室外给水管网水压波动的影响。所以，当给水管道的水压变化较大，且用户要求水压稳定时，宜采用开式热水供应系统，如图 2-41 所示。该系统中必须设置高位冷水箱和膨胀管或开式加热水箱。

闭式热水供应系统中管网不与大气相通，冷水直接进入水加热器，需设安全阀，有条件时还可以考虑设隔膜式压力膨胀罐，以确保系统的安全运转，如图 2-42 所示。闭式热水供应系统具有管道简单、水质不易受外界污染的优点，但其供水水压稳定性较差、安全可靠性较差，适用于不设屋顶水箱的热水供应系统。

3. 按热水加热方式分类

根据热水加热方式的不同，可分为直接加热和间接加热。

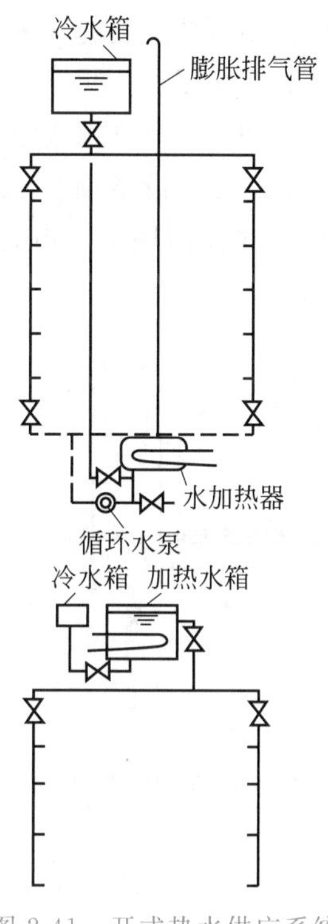

图 2-41　开式热水供应系统

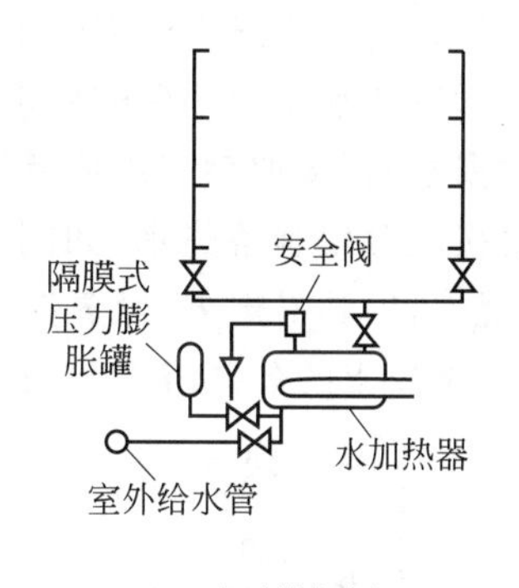

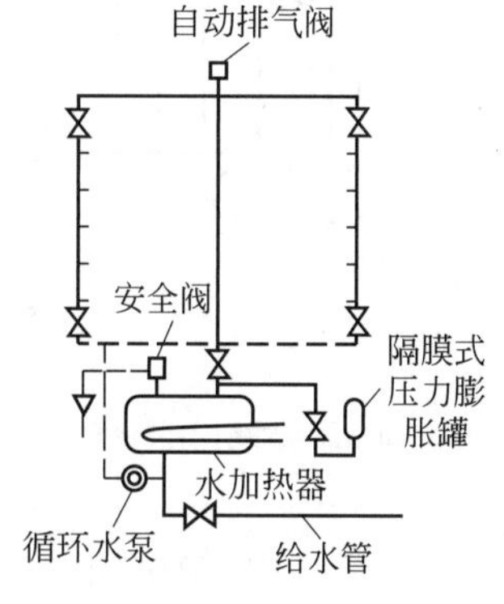

图 2-42　闭式热水供应系统

1）直接加热

直接加热是指燃油（气）热水锅炉、太阳能热水器或热泵机组等将冷水加热至加热设备出口所要求的水温，经热水供水管直接输配到用水点。这种直接加热供水方式具有系统简单、设备造价低、热效率高、节能的优点。

图 2-43(a)所示为热水锅炉制备热水的管道图。燃油（气）热水机组直接供应热水时，一般配置贮水罐或贮热水箱，以保证用水高峰时不间断供水。当屋顶有放置加热和贮热设备的空间时，其热媒系统可布置在屋顶，如图 2-43(b)所示。当开式贮热水箱无法采用重力供水时，通常与燃油（气）热水机组一起布置在地下室或底层。当热水供水系统无法利用冷水系统的供水压力时，需另设热水供水加压设备，如图 2-43(c)所示。由于冷热水的压力源不

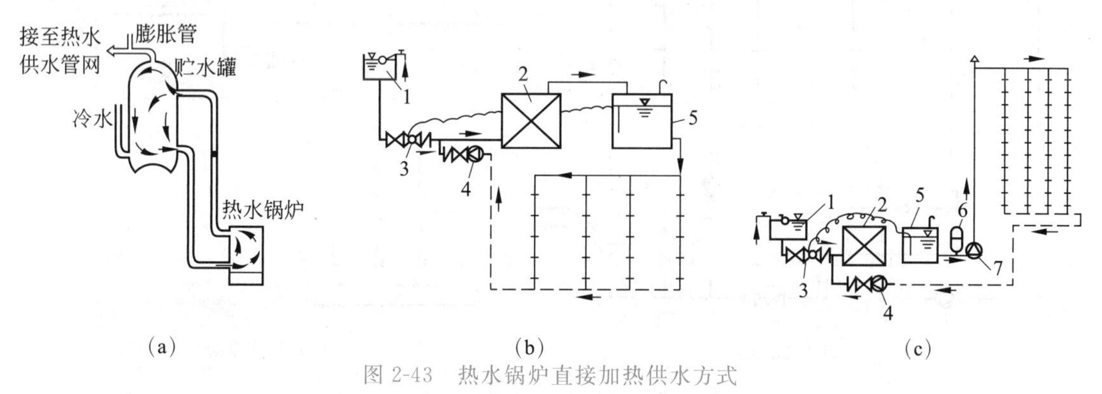

(a)　(b)　(c)

图 2-43　热水锅炉直接加热供水方式

1—给水补水箱；2—燃气（油）热水炉；3—电磁阀控制热水箱；4—系统循环水泵；5—热水箱；6—膨胀罐；7—热水供应水泵或变频调速泵、气压给水泵组

同，所以不易保证系统中冷热水压力的平衡。当建筑物内用水器具主要是淋浴器及冷热水混合水龙头，且对冷热水压力平衡的要求较高时，不宜采用这种方式。

蒸汽（或高温水）直接加热方式是指将蒸汽（或高温水）通过穿孔管或喷射器送入加热水箱中，与冷水直接混合后制备热水，如图 2-44 所示。这种方式具有设备简单、热效率高、无须冷凝水管的优点，但其噪声大，对蒸汽质量要求较高。该方式仅适用于具有合格的蒸汽热媒且对噪声无严格要求的公共浴室、洗衣房、工矿企业等用户。

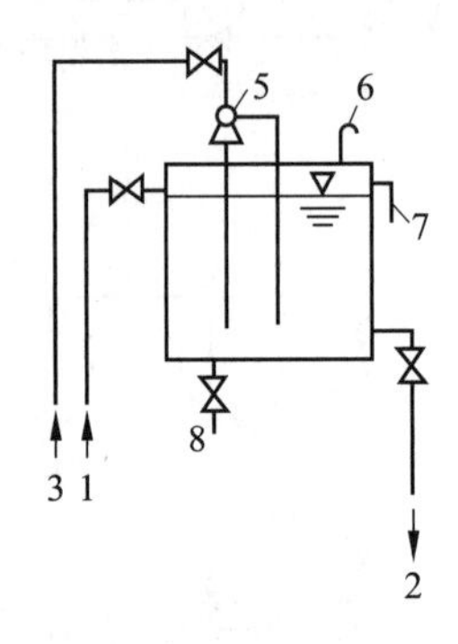

(a) 蒸汽喷射器混合直接加热

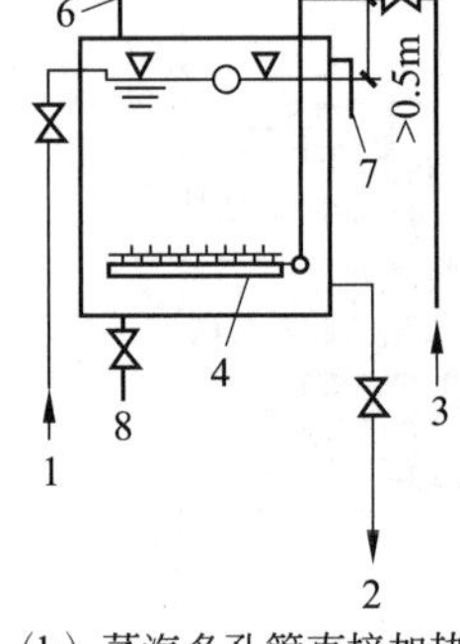

(b) 蒸汽多孔管直接加热

图 2-44 蒸汽与冷水混合直接加热供水方式

1—冷水进水；2—热水出水；3—蒸汽进口；4—多孔管；5—喷射器；6—通气管；7—溢水管；8—泄水管

当以太阳能为热源时，加热方式应根据冷水水质硬度、气候条件、冷热水压力平衡要求、节能、节水和维护管理等因素进行技术和经济比较后确定。图 2-45 所示为太阳能集热系统直接加热供水方式，是以集热器产生的热水作为供给用户的热水。在下列情况宜采用此供水方式：①冷水供水硬度不大于 150mg/L(以 $CaCO_3$ 计)；②无冰冻地区；③用户对冷热水压力差稳定要求不高。

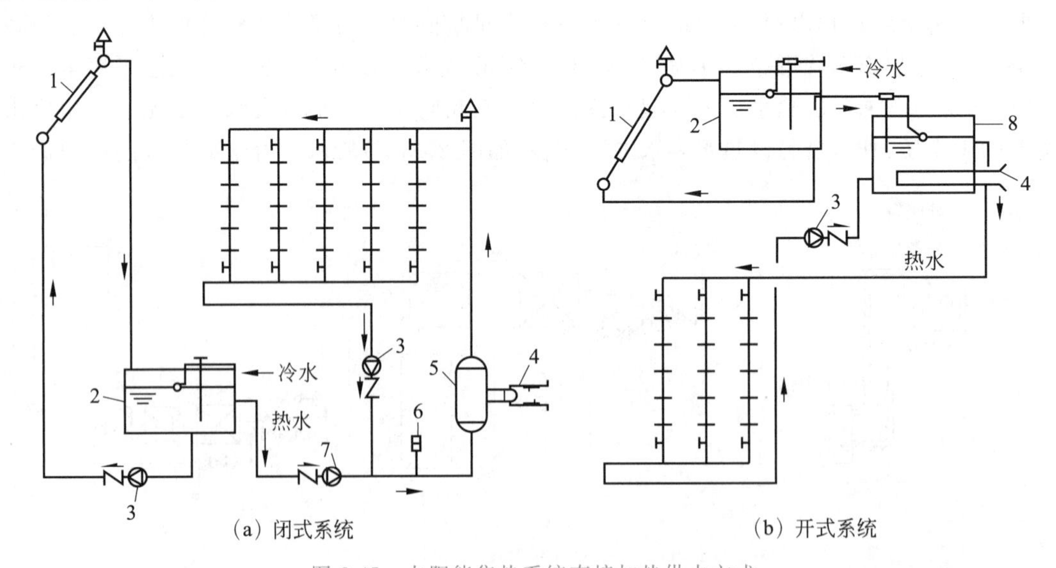

(a) 闭式系统　　(b) 开式系统

图 2-45 太阳能集热系统直接加热供水方式

1—集热器；2—集热贮热水箱；3—循环泵；4—辅助热源；5—水加热器；6—膨胀罐；7—供热水泵；8—供热水箱

水源热泵制备热水的方式可根据冷水水质硬度、冷水和热水供应系统的形式等进行技术和经济比较后确定。图 2-46 所示为水源热泵机组直接加热供水方式，其系统简单、设备造价较低，但需要另设热水加压泵，不利于冷水和热水的压力平衡。当冷水供水硬度不大于 150mg/L(以 $CaCO_3$计)，且系统对冷热水压力平衡要求不高时，可采用热泵与贮热设备联合直接供应热水的方式。

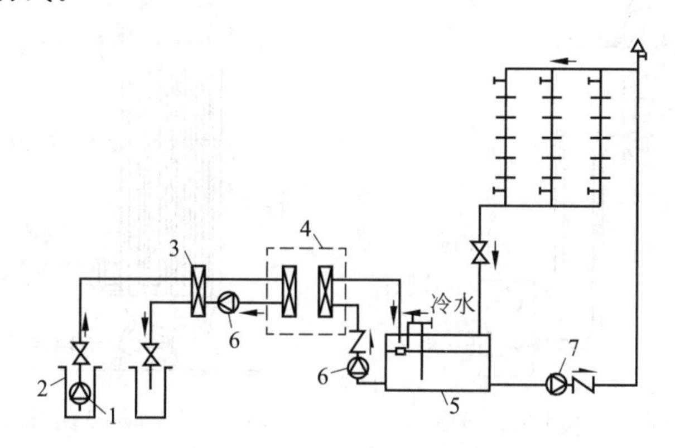

图 2-46 水源热泵机组直接加热供水方式

1—水源泵；2—水源井；3—板式换热器；4—热泵机组；
5—贮热水箱；6—循环泵；7—热水加压泵

图 2-47 所示为空气源热泵直接加热供水方式。这种直接供水方式需另设热水加压泵站，不利于冷水和热水的压力平衡，适用于最冷月平均气温不低于 0℃ 的地区，且对冷热水压力平衡要求不高的系统。

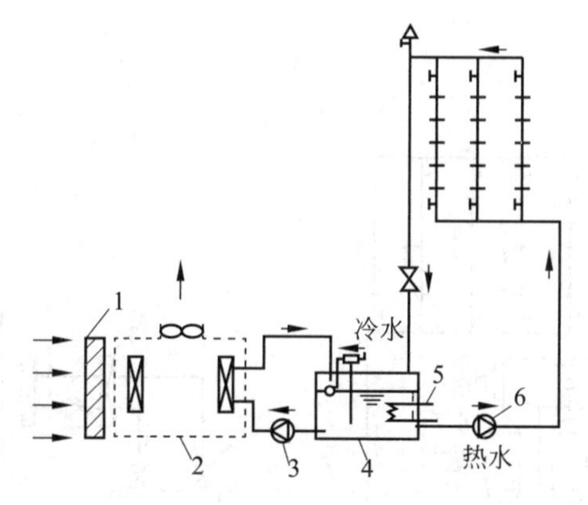

图 2-47 空气源热泵直接加热供水方式

1—进风；2—热泵机组；3—循环泵；4—贮热水箱；
5—辅助热源；6—热水加压泵

2）间接加热

间接加热又称二次换热，是指将锅炉、太阳能集热器、热泵机组、电加热器等加热设备产生的热媒通过水加热器把热量传递给冷水，从而达到加热冷水的目的。在加热过程中热媒与被加热水不直接接触。该方式的优点是加热时不产生噪声，蒸汽不会对热水产生污染，供水安全稳定，适用于要求供水稳定、安全、噪声低的旅馆、住宅、医院、办公楼等建筑。

图 2-48 所示是以高温水、蒸汽为热媒的间接加热供水方式。

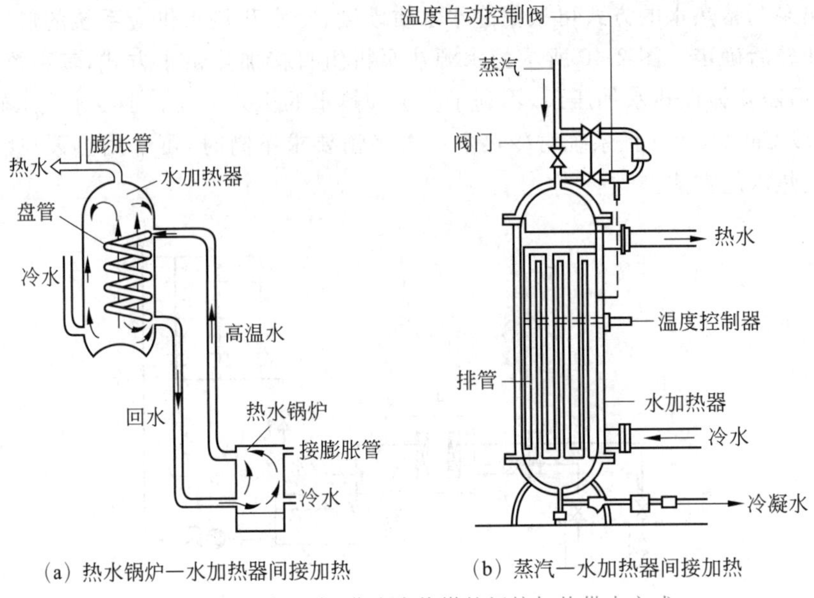

(a) 热水锅炉—水加热器间接加热　　(b) 蒸汽—水加热器间接加热

图 2-48　以高温水、蒸汽为热媒的间接加热供水方式

太阳能集热系统间接加热供水方式是以集热器热水为热媒，经水加热器间接加热冷水供给热水，如图 2-49 所示，其适用条件与太阳能直接加热方式相同。

图 2-50 所示为水源热泵机组间接制备热水（两级串联换热）的供水方式，一般采用被加热水通过水加热器与贮热水箱（罐）循环加热的方式。图 2-51 所示为空气源热泵机组间接加热制备热水的供水方式。

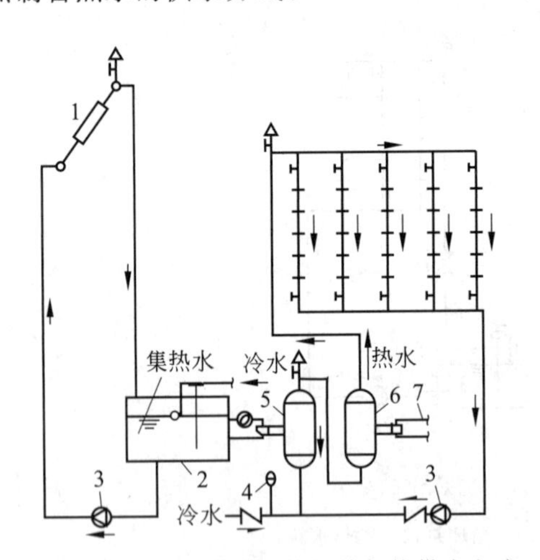

图 2-49　太阳能集热系统间接加热供水方式

1—集热器；2—集热贮热水箱；3—循环泵；4—膨胀罐；5—水加热器；6—辅助水加热器；7—辅助热源

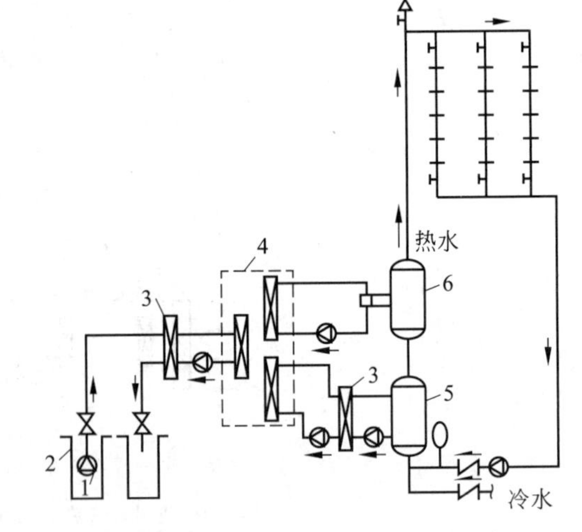

图 2-50　水源热泵机组间接制备热水（两级串联换热）的供水方式

1—水源泵；2—水源井；3—板式换热器；4—热泵机组；5—贮热水罐；6—水加热器

4. 按设置循环管网的方式分类

根据热水系统设置循环管网的方式，可分为全循环、半循环、无循环热水供水方式，如图 2-52所示，全循环热水供水方式是指热水干管、热水立管及热水支管均能保持热水的循环，

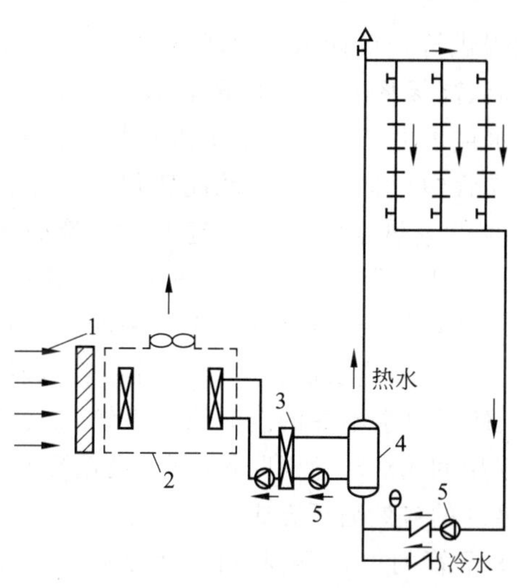

图 2-51 空气源热泵机组间接加热制备热水的供水方式

1—进风；2—热泵机组；3—板式换热器；4—贮热水箱；5—循环水泵

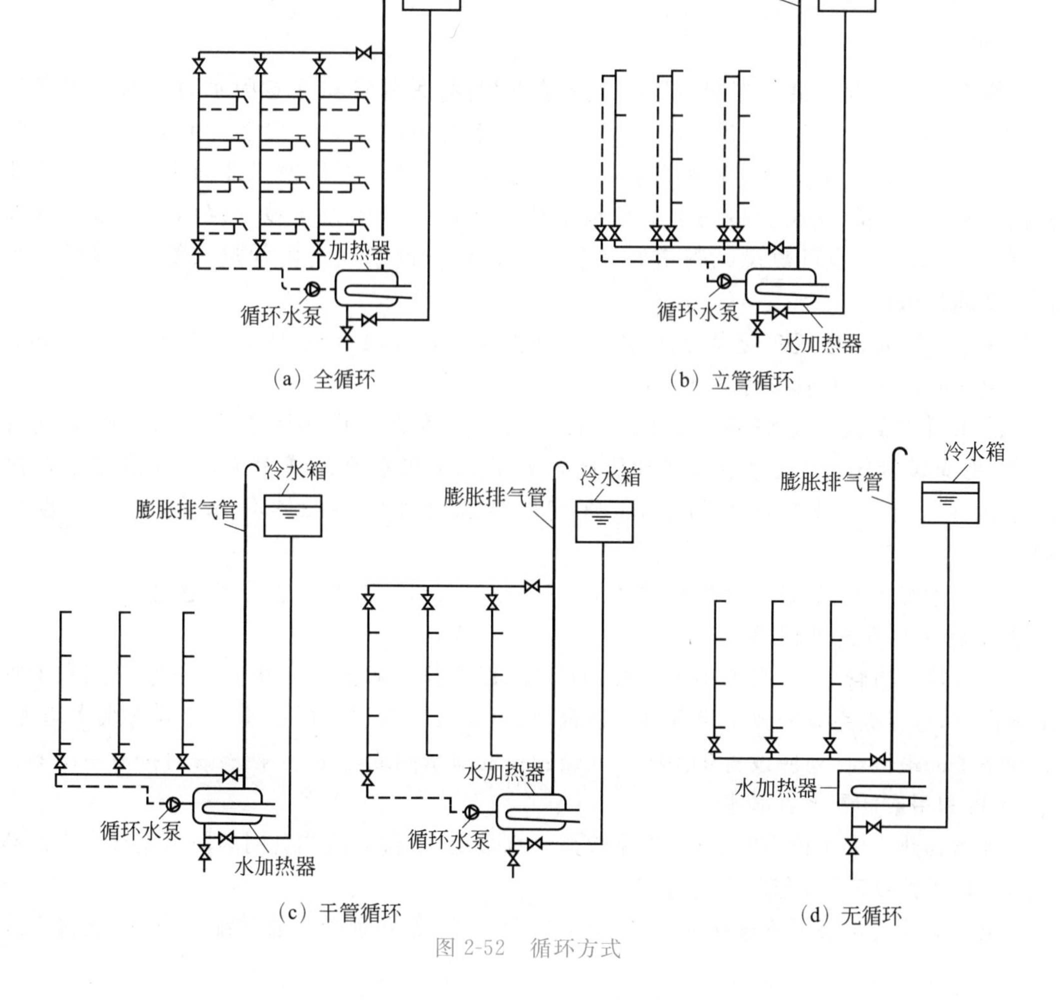

图 2-52 循环方式

各配水龙头随时打开均能提供符合设计水温要求的热水，该方式用于有特殊要求的高标准建筑中，如高级宾馆、饭店、高级住宅等。半循环方式又可分为立管循环和干管循环热水供水方式。立管循环热水供水方式是指热水干管和热水立管内均有热水的循环，打开配水龙头时只需放掉热水支管中少量的存水，就能获得规定水温的热水。该方式多用于全日供应热水的建筑和定时供应热水的高层建筑中。干管循环热水供水方式是指仅保持热水干管内的热水循环，多用于采用定时供应热水的建筑中。在热水供应前，先用循环泵把干管中已冷却的存水循环加热，当打开配水龙头时只需放掉立管和支管内的冷水就可流出符合要求的热水。无循环热水供水方式是指在热水管网中不设任何循环管道，适用于热水供应系统较小、使用要求不高的定时供应系统，如公共浴室、洗衣房等。

根据热水循环系统中采用的循环动力不同，可分为设循环水泵的机械强制循环方式和不设循环水泵靠热动力差循环的自然循环方式。

根据热水配水管网水平干管的位置不同，可分为下行上给供水方式和上行下给供水方式。

选用何种热水供水方式应根据建筑物用途、热源的供给情况、热水用水量和卫生器具的布置情况进行技术和经济比较后确定。

2.5.2 热水管网的布置与敷设

热水管网布置与给水管网布置的原则基本相同，另外还需注意因水温引起的体积膨胀、管道伸缩补偿、保温、防腐、排气等问题。热水管道敷设时一般多为明装，明装时，管道应尽可能布置在卫生间、厨房或非居住人的房间。暗装不得埋于地面下，多敷设于地沟内、地下室顶部、建筑物最高层的顶板下或顶棚内及专用设备技术层内。热水管可以沿墙、梁、柱敷设，也可敷设在管道井及预留沟槽内。设于地沟内的热水管，应尽量与其他管道同沟敷设。

管道穿过墙和楼板时应设套管，若地面有积水可能时，套管应高出室内地面 5～10cm，以避免地面积水从套管缝隙渗入下层。

热水管网的配水立管始端、回水立管末端和支管上装设多于五个配水龙头的支管始端，均应设置阀门，以便于调节和检修。为了防止热水倒流或串流，水加热器或贮热水罐的进水管、机械循环的回水管、直接加热混合器的冷热水供水管，都应装设止回阀。

为了避免热胀冷缩对管件或管道接头的破坏作用，热水干管应考虑自然补偿管道或装设足够的管道补偿器。

所有热水横管，均应有不小于 0.3%的坡度，以便排气和泄水。在上行下给式配水干管的最高点，应根据系统的要求设置排气装置，如自动放气阀、集气罐、排气管或膨胀水箱等。管网系统的最低点，还应设置 1/10～1/5 倍管径的泄水阀或丝堵，以便检修时排泄系统的积水，也可利用最低配水点泄水。

为集存热水中所析出的气体，防止被循环水带走，下行上给式管网的回水立管应在最高配水点以下约 0.5m 处与配水管连接。

热水立管与水平干管连接时，立管应加弯管，以避免立管受干管伸缩的影响，连接方式如图 2-53 所示。

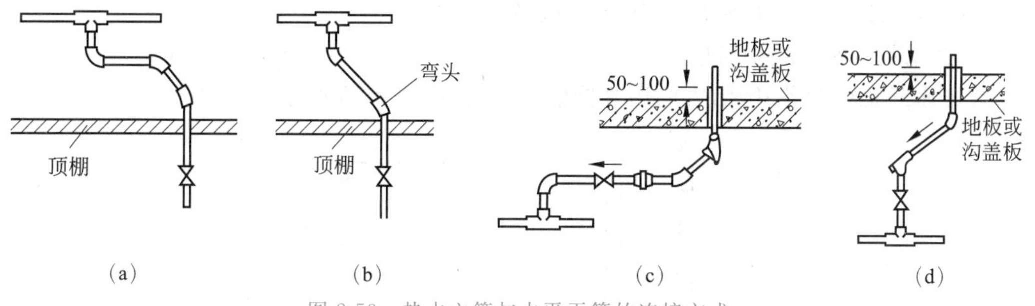

图 2-53 热水立管与水平干管的连接方式

为了满足运行调节和检修的要求，在水加热设备、贮水器锅炉、自动温度调节器和疏水器等设备的进出水口的管道上，还应装设必需的阀门。

根据要求，管道上应设活动与固定支架，其间距由设计决定。

管道防腐应在做管道保温层前进行。首先要对管道除锈，然后再刷两道耐热防锈漆。对不保温的回水管及附件，除锈后刷一道红丹漆，再刷两道沥青漆。

为减少热损失，热水配水管、循环干管和通过不供暖房间的管道及锅炉、水加热器、热水箱等，均应保温。常用的保温材料有石棉、矿渣棉、蛭石类、珍珠岩、玻璃纤维、泡沫混凝土等。保温层构造通常由保温、保护两层组成，保护层的作用是增加保温结构的机械强度和防水能力。

2.5.3 饮水供应系统

1. 饮水供应的类型和标准

1）饮水供应的类型

饮水供应系统有开水供应和冷饮水供应之分，采用何种类型应根据当地的生活习惯和建筑物的使用性质等因素确定。开水供应系统适用于办公楼、旅馆、学生公寓、军营等场所。冷饮水供应系统适用于大型娱乐场所等公共建筑、工矿企业生产车间。

2）饮水的标准

（1）饮水水质。各种饮水水质必须符合《生活饮用水卫生标准》(GB 5749—2006)，除此之外，作为饮用的温水、生水和冷饮水，还应在接至饮水装置之前进行必要的过滤或消毒处理，以防止在储存和运输过程中再次污染。

（2）饮水温度。开水：应将水烧至100℃后并持续3min，计算温度采用100℃，饮用开水是目前我国采用较多的饮水方式。温水：计算温度采用 50～55℃，目前我国采用较少。生水：水温一般为 10～30℃，国外采用较多，国内一些饭店、宾馆提供这样的饮水系统。冷饮水：水温一般为 7～15℃，国内除工矿企业夏季劳保用水供应和高级饭店采用外，较少采用。目前在一些星级宾馆、饭店中直接为客人提供瓶装矿泉水等饮用水。

2. 饮水的制备方法及供应方式

饮水制备与供应通常有以下几种方式。

1）开水集中制备分散供应

在开水间统一制备开水，通过管道输送到开水用水点，如图 2-54 所示。这种系统对管道材质要求较高,以确保水质不受污染。该系统加热器的出水水温不小于 105℃,回水温度为 100℃,为保证供水点的水温,多采用机械循环方式。

2) 开水集中制备集中供应

在开水间集中制备开水,人们用容器取水饮用,如图 2-55 所示。

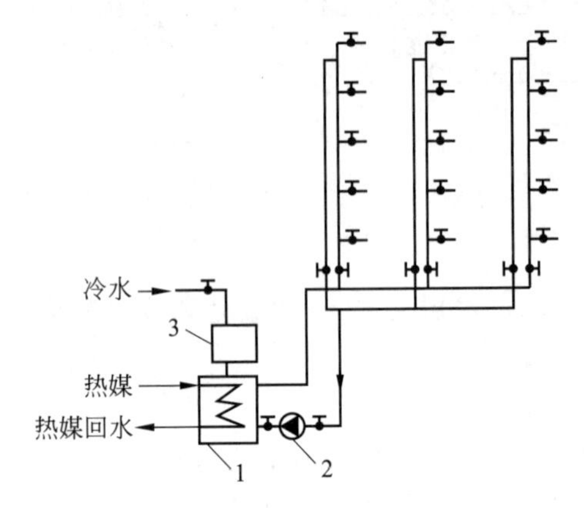

图 2-54 开水集中制备分散供应方式

1—水加热器;2—循环水泵;3—过滤器

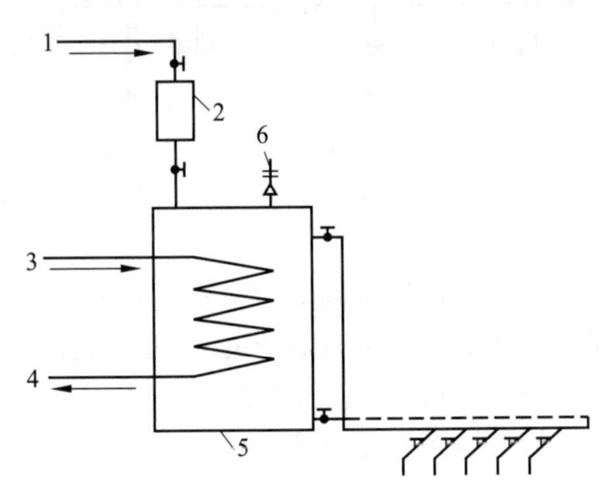

图 2-55 开水集中制备集中供应方式

1—供水;2—过滤器;3—蒸汽;4—冷凝水;5—开水器;6—安全阀

3) 冷饮水集中制备分散供应

该系统如图 2-56 所示,适用于中小学校、体育场、游泳场、火车站等人员流动较集中的公共场所。

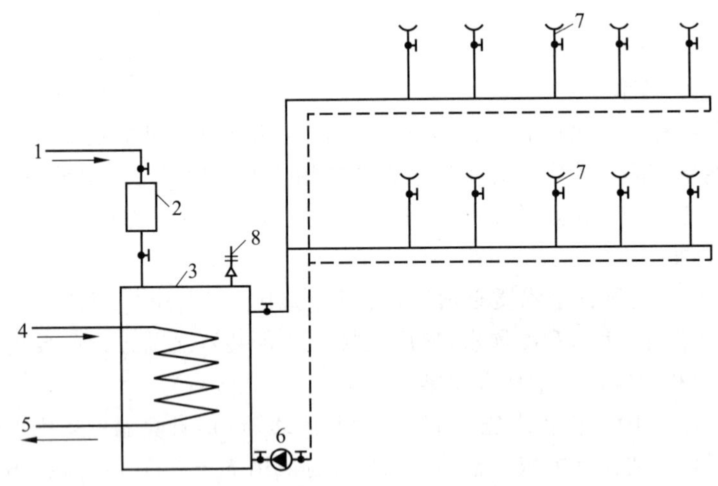

图 2-56 冷饮水集中制备分散供应方式

1—冷水;2—过滤器;3—开水器;4—蒸汽;5—冷凝水;6—循环水泵;7—饮水器;8—安全阀

冷饮水在夏季一般不用加热,冷饮水水温与自来水水温相同即可;在冬季,冷饮水温度一般为 35~40℃,与人体温度接近,饮用后无不适感觉。

冷饮水供应系统为避免水流滞留影响水质,应设置循环管道,循环回水也应进行消毒灭菌处理。

2.6　建筑中水

中水因对应给水、排水而得名，又称再生水、中水道、回用水、杂用水等，对建筑物、建筑小区的配套设施而言，又称为中水设施。

2.6.1　中水的概念

中水是指各种排水经处理后，达到规定的水质标准，可在生活、市政、环境等范围内杂用的非饮用水。

1. 中水回用系统分类

按其供应的范围大小和规模，一般可分为以下四大类。

(1) 排水设施完善地区的单位建筑中水回用系统。

(2) 排水设施不完善地区的单位建筑中水回用系统。

(3) 小区域建筑群中水回用系统。

(4) 区域性建筑群中水回用系统。

2. 中水技术发展趋势

(1) 以雨水为水源的中水利用日益受到重视。

(2) 建筑小区和城市中水系统成为发展重点。

(3) 新的中水处理工艺不断被采用。

2.6.2　中水水源及水质

城市污水经处理设施深度净化处理后的水(包括污水处理厂经二级处理再进行深化处理后的水和大型建筑物、生活社区的洗浴水、洗菜水等集中处理后的水)统称中水。其水质介于自来水(上水)与排入管道内的污水(下水)之间，故名为中水。中水利用又称污水回用。建筑物中水水源选择的种类和选取顺序为：卫生间、公共浴室等的排水，盥洗排水，空调循环冷却系统排污水，冷凝水，游泳池排污水，厨房用水，厕所排水。

中水用途不同，其要满足的水质标准也不同。中水用作建筑杂用水和城市杂用水，如冲厕、道路清扫、消防、城市绿化、车辆冲洗、建筑施工等杂用时，其水质应符合《城市污水再生利用　城市杂用水水质》(GB/T 18920—2002)的规定。中水用于景观环境用水，其水质应符合《城市污水再生利用　景观环境用水水质》(GB/T 18921—2019)的规定。中水用于供暖系统补水等其他用途时，其水质应达到相应使用要求的水质标准。对于空调冷却用水的水质标准，目前国内尚无统一规定。

2.6.3　中水管道系统

中水原水管道系统可根据原水为优质杂排水、杂排水、生活污水等，对排水进行分系统设置，分别设置为合流制和分流制两种系统。

中水供水系统为杂用水系统，其供水系统和给水供水系统相似，也可以分为水泵加压直接供水、水泵—水箱（高位）供水、水泵—气压罐供水和变频供水等方式。

1. 中水系统的组成

中水系统由原水收集系统、水处理系统和中水供水系统组成。

1）原水收集系统

原水收集系统主要作用是采集原水，包括室内中水采集管道、室外中水采集管道和相应的集流配套设施。

2）中水处理设备

中水处理设备用来处理原水使其达到中水的水质标准，一般可分为预处理设备、主要处理设备和后处理设备。

3）中水供水系统

中水供水系统通过室内外和小区的中水给水管道系统向用户提供中水。其对中水管道和设备的主要要求如下。

（1）中水供水系统必须独立设置。

（2）中水管道必须具有耐腐蚀性。

（3）不能采用耐腐蚀材料的管道和设备，应做好防腐蚀处理，使其表面光滑，易于清洗水垢。

（4）中水供水系统应根据使用要求安装计量装置。

（5）中水管道不得装置取水龙头，便器冲洗宜采用密闭型设备和器具；绿化、洗洒、汽车冲洗宜采用壁式或地下式的给水栓。

（6）中水管道、设备及受水器具应按规定着浅绿色，以免引起误用。

2. 中水系统供水形式

常用的中水供水系统有余压供水系统、水泵水箱供水系统、气压供水系统三种形式，如图 2-57 所示。

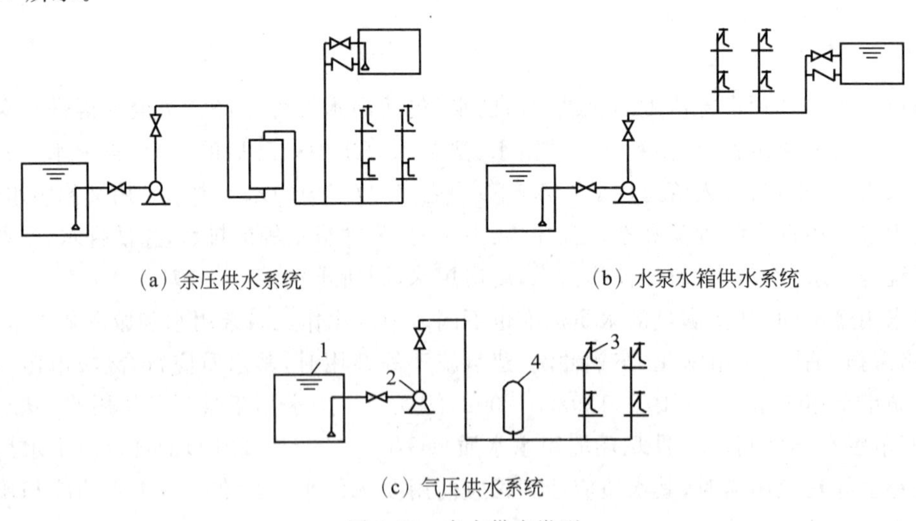

（a）余压供水系统　（b）水泵水箱供水系统

（c）气压供水系统

图 2-57　中水供水类型

1—中水贮水池；2—水泵；3—中水用水器具；4—气压罐

本章小结

本章主要介绍了建筑给水系统的分类、组成及给水方式;给水系统中常用的管材、管件、附件及设备;给水管道的布置、敷设与计算基础;介绍了消火栓灭火系统及自动喷水灭火系统的工作原理、系统组成及安装注意事项;建筑热水和饮水系统的给水方式、管网布置、敷设要求以及建筑中水系统的相关知识。

思考题

2.1 建筑给水系统的组成部分有哪些?各种给水方式适用于何种条件?

2.2 常用建筑给水管材有哪些?各有何特点?其连接方法如何?

2.3 不同的阀门各有什么特点?使用时应如何进行选择?

2.4 给水管道布置与敷设时应注意哪些因素?

2.5 水箱应当如何配管?水泵扬程应如何确定?气压给水设备有何特点?

2.6 室内消火栓给水系统由哪些部分组成?

2.7 自动喷水灭火系统有哪些种类?各适用于何种情形?主要组件有哪些?

2.8 各种热水供应方式具有什么特点?如何选用?

2.9 有哪些常用的饮水供应系统?

2.10 建筑中水系统一般由哪些部分组成?如何选择中水水源?

习题

2.1 图 2-58 所示为某建筑引入管示意图,试根据所学知识进行分析,指出该图体现的建筑管道布设的知识点及要求,并指出图中的错误之处。

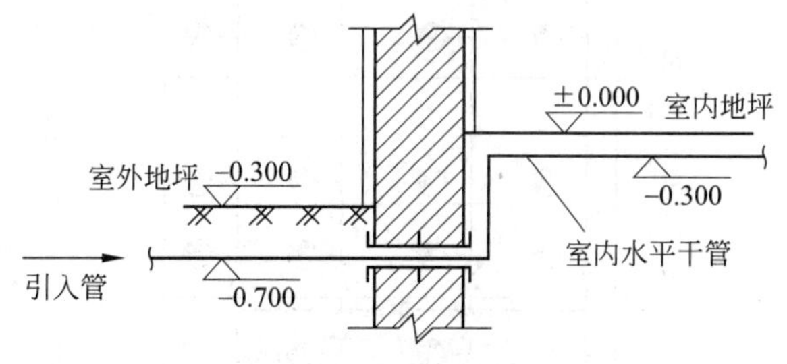

图 2-58 某建筑引入管示意图

2.2 图 2-59 所示为卫生间给水平面图,试根据图 2-60 所示的 JL-1 给水系统图并结合所学知识进行 JL-2、JL-3、JL-4 系统图的绘制。

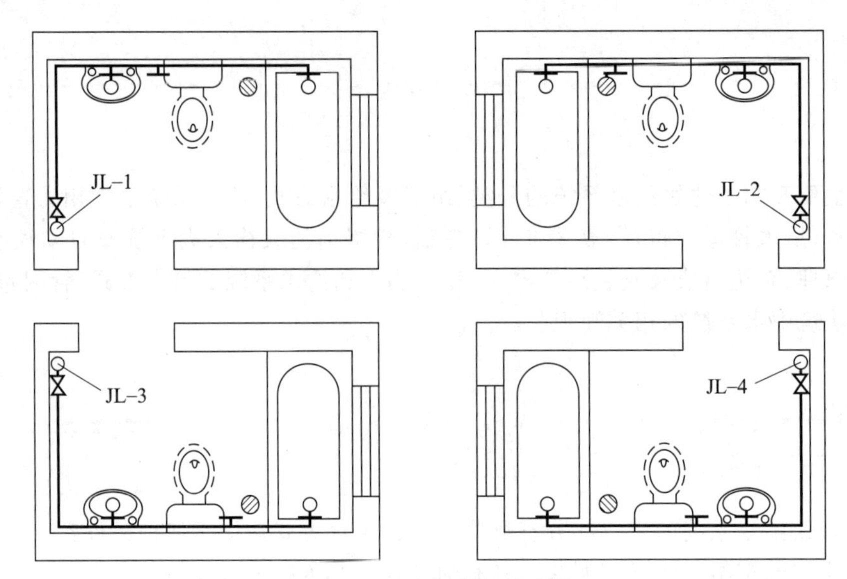

图 2-59 卫生间给水平面图

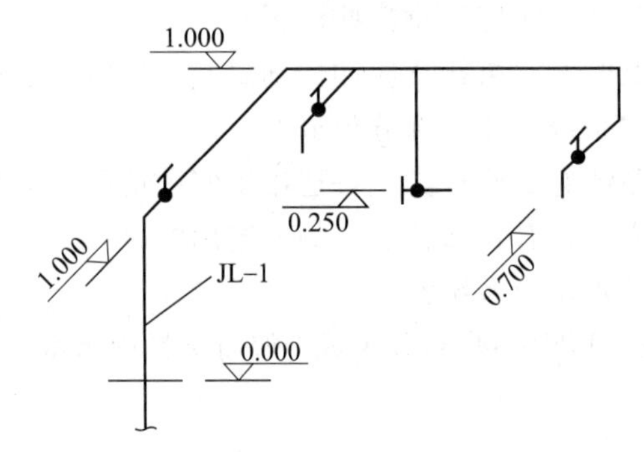

图 2-60 JL-1 给水系统图

2.3 一平屋顶建筑的室内消火栓系统如图 2-61 所示，试进行错误分析。

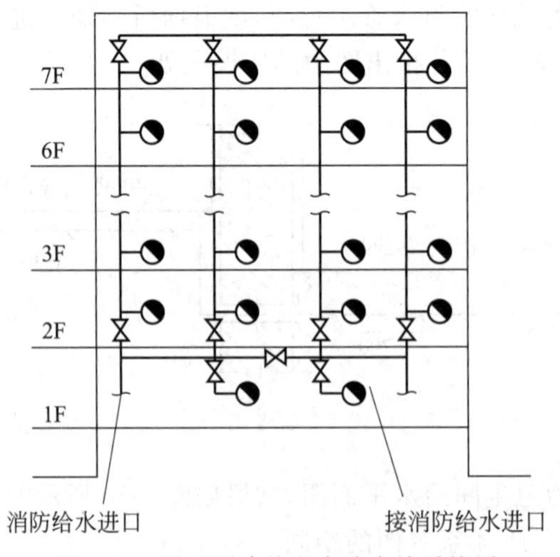

图 2-61 平屋顶建筑室内消火栓系统图

2.4 一设有循环管道的热水系统如图 2-62 所示，按规定热水循环管道应该采用同程布置的方式，试根据所学知识进行系统同程布置修正。

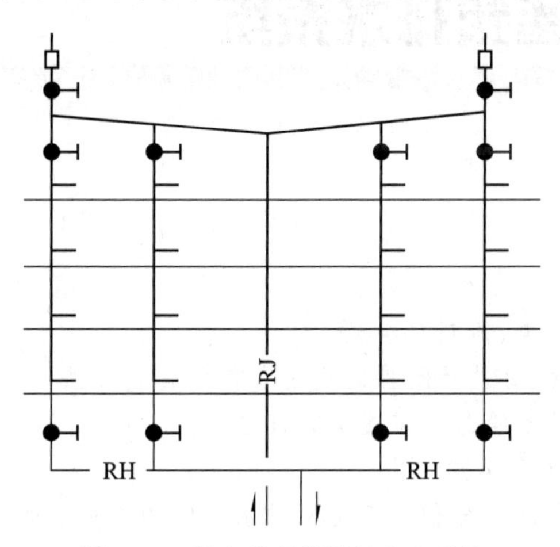

图 2-62 设有循环管道的热水系统

模块3 建筑排水系统

知识目标

1. 了解排水系统的分类、体制及组成。
2. 掌握常用排水管材、管件及附件的适用条件和安装方法。
3. 掌握卫生器具和排水管道的布置与敷设方法。
4. 了解通气管系统的类型和作用。
5. 了解特殊单立管排水系统和屋面雨水排水系统的组成及作用。

能力目标

1. 能够根据实际情况进行排水体制的选择和分析。
2. 能够进行卫生器具和排水管道的布置方案分析。
3. 能够根据实际条件确定通气管的设置方案。
4. 能够配合相关专业进行建筑排水管道的布置及敷设工作。

3.1 排水系统的分类、体制及组成

3.1.1 排水系统的分类

微课：排水系统的分类及原理

建筑排水系统的作用是将建筑内生活、生产中使用过的水收集并排放到室外的污水管道系统。

根据系统接纳的污废水类型，排水系统可分为以下三大类。

(1) 生活排水系统：排除生活污水和生活废水。粪便污水为生活污水；盥洗、洗涤等排水为生活废水。所以，生活排水系统也可进一步分为生活污水排水系统和生活废水排水系统。

(2) 工业废水排水系统：排除生产废水和生产污水。生产废水为工业建筑中污染较轻或经过简单处理后可循环或重复使用的废水；生产污水为生产过程中被化学杂质(有机物、重金属离子、酸、碱等)或机械杂质(悬浮物及胶体物)污染较重的污水。所以，工业废水排水系统又可分为生产污水排水系统和生产废水排水系统。

(3) 雨水排水系统：用于收集、排除建筑屋面上的雨水和冰、雪融化水。

3.1.2 排水体制及其选择

1. 排水体制

建筑内部的排水体制可分为分流制和合流制两种，分别称为建筑内部分流排水和建筑

内部合流排水。

微课:排水体制及其选择

建筑内部分流排水是指居住建筑和公共建筑中的粪便污水和生活废水、工业建筑中的生产污水和生产废水各自由单独的排水管道系统排除。

建筑内部合流排水是指建筑中两种或两种以上的污废水合用一套排水管道系统排除。

建筑物屋面雨水排水系统应单独设置。建筑物雨水管道按当地暴雨强度公式和设计重现期进行设计,而生活污废水管道按卫生器具的排水流量进行设计,若将雨水与生活污水或生活废水合流,将会影响生活污废水管道的正常运行。在缺水或严重缺水地区宜设置雨水贮水池。

2. 排水体制的选择

建筑内部排水体制的确定,应结合建筑外部排水体制并根据污水性质、污染程度、有利于综合利用、中水系统的开发和污水的处理要求等因素综合考虑。

下列情况宜采用分流排水体制。

(1) 建筑物使用性质对卫生标准要求较高时。分流排水可防止大便器瞬时洪峰流态造成管道中压力波动而破坏水封,避免对室内环境造成污染。

(2) 生活排水中废水量较大,且环保部门要求生活污水需经化粪池处理后才能排入城镇排水管道时,采用分流排水可减小化粪池容积。

(3) 当小区或建筑物设有中水系统,生活废水需回收利用时,应分流排水,生活废水单独收集作为中水水源。

局部受到油脂、致病菌、放射性元素、有机溶剂等污染以及温度高于 40℃的建筑排水,应单独排水至水处理构筑物或回收构筑物,具体包括以下几个方面。

(1) 职工食堂、营业餐厅的厨房含有大量油脂的洗涤废水。

(2) 机械自动洗车台排除的含有大量泥沙的冲洗水。

(3) 含有大量致病菌、放射性元素超过排放标准的医院污水。

(4) 水温超过 40℃的锅炉、水加热器等加热设备的排水。

(5) 用作回用水水源的生活排水。

(6) 实验室有毒、有害废水。

下列情况宜采用合流排水体制。

(1) 城市有污水处理厂,生活废水无须回用时。

(2) 生产污水与生活污水性质相似时。

3.1.3 排水系统的组成

完整的排水系统一般由以下部分组成(见图 3-1)。

1. 卫生器具和生产设备受水器

它们是用来盛用水和将用后的废水、废物排泄到排水系统中的容器。建筑内的卫生器具应具有内表面光滑、不渗水、耐腐蚀、耐冷热、便于清洁卫生、经久耐用等性质。

2. 排水管道

排水管道由器具排水管(连接卫生器具和横支管之间的一段短管,除坐式大便器外,其间含有一个存水弯)、横支管、立管、埋设在地下的总干管和排出到室外的排出管等组成。其作用是将污废水迅速、安全地排到室外。

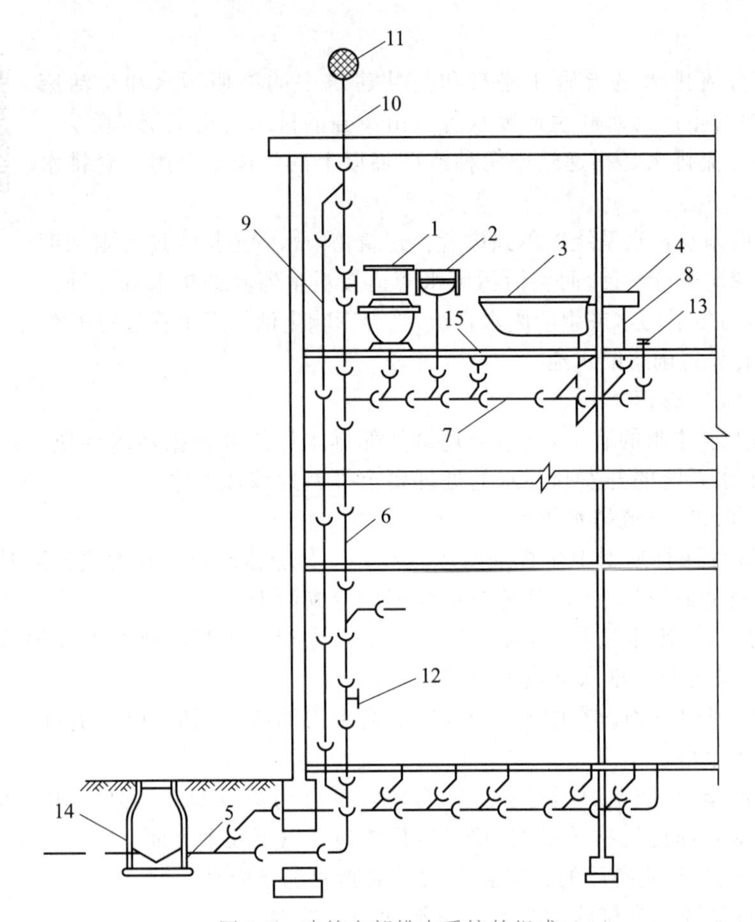

图 3-1 建筑内部排水系统的组成

1—大便器；2—洗脸盆；3—浴盆；4—洗涤盆；5—排出管；6—立管；
7—横支管；8—支管；9—通气立管；10—伸顶通气管；11—网罩；
12—检查口；13—清扫口；14—检查井；15—地漏

3. 通气管道

卫生器具排水时，需向排水管道补给空气，减小其内部气压的变化，防止卫生器具水封破坏，使水流畅通；同时需将排水管道中的臭气和有害气体排到大气中去，使管道内经常有新鲜空气和废气之间对流，从而减轻管道内废气造成的锈蚀。因此，排水管道要设置一个与大气相通的通气系统。

4. 清通设备

为疏通建筑内部排水管道，保障排水畅通，常需设置检查口、清扫口及带有清通门的90°弯头或三通接头、室内埋在横干管上的检查井等。

5. 提升设备

当建筑物内的污废水不能自流排至室外时，需设置污水提升设备。建筑内部污废水提升包括污水泵的选择、污水集水池容积的确定和污水泵房的设计。常用的污水泵有潜水泵、液下泵和卧式离心泵。

6. 污水局部处理构筑物

当室内污水未经处理不允许直接排入城市排水系统或水体时，需设置局部水处理构筑物。

常用的局部水处理构筑物有化粪池、隔油井和降温池。化粪池是一种利用沉淀和厌氧发酵原理去除生活污水中悬浮性有机物的最初级处理构筑物。由于目前我国许多小城镇还没有生活污水处理厂，所以建筑物卫生间内所排出的生活污水，必须经过化粪池处理后才能排入合流制排水管道。隔油井的工作原理是降低含油污水流速，并改变水流方向，使油类浮在水面上，然后将其收集排除，适用于食品加工车间、餐饮业的厨房排水、由汽车库排出的汽车冲洗污水和其他一些生产污水的除油处理。一般城市排水管道允许排入的污水温度规定不大于40℃，所以当室内排水温度高于40℃（如锅炉排污水）时，首先应尽可能将其热量回收利用；当不可能回收时，在排入城市管道前应采取降温措施，一般可在室外设降温池加以冷却。

3.2 排水管材和卫生设备

3.2.1 排水管材和管件

1. 塑料管

微课：排水管材和管件

目前在建筑内使用的排水塑料管是硬聚氯乙烯管（UPVC管），它具有质量轻、不结垢、不腐蚀、外壁光滑、容易切割、便于安装、可制成各种颜色、投资低和节能的优点，正在全国推广使用。但塑料管也有强度低、耐温性差（适用于连续排放温度不大于40℃，瞬时排放温度不大于80℃的生活排水）、立管产生噪声、暴露于阳光下管道易老化、防火性能差等缺点。目前市场供应的有实壁管、芯层发泡管、螺旋管等。排水塑料管规格如表3-1所示。

表3-1 建筑排水用硬聚氯乙烯塑料管规格

公称直径/mm	40	50	75	100	150
外径/mm	40	50	75	110	160
壁厚/mm	2.0	2.0	2.3	3.2	4.0
参考质量/(kg/m)	0.341	0.431	0.751	1.535	2.803

塑料管通过各种管件连接，图3-2所示为常用的几种塑料排水管件。

2. 柔性抗震排水铸铁管

对于建筑内的排水系统，铸铁管正在逐渐被硬聚氯乙烯管取代，只有在某些特殊的地方使用，此处介绍在高层和超高层建筑中应用的柔性抗震排水铸铁管。

随着高层和超高层建筑迅速兴起，一般以石棉水泥或青铅为填料的刚性接头排水铸铁管，已不能适应高层建筑各种因素引起的变形，尤其是有抗震要求地区的建筑物，对重力排水管道的抗震要求已成为最应值得重视的问题。

高耸构筑物和建筑高度超过100m的超高层建筑物内，排水立管应采用柔性接口。在地震设防八度的地区或排水立管高度在50m以上时，则应在立管上每隔两层设置一个柔性接口。在地震设防九度的地区，立管、横管均应设置柔性接口。

近年国内生产的GP—1型柔性抗震排水铸铁管，是当前使用较为广泛的一种铸铁管，如图3-3所示，它采用橡胶圈密封、螺栓紧固，在内水压下，具有曲挠性、伸缩性、密封性及

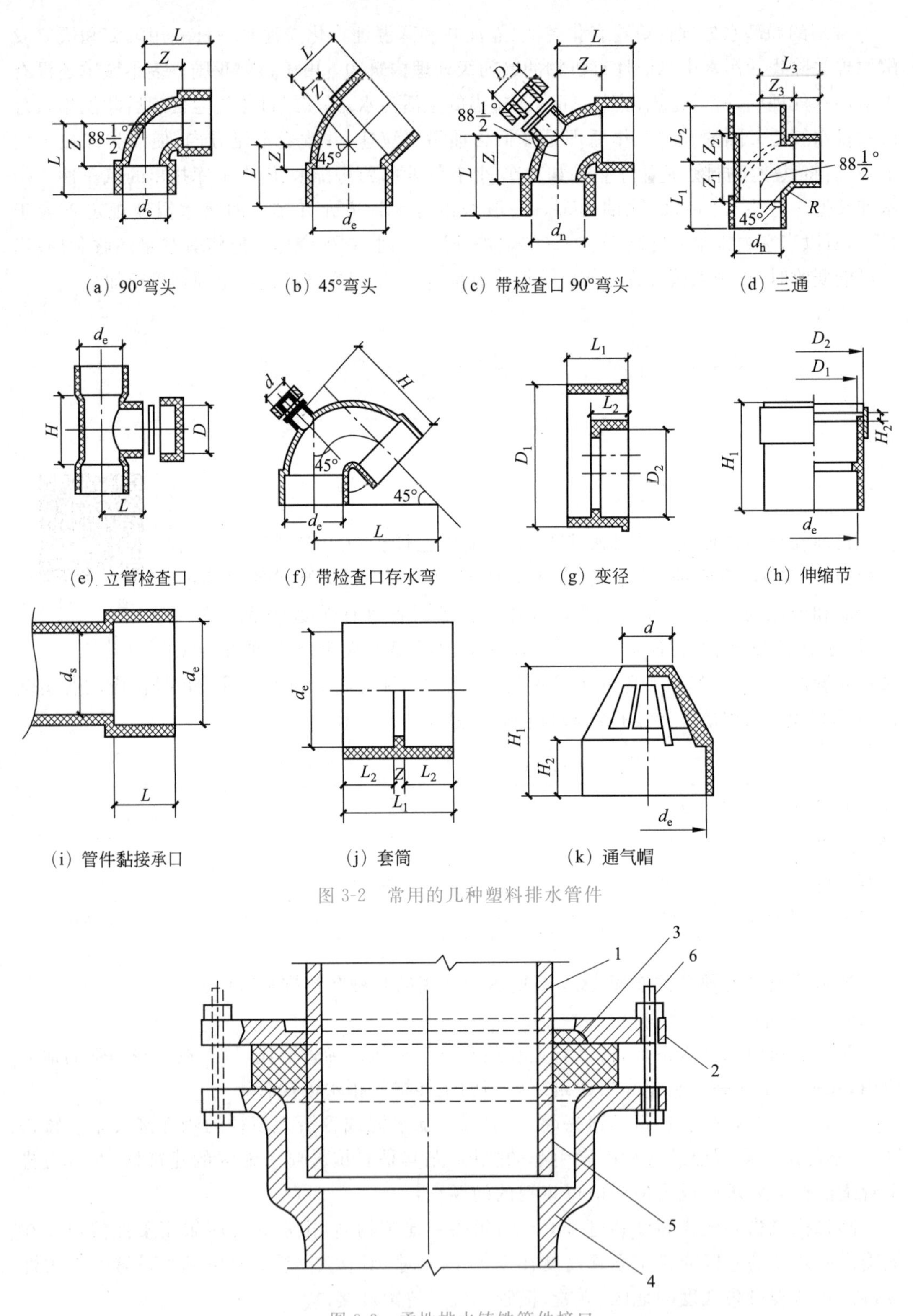

图 3-2 常用的几种塑料排水管件

图 3-3 柔性排水铸铁管件接口

1—直管、管件直部；2—法兰压盖；3—橡胶密封圈；4—承口端头；5—插口端头；6—定位螺栓

抗震等性能，施工方便，可作为高层、超高层建筑及地震区的室内排水管道，也可用于埋地排水管。

近年来，国外对排水铸铁管的接头做了不少改进，如采用橡胶圈及不锈钢带连接，如图 3-4 所示。这种连接方法便于安装和维修，必要时可根据需要更换管段，具有装卸简便、安装时立管距墙尺寸小、接头轻巧和外形美观等优点。这种接头在安装时，只需将橡胶圈套在两个连接管段的端部，外用不锈钢带卡紧螺栓锁住即可。在美国这种接头的排水铸铁管已基本取代了承插式排水铸铁管，目前我国也在研制这种产品。

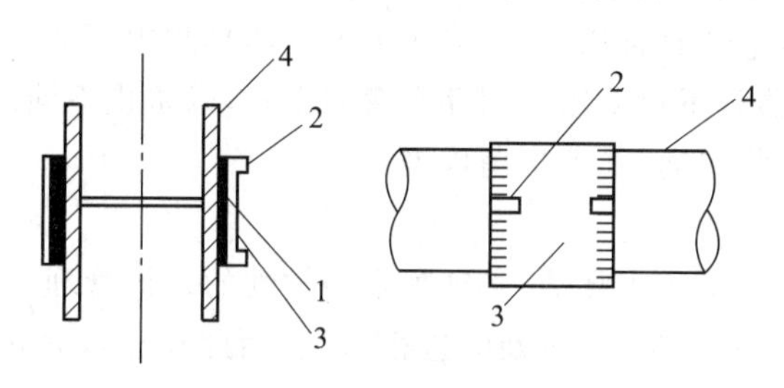

图 3-4　排水铸铁管接头

1—橡胶圈；2—卡紧螺栓；3—不锈钢带；4—排水铸铁管

3. 钢管

钢管主要用作洗脸盆、小便器、浴盆等卫生器具与横支管间的连接短管，管径一般为 32mm、40mm、50mm。在工厂车间内振动较大的地方也可用钢管代替铸铁管。

4. 带釉陶土管

带釉陶土管耐酸碱腐蚀，主要用于腐蚀性工业废水的排放。室内生活污水埋地管也可采用陶土管。

3.2.2　排水附件

微课：排水附件

1. 存水弯

存水弯是建筑内排水管道的主要附件之一，有的卫生器具构造内已有存水弯(如坐式大便器)，构造中不具备存水弯的以及工业废水受水器与生活污水管道或其他可能产生有害气体的排水管道连接时，必须在排水口以下设存水弯，在其内形成一定高度的水柱(一般为 50～100mm)，该部分存水高度称为水封高度。它的作用是阻止排水管道内各种污染气体及小虫进入室内。为了保证水封正常功能的发挥，排水管道的设计必须考虑配备适当的通气管。

存水弯的水封除因水封高度不够等原因容易遭受破坏外，有的卫生器具由于使用时间过长，尤其是地漏，长时间没有补充水，水封水面不断蒸发而失去水封作用，从而造成臭气外泄，故要求管理人员应有这方面的常识，定时向地漏的存水弯部分注水，保持一定的水封高度。近年来，我国有些厂家生产的双通道和三通道地漏解决了补水和臭气外泄等问题，有的国家对起点地漏也有采用专设一个注水管的做法，如图 3-5 所示。

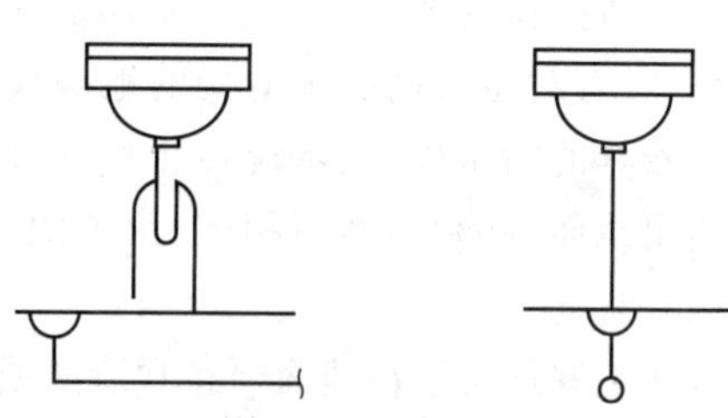

图 3-5　注水地漏

存水弯由于使用面较广，为了适应多种卫生器具和排水管道的连接，其种类较多，一般有以下几种形式。

(1) S形存水弯用于和排水横管垂直连接的场所。

(2) P形存水弯用于和排水横管或排水立管水平直角连接的场所。

(3) 瓶式存水弯及带通气装置的存水弯一般明设在洗脸盆或洗涤盆等卫生器具排出管上，形式较美观。

(4) 存水盒与S形存水弯相同，安装较灵活，便于清掏。

存水弯也可两个卫生器具合用一个，或多个卫生器具共用一个。但医院建筑内门诊、病房、医疗部门等的卫生器具不得采用共用存水弯的方式，以防止不同病区或医疗室的空气通过器具排水管的连接互相串通，导致病菌传染。

2. 检查口和清扫口

为了保持室内排水管道排水畅通，必须加强经常性的维护管理，在设计排水管道时应做到每根排水立管和横管一旦堵塞时可及时进行清掏，因此在排水管规定的必要场所均需配置检查口和清扫口。

1) 检查口

检查口一般装于立管上，便于立管或立管与横支管连接处有异物堵塞时清掏，多层或高层建筑的排水立管上，每隔一层就应装一个检查口，且间距不大于10m。在立管的最底层和设有卫生器具的两层以上，以及坡顶建筑物的最高层必须设置检查口，平顶建筑可用通气口代替检查口。另外，立管如装有乙字管，则应在该层乙字管上部装设检查口。检查口的设置高度，一般从地面至检查口中心1m为宜。当排水横管管段超过规定长度时，也应设置检查口，如表3-2所示。

表3-2　污水横管直线段上清扫口或检查口的最大距离

管径/mm	生产废水/m	生活污水或与生活污水成分接近的生产污水/m	含有大量悬浮物和沉淀物的生产污水/m	清扫设备的种类
50～75	15	12	10	检查口
50～75	10	8	6	清扫口
100～150	20	15	12	检查口
100～150	15	10	8	清扫口
200	25	20	15	检查口

2) 清扫口

清扫口一般装于横管，尤其是各层横支管连接卫生器具较多时，横支管起点均应设置清扫口(有时也可用能供清掏的地漏代替)。连接两个及两个以上大便器或三个及三个以上卫生器具的污水横管、水流转角小于135°的污水横管时，均应设置清扫口。清扫口安装不应高出地面，必须与地面相平，为了便于清掏应与墙面应保持一定距离，一般不宜小于0.15m。

3. 地漏

地漏通常装在地面须经常清洗或地面有水必须排泄处，如淋浴间、水泵房、厕所、盥洗间、卫生间等装有卫生器具的场所。地漏的用处广泛，是排水管道上可供独立使用的附件，不但具有排泄污水的功能，装在排水管道端头或管道接点较多的管段，还可代替地面清扫口起到清掏作用。为防止排水管道的臭气由地漏逸入室内，地漏内的水封形式和高度应符合相应要求。

地漏的形式较多，一般有以下几种。

1）普通地漏

普通地漏水封较浅，水封高度一般为25～30mm，易发生水封被破坏或水面蒸发造成水封干燥等现象，目前这种地漏已被新结构形式的地漏所取代。

2）高水封地漏

高水封地漏水封高度不小于50mm，并设有防水翼环，地漏盖为盒状，可随不同地面做法所需要的安装高度进行调节。施工时将翼环放在结构板面，板面以上的厚度可按建筑所要求的面层做法调整地漏盖面标高。这种地漏还附有单侧通道和双侧通道，可按实际情况选用，如图3-6所示。

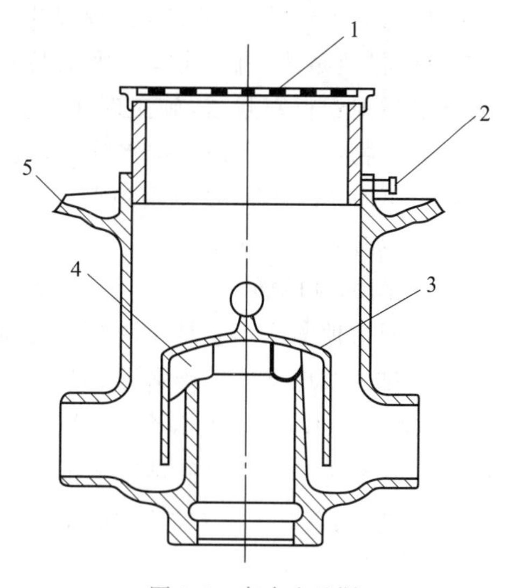

图3-6 存水盒地漏

1—箅子；2—调高螺栓；3—存水盒罩；4—支承件；5—防水翼环

3）多用地漏

多用地漏一般埋设在楼板的面层内，其高度为110mm，有单通道、双通道、三通道等多种形式，水封高度为50mm，一般内装塑料球以防回流。三通道地漏可供多用途使用，地漏盖除能排泄地面水外，还可连接洗脸盆或洗衣机的排出水，其侧向通道可连接浴盆的排水，为防止浴盆放水时，洗浴废水可能从地漏盖面溢出，故设有塑料球可封住通向地面的通道。其缺点是所连接的排水横支管均为暗设，一旦损坏维修比较麻烦，如图3-7所示。

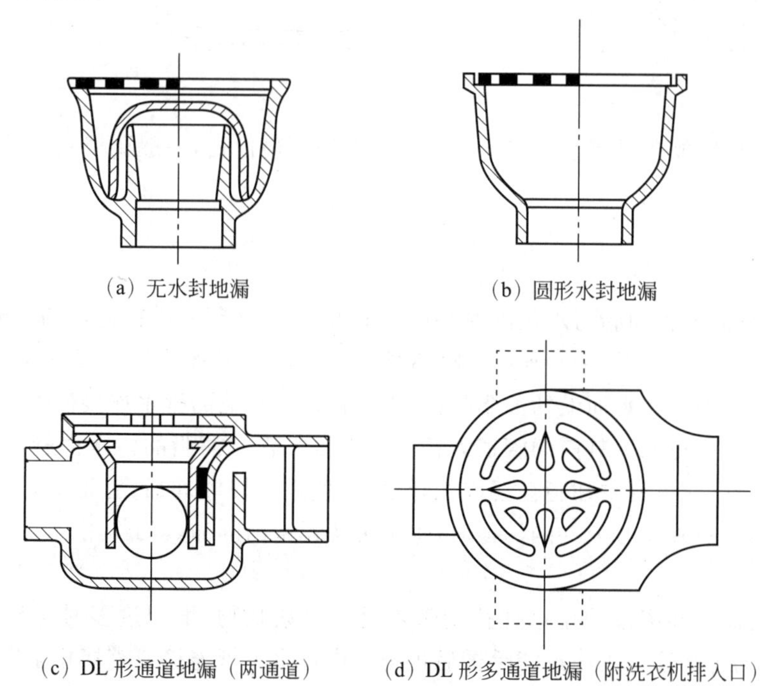

(a) 无水封地漏　(b) 圆形水封地漏

(c) DL形通道地漏（两通道）　(d) DL形多通道地漏（附洗衣机排入口）

图3-7 多用地漏

4）双箅杯式水封地漏

这种地漏的内部水封盒采用塑料制作，形如杯子，水封高度为50mm，便于清洗，比较卫生，地漏盖的排水分布合理，排泄量大，排水快，采用双箅有利于阻截污物。此地漏另附塑料密封盖，施工时可利用此密封盖防止水泥沙石等物从箅子孔进入排水管道，造成管道堵塞，排水不畅。平时用户不需要使用地漏时，也可利用塑料密封盖封死，如图3-8所示。

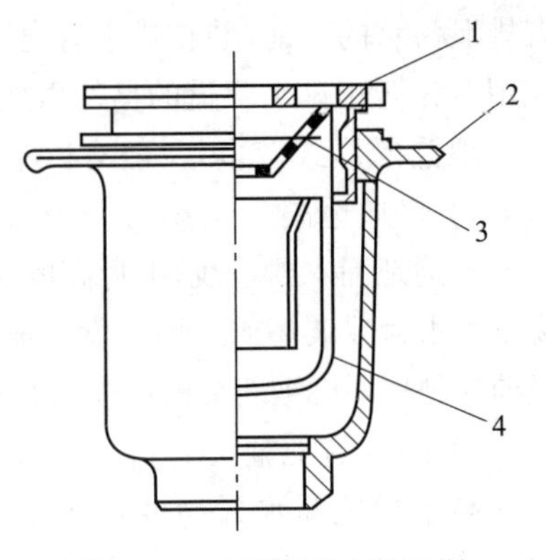

图3-8 双箅杯式水封地漏
1—镀铬地漏；2—防水翼环；
3—箅子；4—塑料杯式水封

5）防回流地漏

防回流地漏适用于地下室或深层地面排水，如用于电梯井排水及地下通道排水等。此种地漏内设防回流装置，可防止污水干浅、排水不畅、水位升高而发生的污水倒流。一般为附有浮球的钟罩形地漏或附塑料球的单通道地漏，亦可采用一般地漏附防回流止回阀，如图3-9和图3-10所示。

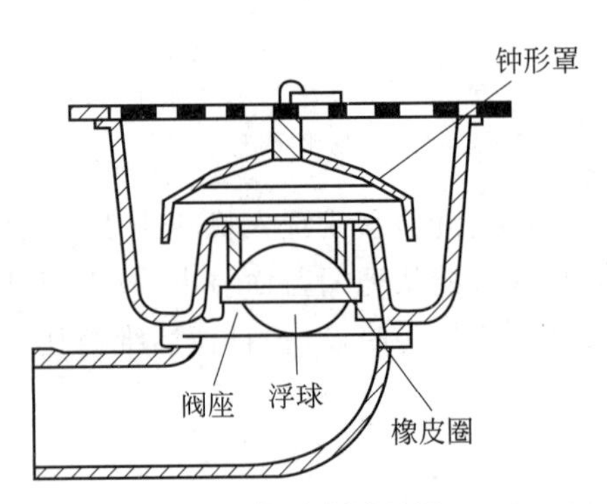

图3-9 防回流地漏

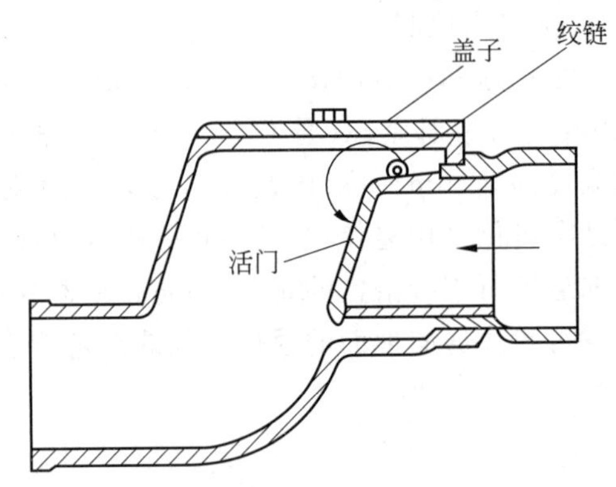

图3-10 防回流止回阀

地漏安装时，应放在易溅水的卫生器具附近的地面最低处，一般要求其箅子顶面低于地面5～10mm。

4. 其他附件

1）隔油具

厨房或配餐间的含油脂污水从洗涤池排入下水道前，必须先进行初步的隔油处理，这种隔油装置简称隔油具，如图3-11所示。隔油具装在室内靠近水池的台板下面，每隔一定时间打开隔油具，将浮积在水面上的油脂除掉，也可在几个水池的排水连接横管上设一个公用隔油具，但应尽量避免隔油具前的管道太长。若直接将含有油脂的污水由管道引至室外隔油池，因管道过长，在流程中油脂会凝固在管壁上，使用一段时间后，管道会被油脂堵塞，影响使用。因此，当室外设有公共隔油池时，也不可忽视室内隔油具的作用。

2）滤毛器

理发室、游泳池和浴室的排水往往携带着毛发等絮状物，堆积过多时容易造成管道堵塞。以上场所的排水管应先通过滤毛器后再与室内排水干管连接或直接排至室外。一般滤毛器为钢制，内设孔径为3mm或5mm的滤网，进行防腐处理，如图3-12所示。

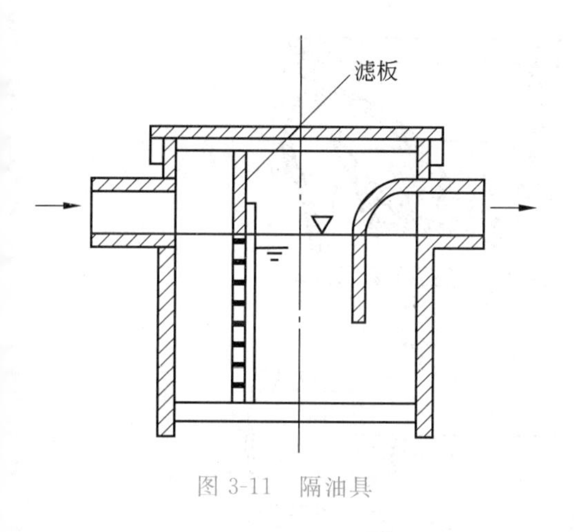

图 3-11 隔油具

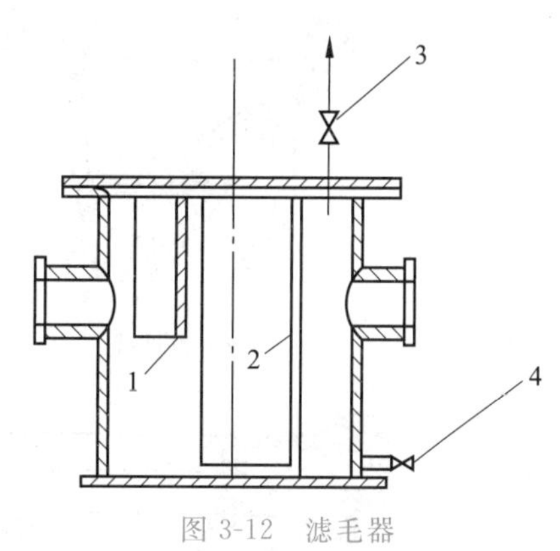

图 3-12 滤毛器

1—缓冲板;2—滤网;3—放气阀;4—排污阀

3) 吸气阀

在使用 UPVC 管的排水系统中,为保持压力平衡或无法设通气管时,可在排水横支管上装设吸气阀。吸气阀分为Ⅰ型和Ⅱ型两种,其设置的位置、数量和安装详见《给水排水标准图集》。

3.2.3 卫生器具及其设备和布置

卫生器具是建筑内部排水系统的重要组成部分,随着建筑标准的不断提高,人们对建筑卫生器具的功能要求和质量要求也越来越高。卫生器具一般采用不透水、无气孔、表面光滑、耐腐蚀、耐磨损、耐冷热、便于清扫、有一定强度的材料制造,如陶瓷、搪瓷生铁、塑料、复合材料等。卫生器具正向着冲洗功能强、节水消声、设备配套、便于控制、使用方便、造型新颖、色彩协调等方面发展。

1. 卫生器具

1) 便溺器具

便溺器具设置在卫生间和公共厕所,用来收集粪便污水。便溺器具包括便器和冲洗设备,其中便器包括大便器、大便槽、小便器、小便槽。

(1) 坐式大便器。坐式大便器按冲洗的水力原理可分为冲洗式和虹吸式两种,如图 3-13 所示,坐式大便器都自带存水弯。后排式坐便器与其他坐式大便器的不同之处在于排水口设在背后,通常在排水横支管敷设在本层楼板上时选用,如图 3-14 所示。

(2) 蹲式大便器。蹲式大便器一般用于普通住宅、集体宿舍、公用厕所、防止接触传染的医院内厕所,如图 3-15 所示。蹲式大便器比坐式大便器的卫生条件好,但蹲式大便器不带存水弯,设计安装时需另外配置存水弯。

(3) 大便槽。大便槽用于学校、火车站、汽车站、码头、游乐场所及其他标准较低的公共厕所,可代替成排的蹲式大便器,常用瓷砖贴面,造价低。大便槽一般宽 200～300mm,起端槽深 350mm,槽的末端设有高出槽底 150mm 的挡水坎,槽底坡度不小于 1.5%,排水口设存水弯。

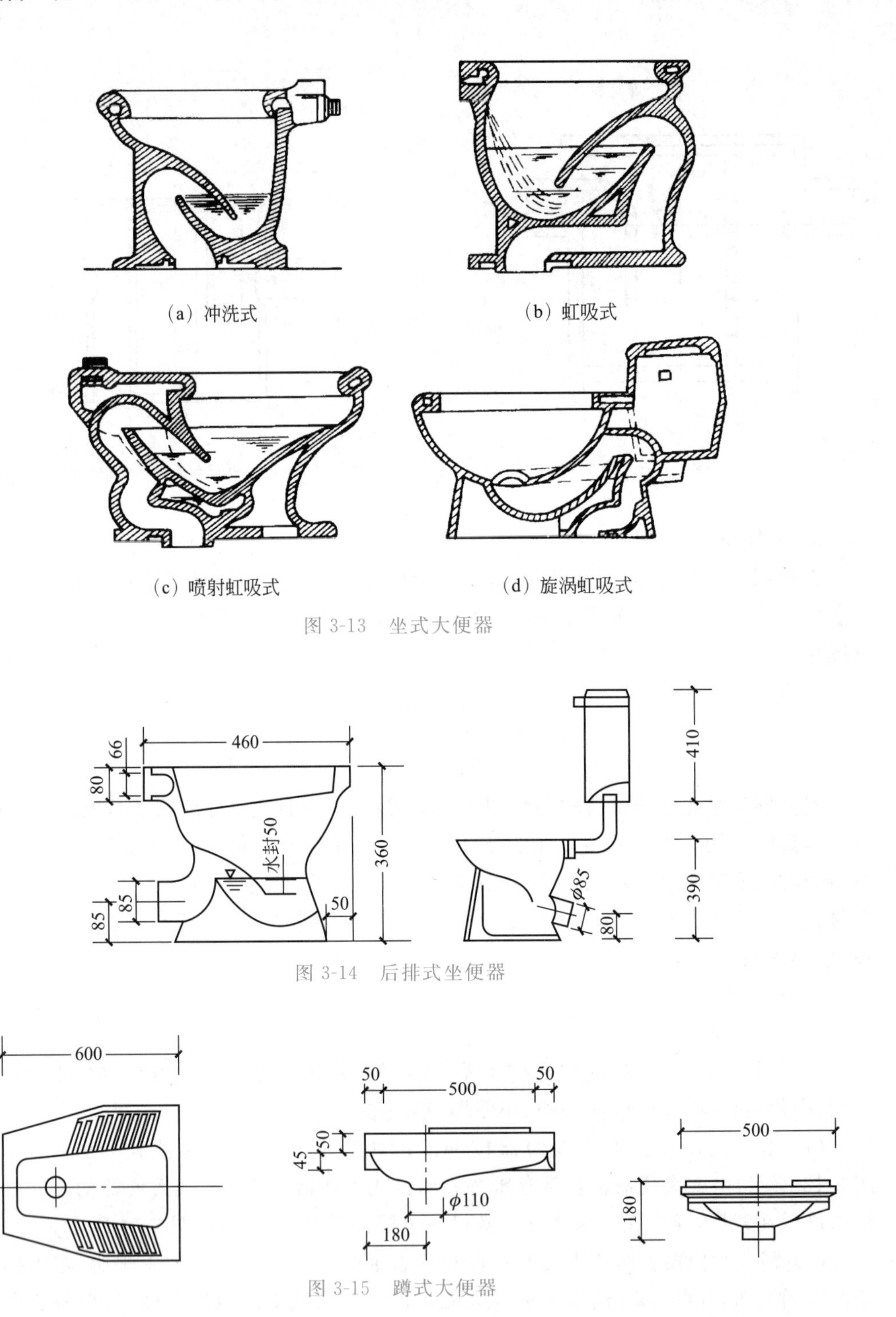

图 3-13 坐式大便器

图 3-14 后排式坐便器

图 3-15 蹲式大便器

(4) 小便器。小便器设于公共建筑的男厕所内，有的住宅卫生间内也需设置。小便器有挂式、立式两类，其中立式小便器用于标准较高的建筑，如图 3-16 和图 3-17 所示。

(5) 小便槽。小便槽用于工业企业、公共建筑和集体宿舍等建筑的卫生间，如图 3-18 所示。

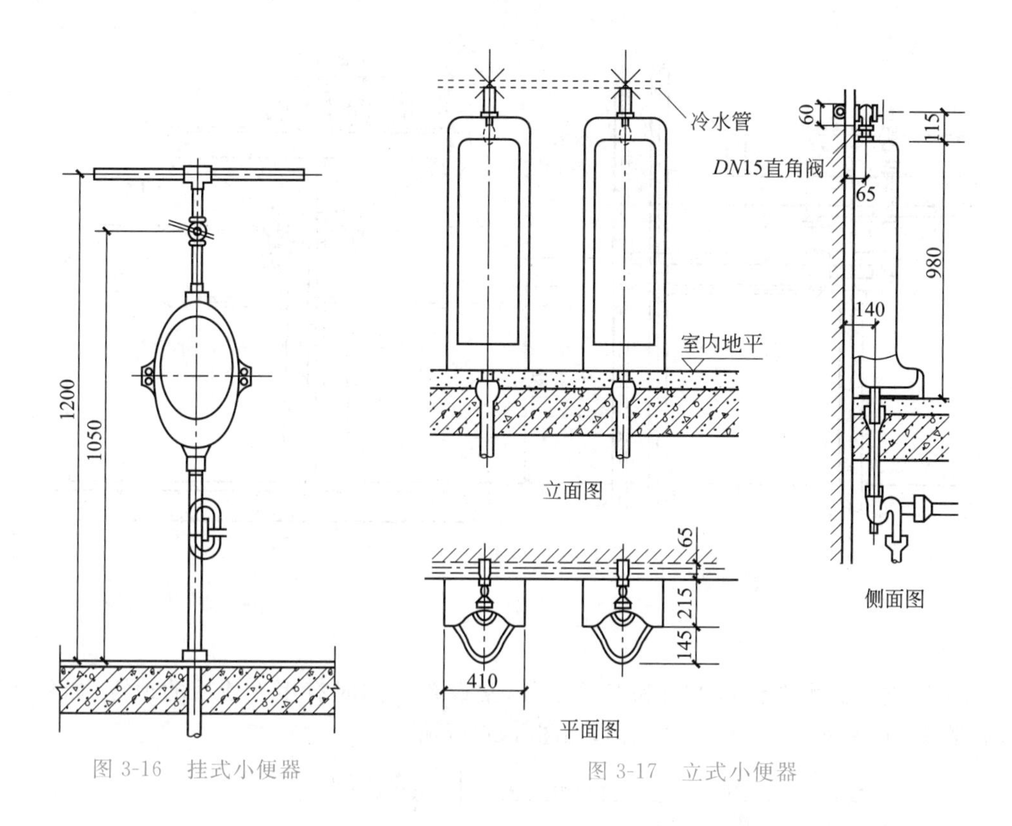

图 3-16　挂式小便器

图 3-17　立式小便器

图 3-18　小便槽

2）盥洗器具

（1）洗脸盆。洗脸盆一般用于洗脸、洗手、洗头，常设置在盥洗室、浴室、卫生间和理发室等场所。洗脸盆有长方形、椭圆形和三角形，安装方式有墙架式、台式和柱脚式，如图 3-19 所示。

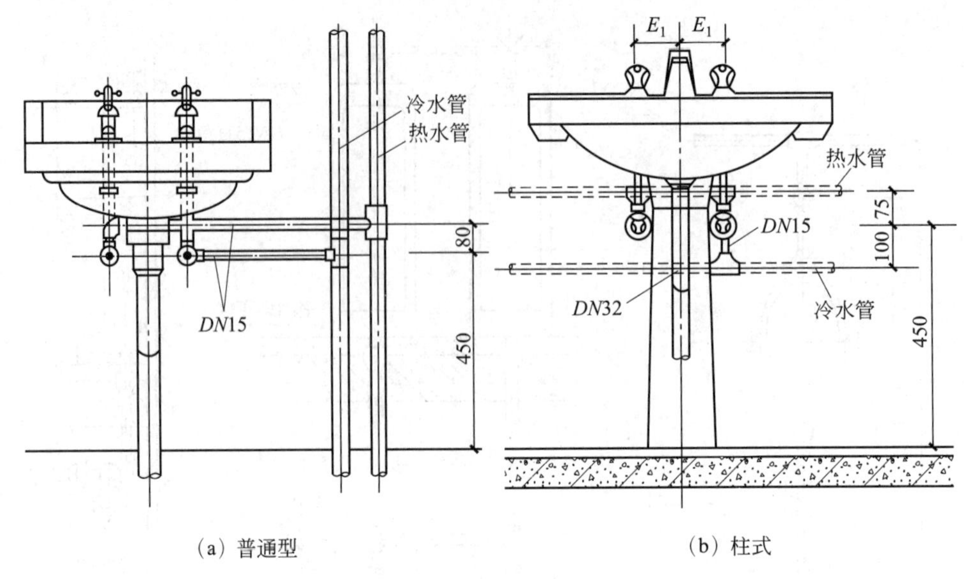

(a) 普通型　　(b) 柱式

图 3-19　洗脸盆

(2) 盥洗台。盥洗台有单面和双面之分，常设置在同时有多人使用的地方，如集体宿舍、教学楼、车站、码头、工厂生活间内，如图 3-20 所示。

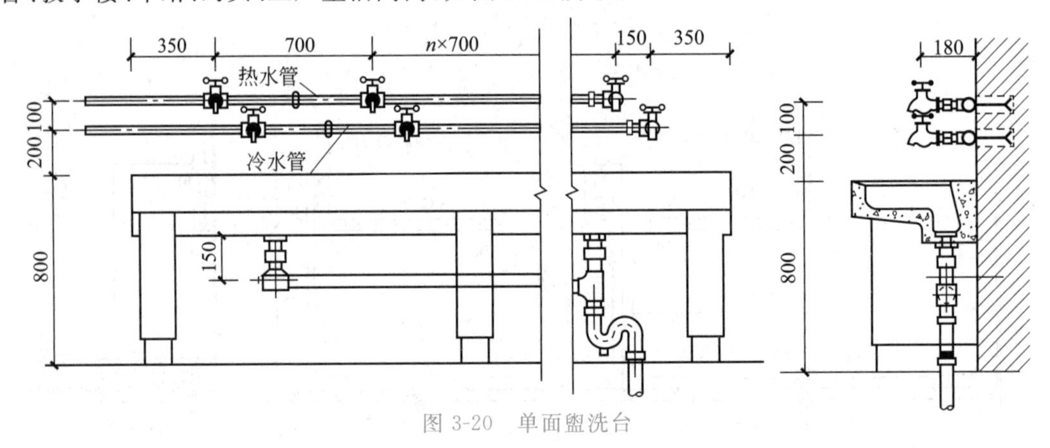

图 3-20　单面盥洗台

3) 沐浴器具

(1) 浴盆。浴盆设在住宅、宾馆、医院等卫生间或公共浴室，供人们清洁身体。浴盆配有冷热水或混合水龙头，并配有淋浴设备，如图 3-21 所示。

(2) 淋浴器。淋浴器多用于工厂、学校、机关、部队的公共浴室和体育馆内。淋浴器占地面积小、清洁卫生、避免疾病传染、耗水量小、设备费用低，如图 3-22 所示。

在建筑标准较高的建筑内的淋浴间内，也可采用光电式淋浴器；在医院或疗养院，为防止疾病传染可采用脚踏式淋浴器。

4) 洗涤器具

(1) 洗涤盆。洗涤盆常设置在厨房或公共食堂内，用作洗涤碗碟、蔬菜等；医院的诊室、治疗室等处也需设置。洗涤盆有单格和双格之分。

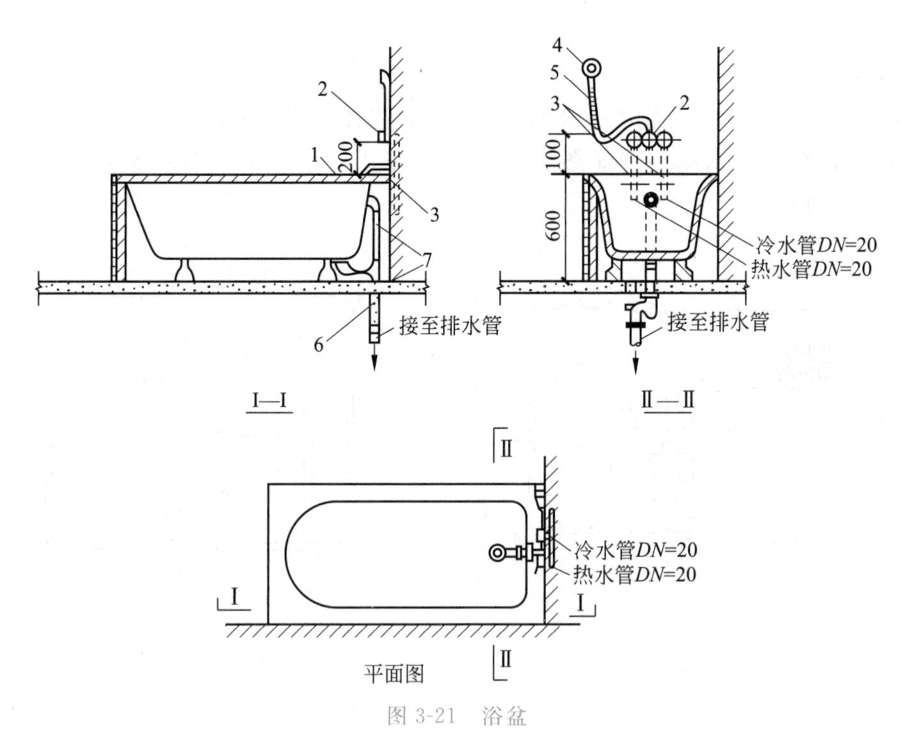

图 3-21 浴盆

1—浴盆；2—混合阀门；3—给水管；4—莲蓬头；5—蛇皮管；6—存水弯；7—溢水管

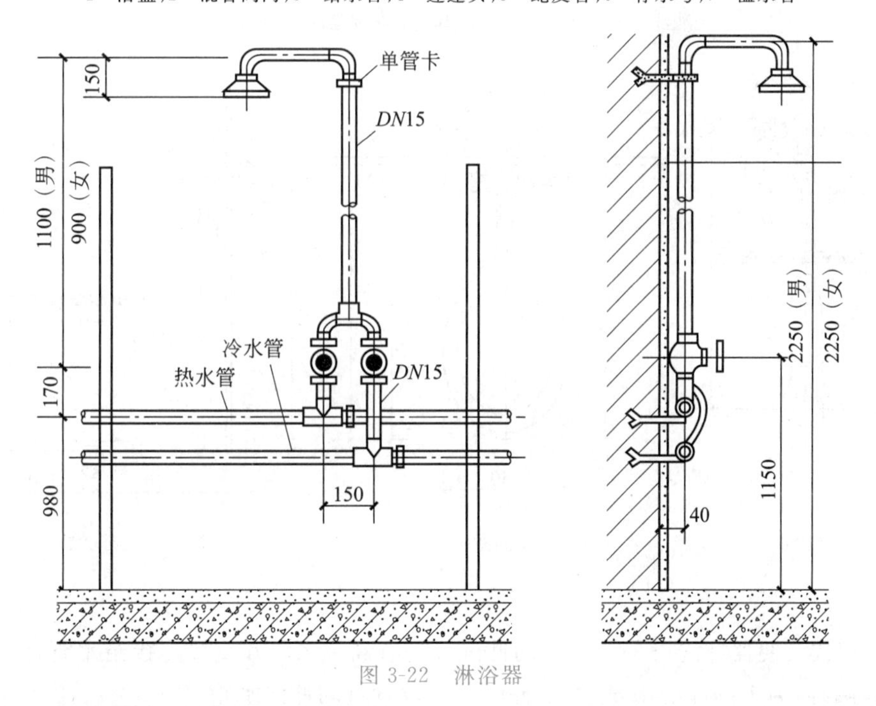

图 3-22 淋浴器

(2) 化验盆。化验盆设置在工厂、科研机关和学校的化验室或实验室内。根据需要，可安装单联、双联、三联鹅颈水龙头。

(3) 污水盆。污水盆又称污水池，常设置在公共建筑的厕所、盥洗室内，供洗涤拖把、打扫卫生或倾倒污水等。

2. 卫生器具的冲洗设备

1）大便器冲洗设备

(1) 坐式大便器冲洗设备常用低水箱冲洗和直接连接管道进行冲洗。低水箱与坐体又有整体和分体之分，其水箱构造如图 3-23 所示。采用管道连接时必须设延时自闭式冲洗阀，如图 3-24 所示。

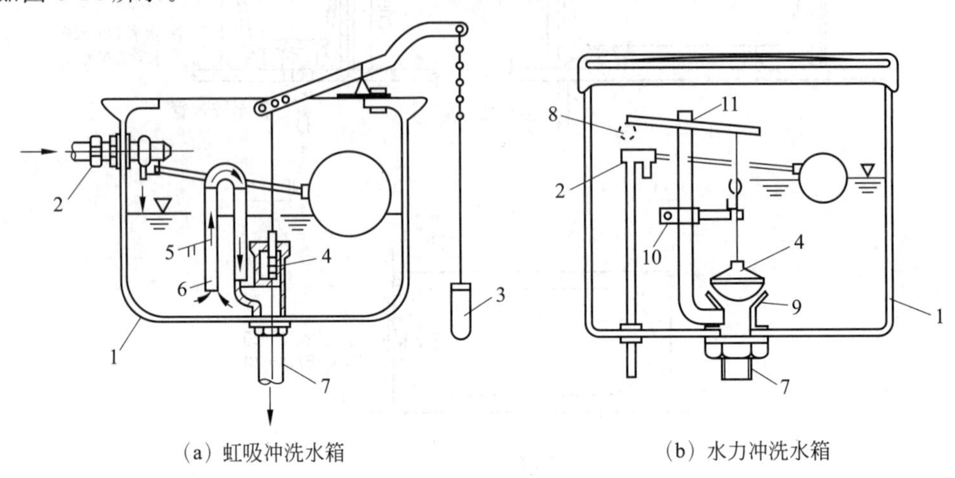

图 3-23 手动冲洗水箱

1—水箱；2—进水管；3—拉链；4—橡胶球阀；5—虹吸管；6—ϕ5mm 孔；7—冲洗管；8—扳手；9—阀座；10—导向装置；11—溢流管

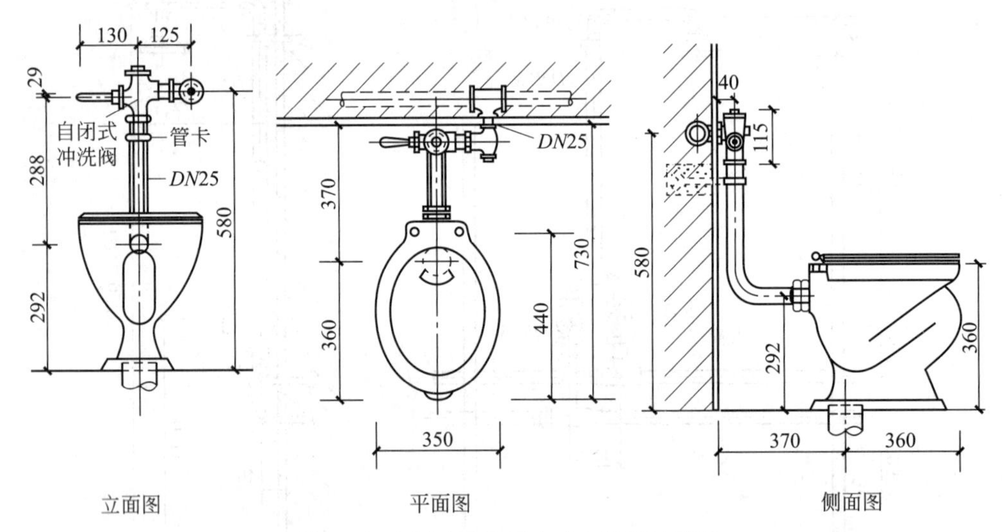

图 3-24 自闭式冲洗阀坐式大便器安装图

(2) 蹲式大便器冲洗设备。常用的冲洗设备有高位水箱和直接连接给水管加延时自闭式冲洗阀两种，为节约冲洗水量，有条件时尽量设置自动冲洗水箱。

(3) 大便槽冲洗设备常在大便槽起端设置自动控制高位水箱或采用延时自闭式冲洗阀。

2）小便器和小便槽冲洗设备

(1) 小便器冲洗设备常采用按钮式自闭式冲洗阀，既满足冲洗要求，又节约冲洗水量，如图 3-16 所示。

（2）小便槽冲洗设备常采用多孔管冲洗，多孔管孔径为 2mm，与墙成 45°角安装，可设置高位水箱或手动阀。为克服铁锈水污染贴面，除给水系统选用优质管材外，多孔管常采用塑料管，如图 3-18 所示。

3. 卫生器具的布置

卫生器具的布置应根据厨房、卫生间、公共厕所的平面位置、房间面积大小、建筑质量标准、有无管道竖井或管槽、卫生器具数量及单件尺寸等确定，既要满足使用方便、容易清洁、占用面积小等条件，还要充分考虑为管道布置提供良好的水力条件，尽量做到管道少转弯、管道短、排水通畅。通常卫生器具应顺着一面墙布置，如卫生间、厨房相邻，则应在该墙两侧设置卫生器具，有管道竖井时，卫生器具应紧靠管道竖井的墙面布置，这样会减少排水横管的转弯或减少管道的接入根数。

根据《住宅设计规范》(GB 50096—2011)的规定，每套住宅应设卫生间。第四类住宅宜设两个或两个以上卫生间，每套住宅至少应配置三件卫生器具。不同卫生器具组合时应保证设置和卫生活动的最小使用面积，避免蹲不下或坐不下、靠不拢等问题。

卫生器具的布置应在厨房、卫生间、公共厕所等的建筑平面图上(大样图)用定位尺寸加以明确。图 3-25 所示为卫生器具的几种布置形式示例。

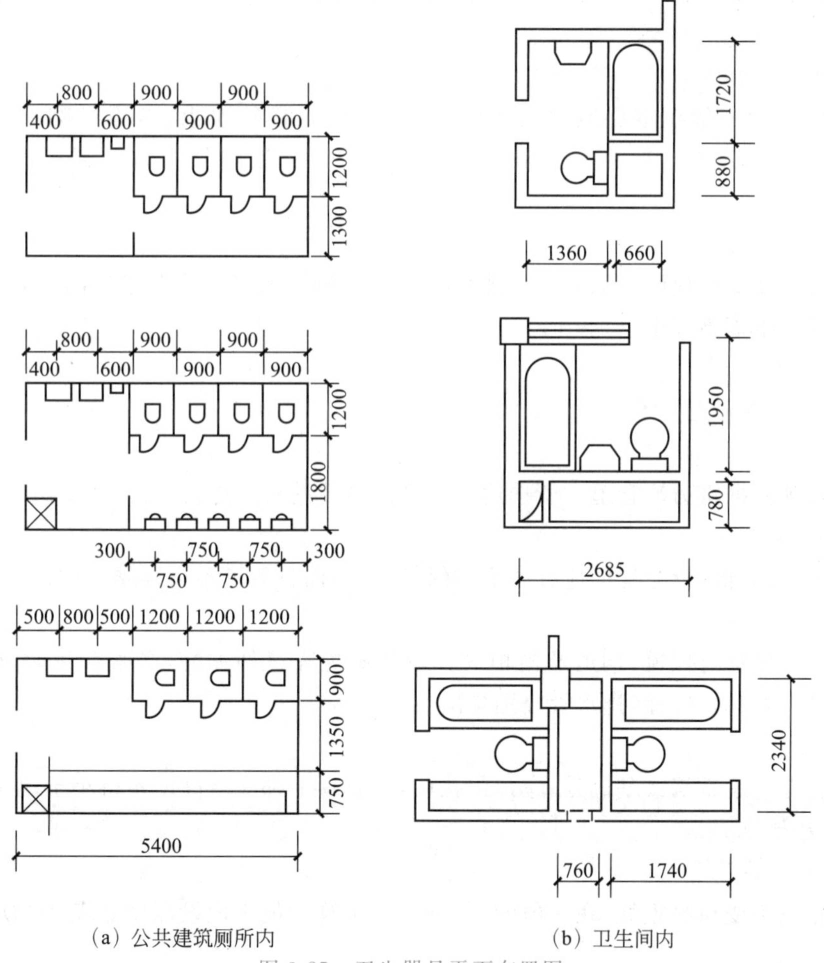

图 3-25 卫生器具平面布置图

3.3 建筑内部排水管道的布置与敷设

3.3.1 排水管道的布置

建筑内部排水管道的设计、布置等过程中，应符合排水畅通、水力条件好；使用安全可靠，不影响室内环境卫生；施工安装、维护管理方便；总管道短，工程造价低；占地面积小；美观等要求。一般情况下，排水管不允许布置在有特殊生产工艺和卫生要求的厂房以及食品和贵重商品仓库、通风室和配电间内，也不应布置在食堂，尤其是锅台、炉灶、操作主副食烹调处，更不允许布置在遇水引起燃烧爆炸或损坏原料、产品和设备的地方。

微课：排水管道的布置与敷设

1. 排水立管

排水立管应布置在污水最集中、污水水质最脏、污水浓度最大的排水排出处，使其横支管最短，尽快排出室外。一般不要穿入卧室、病房等卫生要求高、需要保持安静的房间，最好不要放在邻近卧室内墙处，以免立管水流冲刷声通过墙体传入室内，否则应进行适当的隔声处理。

2. 排水横支管

排水横支管一般在本层地面上或楼板下明设，有特殊要求、考虑影响美观时，可做吊顶，隐蔽在吊顶内。为了防止排水管（尤其是存水弯部分）结露，必须采取防结露措施。

3. 排水出户管

一般按坡度要求埋设于地下。当排水出户管需与给水引入管布置在同一处时，两根管道的外壁水平距离不应小于 1.0m。

3.3.2 排水管道的敷设

排水管须根据重力流管道和所选用排水管道材质的特点进行敷设，并应做到以下几点。

1. 保护距离

埋入地下的排水管与地面应有一定的保护距离，而且管道不得穿越生产设备的基础。

2. 避免位置

排水管不要穿过风道、烟道及橱柜等。最好避免穿过伸缩缝，必须穿越时，应加套管。当遇沉降缝时，应另设一路排水管分别排出。

3. 预留洞

排水管穿过承重墙或基础处，应预留孔洞，使管顶上部净空高度不得小于建筑物的沉降量，一般不小于 0.15m。

4. 最小埋设深度

为防止管道受机械损坏，在一般的厂房内，排水管的最小埋设深度如表 3-3 所示。

表 3-3 排水管的最小埋设深度

管　材	管顶至地面的距离/m	
	素土夯实，砖石地面	水泥、混凝土、沥青混凝土地面
排水铸铁管	0.70	0.40
混凝土管	0.70	0.50
带釉陶土管	1.00	0.60
硬聚氯乙烯管	1.00	0.60

5. 排水管道连接

(1) 排水管应尽量沿直线布置，力求减少不必要的转角和曲折。受条件限制必须偏置时，宜用乙字管或两个45°弯头连接来实现。

(2) 污水管经常发生堵塞的部位一般在管道的接口和转弯处，为改善管道水力条件，减少堵塞，在采用管件时应做到以下几点。

① 卫生器具排水管与排水支管连接时，可采用90°斜三通。

② 排水管道的横管与横管（或立管）的连接，宜采用45°或90°斜三（四）通、直角顺水三（四）通。

③ 排水立管与排出管端部的连接，宜采用两个45°弯头或弯曲半径不小于4倍管径的90°弯头。

(3) 排出管和室外排水管衔接时，排出管管顶标高应大于或等于室外排水管管顶标高，否则，一旦室外排水管道超负荷运行，会影响排出管的通水能力，导致室内卫生器具冒泡或满溢。为保证畅通的水力条件，避免水流相互干扰，在衔接处水流转角不得小于90°，但当落差大于0.3m时，可不受角度限制。

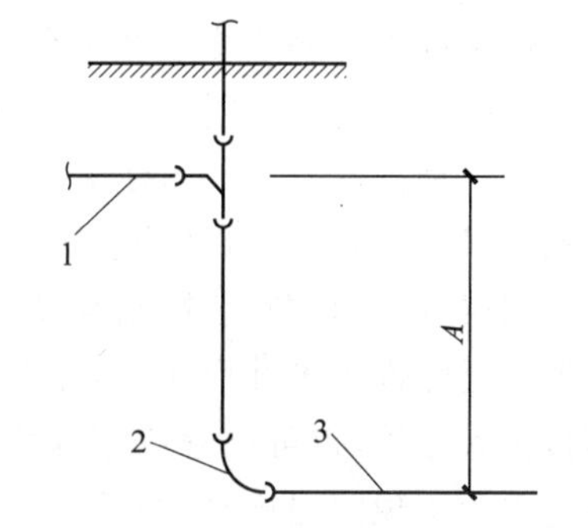

图 3-26 最低排水横支管与排出管起点管内底的距离
1—最低排水横支管；
2—立管底部；3—排出管

(4) 污水立管底部的流速大，而污水排出管流速小，在立管底部管道内产生正压值，这个正压区能使靠近立管底部的卫生器具内的水封遭受破坏，产生冒泡、满溢现象。为此，靠近排水立管底部的排水支管连接，应符合下列要求。

① 排水立管仅设置伸顶通气管时，最低排水横支管与立管连接处距排水立管管底的垂直距离（见图3-26），不得小于表3-4的规定。如果与排出管连接的立管底部放大一号管径或横干管比与之连接的立管大一号管径时，可将表中距离缩小一档。

表 3-4 最低排水横支管与立管连接处距排水立管管底的垂直距离

立管连接卫生器具的层数(层)	垂直距离/m	立管连接卫生器具的层数/层	垂直距离/m
≤4	0.45	13～19	3.00
5～6	0.75	≥20	6.00
7～12	1.20		

② 排水横支管连接在排出管或排水横干管上时，连接点距立管底部的水平距离，不宜小于 3.0m，如图 3-27 所示。

③ 当靠近排水立管底部的排水横支管的连接不能满足①和②的要求时，排水横支管应单独排出室外。

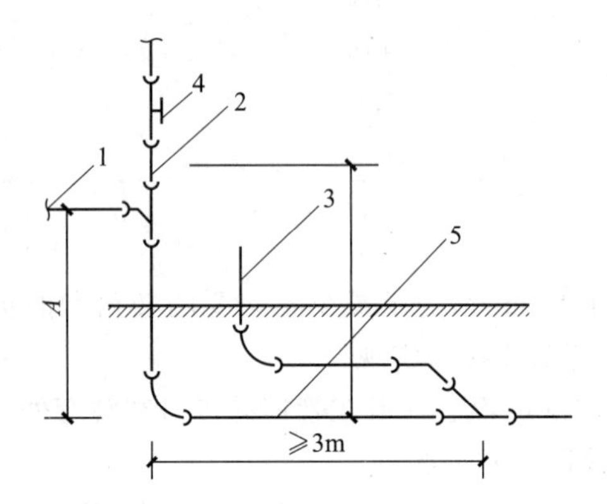

图 3-27 排水横支管与排出管或排水横干管的连接

1—排水横支管；2—排水立管；3—排水支管；4—检查口；5—排水横干管(或排出管)

3.3.3 同层排水

传统排水管道系统是将排水横支管布置在其下楼层的顶板之下，卫生器具排水管穿越楼板与横支管连接。同层排水是将排水横支管敷设在排水层或室外，卫生器具排水管不穿楼层的一种排水方式。当住宅卫生间的卫生器具排水管不允许穿越楼板进入他户或是布置受条件限制时，卫生器具排水横支管应采用同层排水方式。

同层排水形式有装饰墙敷设、外墙敷设、局部降板填充层敷设、全降板填充层敷设、全降板架空层敷设等多种形式，图 3-28 所示为降板式同层排水。如地漏或坐便器采用后排水，直接排入立管，也可以避免穿越楼层，图 3-29 所示为后排水式坐便器、地漏。另外，在工程改造中为实现同层排水，经常采用局部升板改造方法，即将卫生间地面抬升，形成同层排水管道敷设的条件。但该种方法不符合无障碍设计的理念。

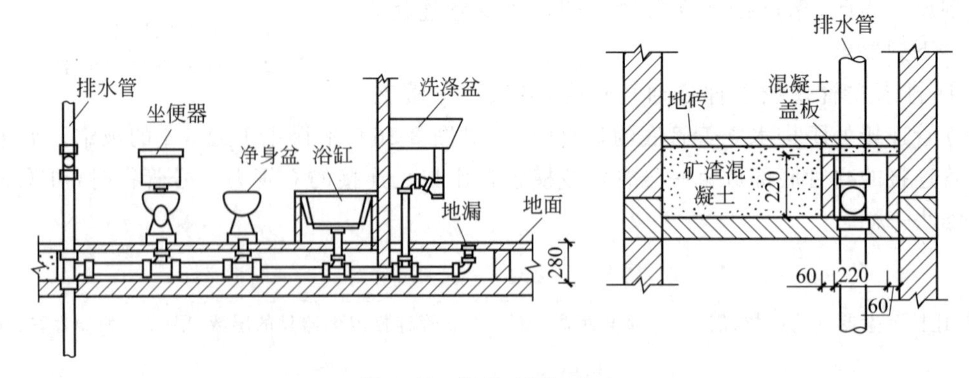

图 3-28 降板式同层排水

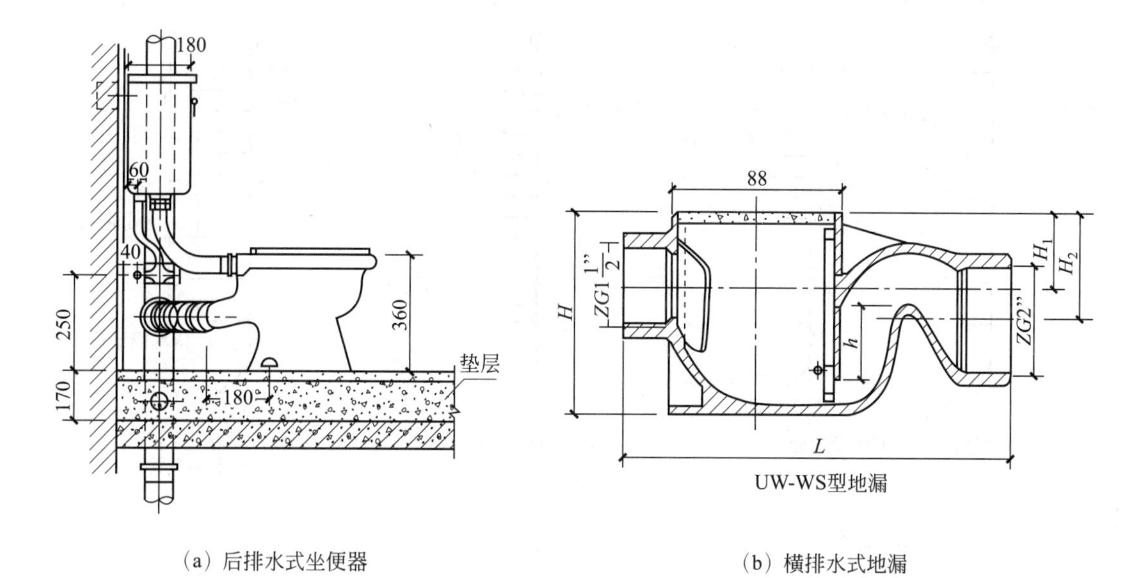

(a) 后排水式坐便器　　(b) 横排水式地漏

图 3-29　后排水式坐便器、地漏

3.4　排水通气管系统

3.4.1　通气方式与通气管类型

1. 通气方式

(1) 通气管顶端与大气相通以补气排气，平衡排水管道系统中的压力波动。

(2) 通气管顶端不与大气相通，仅与排水立管相连，其底部与排水管连接，排水时管道内产生的正、负压通过通气管道迂回补气而达到平衡，这种通气方式又称自循环通气方式。

2. 通气管类型

通气管类型与系统设置方式如图 3-30 所示。

(1) 伸顶通气管：是指污水立管顶端延伸出屋面的管段，作为通气及排除臭气用，为排水管道最简单最基本的通气方式。

(2) 专用通气立管：是指仅与排水立管连接，为污水立管内空气流通而设置的垂直通气管道。

(3) 主通气立管：是指为连接环形通气管和排水立管，并为排水支管和排水立管内空气流通而设置的垂直管道。

(4) 副通气立管：是指仅与环形通气管连接，为使排水横支管内空气流通而设置的通气管道。

微课：通气管类型

(5) 环形通气管：是指在多个卫生器具的排水横支管上，从最始端卫生器具的下游端接至通气立管的那一段通气管段。

(6) 器具通气管：是指卫生器具存水弯出口端一定高度处与主通气立管连接的通气管段，可以防止卫生器具产生自虹吸现象和噪声。

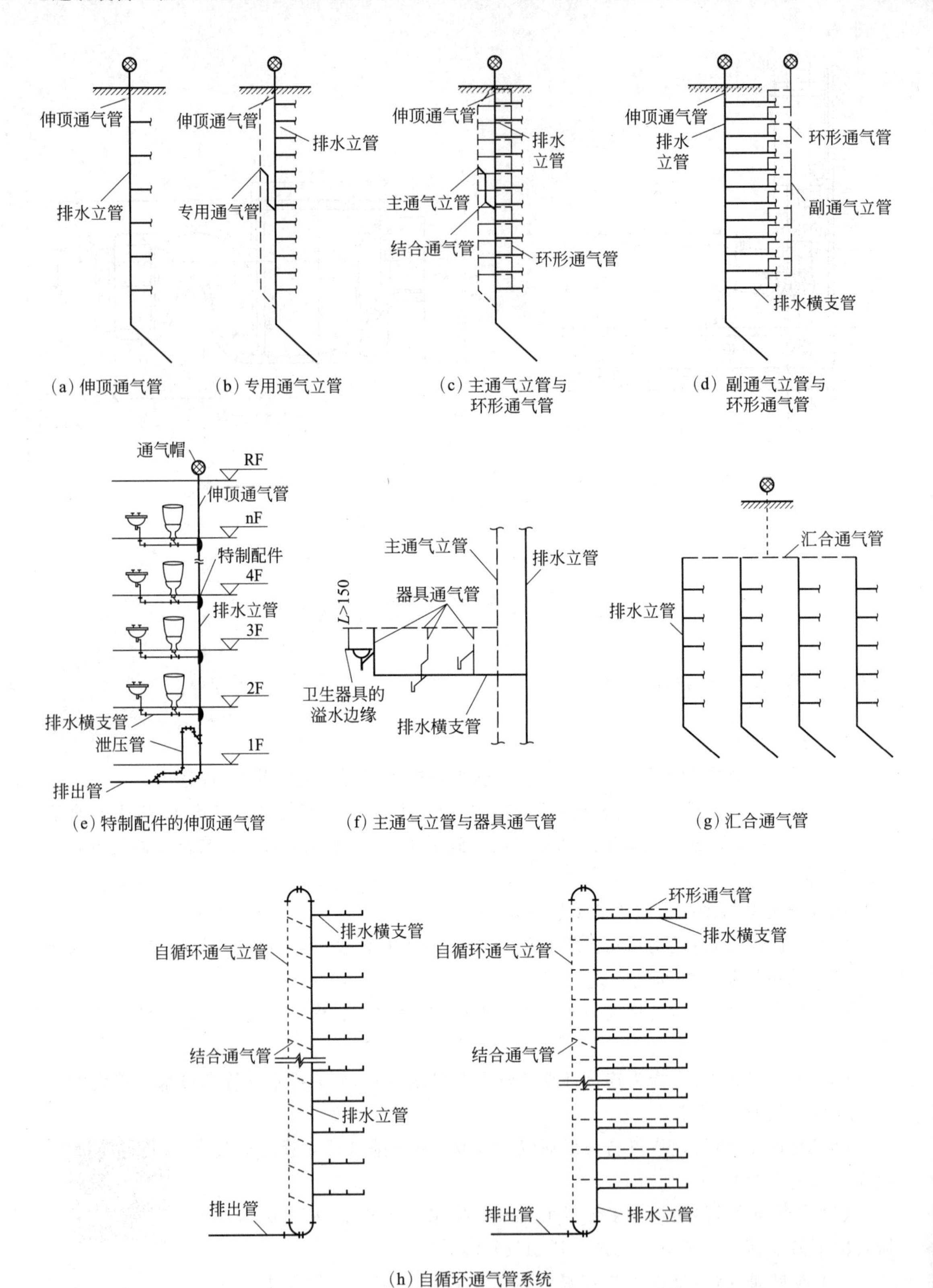

图 3-30 通气管类型与系统设置方式

(7) 结合通气管：是指排水立管与通气立管的连接管段。当上部横支管排水时，水流沿立管向下流动，水流前方空气被压缩，通过它释放被压缩的空气至通气立管。

(8) 汇合通气管：是指连接数根通气立管或排水立管顶端通气部分，并延伸至室外大气的通气管段。

(9) 自循环通气立管：自循环通气立管顶端与排水立管相连，底端与排出管连接。

此外，在横支管与立管连接处及立管底部与横干管或排出管连接处，设有特制配件的排水立管，利用其特殊结构改变水流方向和状态，在排水立管管径不变的情况下可改善管内水流与通气状态，增大排水流量。这种集通气和排水为一体的设特制配件的单立管排水系统，适用于各类多层、高层建筑，详见第3.5节内容。

3.4.2 通气管的设置条件及布置要求

微课：通气管的设置条件和布置要求

1. 伸顶通气管、汇合通气管

生活排水管道或散发有害气体的生产污水管道，均应设置伸顶通气管。当不允许设置伸顶通气管或不可能单独伸出屋面时，可采用侧墙通气或在室内设置汇合通气立管后，在侧墙伸出并延伸至屋面之上。伸顶通气管的安装尺寸具体要求如下。

(1) 通气管高出屋面不得小于300mm，且必须大于最大积雪厚度；通气管顶端应装设风帽或网罩。

(2) 在经常有人停留的平屋面上，通气管应高出屋面2.0m以上，并应根据防雷要求考虑防雷装置。

(3) 在通气管出口4.0m以内有门、窗时，通气管应高出窗顶0.6m或引向无门窗一侧。

(4) 冬季室外温度高于−15℃的地区，通气管顶端可装网形铅丝球；低于−15℃的地区应装伞形通气帽。

(5) 通气管出口不宜设在建筑物挑出部分(如屋檐檐口、阳台和雨篷等)的下面。

(6) 通气管不得与建筑物的通风管道或烟道连接。

2. 专用通气立管

生活排水立管所承担的卫生器具排水设计流量，当超过无专用通气立管的排水立管最大排水能力时，应设专用通气立管。

专用通气立管应每隔两层设结合通气管与排水立管连接，其上端可在最高卫生器具上边缘或检查口以上与污水立管通气部分以斜三通连接，下端应在最低污水横支管以下与污水立管以斜三通连接。

3. 主通气立管

建筑物各层的排水横支管上设有环形通气管时，应设置连接各层环形通气管的主通气立管或副通气立管。

主通气立管应每隔八～十层设结合通气管与污水立管相连，上端可在最高卫生器具上边缘以上不小于0.15m处与污水立管以斜三通连接，下端应在最低污水横支管以下与污水立管以斜三通连接。

4. 副通气立管

副通气立管设在污水立管对侧。

5. 环形通气管

以下情况应设置环形通气管:连接四个及四个以上卫生器具并与立管的距离大于 12m 的排水横支管;连接六个及六个以上坐便器的污水横支管;设有器具通气管的排水管道上。

环形通气管应在横支管上最始端卫生器具下游端接出,并应在排水支管中心线以上与排水支管呈垂直或 45°连接,该管应在卫生器具上边缘以上不小于 0.15m 处,并按不小于 1.0%的上升坡度与主通气立管相连。

6. 器具通气管

对卫生、安静要求较高的建筑物内,生活污水宜设置器具通气管,它适用于高级宾馆及要求较高的建筑。器具通气管应设在卫生器具存水弯出口端,在卫生器具上边缘以上不小于 0.15m 处,并按不小于 1.0%的上升坡度与主通气立管相连。

7. 结合通气管

凡设有专用通气立管或主通气立管的,应设置连接排水立管与专用通气立管或主通气立管的结合通气管。

结合通气管下端宜在排水横支管以下与排水立管以斜三通连接,上端可在卫生器具上边缘以上不少于 0.15m 处与主通气立管以斜三通连接。

当结合通气管布置有困难时,可用 H 形管件替代,H 形管与通气管的连接点应在卫生器具上边缘以上不小于 0.15m 处。

当污水立管与废水立管合用一根通气立管(连成三管系统,构成互补通气方式)时,H 形管配件可隔层分别与污水立管和生活废水立管连接,但最低横支管连接点以下必须装设。

8. 自循环通气系统

当伸顶通气、侧墙通气、汇合通气方式均无法实施时,可设置自循环通气管道系统。自循环通气管道系统可采用专用通气立管与排水立管连接和环形通气管与排水横支管连接两种方式。通气管道与排水管道的连接应符合下列要求。

(1) 专用通气立管的顶端应在卫生器具上边缘以上不小于 0.15m 处采用两个 90°弯头相连接。

(2) 应在每层由结合通气管或 H 形管件将通气立管与排水立管连接。

(3) 通气立管下端应在排水横干管或排出管上采用倒顺水三通或倒斜三通相连,以减小气流在配件处的局部阻力,使自循环气流通畅。

(4) 建筑物设置自循环通气的排水系统时,应在室外接户管的起始检查井上设置管径不小于 100mm 的通气管,用来排除有害气体。通气管如延伸在建筑物外墙时,通气管口的设置要求同前所述;通气管如设置在其他隐蔽部位时,应高出地面 2m 以上。

在建筑物内不得设置吸气阀替代通气管。

3.5 高层建筑排水系统

建筑内部由于排水系统设置通气管道,使系统的功能得到了进一步完善,同时也出现了因耗用管材的增加导致投资增大的不利因素。因而,到了 20 世纪 60 年代,出现了取消专用通气管道的单立管式新型排水系统,这是排水系统通气技术的突出进展。下面介绍近年来国内外较多采用的几种新型排水系统。

3.5.1 苏维托排水系统

1959年，瑞士伯尔尼市职业学校卫生工程教师苏玛研究了高层建筑排水系统的基本要求，首先提出了一种用气水混合器和跑气器构成的单立管排水系统，并将其称为苏维托排水系统。它具有自身通气的作用，这样，就把污水立管和通气立管的功能结合在一起了。

苏维托排水系统是采用一种气水混合或分离的配件来代替一般零件的单立管排水系统，它包括以下两个基本配件。

1. 气水混合器

苏维托排水系统中的混合器(见图3-31)是由长约80cm的连接配件装设在立管与每层楼横支管的连接处。横支管接入口有三个方向；混合器内部有三个特殊构造——乙字弯、隔板和隔板上部约1cm高的孔隙。

自立管下降的污水，经乙字弯管时，水流撞击分散与周围空气混合成水沫状气水混合物，比重变轻，下降速度减缓，减小抽吸力。横支管排出的水受隔板阻挡，不能形成水舌，能保持立管中气流通畅，气压稳定。

2. 气水分离器

苏维托排水系统中的跑气器(见图3-32)通常装设在立管底部，它是由具有突块的扩大箱体及跑气管组成的一种配件。沿立管流下的气水混合物遇到内部的突块溅散，从而把气体(70%)从污水中分离出来，由此减少了污水的体积，降低了流速，并使立管和横干管的泄流能力平衡，气流不致在转弯处被阻；另外，将释放出的气体用一根跑气管引到干管的下游(或返向上接至立管中去)，这就达到了防止立管底部产生过大反(正)压力的目的。

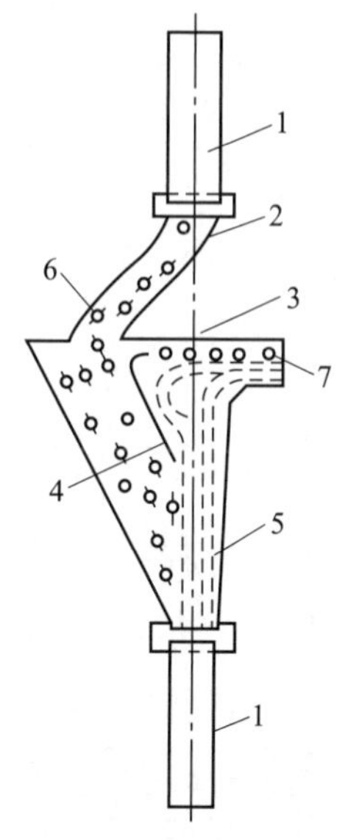

图3-31 气水混合器配件

1—立管；2—乙字管；3—空隙；4—隔板；5—混合室；6—气水混合物；7—空气

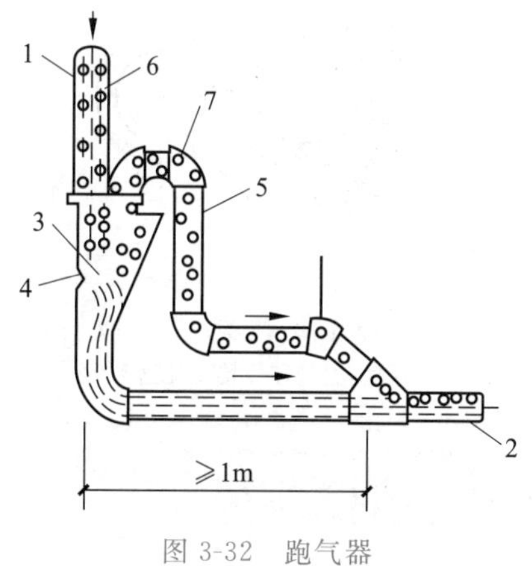

图3-32 跑气器

1—立管；2—横管；3—空气分离室；4—突块；5—跑气管；6—水气混合物；7—空气

3.5.2 旋流排水系统

旋流排水系统又称“塞克斯蒂阿”系统，是法国建筑科学技术中心于1967年提出的一项新技术，后来广泛应用于十层以上的居住建筑。旋流排水系统是由各个排水横支管与排水立管连接起来的旋流排水配件和装设于立管底部的特殊排水弯头所组成的。

1. 旋流接头

旋流接头的构造如图3-33所示，它由底座及盖板组成，盖板上设有固定的导旋叶片，底座支管和立管接口处，沿立管切线方向有导流板。横支管污水通过导流板沿立管断面的切线方向以旋流状态进入立管，立管污水每流过下一层旋流接头时，经导旋叶片导流，增加旋流，污水受离心力作用贴附管内壁流至立管底部，立管中心气流通畅，气压稳定。

2. 特殊排水弯头

在立管底部的排水弯头是一个装有特殊叶片的45°弯头，如图3-34所示。该特殊叶片能迫使下落水流溅向弯头后方流下，这样就避免了出户管（横干管）中发生水跃而封闭立管中的气流，以致造成过大的正压力。

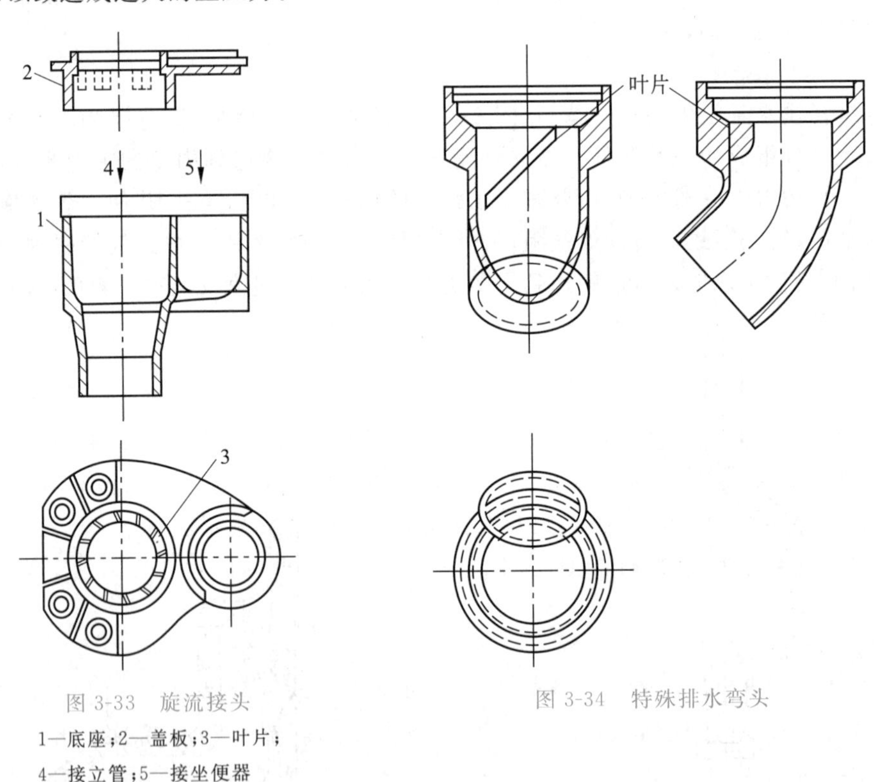

图3-33 旋流接头

1—底座；2—盖板；3—叶片；4—接立管；5—接坐便器

图3-34 特殊排水弯头

3.5.3 芯型排水系统

芯型(CORE)单立管排水系统于20世纪70年代初首先在日本使用。在系统的上部和下部各有一个特殊配件共同组成。

1. 环流器

环流器是外形呈倒圆锥形，平面上有 2～4 个可接入横支管的接入口（不接入横支管时也可作为清通用）的特殊配件，如图 3-35 所示。立管向下延伸一段内管，插入内部的内管起隔板作用，防止横支管出水形成水舌，立管污水经环流器进入倒锥体后形成扩散，气水混合成水沫，比重减轻、下落速度减缓，立管中心气流通畅，气压稳定。

2. 角笛弯头

角笛弯头外形似犀牛角，大口径承接立管，小口径连接横干管，如图 3-36 所示。由于大口径以下有足够的空间，既可对立管下落水流起减速作用，又可将污水中所携带的空气集聚、释放。又由于角笛弯头的小口径一侧与横干管断面上部连通，可减小管中正压强度。这种配件的曲率半径较大，水流能量损失比普通配件小，从而增加了横干管的排水能力。

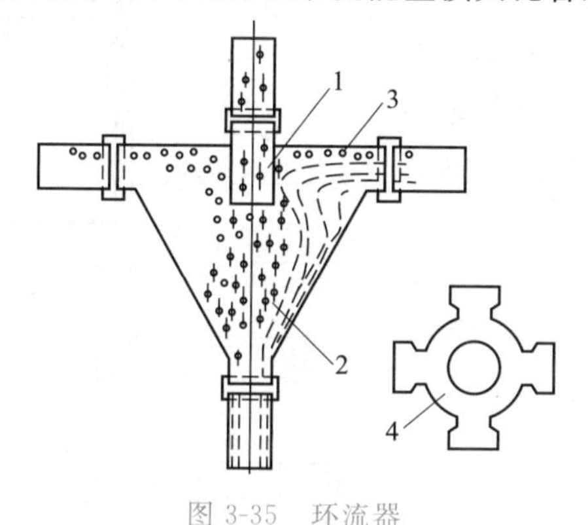

图 3-35 环流器

1—内管；2—气水混合物；3—空气；4—环流通路

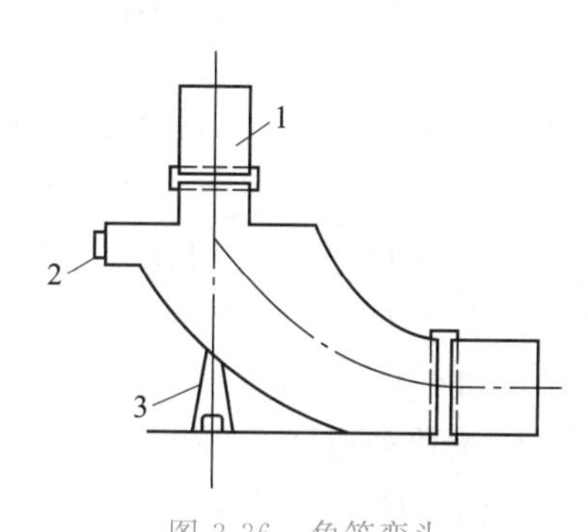

图 3-36 角笛弯头

1—立管；2—检查口；3—支墩

3.5.4 UPVC 螺旋排水系统

UPVC 螺旋排水系统是韩国于 20 世纪 90 年代开发研制的，由图 3-37 所示的偏心三通和图 3-38 所示的内壁有六条间距 50mm 呈三角形突起的导流螺旋线的管道所组成。由排水横管排除的污水经偏心三通从圆周切线方向进入立管，旋流下落，经立管中的导流螺旋线的导流，管内壁形成较稳定的水膜旋流，立管中心气流通畅，气压稳定。同时，由于横支管水流由圆周切线的方向流入立管，减少了撞击，从而有效克服了排水塑料管噪声大的缺点。

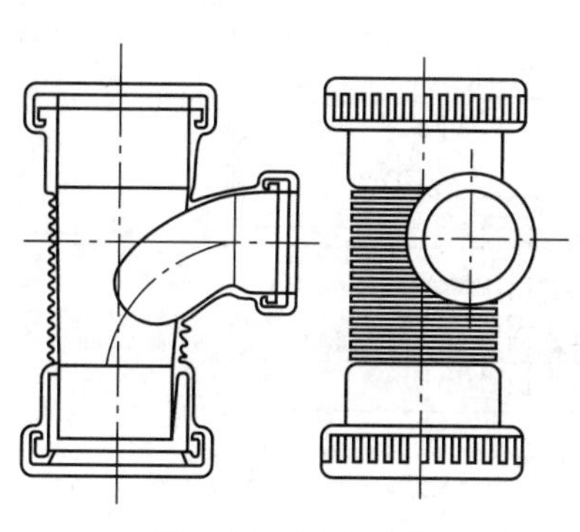

图 3-37 偏心三通

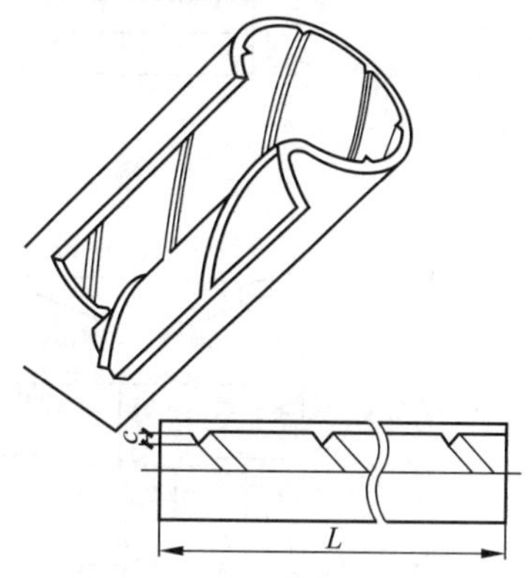

图 3-38 有螺旋线导流突起的 UPVC 管

3.6 屋面雨水排水系统

3.6.1 雨水外排水系统

外排水是指屋面不设雨水斗，建筑物内部没有雨水管道的雨水排放方式。按屋面有无天沟又分为普通外排水（檐沟外排水系统）和天沟外排水两种方式。

1. 檐沟外排水系统

檐沟外排水系统由檐沟和水落管组成，如图3-39所示。降落到屋面的雨水沿屋面集流到檐沟，然后流入沿外墙设置的水落管排至地面或雨水口。水落管多用镀锌铁皮管或塑料管，镀锌铁皮管为方形，断面尺寸一般为80mm×100mm或80mm×120mm，塑料管为圆形，管径为75mm或100mm。根据经验，民用建筑水落管间距为8～12m，工业建筑为18～24m。檐沟外排水系统适用于普通住宅、一般公共建筑和小型单跨厂房。

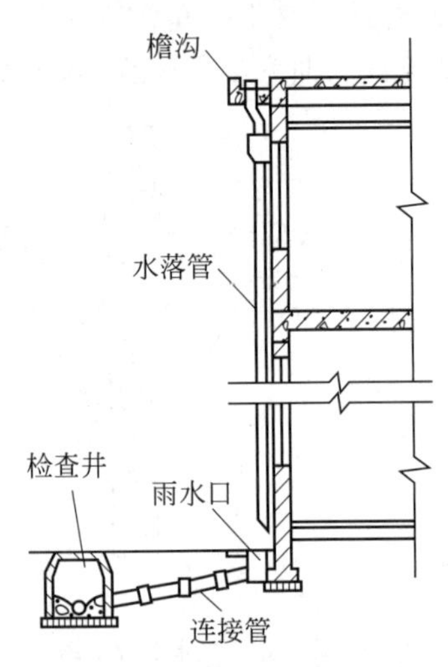

图3-39 檐沟外排水系统

2. 天沟外排水系统

天沟外排水系统由天沟、雨水斗和排水立管组成，如图3-40所示。天沟设置在两跨中间并坡向端墙，雨水斗沿外墙布置，如图3-41所示。降落到屋面上的雨水沿坡向天沟的屋面汇集到天沟，再沿天沟流至建筑物两端（山墙、女儿墙），进入雨水斗，经立管排至地面或雨水井。天沟外排水系统适用于长度不超过100m的多跨工业厂房。

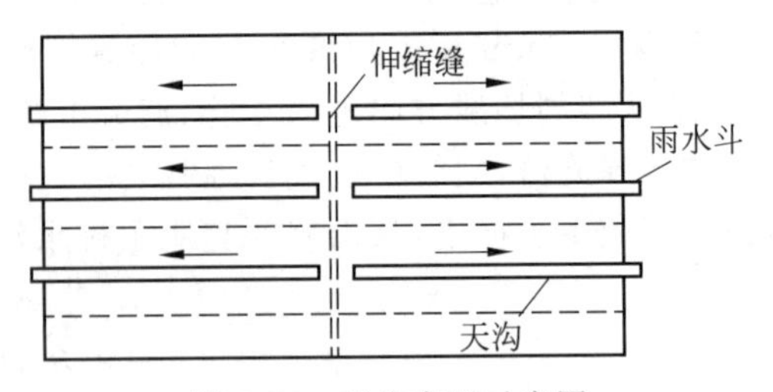

图3-40 天沟布置示意图

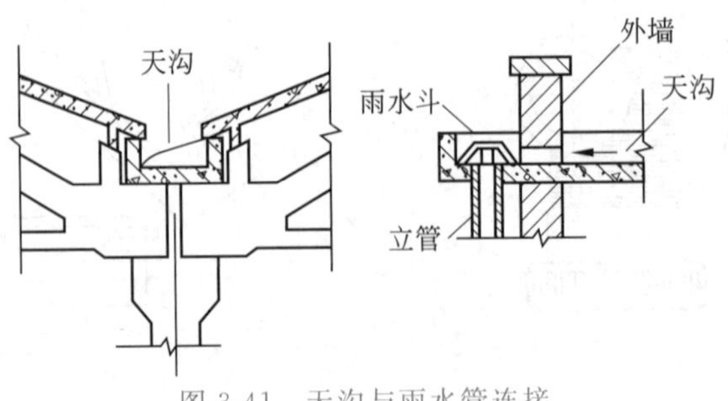

图3-41 天沟与雨水管连接

天沟的排水断面形式多为矩形和梯形，坡度不宜太大，一般在0.3%～0.6%。

天沟内的排水分水线应设置在建筑物的伸缩缝或沉降缝处，天沟的长度一般不超过50m。为了排水安全，防止天沟末端积水太深，在天沟端部设置溢流口，溢流口比天沟上檐低50～100mm。

采用天沟外排水方式，在屋面不设雨水斗，排水安全可靠，不会因施工不善造成屋面漏水或检查井冒水，且节省管材，施工简便，便于厂房内空间利用，也可减小厂区雨水管道的埋设深度。但因为天沟有一定的坡度，而且较长，排水立管在山墙外，也存在着屋面垫层厚、结构负荷增大的问题，使得晴天屋面堆积灰尘多，雨天天沟排水不畅，在寒冷地区排水立管有被冻裂的可能。

3.6.2 雨水内排水系统

内排水是指屋面设雨水斗，建筑物内部有雨水管道的雨水排水系统。对于跨度大、特别长的多跨工业厂房，在屋面设天沟有困难的锯齿形或壳形屋面厂房及屋面有天窗的厂房，应考虑采用内排水形式。对于建筑立面要求高的建筑，大屋面建筑及寒冷地区的建筑，在墙外设置雨水排水立管有困难时，也可考虑采用内排水形式。

1. 组成

内排水系统由雨水斗、连接管、悬吊管、立管、排出管、埋地干管和检查井组成，如图3-42

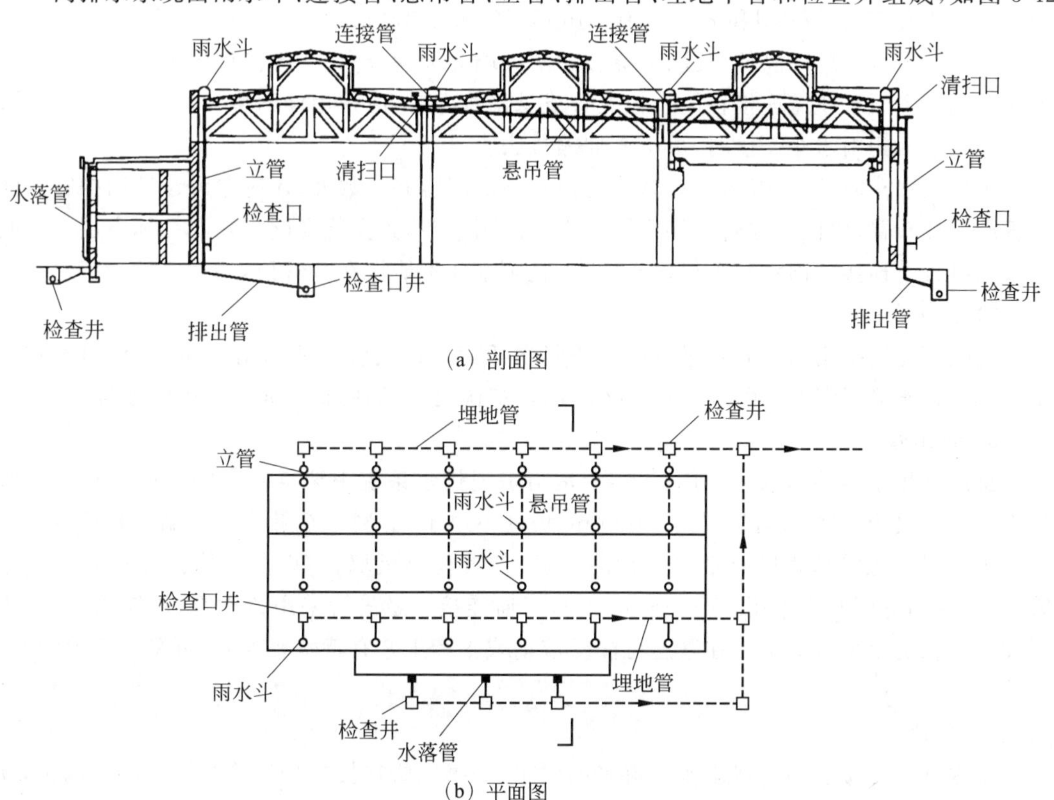

(a) 剖面图

(b) 平面图

图3-42 内排水系统

所示。降落到屋面上的雨水，沿屋面流入雨水斗，经连接管、悬吊管进入排水立管，再经排出管流入雨水检查井或经埋地干管排至室外雨水管道。

微课：雨水内排水系统

2. 分类

内排水系统按雨水斗的连接方式可分为单斗和多斗雨水排水系统。单斗雨水排水系统一般不设悬吊管，多斗雨水排水系统中悬吊管将雨水斗和排水立管连接起来。多斗雨水排水系统的排水量大约为单斗的80%，在条件允许的情况下，应尽量采用单斗雨水排水系统。

按排除雨水的安全程度内排水系统分为敞开式和密闭式两种排水系统。敞开式内排水系统利用重力排水，雨水经排出管进入普通检查井，但由于设计和施工的原因，当暴雨发生时，会出现检查井冒水现象，造成危害。敞开式内排水系统也有在室内设悬吊管、埋地管和室外检查井的做法，这种做法虽可避免室内冒水现象，但管材耗量大且悬吊管外壁易结露。

密闭式内排水系统利用压力排水，埋地管在检查井内用密闭的三通连接。当雨水排泄不畅时，室内不会发生冒水现象。其缺点是不能接纳生产废水，需另设生产废水排水系统。为了安全可靠，一般采用密闭式内排水系统。

3. 布置与敷设

1）雨水斗

雨水斗是一种专用装置，设在屋面雨水由天沟进入雨水管道的入口处。雨水斗有整流格栅装置，具有整流作用，避免形成过大的旋涡，稳定斗前水位，减少掺气，并拦截树叶等杂物。雨水斗有65型、79型和87型，有75mm、100mm、150mm和200mm四种规格。内排水系统布置雨水斗时应以伸缩缝、沉降缝和防火墙为天沟分水线，各自自成排水系统。当分水线两侧两个雨水斗需连接在同一根立管或悬吊管上时，应采用伸缩接头，并保证密封不漏水。防火墙两侧雨水斗连接时，可不用伸缩接头。

布置雨水斗时，除了按水力计算确定雨水斗的间距和个数外，还应考虑建筑结构特点使立管沿墙柱布置，以固定立管。接入同一立管的雨水斗，其安装高度宜在同一标高层。在同一根悬吊管上连接的雨水斗不得多于四个，且雨水斗不能设在立管顶端。

2）连接管

连接管是连接雨水斗和悬吊管的一段竖向短管。连接管一般与雨水斗同径，但不宜小于100mm，连接管应牢固固定在建筑物的承重结构上，下端用斜三通与悬吊管连接。

3）悬吊管

悬吊管用于连接雨水斗和排水立管，是雨水内排水系统中架空布置的横向管道。其管径不小于连接管管径，也不应大于300mm，坡度不小于0.5%。在悬吊管的端头和长度大于15m的悬吊管上设检查口或带法兰盘的三通，位置宜靠近墙柱，以便检修。连接管与悬吊管、悬吊管与立管间宜采用45°三通或90°斜三通连接。悬吊管采用铸铁管，用铁箍、吊卡固定在建筑物的桁架或梁上。在管道可能受震动或生产工艺有特殊要求时，可采用钢管，焊接连接。

4）立管

雨水立管承接悬吊管或雨水斗流来的雨水，一根立管连接的悬吊管根数不多于两根，立管管径不得小于悬吊管管径。立管宜沿墙、柱安装，在距地面1m处设检查口。立管的管材和接口与悬吊管相同。

5）排出管

排出管是立管和检查井间的一段坡度较大的横向管道，其管径不小于立管管径。排出管与下游埋地管在检查井中宜采用管顶平接，水流转角不得小于135°。

6）埋地管

埋地管敷设于室内地下，承接立管的雨水并将其排至室外雨水管道。埋地管的最小管径为200mm，最大不超过600mm。埋地管一般采用混凝土管、钢筋混凝土管或陶土管。

7）附属构筑物

常见的附属构筑物有检查井、检查口井和排气井，用于雨水管道的清扫、检修、排气。检查井适用于敞开式内排水系统，设置在排出管与埋地管连接处，埋地管转弯、变径及超过30m的直线管道上。检查井井深不小于0.7m，井内采用管顶平接，井底设高流槽，流槽应高出管顶200mm。埋地管起端几个检查井与排出管间应设排气井，如图3-43所示。水流从排出管流入排气井，与溢流墙碰撞消能，流速减小，气水分离，水流经格栅稳压后平稳流入检查井，气体由放气管排出。密闭式内排水系统的埋地管上设检查口，将检查口放在检查井内，便于清通检修，称其为检查口井。

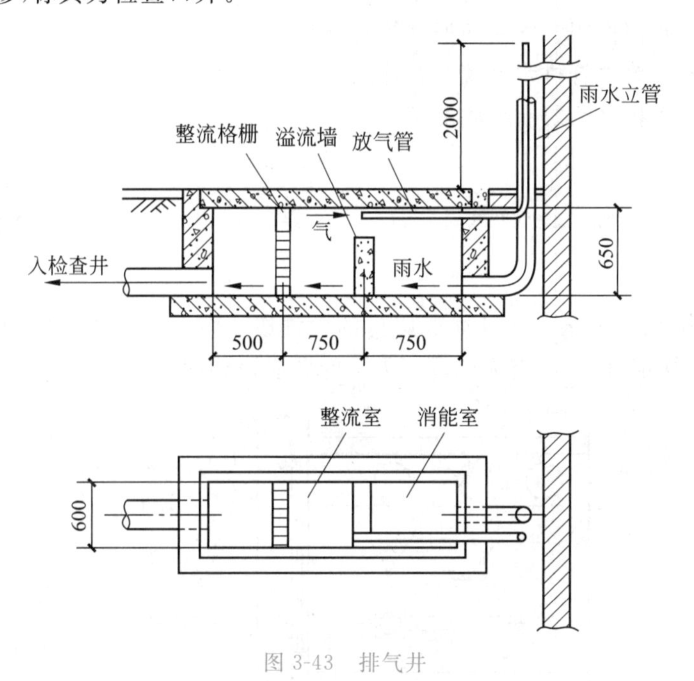

图3-43 排气井

3.6.3 混合排水系统

大型工业厂房的屋面形式复杂，为了及时有效地排出屋面雨水，往往同一建筑物采用几种不同形式的雨水排水系统，分别设置在屋面的不同部位，组合成混合排水系统。在图3-42中，左侧为檐沟外排水系统，右侧为多斗敞开式内排水系统，中间为单斗密闭式内排水系统，其排出管与检查井内管道直接相连。

本章小结

本章讲述了排水系统的分类、体制及组成，常用排水管材、管件及附件，卫生设备及其布置，排水管道的布置与敷设，排水通气管系统，常用的特殊单立管排水系统和屋面雨水排水系统的有关知识。

思考题

3.1 建筑内部排水系统可分为哪几类？一般由哪些部分组成？

3.2 卫生器具布置时有哪些注意事项？

3.3 在进行建筑内部排水管道的布置和敷设时，应注意哪些原则和要求？

3.4 通气管有何作用？常用的通气管有哪些？

3.5 不同特殊单立管排水系统各有什么特点？

3.6 屋面雨水排水系统有哪些类型？

习题

3.1 图 3-44 所示为某公共餐饮业厨房的含油废水排放示意图，该系统属于何种排水体制？按照相关规定，该方案有无问题？如有问题应该如何改正？

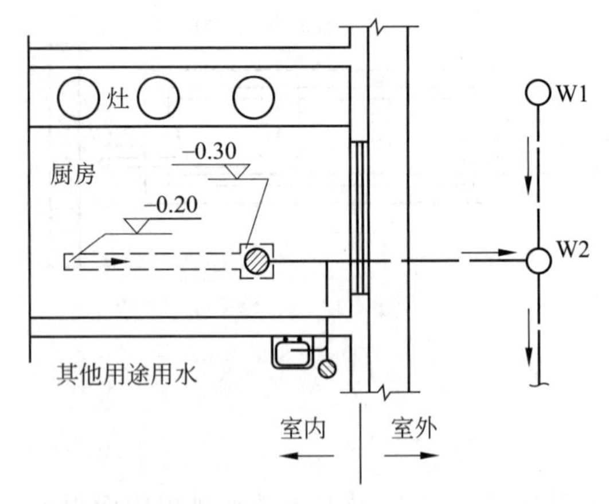

图 3-44 某公共餐饮业厨房的含油废水排放示意图

3.2 图 3-45 所示为塑料排水管道伸缩节安装位置示意图，试根据图分析并总结出塑料排水管伸缩节的设置规律。

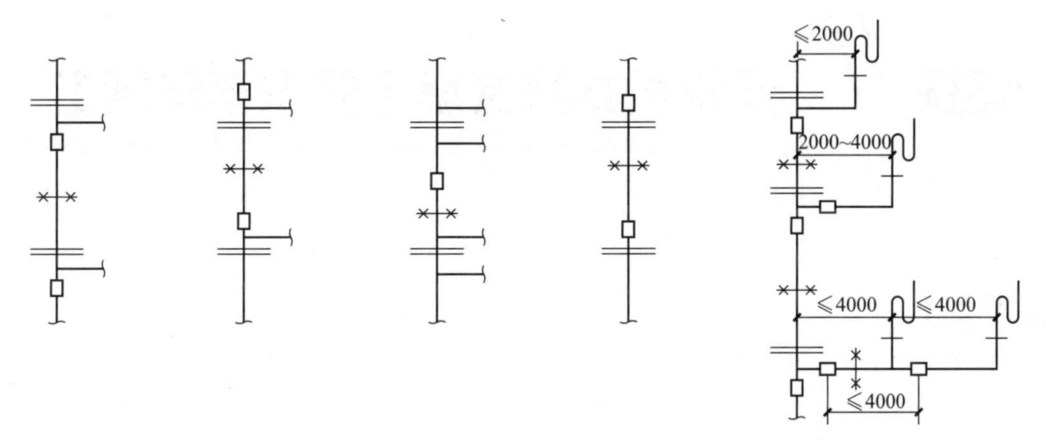

图 3-45 塑料排水管道伸缩节安装位置示意图

3.3 图 3-46 所示为某建筑群通气管设置示意图，试根据图分析该通气管设置的合理性。

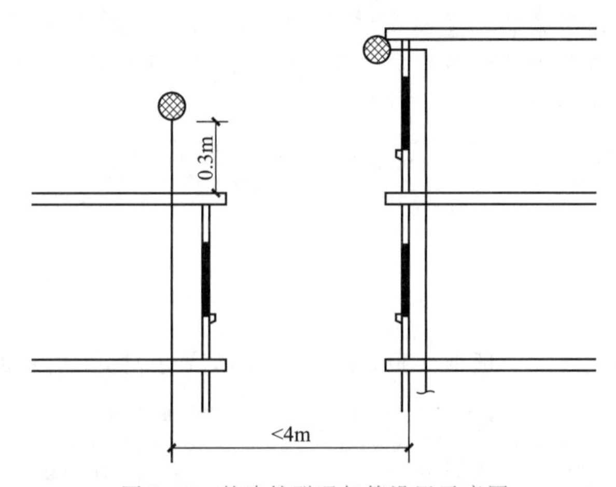

图 3-46 某建筑群通气管设置示意图

模块4 建筑给水排水施工图识读与施工

知识目标

1. 了解常用的给水排水图例。
2. 掌握建筑给水排水施工图的主要内容和识读方法。
3. 掌握建筑给水排水系统施工的基础知识。

能力目标

1. 能够进行建筑给水排水施工图的识读。
2. 能够根据施工图配合相关专业进行建筑给水排水系统的施工安装工作,逐步形成识读—按图施工能力,为保障施工过程中的专业协作和后续按图组织施工的能力提升奠定基础。

4.1 给水排水制图的一般规定和常用图例

4.1.1 图线

给水排水图线的宽度 b 一般取 0.7mm 或 1.0mm,详见表 4-1 所示的规定。

表 4-1 建筑给水排水工程制图常用线型

名 称	线 型	线宽	用 途
粗实线	————	b	新设计的各种排水和其他重力流管道
粗虚线	----------	b	新设计的各种排水和其他重力流管道的不可见轮廓线
中粗实线	————	$0.75b$	新设计的各种给水和其他压力流管道;原有的各种排水和其他重力流管道
中粗虚线	----------	$0.75b$	新设计的各种给水和其他压力流管道及原有的各种排水和其他重力流管道的不可见轮廓线
中实线	————	$0.50b$	给水排水设备、零(附)件及总图中新建的建筑物和构筑物的可见轮廓线;原有的各种给水和其他压力流管道
中虚线	----------	$0.50b$	给水排水设备、零(附)件的不可见轮廓线;总图中新建的建筑物和构筑物的不可见轮廓线;原有的各种给水和其他压力流管道的不可见轮廓线

续表

名　称	线　型	线宽	用　途
细实线	————	0.25b	建筑的可见轮廓线；总图中原有的建筑物和构筑物的可见轮廓线；制图中的各种标注线
细虚线	- - - - - -	0.25b	建筑的不可见轮廓线；总图中原有的建筑物和构筑物的不可见轮廓线
单点长画线	—— · ——	0.25b	中心线、定位轴线
折断线	 ——\/——	0.25b	断开界线
波浪线	 ～～～～	0.25b	平面图中水面线；局部构造层次范围线；保温范围示意线等

4.1.2 常用给水排水图例

为节省绘图时间，规范制图，图样上的管道、卫生器具、附件设备等均使用统一的图例来表示。《建筑给水排水制图标准》(GB/T 50106—2010)列出了管道、管道附件、管道连接、管件、阀门、给水配件、消防设施、卫生设备及水池、小型给水排水构筑物、给水排水设备、仪表共十一类图例。表 4-2 所示给出了一些建筑给水排水常用图例。

表 4-2 建筑给水排水常用图例

序号	名　称	图　例	序号	名　称	图　例
1	生活给水管	—— J ——	11	雨水管	—— Y ——
2	热水给水管	—— RJ ——	12	多孔管	[图例]
3	热水回水管	—— RH ——	13	防护套管	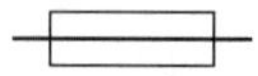 [图例]
4	中水给水管	—— ZJ ——	14	立管检查口	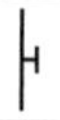 [图例]
5	循环冷却给水管	—— XJ ——	15	排水明沟	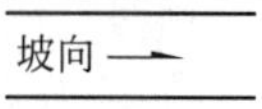 坡向 →
6	热媒给水管	—— RM ——	16	管道伸缩器	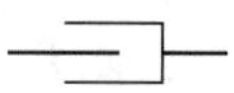 [图例]
7	蒸汽管	—— Z ——	17	方形伸缩器	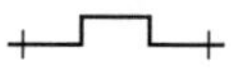 [图例]
8	废水管	—— F ——	18	管道固定支架	 [图例]
9	通气管	—— T ——	19	管道立管	 XL-1 平面　XL-1 系统 L：立管　1：编号
10	污水管	—— W ——	20	通气帽	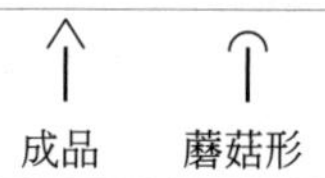 成品　蘑菇形

续表

序号	名　称	图　例	序号	名　称	图　例
21	雨水斗	YD- YD- 平面　系统	35	室内消火栓(单口)	平面　系统 白色为开启面
22	圆形地漏	如为无水封，应加存水弯	36	室内消火栓(双口)	平面　系统
23	浴盆排水管		37	水泵接合器	
24	存水弯		38	自动喷洒头(开式)	平面　系统
25	管道交叉	低 高 下方和后面管道应断开	39	手提灭火器	
26	减压阀	左侧为高压端	40	淋浴喷头	
27	角阀		41	水表井	
28	截止阀		42	水表	
29	球阀		43	立式洗脸盆	
30	闸阀		44	台式洗脸盆	
31	止回阀		45	浴盆	
32	蝶阀		46	盥洗槽	
33	弹簧安全阀	左为通用	47	污水池	
34	自动排气阀	平面　系统	48	坐便器	

4.1.3　标高、管径及编号

1. 标高

室内工程应标注相对标高；室外工程应标注绝对标高，当无绝对标高资料时，可标注相对标高，但应与总图专业一致。

压力管道应标注管中心标高，重力流管道和沟渠宜标注管（沟）内底标高。

下列部位应标注标高：沟渠和重力流管道的起点、变径（尺寸）点、变坡点、穿外墙及剪力墙处，需控制标高处；压力流管道中的标高控制点；管道穿外墙、剪力墙和构筑物的壁及底板等处；不同水位线处；建（构）筑物中土建部分的相关标高。

标高的标注方法应符合下列规定。

（1）在平面图中，管道标高应按图4-1所示的方式标注。

（2）在平面图中，沟渠标高应按图4-2所示的方式标注。

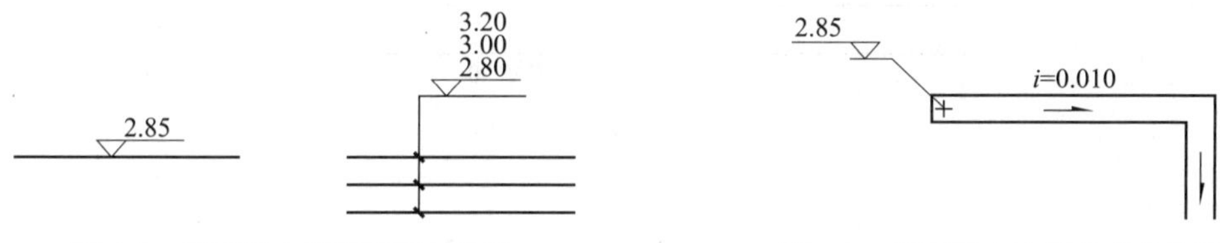

图4-1　平面图中管道标高标注法　　图4-2　平面图中沟渠标高标注法

（3）在剖面图中，管道及水位的标高应按图4-3所示的方式标注。

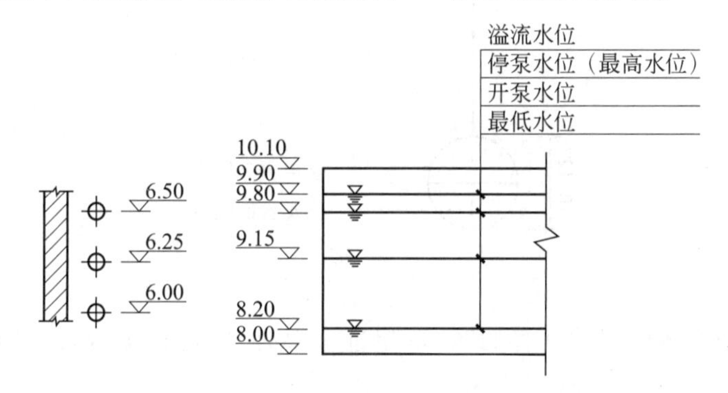

图4-3　剖面图中管道及水位的标高标注法

（4）在轴测图中，管道标高应按图4-4所示的方式标注。

建筑物内的管道也可按本层建筑地面的标高加管道安装高度的方式标注管道标高，标注方法为 $H+\times.\times\times$，H 表示本层建筑地面标高。

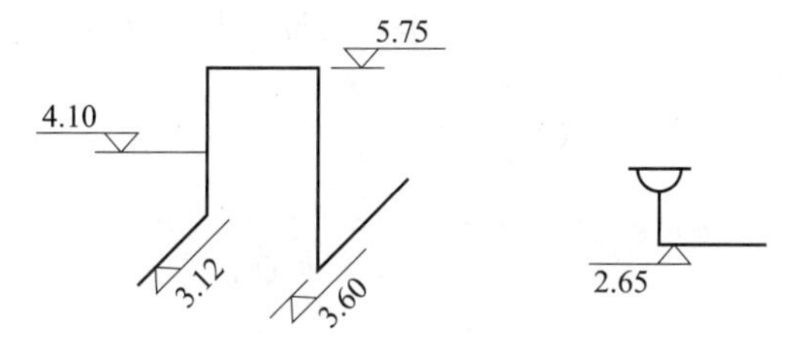

图4-4　轴测图中管道标高标注法

2. 管径

管径应以mm为单位。水煤气输送钢管（镀锌或非镀锌）、铸铁管等管材，管径宜以公称直径 DN 表示；无缝钢管、焊接钢管（直缝或螺旋缝)等管材,管径宜以外径 $D\times$壁厚表示;铜管、薄壁不锈钢管等管材,管径宜以公称外径 Dw 表示;建筑给水排水塑料管材,管径宜以公称外径 dn 表示;钢筋混凝土(或混凝土)管,管径宜以内径 d 表示;复合管、结构壁塑料管等管材,管径应按产品标准的方法表示。当设计中均采用公称直径 DN 表示管径时,应有公称直径 DN 与相应产品规格对照表。

管径的标注方法应符合下列规定。

(1) 单根管道时,管径应按图 4-5 所示的方式标注。

(2) 多根管道时,管径应按图 4-6 所示的方式标注。

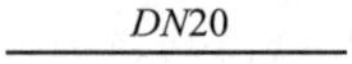

DN20

图 4-5 单管管径表示法

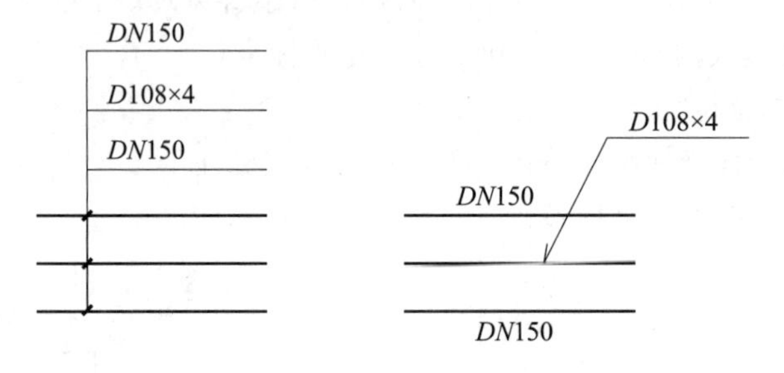

图 4-6 多管管径表示法

3. 编号

(1) 当建筑物的给水引入管或排水排出管的数量超过一根时,应进行编号,编号宜按图 4-7 所示的方法表示。

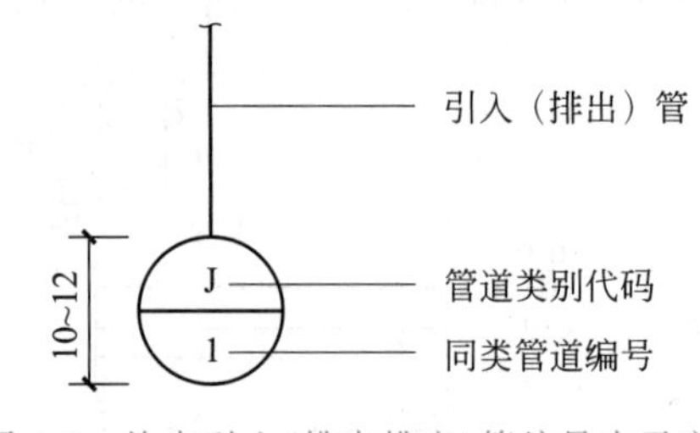

图 4-7 给水引入(排水排出)管编号表示方法

(2) 建筑物内穿越楼层的立管,其数量超过一根时,应进行编号,编号宜按图 4-8 所示的方法表示。

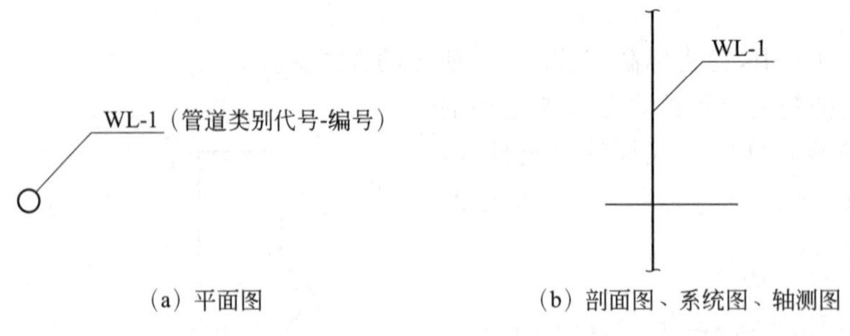

图 4-8 立管编号表示方法

(3) 在总图中,当同种给水排水附属构筑物的数量超过一个时,应进行编号,并应符合下列规定：编号应采用构筑物代号加编号表示；给水构筑物的编号顺序宜为从水源到干管，再从干管到支管，最后到用户；排水构筑物的编号顺序宜为从上游到下游，先干管后支管。

（4）当给水排水工程的机电设备数量超过一台时，宜进行编号，并应有设备编号与设备名称对照表。

4.2 建筑给水排水施工图的基本内容

建筑给水排水施工图一般由图纸目录、主要设备材料表、设计说明、图例、平面图、系统图（轴测图）、施工详图等组成。

4.2.1 图纸目录

图纸目录应作为施工图的首页，在图纸目录中列出本专业所绘制的所有施工图及使用的标准图，图纸列表应包括序号、图号、图纸名称、规格、数量、备注等。

4.2.2 主要设备材料表

主要设备材料表应列出所使用的主要设备材料名称、规格型号、数量等。

4.2.3 设计说明

在图上或所附表格上无法表达清楚而又必须让施工人员了解的技术数据、施工和验收要求等均须写在设计说明中。一般小型工程均将说明部分直接写在图纸上，内容很多时要另用专页编写。设计说明编制一般包括工程概况、设计依据、系统介绍、单位及标高、管材及连接方式、管道防腐及保温做法、卫生器具及设备安装、施工注意事项、其他需说明的内容等。

4.2.4 图例

施工图中应附有所使用的标准图例、自定义图例，一般通过表格的形式列出。对于系统形式比较简单的小型工程，如所使用的均为标准图例，施工图中也可不附图例表。

可以将主要设备材料表、设计说明和图例等绘制在同一张图上。

4.2.5 平面图

平面图用于表明建筑物内用水设备及给水排水管道的平面位置，是建筑给水排水施工图的主要组成部分。建筑内部给水排水以选用的给水方式来确定平面布置图的张数：底层及地下室必须绘制；顶层若有高位水箱等设备，也必须单独绘出；建筑中间各层，如卫生设备或用水设备的种类、数量和位置都相同，绘制一张标准层平面布置图即可，否则应逐层绘制。在各层平面布置图上，各种管道、立管应编号标明。

4.2.6 系统图(轴测图)

系统图(轴测图)就是建筑内部给水排水管道系统的轴测投影图，用于表明给水排水管道的空间位置及相互关系，一般按管道类别分别绘制。系统图上应标明管道的管径、坡度，标出支管与立管的连接处，管道各种附件的安装标高。系统图上各种立管的编号，应与平面布置图相一致。系统图中对用水设备及卫生器具的种类、数量和位置完全相同的支管、立管，可不重复完全绘出，但应用文字标明。当系统图立管、支管在轴测方向重复交叉影响识图时，可断开移到图面空白处绘制。

4.2.7 施工详图

平面布置图、系统图中局部构造因受图面比例限制难以表示清楚时，必须绘出施工详图。通用施工详图系列，如卫生器具安装、排水检查井、雨水检查井、阀门井、水表井、局部污水处理构筑物等，均有各种施工标准图。施工详图应首先采用标准图；对于无标准设计图可供选择的设备、器具安装图及非标准设备制造图，宜绘制详图。

4.3 建筑给水排水施工图识读

4.3.1 建筑给水排水施工图的识读方法

建筑给水排水施工图识读时，应将给水图和排水图分开识读。

识读给水图时，按水源—管道—用水设备的顺序，首先从平面图入手，然后看系统(轴测)图，粗看贮水池、水箱及水泵等设备的位置，对系统先有一个全面认识，分清该系统属于何种给水系统，再综合对照各图细看，弄清管道的走向、管径、坡度和坡向、设备位置、设备的型号和规格、设备的支架、基础形式等内容。

识读排水图时，按卫生器具—排水支管—排水横管—排水立管—排出管的顺序，先从平面图入手，然后看排水系统(轴测)图。分清系统种类，将平面图上的排水系统编号与系统图上的编号相对应，分清管径、坡度和坡向。

1. 建筑给水排水平面图的识读

建筑内部给水排水平面图主要表明建筑内部给水排水管道、卫生设备及用水设备等的平面布置，识读内容如下。

(1) 识读卫生器具、用水设备和升压设备(如洗涤盆、大便器、小便器、地漏、拖布池、淋浴器及水箱等)的类型、数量、安装位置及定位尺寸等。

(2) 识读引入管和污水排出管的平面布置、走向、定位尺寸、系统编号以及与室外管网的连接形式、管径和坡度等。

(3) 识读给水排水立管、水平干管和支管的管径、在平面图上的位置、立管编号以及管道安装方式等。

(4) 识读管道配(附)件(如阀门、清扫口、水表、消火栓和清通设备等)的型号、口径大小、平面位置、安装形式及设置情况等。

2. 建筑给水排水系统图的识读

识读建筑给水系统图时,可以按照循序渐进的方法,从室外水源引入处着手,顺着管道的走向依次识读各管道及用水设备;也可以逆向进行,即从任意一用水点开始,顺着管道逐个弄清管道和设备的位置、管径的变化以及所用管件等内容。

识读建筑排水系统图时,可以按照卫生器具或排水设备的存水弯、器具排水管、排水横管、立管和排出管的顺序进行,依次弄清排水管道的走向、管道分支情况、管径尺寸、各管道标高、各横管坡度、存水弯形式、通气系统形式以及清通设备位置等。

给水管道系统图中的管道一般都采用单线图绘制,管道中的重要管件(如阀门)用图例表示,而更多的管件(如补心、活接头、三通及弯头等)在图中并未做特别标注。这就要求要熟练掌握有关图例、符号和代号的含义,并对管道构造及施工程序有足够的了解。

3. 建筑给水排水工程施工详图(大样图)的识读

常用的建筑给水排水工程施工详图有淋浴器、盥洗池、浴盆、水表节点、管道节点、排水设备、室内消火栓以及管道保温等的安装图。各种详图中注有详细的构造尺寸及材料的名称和数量。

4.3.2　室内建筑给水排水施工图识读举例

微课:建筑给排水施工图的识读

此处以图4-9～图4-12所示的某工程给水排水施工图中西单元西住户为例介绍识读过程。

1. 施工说明

本工程施工说明如下。

(1) 图中尺寸标高以m计,其余均以mm计。本住宅楼日用水量为13.4t。

(2) 给水管采用PPR管材和管件连接;排水管采用UPVC塑料管,承插黏接。出屋顶的排水管采用铸铁管,并刷防锈漆、银粉各两道。给水管 *De*16 及 *De*20 管壁厚为2.0mm,*De*25 管壁厚为2.5mm。

(3) 给水排水支吊架安装见05S9,地漏采用高水封地漏。

(4) 坐便器安装、洗脸盆安装、住宅洗涤盆安装、拖布池安装、浴盆安装见09S304。

(5) 给水采用一户一表出户安装,安装详见××市供水公司图集XSB—01。所有给水阀门均采用铜质阀门。

(6) 排水立管在每层标高250mm处设伸缩节,伸缩节做法见《建筑排水塑料管道安装》10S406—29。

(7) 排水横管坡度采用2.6%。

(8) 凡是外露与非供暖房间给水排水管道均采用40mm厚聚氨酯保温。

(9) 卫生器具采用优质陶瓷产品,其规格型号由甲方确定。

(10) 安装完毕进行水压试验，试验工作严格按现行规范要求进行。

(11) 说明未详尽之处均严格按现行规范规定施工及验收。

2. 图例

本工程图例如表4-3所示。

表4-3 工程图例

图例	名称	图例	名称
———	给水管	— —	排水管
	截止阀		角阀
	水龙头		喷头
	存水弯		地漏
	检查口		通气帽

3. 给水排水平面图识读

给水排水平面图的识读一般从底层开始，逐层阅读。

(1) 给水系统：由图4-9可知，西住户的给水系统1从底层西边地下室由给水引入管穿厨房下的墙体进户，接立管JL-1，穿墙进入卫生间后接立管JL-2。由图4-10可知，立管JL-1和立管JL-2穿过各层楼板后向上到达六层。由图4-11可知，立管JL-1供水至各楼层厨房洗涤盆上的水龙头，立管JL-2在各层依次向洗脸盆、坐便器、淋浴管供水，并在到达六层后继续向上接楼顶太阳能管。

(2) 排水系统：由图4-9可知，西住户有两个排水系统，排水系统1接自立管PL-1并从地下室穿厨房下的墙体出户；排水系统2接自立管PL-2并从地下室穿卧室下的墙体出户。由图4-10可知，立管PL-1和立管PL-2穿过各层楼板后向下到达一层。由图4-11可知，立管PL-1与各层西住户的厨房洗涤盆排水口相连，将污水沿排水系统1排出；立管PL-2与各层西住户卫生间的地漏、洗脸盆排水口、坐便器排污口相连，将污水沿排水系统2排出。

4. 给水排水系统图识读

(1) 给水系统：一般从各系统的引入管开始，依次看水平干管、立管、支管、放水龙头和卫生设备。由图4-12可知，给水系统的引入管从户外－1.80m处穿墙进入地下室后，向上弯折并分支为JL-1和JL-2，穿出地面后，分别进入西住户一层的厨房和卫生间。各楼层供水立管的管径变化情况及标高如图4-12所示。

(2) 排水系统：依次按卫生设备连接管、横支管、立管、排出管的顺序进行识读。由图4-12可知，排水系统1的管径为*De*110，排水系统2的管径为*De*160，分别连接PL-1和PL-2，两立管顶部穿出六层向上延伸，形成伸顶通气管进行通气。各楼层排水立管的管径变化情况及标高如图4-12所示。

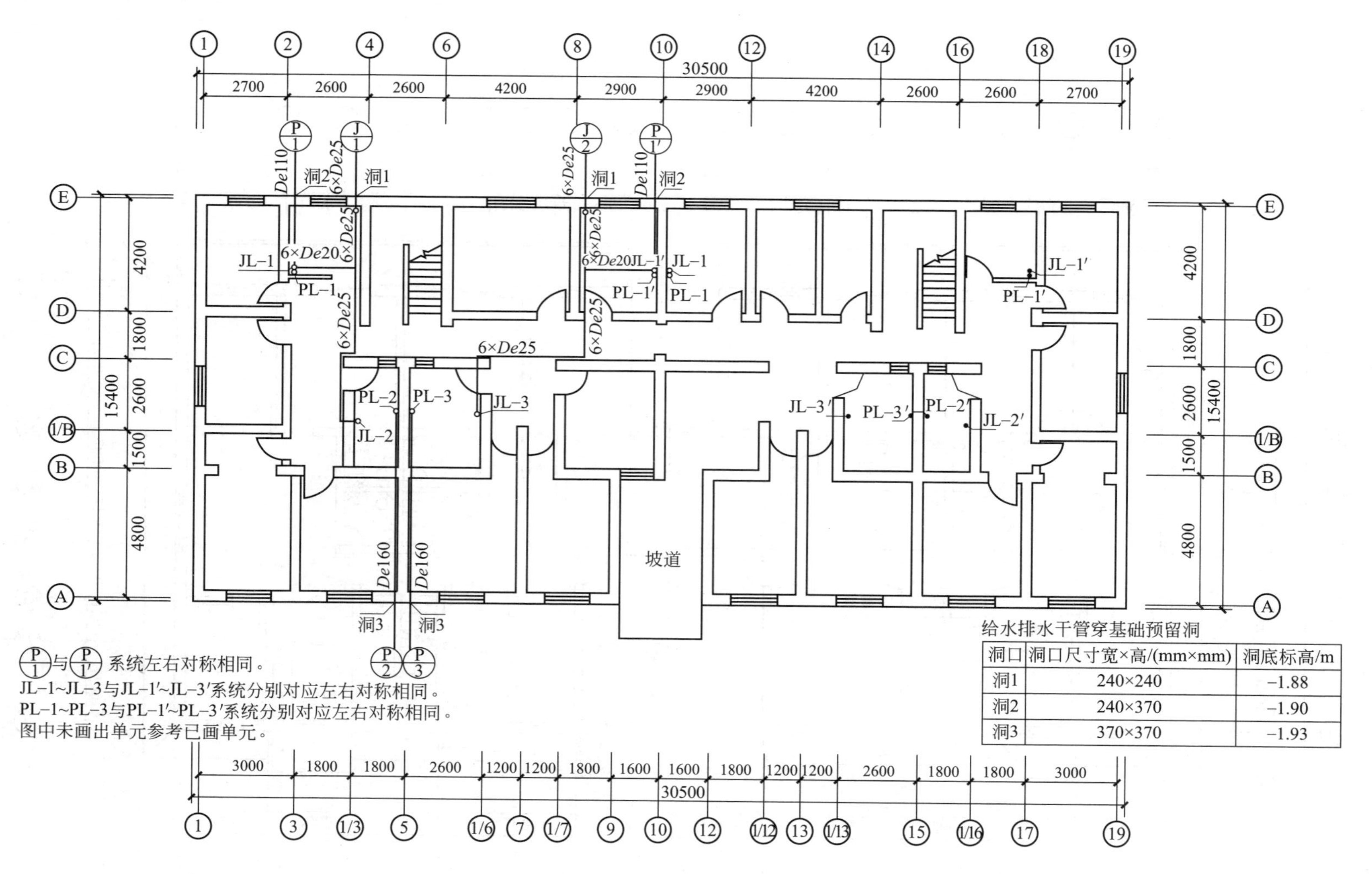

给水排水干管穿基础预留洞

洞口	洞口尺寸宽×高/(mm×mm)	洞底标高/m
洞1	240×240	−1.88
洞2	240×370	−1.90
洞3	370×370	−1.93

图 4-9　给水排水水平干管平面图

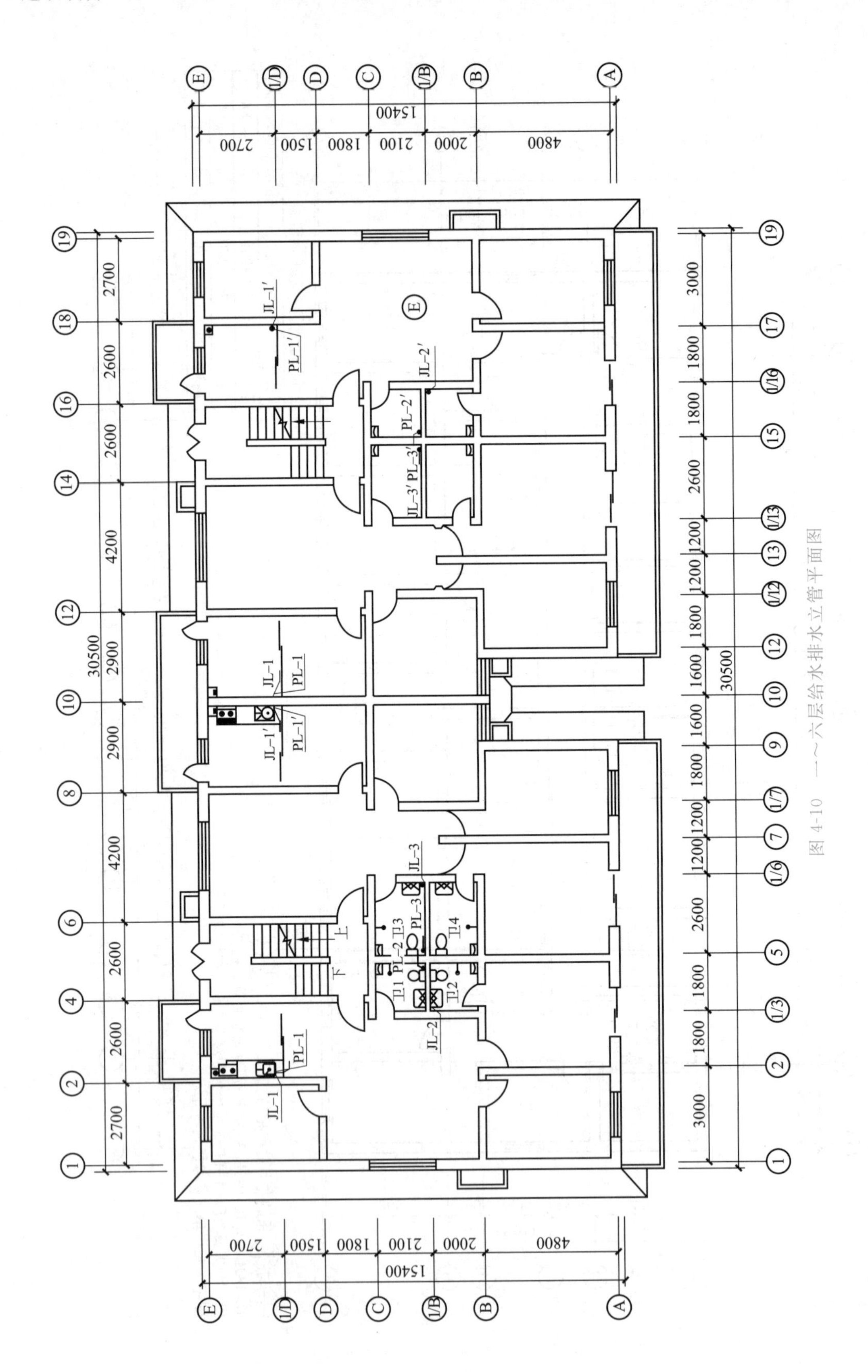

图 4-10 一～六层给水排水立管平面图

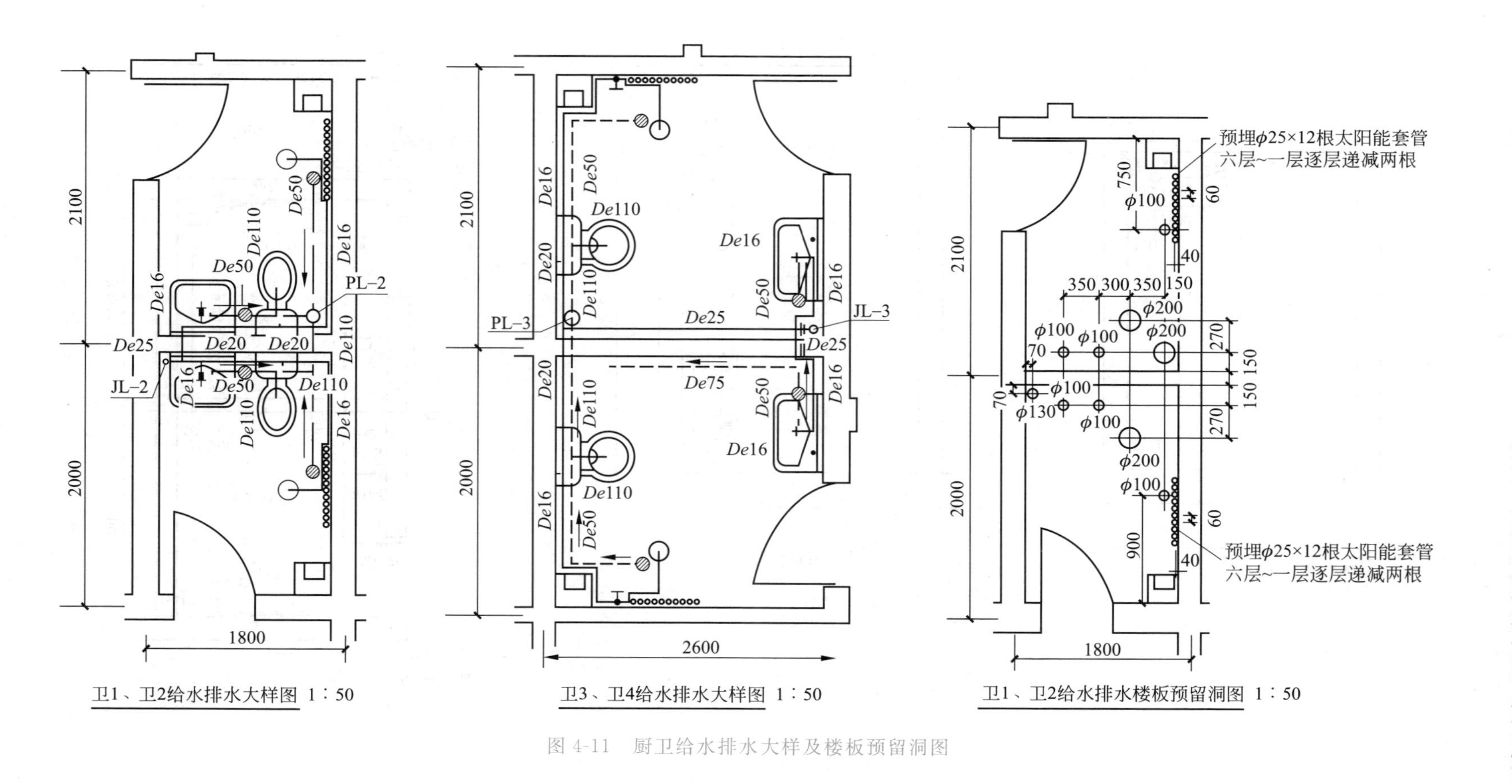

图 4-11　厨卫给水排水大样及楼板预留洞图

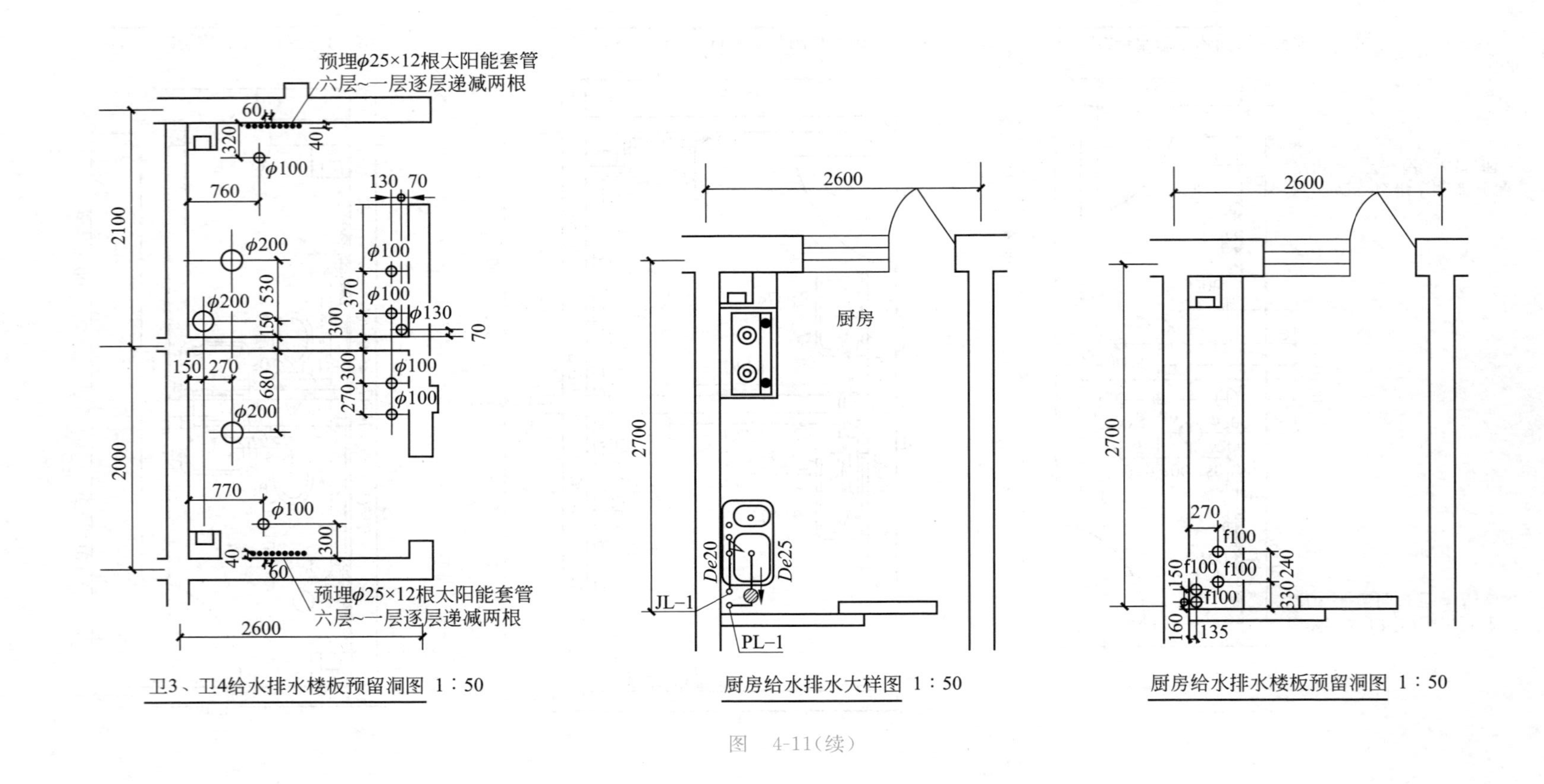

卫3、卫4给水排水楼板预留洞图 1：50

厨房给水排水大样图 1：50

厨房给水排水楼板预留洞图 1：50

图 4-11（续）

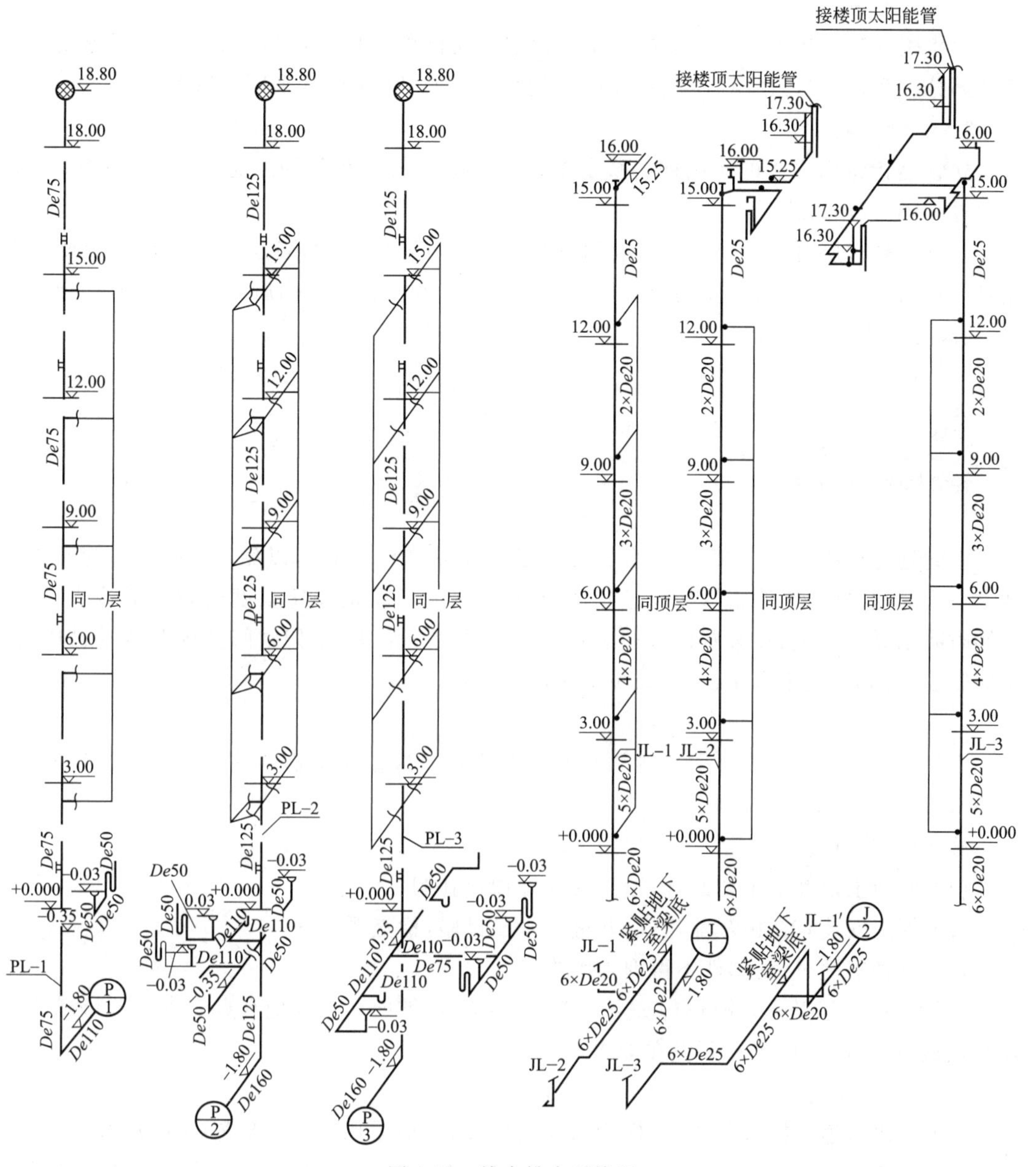

图 4-12　给水排水系统图

4.4　建筑给水排水系统施工

4.4.1　建筑给水排水系统管道安装的顺序及要求

给水排水管道安装时，按照进户管（出户管）、干管、立管、支管、卫生设备的顺序进行安装。

1. 引入管安装

给水引入管是指由室外管道接入室内给水系统间的管段，应包括水表井和穿越建筑物基础部分。管道材料按设计图规定选用，一般管径 $D\geqslant75$mm，常采用铸铁管。

2. 立管安装

立管是指将引入管的水引向各楼层的管道。立管一般在首层出地面后 150～1000mm 处设置闸阀，以便维修。

立管穿越楼层时，应在楼层上预留孔洞，孔洞尺寸不宜过大，各层间的预留孔洞要上下相对，不得错落不均。为了安装与维修方便，立管管壁与墙面(粉刷后的壁面)应有一定的距离，其尺寸如表 4-4 所示。

表 4-4　立管管壁与墙面的距离　　单位：mm

管径	32 以下	32～50	75～100
管壁与墙面的距离	25～35	30～50	50

立管通过楼板时，应加套管。套管必须高出楼层 10～20mm，以免上层的水沿管孔流到楼下。安装立管时，不能将管接头赶到楼板内，并应在管道的一定长度处设置活接头，以便拆卸时有活动的余地；在某些位置还必须同时设置两个活接头，如闸阀井内及两端被固定、中间安装闸阀时；也不宜多设，以减少漏水的可能性。

3. 室内干管及支管安装

室内干管是指将水输送到室内用户的主要管道。根据建筑物的性质和卫生标准不同，管道敷设可分为明装和暗装。

施工时，应注意以下几点。

(1) 要与土建施工密切配合，按需要尺寸预留孔洞。

(2) 管道安装宜在抹灰前完成，并进行水压试验，检查严密性。

(3) 各种闸门、活动部件不得埋入墙内。

支管一般沿墙敷设，并设有 0.2%～0.5%的坡度，坡向立管或配水点。支管与墙壁之间用钩钉或管卡固定，固定点要设在配水点附近。

4. 排水管道安装

(1) 排水管道的横管与横管、横管与立管的连接，应采用 45°三通或 45°四通和 90°斜三通或 90°斜四通。立管与排出管端部的连接，宜采用两个 45°弯头或弯曲半径不小于 4 倍管径的 90°弯头。

(2) 排水管道上的吊钩或卡箍应固定在承重结构上。固定件的间距：横管不得大于 2m，立管不得大于 3m；层高小于或等于 4m 时，立管可安装 1 个固定件，立管底部的弯管处应设支墩。

(3) 安装排水塑料管时，必须按设计要求的位置和数量装设伸缩器。

(4) 承插排水塑料管的接口，应用黏接剂粘牢。

(5) 饮食工业工艺设备引出的排水管及饮用水水箱的溢流管，不得与污水管道直接连接，并应留出不小于 100mm 的隔断空隙。

(6) 安装污水中含油较多的排水管道，如设计无要求，应在排水管上设置隔油井。

(7) 安装未经消毒处理的医院含菌污水管道,不得与其他排水管道直接连接。

(8) 通向室外的排水管,穿过墙壁或基础必须下返时,应用45°三通和45°弯头连接,并应在垂直管段顶部设清扫口。

5. 卫生器具安装

1) 一般规定

(1) 卫生器具的连接管、煨弯应均匀一致,不得有凹凸等缺陷。

(2) 卫生器具的安装,宜采用预埋螺栓或膨胀螺栓固定,如用木螺钉固定,则预埋的木砖须做防腐处理,并应凹进净墙面10mm。

(3) 卫生器具支、托架的安装须平整、牢固,与器具接触紧密。

(4) 安装完的卫生器具,应采取保护措施。

2) 卫生器具安装

(1) 位置正确,单独器具允许偏差为10mm,成排器具允许偏差为5mm。

(2) 安装平直,垂直度的允许偏差不得超过3mm。

(3) 安装高度允许偏差:单独器具为±10mm,成排器具为±5mm。

(4) 小便槽冲洗管,应采用镀锌钢管或硬质塑料管,冲洗孔应斜向下安装,与墙面成45°角。

(5) 有饰面的浴盆,应留有通向浴盆排水口的检修门。

(6) 安装电加热器应有接地保护装置,试验时,应注满冷水后再通电启动。

4.4.2 卫生洁具及管道安装对土建施工的要求

1. 管道洞口

室内给水排水管道施工与土建关系非常密切,尤其是高层建筑给水排水管道的施工,配合土建施工更为重要。对于一般的低层建筑,由于冲击电钻等机具的使用,使得根据施工安装要求进行现场打孔穿洞变得容易。但是为了保证整个工程质量,加快施工进度,减少安装工程打洞及土建单位补洞的工作量,防止破坏建筑结构,在施工过程中,宜密切配合土建施工进行预埋或预留孔洞。

1) 现场预埋法

现场预埋法的优点是可以减少留洞、留槽或打洞的工作量,但对施工技术要求较高,施工时必须弄清楚建筑物的各部尺寸,预埋要准确。该方法适用于建筑物地下管道、各种现浇钢筋混凝土水池或水箱等的管道施工。如在土建砌筑基础时,将给水引入管及排水排出管安装好;在土建砌筑墙体时,安装给水排水立管;而在土建浇捣混凝土楼板时,安装的立管应超出楼板。

2) 现场预留法

现场预留法的优点是避免了土建与安装施工的交叉作业以及安装工程面窄常造成的窝工现象。它是建筑给水排水管道工程施工常用的一种方法。

为了保证预留孔洞的正确和精确,在土建施工开始时,安装单位应派专人根据设计图的要求,配合土建预留孔洞。土建在砌筑基础时,可以按表4-5中给出的尺寸预留孔洞。土建浇筑楼板之前,较大孔洞的预留应用模板围出;较小的孔洞一般可用短圆木或竹筒牢牢固定在楼板上；预埋的铁件可用电焊固定在图样所规定的位置上，无论采用何种方式预留、预埋，均须固定牢靠，以防浇捣混凝土时移动错位，并要保证孔洞大小和平面位置的正确。立管穿楼板预留孔洞尺寸可按表4-6进行预留。给水排水立管与墙的距离可根据卫生器具样本及管道施工规范确定。

表4-5 引入管和排出管穿基础留洞尺寸 单位：mm

管径	50以下	50～80	100	125～150	200
引入管($L\times B$)	200×200	300×300	300×300	400×400	500×500
排出管($L\times B$)	300×300	300×300	$(D_N+300)\times(D_N+300)$	$(D_N+300)\times(D_N+200)$	600×500

表4-6 立管穿楼板预留孔洞尺寸 单位：mm

管径	≤25	32～50	65～100	125～150	200
给水立管($L\times B$)	100×100	150×150	200×200	300×300	400×400
排水立管($L\times B$)	—	150×150	200×200	300×300	400×400

3）现场打洞法

现场打洞法的优点是便于管道工程的全面施工，在避免了与土建施工交叉作业的同时，运用优良的打洞机具，如冲击电钻(电锤)，使打洞既快又准确。它是一般建筑给水排水管道施工的常用方法。

施工现场是采取管道预埋法、孔洞预留法还是采取现场打洞法进行给水排水管道的施工，一般受建筑结构要求、土建施工进度、工期、安装机具配置、施工技术水平等的影响，施工时，可视具体情况选定。实际上，建筑给水排水管道施工时常常是三种方法兼而有之。

2. 吊顶内管道

室内给水管道敷设在吊顶内时，应考虑冬季的防冻措施(保温)，安装之前应将管道支架安装好，管道支架必须装设在规定的标高上，一排支架的高度、形式、离墙距离应一致。为减少高空作业，管径较大的架空敷设管道，应在地面上进行组装，将分支管上的三通、四通、弯头、阀门等装配好，经检查尺寸无误，即可进行吊装。吊装时，吊点分布要合理，管道尽量不过分弯曲。各段管道起吊安装在支架后，立即用螺栓固定好，以防坠落。

3. 成品保护

(1) 管道及设备的保温必须在地沟及管井内已进行清理、不再有下道工序损坏保温层的前提下方可进行保温施工工作。一般管道保温应在水压试验合格、防腐已完成后方可施工，不能颠倒工序。保温材料进入现场不得被雨淋或存放在潮湿场所。保温后留下的碎料，应由负责保温施工的有关人员自行清理。明装管道的保温，土建若喷浆在后，应有防止污染保温层的措施。当有特殊情况需拆下保温层进行管道处理或其他工种在施工中损坏保温层时，应及时按原要求进行修复。

(2) 已做好防腐层的管道及设备之间要隔开，以免互相粘连破坏防腐层。刷油前应先清理好周围环境，防止尘土飞扬，保持场地清洁，如遇大风、雨、雾、雪等天气不得露天作业。涂漆的管道、设备及容器，漆层在干燥过程中应防止冻结、撞击、振动和湿度剧烈变化。

4.4.3 给水排水管道安装的主要质量控制内容

在进行室内给水排水工程施工及验收时，应根据工程内容，严格遵守《建筑给水排水及采暖工程施工质量验收规范》(GB 50242—2002)的要求。

建筑给水排水工程所使用的主要材料、成品、半成品、配件、器具和设备必须具有中文质量合格证明文件，规格、型号及性能检测报告应符合国家技术标准或设计要求。进场时应做检查验收，并经监理工程师核查确认。

阀门安装前，应做强度和严密性试验。试验应在每批(同牌号、同型号、同规格)数量中抽查10%，且不少于一个。对于安装在主干管上起切断作用的闭路阀门，应逐个做强度和严密性试验。阀门的强度和严密性试验，应符合以下规定：阀门的强度试验压力为公称压力的1.5倍；严密性试验压力为公称压力的1.1倍；试验压力在试验持续时间内应保持不变，且壳体填料及阀瓣密封面无渗漏。阀门试压的试验持续时间应不少于表4-7的规定。

表4-7 阀门试验持续时间 单位：s

公称直径 DN/mm	严密性试验		强度试验
	金属密封	非金属密封	
≤50	15	15	15
65～200	30	15	60
250～450	60	30	180

各种承压管道系统和设备应做水压试验，非承压管道系统和设备应做灌水试验。

1. 给水系统及配件安装的控制项目

1）室内给水管道水压试验

室内给水管道的水压试验必须符合设计要求。当设计未注明时，各种材质的给水管道系统试验压力均为工作压力的1.5倍，但不得小于0.6MPa。

检验方法：金属及复合管给水管道系统在试验压力下观测10min，压力降不应大于0.02MPa，然后降到工作压力进行检查，应不渗不漏；塑料管给水系统应在试验压力下稳压1h，压力降不得超过0.05MPa，然后在工作压力的1.15倍状态下稳压2h，压力降不得超过0.03MPa，连接处不得渗漏。

2）给水系统通水试验

给水系统交付使用前必须进行通水试验并做好记录。

检验方法：观察和开启阀门、水龙头等放水。

3）给水系统冲洗和消毒

生产给水系统管道在交付使用前必须冲洗和消毒，并经有关部门取样检验，符合《生活饮用水卫生标准》(GB 5749—2006)后方可使用。

检验方法：检查有关部门提供的检测报告。

4）室内消火栓系统试射试验

室内消火栓系统安装完成后应取屋顶层(或水箱间内)试验消火栓和首层两处消火栓做试射试验，达到设计要求为合格。

检验方法：实地试射检查。

5）水箱满水和水压试验

敞口水箱的满水试验和密闭水箱(罐)的水压试验必须符合设计与《建筑给水排水及采暖工程施工质量验收规范》(GB 50242—2002)的规定。

检验方法：满水试验静置 24h 观察，不渗不漏；水压试验在试验压力下 10min 压力不降，不渗不漏。

6）热水系统水压试验

热水供应系统安装完毕，管道保温之前应进行水压试验。试验压力应符合设计要求。当设计未注明时，热水供应系统水压试验压力应为系统顶点的工作压力加 0.1MPa，同时在系统顶点的试验压力不小于 0.3MPa。

检验方法：钢管或复合管道系统试验压力下 10min 内压力降不大于 0.02MPa，然后降至工作压力检查，压力应不降，且不渗不漏；塑料管道系统在试验压力下稳压 1h，压力降不得超过 0.05MPa，然后在工作压力 1.15 倍状态下稳压 2h，压力降不得超过 0.03MPa，连接处不得渗漏。

7）太阳能集热管水压试验

在安装太阳能集热器玻璃前，应对集热排管和上、下集管做水压试验，试验压力为工作压力的 1.5 倍。

检验方法：试验压力下 10min 内压力不降，不渗不漏。

2. 排水系统及卫生设备安装的控制项目

1）隐蔽或埋地排水管道灌水试验

隐蔽或埋地的排水管道在隐蔽前必须做灌水试验，其灌水高度应不低于底层卫生器具的上边缘或底层地面高度。

检验方法：满水 15min 水面下降后，再灌满观察 5min，液面不降，管道及接口无渗漏为合格。

2）排水管道通球试验

排水主立管及水平干管管道均应做通球试验，通球球径不小于排水管道管径的 2/3，通球率必须达到 100%。

检查方法：通球检查。

3）雨水管道灌水试验

安装在室内的雨水管道安装后应做灌水试验，灌水高度必须到每根立管上部的雨水斗。

检验方法：灌水试验持续 1h，不渗不漏。

4）卫生器具满水和通水试验

卫生器具交工前应做满水和通水试验。

检验方法：满水后各连接件不渗不漏；通水试验给水排水畅通。

本章小结

本章主要介绍了给水排水制图的一般规定和常用图例、建筑给水排水施工图的组成及内容，结合实例阐述了建筑给水排水施工图的识读方法和技巧，并进行了管道安装和施工验收的基础知识介绍。

思考题

4.1　建筑给水排水施工图由哪几部分组成？

4.2　建筑给水施工图识读应遵循怎样的顺序？

4.3　建筑排水施工图识读应遵循怎样的顺序？

4.4　建筑给水排水平面图识读应了解哪些内容？

4.5　建筑给水排水系统图识读应了解哪些内容？

4.6　建筑给水排水系统管道安装应遵循什么顺序？

4.7　建筑给水排水系统安装和验收应注意哪些控制项目？

习题

4.1　图4-13和图4-14所示为一幢集体宿舍的给水排水施工图，试对此施工图进行识读，并为其给水系统设计一个简洁的施工方案，分组进行分析讨论。

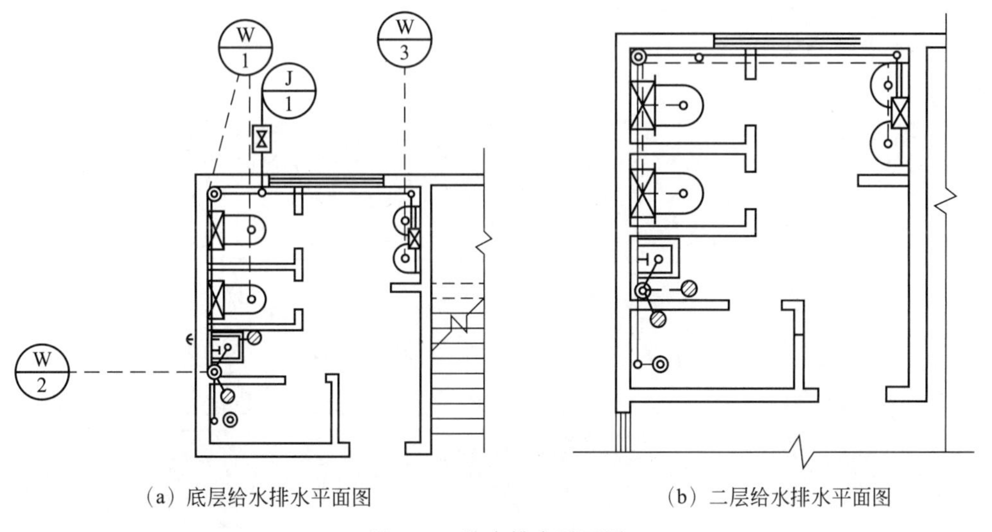

(a) 底层给水排水平面图　　(b) 二层给水排水平面图

图4-13　给水排水平面图

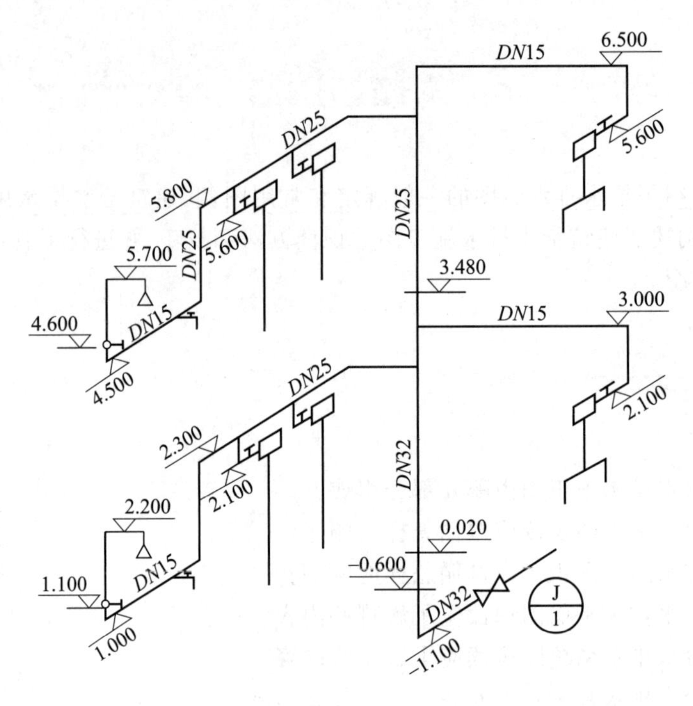

图 4-14 给水系统图

4.2 试根据图 4-13 所示的集体宿舍排水平面图绘制其排水系统图，并为其设计一个简洁的施工方案，分组进行分析讨论。

模块5 供暖系统

知识目标

1. 了解供暖系统的组成与分类。
2. 掌握热水供暖系统的形式。
3. 了解蒸汽供暖系统、热风供暖系统的分类及形式。
4. 了解供暖系统的设备与附件的相关知识。
5. 掌握供暖管道布置与敷设的相关知识。

能力目标

1. 能区分各种供暖系统的形式及适用场合;能识别供暖系统的设备与附件。
2. 能布置与敷设供暖管道。

5.1 供暖系统的组成与分类

人们在日常生活和社会生产中需要大量的热量。利用热媒——载热体(如水、蒸汽或其他介质)将热能从热源输送到各用户的工程技术称为供热工程。而供暖就是用人工方法向室内供给相应的热量,保持一定的室内温度,以创造适宜的生活或工作条件的工程技术。

5.1.1 供暖系统的组成

所有供暖系统都是由热的制备(热源)、热媒输送(热网)和热媒利用(散热设备)三个主要部分组成的,如图5-1所示。

(1) 热源:用来产生热能。

(2) 热网:用于热媒的输送分配。

(3) 散热设备:向室内放热。

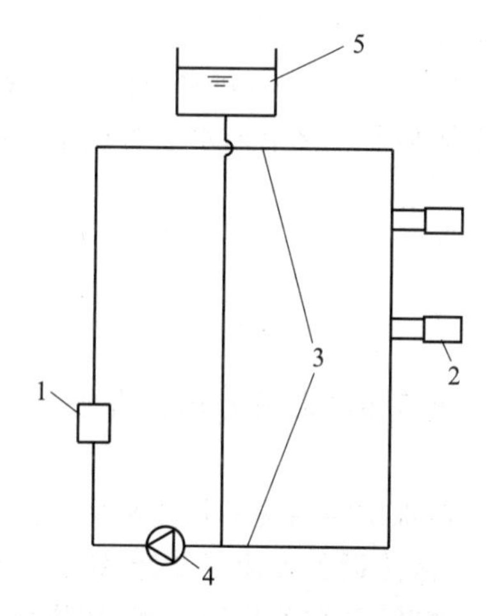

图5-1 热水供暖系统示意图

1—热水锅炉;2—散热器;3—热水管道;4—循环水泵;5—膨胀水箱

5.1.2 供暖系统的分类

微课：采暖系统的分类

供暖系统可根据热媒、设备及系统形式分类。

1. 按热媒种类分类

(1) 热水供暖系统：以热水为热媒的供暖系统，主要应用于民用建筑。

(2) 蒸汽供暖系统：以蒸汽为热媒的供暖系统，主要应用于工业建筑。

(3) 热风供暖系统：以热空气作为热媒向室内供应热量的供暖系统，主要应用于大型工业车间。

2. 按设备相对位置分类

(1) 局部供暖系统：热源、热网、散热设备三部分在构造上合在一起的供暖系统。

(2) 集中供暖系统：热源和散热设备分别设置，用热网相连接，由热源向各个房间或建筑物供给热量的供暖系统。

(3) 区域供暖：由一个热源向几个厂区或城镇集中供应热能的系统。

3. 按系统敷设方式分类

按系统管道的敷设方式不同，可分为垂直式和水平式系统。

4. 按组成系统的各个立管环路总长度是否相同分类

(1) 异程式系统：通过各个立管的循环环路的总长度不相等的系统。

(2) 同程式系统：通过各个立管的循环环路的总长度相等的系统。

5. 按供、回热媒方式分类

(1) 单管系统：热水经供水立管或水平供水管顺序流过多组散热器，并顺序地在各散热器中冷却的系统。

(2) 双管系统：热水经供水立管或水平供水管平行分配给多组散热器，冷却后的回水自每个散热器直接沿回水立管或水平回水管流回热源的系统。

5.2 热水供暖系统

供暖系统常用的热媒有水、蒸汽、空气。以热水作为热媒的供暖系统称为热水供暖系统。

热水供暖系统的热能利用率高，输送时无效热损失较小，散热设备不易腐蚀，使用周期长，且散热设备表面温度低，符合卫生要求；系统操作方便，运行安全，易于实现供水温度的集中调节，系统蓄热能力高，散热均匀，适用于远距离输送。从卫生条件和节能等方面考虑，民用建筑一般采用热水作为热媒。热水供暖系统也用在生产厂房及辅助建筑物中。

热水供暖系统按系统循环动力分类如下。

(1) 自然(重力)循环系统：靠水的密度差进行循环的系统，由于作用压力小，目前在集中式供暖中很少采用。

(2) 机械循环系统：靠机械力(水泵)进行循环的系统。

热水供暖系统按热媒温度分类如下。

① 低温热水供暖系统：散热器集中供暖系统宜按 75℃/50℃连续供暖进行设计，且供水温度不宜大于 85℃，供回水温差不宜小于 20℃。

② 高温热水供暖系统：供水温度多采用 110～130℃，回水温度为70～90℃。

微课：热水采暖系统-自然

5.2.1　自然循环系统

1. 自然循环热水供暖的工作原理及其作用压力

图 5-2 所示是自然循环热水供暖系统的工作原理图。在图中假设整个系统有一个放热中心(散热器)和一个加热中心(热水锅炉)，用管道(供水管道和回水管道)把散热器和锅炉连接起来。在系统的最高处连接一个膨胀水箱，用它容纳水在受热后因膨胀而增加的体积。

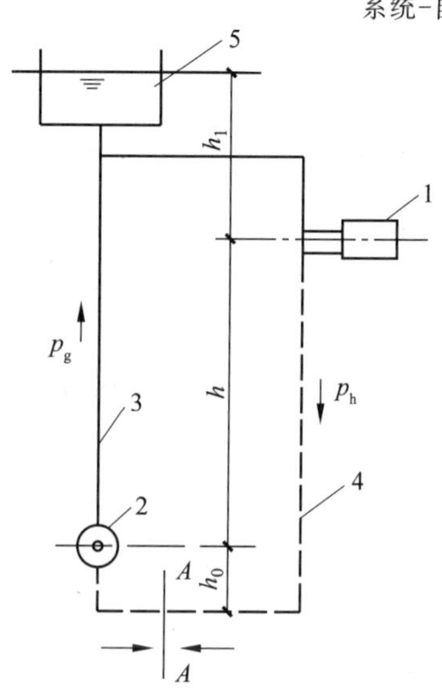

图 5-2　自然循环热水供暖系统的工作原理图

1—散热器；2—热水锅炉；3—供水管道；4—回水管道；5—膨胀水箱

在系统工作之前，先将系统中充满冷水。当水在锅炉内被加热后，其密度减小，同时受着从散热器流回来密度较大的回水的驱动，使热水沿着供水管上升，流入散热器。在散热器内水被冷却，再沿回水管流回锅炉。这样，水连续被加热，热水不断上升，在散热器及管道中散热冷却后的回水又流回锅炉被重新加热，以图 5-2 中箭头所示的方向循环流动。这种水的循环称为自然(重力)循环。

由此可见，自然循环热水供暖系统的循环作用压力的大小取决于水温在循环环路的变化状况。在分析作用压力时，先不考虑水在沿管道流动时散热而使水不断冷却的因素，认为在图 5-2 中的循环管路内水温只在锅炉和散热器两处发生变化。

设 p_1 和 p_2 分别表示 $A—A$ 断面右侧和左侧的水柱压力，则

$$p_1 = g(h_0\rho_h + h\rho_h + h_1\rho_g)$$

$$p_2 = g(h_0\rho_h + h\rho_g + h_1\rho_g)$$

断面 $A—A$ 两侧的水柱压力差值，即系统的循环作用压力为

$$\Delta p = p_1 - p_2 = gh(\rho_h - \rho_g) \tag{5-1}$$

式中，g 为重力加速度(m/s^2)；h_0 为 $A—A$ 断面与热水锅炉的垂直距离(m)；h 为热水锅炉与散热器的垂直距离 (m)；h_1 为散热器与膨胀水箱的垂直距离(m)；Δp 为自然循环系统的作用压力(Pa)；ρ_h为回水密度(kg/m^3)；ρ_g为供水密度(kg/m^3)。

由式(5-1)可知，起循环作用的只有散热器中心和锅炉中心之间这段高度内的水密度差。如供回水温度为 75℃/50℃，则每米高差可产生的作用压力为

$$gh(\rho_h - \rho_g) = 9.8 \times 1 \times (988.1 - 974.8) = 130(\text{Pa})$$

2. 自然循环热水供暖系统的主要形式

1）双管上供下回式

如图 5-3 所示，左侧为双管上供下回式系统。其特点是各层散热器都并联在供、回水立管上，水经回水立管、干管直接流回锅炉，如不考虑水在管道中的冷却，则进入各层散热器的水温相同。

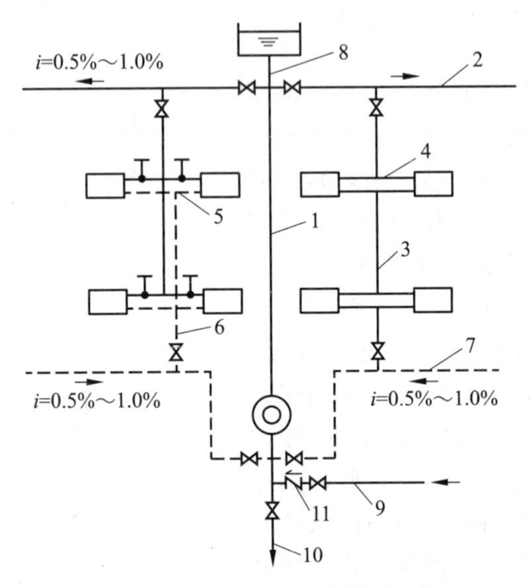

图 5-3 自然循环热水供暖系统

1—总立管；2—供水干管；3—供水立管；4—散热器供水支管；5—散热器回水支管；6—回水立管；7—回水干管；8—膨胀水箱连接管；9—充水管（接上水管）；10—泄水管（接下水道）；11—止回阀

因为这种系统的供水干管在上面，回水干管在下面，故称为上供下回式，又由于这种系统中的散热器都并联在两根立管上，一根为供水立管，一根为回水立管，故称这种系统为双管系统。这种系统的散热器都自成一独立的循环环路，在散热器的供水支管上可以装设阀门，以便调节通过散热器的水流量。

上供下回式自然循环热水供暖系统管道布置的一个主要特点是系统的供水干管必须有向膨胀水箱方向上升的坡度，其坡度宜采用 0.5%～1.0%；散热器支管的坡度一般取 1.0%；回水干管应有沿水流向锅炉方向下降的坡度。

2）单管上供下回式

如图 5-3 所示，右侧为单管上供下回式系统。单管系统的特点是热水送入立管后由上向下顺序流过各层散热器，水温逐层降低，各组散热器串联在立管上。每根立管（包括立管上各层散热器）与锅炉、供回水干管形成一个循环管路，各立管环路是并联关系。单管系统与双管系统比较，其优点是系统简单、节省管材、造价低、安装方便、上下层房间的温度差异较小；其缺点是顺流式不能进行个体调节。

5.2.2 机械循环系统

微课：热水采暖系统-机械

机械循环热水供暖系统与自然循环热水供暖系统的主要区别是在系统

中设置了循环水泵，靠水泵提供的机械能使水在系统中循环。图5-1所示的热水供暖系统示意图，由锅炉、水泵、散热器及膨胀水箱等组成。系统中的循环水在锅炉中被加热，通过总立管、干管、立管支管到达散热器。水沿途散热有一定的温降，在散热器中放出大部分所需热量，沿回水支管、立管、干管重新回到锅炉被加热。

由于水泵的作用压力较大，因而供暖范围可以扩大。它不仅用于单栋建筑中，还可以用于多栋建筑，甚至发展为区域热水供暖系统。目前机械供暖系统已成为应用最广泛的一种供暖系统。

在机械供暖系统中，水流速度往往超过自水中分离出来的空气气泡的浮升速度。为了使气泡不致被带入立管，供水干管应按水流方向设置上升坡度，使气泡随水流方向流动汇集到系统的最高点，通过在最高点设置排气装置——集气罐，将空气排出系统外。同时为了使回水能够顺利流回，回水干管应有向锅炉方向下降的坡度。供回水干管坡度应在0.2%～0.5%范围内，一般采用0.3%。

在这种系统中，循环水泵一般安装在回水干管上，并将膨胀水箱连在水泵吸入端。膨胀水箱位于系统最高点，它的主要作用是容纳水因受热后膨胀的体积。当膨胀水箱连在水泵吸入端时，可使整个系统在稳定的正压力(高于大气压力)下工作，这就保证了系统中的水不致被汽化，从而避免了因水汽存在而中断水的循环。

机械循环热水供暖系统有以下几种主要形式。

1. 机械循环上供下回式热水供暖系统

上供下回式热水供暖系统管道布置合理，是最常见的一种布置形式，如图5-4所示。该系统与每组散热器连接的立管均为两根，热水平均分配给所有散热器，散热器流出的回水直接流回锅炉。由图5-4可知，供水干管布置在所有散热器上方，而回水干管布置在所有散热器下方，所以称为上供下回式。

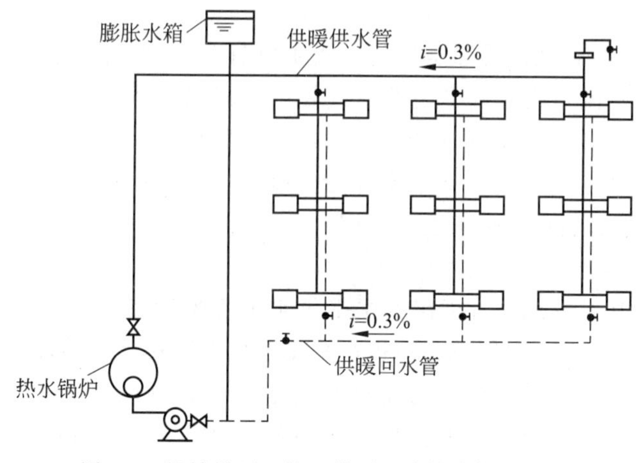

图5-4　机械循环双管上供下回式热水供暖系统

在这种系统中，水在系统内循环，主要依靠水泵所产生的压力，但同时也存在自然压力，它使流过上层散热器的热水多于实际需要量，并使流过下层散热器的热水量少于实际需要量，从而造成上层房间温度偏高，下层房间温度偏低的垂直失调现象。随着楼层层数的增多，垂直失调现象愈加严重。因此，双管系统不宜在四层以上的建筑物中采用。

2. 机械循环下供下回式热水供暖系统

如图 5-5 所示，系统的供水和回水干管都敷设在底层散热器下面。在设有地下室的建筑物中或在平屋顶建筑顶棚下难以布置供水干管的场合，常采用下供下回式热水供暖系统。与上供下回式热水供暖系统相比，具有以下特点。

(1) 在地下室布置供水干管，管道直接散热给地下室，无效热损失小。

(2) 在施工中，每安装好一层散热器即可供暖，给冬季施工带来很大方便。

(3) 排除系统中的空气较困难。

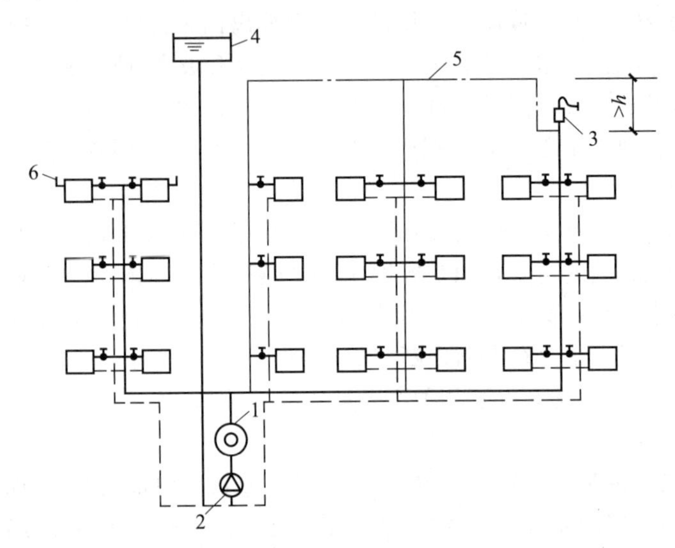

图 5-5 机械循环双管下供下回式热水供暖系统

1—热水锅炉；2—循环水泵；3—集气装置；4—膨胀水箱；5—空气管；6—冷风阀

下供下回式热水供暖系统排除空气的方式主要有两种：通过顶层散热器的冷风阀手动分散排气(见图 5-5 左侧)，或通过专设的空气管手动或自动集中排气(见图 5-5 右侧)。集气装置的连接位置，应比水平空气管低 0.3m 以上，否则位于上部空气管内的空气不能起到隔断作用，立管中的水会通过空气管串流，因此专设空气管集中排气的方法，通常只在作用半径小或系统压力小的热水供暖系统中应用。

3. 机械循环中供式热水供暖系统

如图 5-6 所示，从系统总立管引出的水平供水干管敷设在系统的中部。下部系统为上供下回式，上部系统可采用下供下回式，也可采用上供下回式。中供式系统可避免由于顶层梁底标高过低，致使供水干管挡住顶层窗户的不合理布置，并减轻了上供下回式楼层过多易出现垂直失调的现象；但上部系统要增加排气装置。中供式系统可用于原有建筑物加建楼层或上部建筑面积少于下部建筑面积的场合。

4. 机械循环下供上回式(倒流式)供暖系统

如图 5-7 所示，系统的供水干管设在下部，而回水干管设在上部，顶部还设置有顺流式膨胀水箱。下供上回式供暖系统具有以下特点。

(1) 水在系统内的流动方向是自下而上流动，与空气流动方向一致，可通过顺流式膨胀水箱排除空气，无须设置集中排气罐等排气装置。

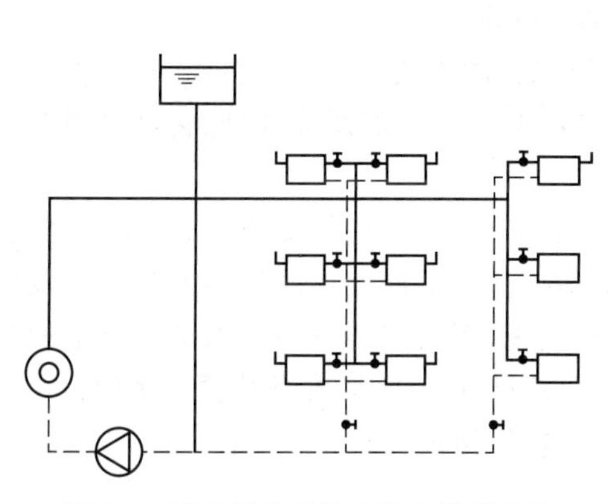
图 5-6　机械循环中供式热水供暖系统

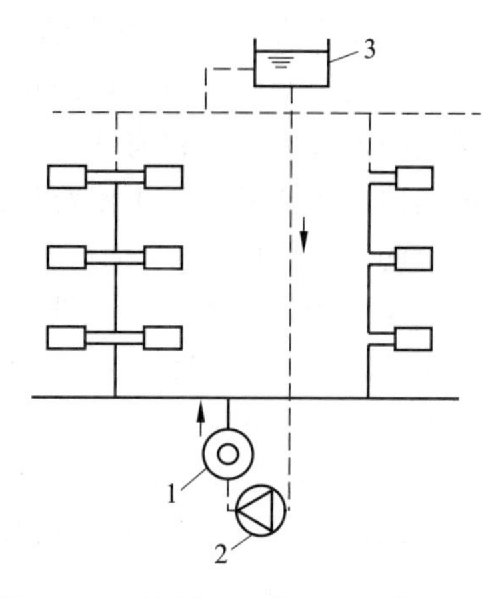

图 5-7　机械循环下供上回式供暖系统
1—热水锅炉；2—循环水泵；3—膨胀水箱

(2) 对热损失大的底层房间，由于底层供水温度高，底层散热器的面积减小，便于布置。

(3) 当采用高温水供暖系统时，由于供水干管设在底层，这样可降低防止高温水汽化所需的水箱标高，解决布置高架水箱困难的问题。

5. 异程式系统与同程式系统

循环管路是指热水从锅炉流出，经供水管到散热器，再由回水管流回到锅炉的环路。如果一个热水供暖系统中，各循环管路的热水流程长短基本相等，则称为同程式热水供暖系统，如图 5-8 所示；热水流程相差很多时，称为异程式热水供暖系统。

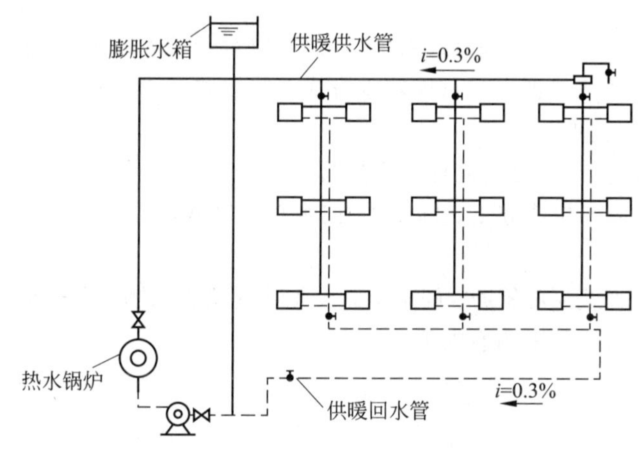

图 5-8　同程式热水供暖系统

在异程式机械循环系统中，由于各个环路的总长度可能相差很大，因而，各个立管环路的压力损失就更难以平衡。有时靠近总立管最近的立管会有很多的剩余压力，出现严重的水平失调现象。而同程式系统的特点是各立管环路的总长度都相等，压力损失易平衡。所以，在较大的建筑物内宜采用同程式系统。

6. 水平式系统

水平式系统按供水管与散热器的连接方式可分为顺流式和跨越式两类。

如图 5-9 所示，顺流式系统虽然节省管材，但每个散热器不能进行局部调节。所以，它只能用在对室温控制要求不严格的建筑物中或大的房间中。

跨越式的连接方式可以有图 5-10 中的两种。第二种的连接形式虽然多用一些支管，但增大了散热器的传热系数。由于跨越式可以在散热器上进行局部调节，因此它可以用在需要局部调节的建筑物中。

水平式系统排气比垂直式上供下回式热水供暖系统要麻烦，通常采用排气管集中排气。如图 5-9 和图 5-10 所示，第二层水平环路上的排气措施，为了排气在散热器上部专门设一空气管（ϕ15mm），最终集中在一个散热器上设一放气阀；而两图的第一层水平环路上的排气措施，则是由每个散热器上安装一个排气阀进行局部排气。当然，在散热器较多的大系统中，为了管理方便，宜用空气管排气；较小的系统可用排气阀排气。

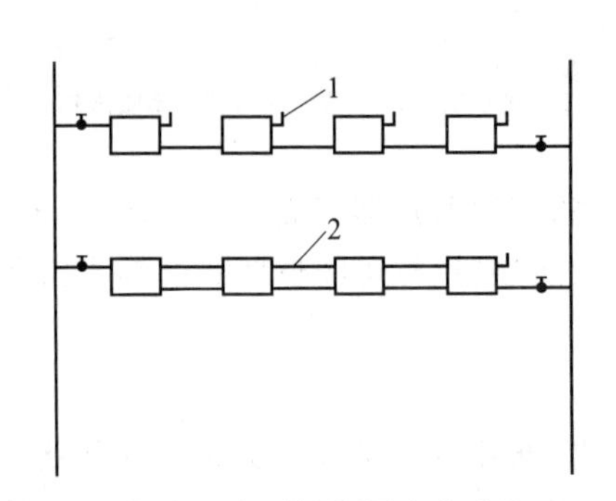

图 5-9　水平单管顺流式系统
1—放气阀；2—空气管

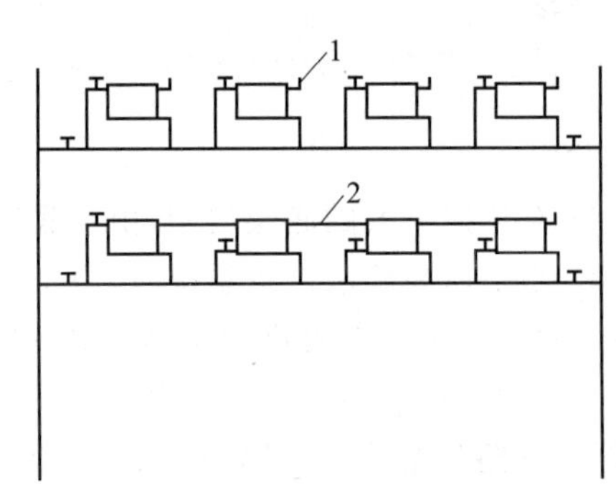

图 5-10　水平单管跨越式系统
1—放气阀；2—空气管

水平式系统的总造价要比垂直式系统少很多，但对于较大系统，由于有较多的散热器处于低水温区，其尾端的散热器面积可能较垂直式系统多些。水平式系统与垂直式（单管和双管）系统相比，有以下优点。

（1）系统的总造价一般要比垂直式系统低。

（2）管道简单，便于快速施工。除了供、回水总立管外，无穿过各层楼板的立管，因此无须在楼板上打洞。

（3）有可能利用最高层的辅助空间架设膨胀水箱，不必在顶棚上专设安装膨胀水箱的房间。

（4）沿路没有立管，不影响室内美观。

5.3　住宅分户热计量供暖系统

微课：住宅分户热计量供暖系统

分户热计量是指以住宅建筑的户（套）为单位，计量集中供暖热用户实际消耗热量的供暖方式。《民用建筑节能管理规定》和《中华人民共和国节约能源法》规定：“新建居住建筑的集中供暖系统应当使用双管系统，推行温度调节和户用热量计量装置，实行供热计量收费”。

因而，分户热计量通过对用户进行公平收费，实现供热市场化、商品化，能够有效实现建筑节能。同时，分户热计量通过温控阀等措施可为用户提供调节控制手段，用户可以根据自己的需要调节室温、控制供暖量,提高了建筑的热舒适度,改善了热网供热质量。

5.3.1 分户热计量供暖系统形式

集中供热按户计量的主导方式是采用热量表和热量分配表计量,而采用热量表或热量分配表按户进行计量对供暖系统形式的要求却大不相同。无论采用哪种计量方法,对供暖系统的要求都要既能满足计量需要,又应具有调控室内温度的功能。

1. 适合热量表的供暖系统

热量表是根据测量供暖系统入户的流量和供回水温度来计算热量的,因此分户计量要求供暖系统在设计时每一户要单独布置成一个环路。只要满足这一要求,对于户内的系统采用何种形式则可由设计人员根据实际情况确定。对于多层和高层住宅建筑来说,若想每一户自成一个环路,系统首先应具有与各户环路连接的供回水立管,然后户内可根据情况设计成双管水平串联式、单管水平跨越式、双管水平并联式、上供下回式、上供上回式或地板辐射供暖等系统形式。

1）下分式双管系统

下分式双管系统如图 5-11 所示。

2）下分式单管跨越式系统

下分式单管跨越式系统如图 5-12 所示。

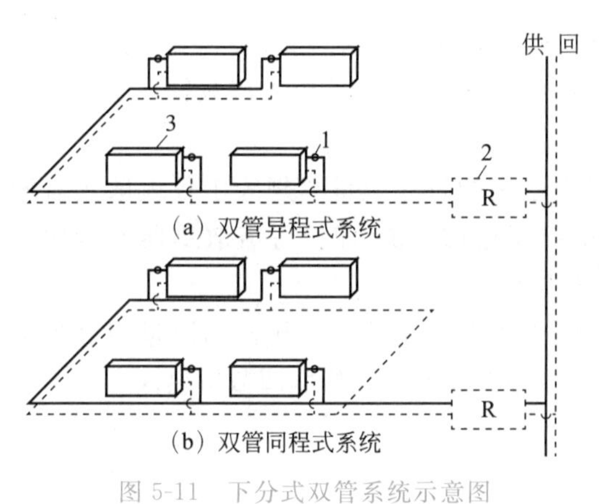

图 5-11 下分式双管系统示意图

1—温控阀;2—户内热力入口;3—散热器

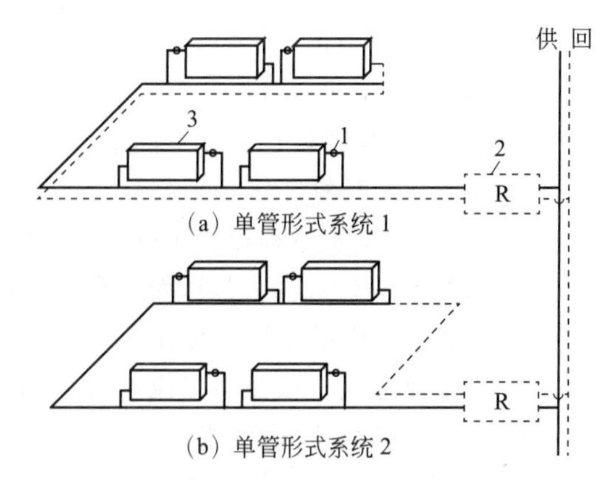

图 5-12 下分式单管跨越式系统示意图

1—温控阀;2—户内热力入口;3—散热器

上述两种下分式系统的供回水水平支管均位于本层散热器下,根据具体情况,管道可采取明装方式,即沿踢脚板敷设,也可采取暗敷方式,暗敷时常用以下两种方法。

(1) 暗敷在本层地面下沟槽内或垫层内。

(2) 镶嵌在踢脚板内。

采用暗敷方式时,需注意不同管材的连接方式。不同塑料管材应采取不同的连接方式。对于 PB 管、PP-R 管,根据管材特点,除分支管连接件外,垫层内不宜设其他管件,且埋入垫层内的管件应与管道同材质,可采用热熔连接的方式;而对于 PEX 管和 XPAP 管,不能采用热熔连接的方式,而且垫层内不应有任何管件和接头,水平管与散热器分支管连接时,只能在垫层外用铜制管件连接。

3）上分式双管系统

上分式双管系统如图 5-13 所示。

4）上分式单管跨越式系统

上分式单管跨越式系统如图 5-14 所示。

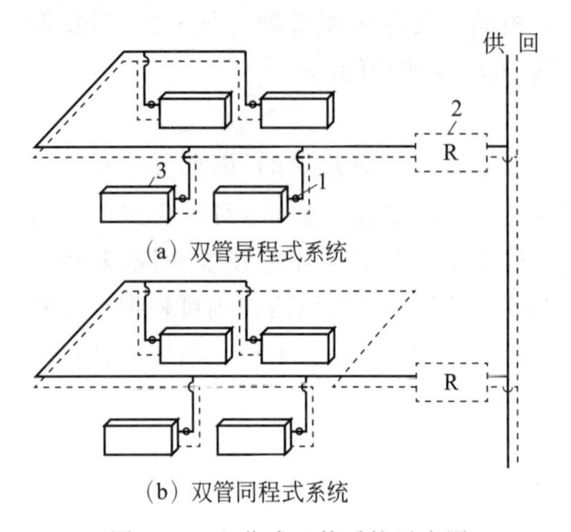

图 5-13 上分式双管系统示意图

1—温控阀；2—户内热力入口；3—散热器

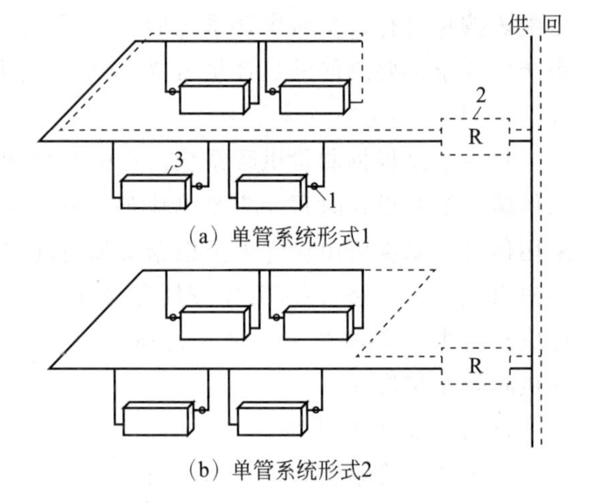

图 5-14 上分式单管跨越式系统示意图

1—温控阀；2—户内热力入口；3—散热器

从水力学意义上讲，户内形式为双管系统和单管跨越式系统时，均可实现分室控温的功能，即每组散热器散热量可调。但是从变流量特性角度分析，户内系统采用双管系统要优于单管跨越式系统，主要体现在以下两个方面。

（1）双管系统具有良好的变流量特性，即户内系统的瞬时流量总是等于各组散热器瞬时流量之和，系统变流量程度为 100%；而对于单管跨越式系统，即使每组散热器流量均为零时，户内系统仍有一定的流量，而且旁通流量还很大。

（2）双管系统中散热器具有较好的调节特性，进入双管系统中散热器的流量明显小于进入单管跨越式系统中散热器的流量，相对而言，更接近或处于散热器调节敏感区。

5）章鱼式双管异程式系统

章鱼式双管异程式系统如图 5-15 所示。

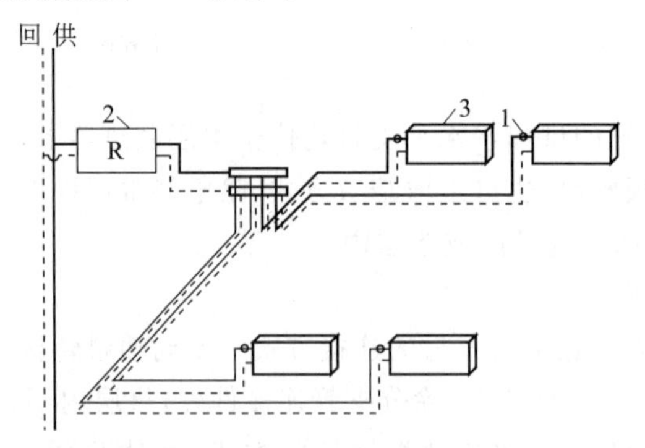

图 5-15 章鱼式双管异程式系统示意图

1—温控阀；2—户内热力入口；3—散热器

6）地板辐射供暖系统

地板辐射供暖系统如图5-16所示。

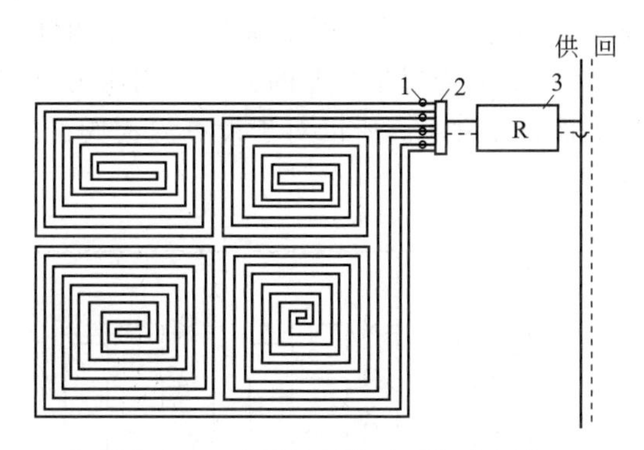

图5-16 地板辐射供暖系统示意图

1—温控阀；2—集、分水器；3—户内热力入口

地板辐射供暖系统的供回水方式为双管系统，因此，只需在各户的分水器前安装热量表，即可实现按户计量。如在每个房间支环路上增设恒温阀，便可实现分室控温。但是考虑到地板辐射供暖系统的特点，其构造层的热惰性很大，个体调节流量后达到稳定的时间较长，因此设置分户的温控装置宜慎重。

2. 适合热量分配表的供暖系统

目前，我国绝大多数供暖住宅（多层或高层）普遍采用下行下给的单管或混合单双管热水供暖系统，每户都有几根供暖立管分别通过房间，不可能在该户各房间中的散热器与立管连接处设置热量表。这样不但造成系统过于复杂，而且费用昂贵。对于这类传统的供暖系统，宜在各组散热器上设置分配表，结合设于楼口的热量总表的总用热量数据，就可以得出各组散热器的散热分配量。热量分配表的方式在每户自成系统的新建工程中不宜采用，但对供暖系统为上下贯通形式的旧有建筑，用热量分配表配合总管热量表是一种可行的计量方式。这种方式在西欧国家已使用多年，近些年东欧各国供热改革也成功地采用了此种计量方式。

1）垂直式单管系统

将原有顺流式单管系统改为带跨越管、温控阀的可调节系统，是旧系统改造最容易而可行的一种方式。一般有两种形式：一种形式是加两通温控阀（见图5-17），另一种形式是加三通温控阀（见图5-18）。这两种形式已分别在北京、天津、烟台、哈尔滨等地进行了试点，都取得了明显的节能效果，同时改善了垂直失调的现象。

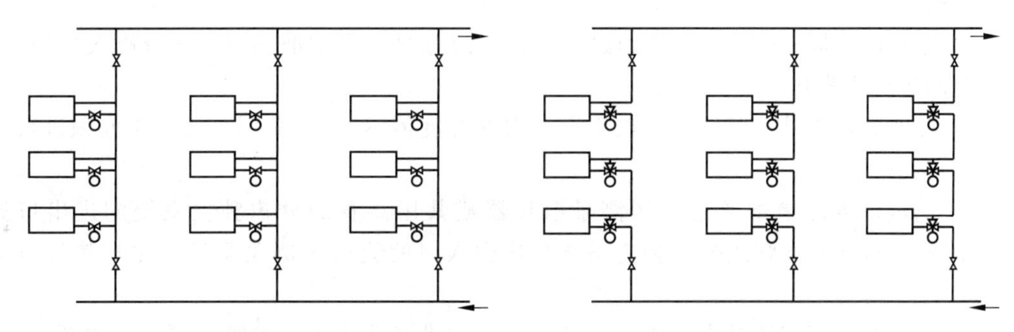

图5-17 加两通温控阀的垂直式单管系统　　图5-18 加三通温控阀的垂直式单管系统

2）垂直式双管系统

由于双管系统存在的垂直重力失调原因，往往只应用于四层及以下供暖系统。在每组散热器入口处安装温控阀（见图5-19），不但可使系统具有可调性，而且增大了末端阻力。温控阀一般推荐的压降约为10kPa，而每米高差的自然作用压力只有约130Pa（供回水温度为75℃/50℃），相对温控阀而言非常小。所以对于设有温控阀的双管系统，楼层数对系统水力工况影响很小。

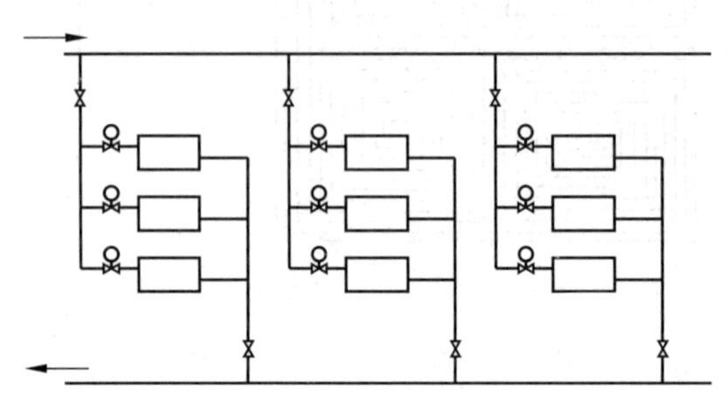

图5-19 加温控阀的垂直式双管系统

总体而言，靠安装于散热器上的热量分配表和建筑入口的热量表进行分摊供热量的计量，其计算方法复杂，同时热量分配表的应用推广还需要结合国内的散热器进行测试试验，该工作需由专门的检测机构进行配套检测，试验的工作量很大。由于热量分配表读数并不是反映实际用热量，所以实际应用上会出现今年与去年同样的刻度，而所交付费用却不同的现象，引起收费的混乱。热量分配表的最大优势是对于大量现有传统形式的单管供暖系统，可以仅在各组散热器前增加跨越管和温控阀，即可采用热量分配表实行供热计量。对于新建系统推广按户分环，必然采用户用热量表。而电子式热量分配表适用于任何形式的供暖系统，但其价格可能是制约因素之一。

5.3.2 热计量装置

1. 计量方式

户用热计量宜优先采用户用热量表法及散热器热分配表法，也可采用温度面积法、流量温度法、通断时间面积法。

（1）户用热量表法是指通过安装在每户的户用热量表进行用户热计量或直接进行热量结算的方式。

（2）散热器热量分配表法是指通过安装在每组散热器上的散热器热量分配表（简称热量分配表）进行用户热计量的方式。

（3）温度面积法是指通过安装在用户室内的温度传感器，结合用户的建筑面积进行用户热计量的方式。

（4）流量温度法是指通过连续测量散热器或共用立管的分户独立系统的进出口温差，结合测算的每个立管或分户独立系统与热力入口的流量比例关系进行用户热计量的方式。

（5）通断时间面积法是指通过控制安装在每户供暖系统入口支管上的电动通断阀门，根据阀门的接通时间与每户的建筑面积进行用户热计量的方式。

2. 热量表

图 5-20　热量表外观图

进行热量测量与计算,并作为计费结算依据的计量仪器称为热量表(又称热表)。根据热量计算方程,一套完整的热量表(见图 5-20)应由以下三部分组成。

(1) 热水流量计。用以测量流经换热系统的热水流量。

(2) 一对温度传感器。分别测量供水温度和回水温度,进而得到供回水温差。

(3) 积算仪。又称积分仪,根据与其相连的流量计和温度传感器提供的流量及温度数据,通过热量计算方程可计算出用户从热交换系统中获得的热量。

根据热量表的构造,流量计用来测算热水流量,温度传感器用以测量供水温度和回水温度,积算仪根据流量计与温度传感器提供的流量和温度信号计算温度与流量,确定计算时间,计算供暖系统消耗的热量和其他统计参数,显示记录输出,这就是热量表的工作原理。这种热量测量方法是较精确和全面的,而且直观、可靠、读数方便、技术比较成熟,适合在新建建筑中采用。

3. 热量分配表

热量分配表是通过测定用户散热设备的散热量来确定用户用热量的仪表。它的使用方法是在集中供热系统中,在每个散热器上安装热量分配表,测量计算每个住户的用热比例,通过总表来计算热量;在每个供暖季结束后,由工作人员来读表,根据计算,求得实际耗热量。常用的热量分配表有蒸发式和电子式两种,如图 5-21 和图 5-22 所示。

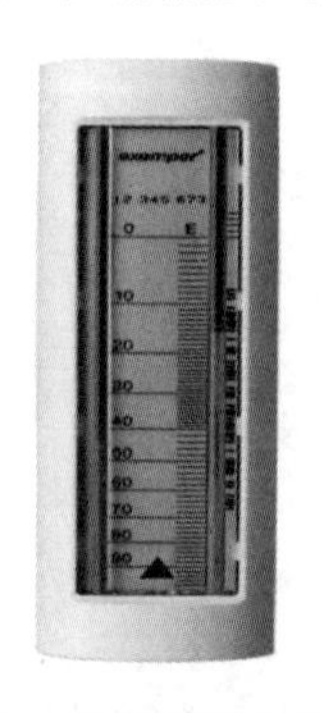
图 5-21　蒸发式热量分配表

图 5-22　电子式热量分配表

5.4　辐射供暖

微课:辐射供暖系统

5.4.1　辐射供暖的基本概念

1. 辐射供暖的定义

散热器供暖是多年来建筑物内常用的一种供暖形式。随着社会经济不断向前发展,人们生活水平的不断提高,新材料、新技术日益推广应用,这种传统供暖形式的弊端日益突出,如舒适性差、能耗大、耗钢材多、不便于按热计量及分户分室控温等。而辐射供暖便是克服这些弊端的更好方式。散热器主要靠对流方式向室内散热，对流散热量占总散热量的50%以上；而辐射供暖是利用建筑物内部顶棚、墙面、地面或其他表面进行供暖的系统。辐射供暖系统主要靠辐射散热方式向房间供应热量，其辐射散热量占总散热量的50%以上。

2. 辐射供暖的特点

辐射供暖是一种卫生条件和舒适标准都比较高的供暖形式，和对流供暖相比，它具有以下特点。

(1) 对流供暖系统中，人体的冷热感觉主要取决于室内空气温度的高低。而辐射供暖时，人或物体受到辐射照度和环境温度的综合作用，人体感受的实感温度可比室内实际环境温度高2～3℃，即在具有相同舒适感的前提下，辐射供暖的室内空气温度可比对流供暖时低2～3℃。

(2) 从人体的舒适感方面来看，在保持人体散热总量不变的情况下，适当地减少人体的辐射散热量，增加一些对流散热量，人会感到更舒适。辐射供暖时人体和物体直接接受辐射热，减少了人体向外界的辐射散热量。而辐射供暖的室内空气温度又比对流供暖时低，正好可以增加人体的对流散热量。因此辐射供暖对人体具有更佳的舒适感。

(3) 辐射供暖时沿房间高度方向温度分布均匀，温度梯度小，房间的无效损失减小，而且室温降低的结果可以减少能源消耗。

(4) 辐射供暖不需要在室内布置散热器，少占室内的有效空间，也便于布置家具。

(5) 减少了对流散热量，室内空气的流动速度也降低了，避免室内尘土的飞扬，有利于改善卫生条件。

(6) 辐射供暖比对流供暖的初投资高。

3. 辐射供暖的分类

按照不同的分类标准，辐射供暖的形式比较多，如表5-1所示。

表5-1 辐射供暖系统分类

分类根据	名　称	特　征
板面温度	低温辐射	板面温度低于80℃
	中温辐射	板面温度为80～200℃
	高温辐射	板面温度高于500℃
辐射板构造	埋管式	以直径为15～32mm的管道埋置于建筑结构内构成辐射表面
	风道式	利用建筑构件的空腔使热空气在其间循环流动构成辐射表面
	组合式	利用金属板焊以金属管组成辐射板
辐射板位置	顶棚式	以顶棚作为辐射供暖面，加热元件镶嵌在顶棚内的低温辐射供暖
	墙壁式	以墙壁作为辐射供暖面，加热元件镶嵌在墙壁内的低温辐射供暖
	地板式	以地板作为辐射供暖面，加热元件镶嵌在地板内的低温辐射供暖
热媒种类	低温热水式	热媒水温度低于100℃
	高温热水式	热媒水温度等于或高于100℃
	蒸汽式	以蒸汽(高压或低压)为热媒
	热风式	以加热以后的空气作为热媒
	电热式	以电热元件加热特定表面或直接发热
	燃气式	通过燃烧可燃气体在特制的辐射器中燃烧发射红外线

5.4.2　低温热水地板辐射供暖系统

住宅建筑中按户划分系统，可以方便地实现按户热计量，各主要房间分环路布置加热管，便于实现分室控制温度。限制每个环路的加热管长度不超过 120m 和要求各环路加热管的长度接近相等，都是为了有利于水力平衡。对可自动控温的系统，各环路管长可有较大差异。对于壁挂炉系统，加热管长度应根据壁挂炉循环水泵的扬程经计算确定。

加热管采取不同布置形式时，导致的地面温度分布是不同的。布管时，应本着保证地面温度均匀的原则进行，宜将高温管段优先布置于外窗、外墙侧，使室内温度分布尽可能均匀。加热管的布置形式很多，通常有以下几种形式，如图 5-23～图 5-25 所示。

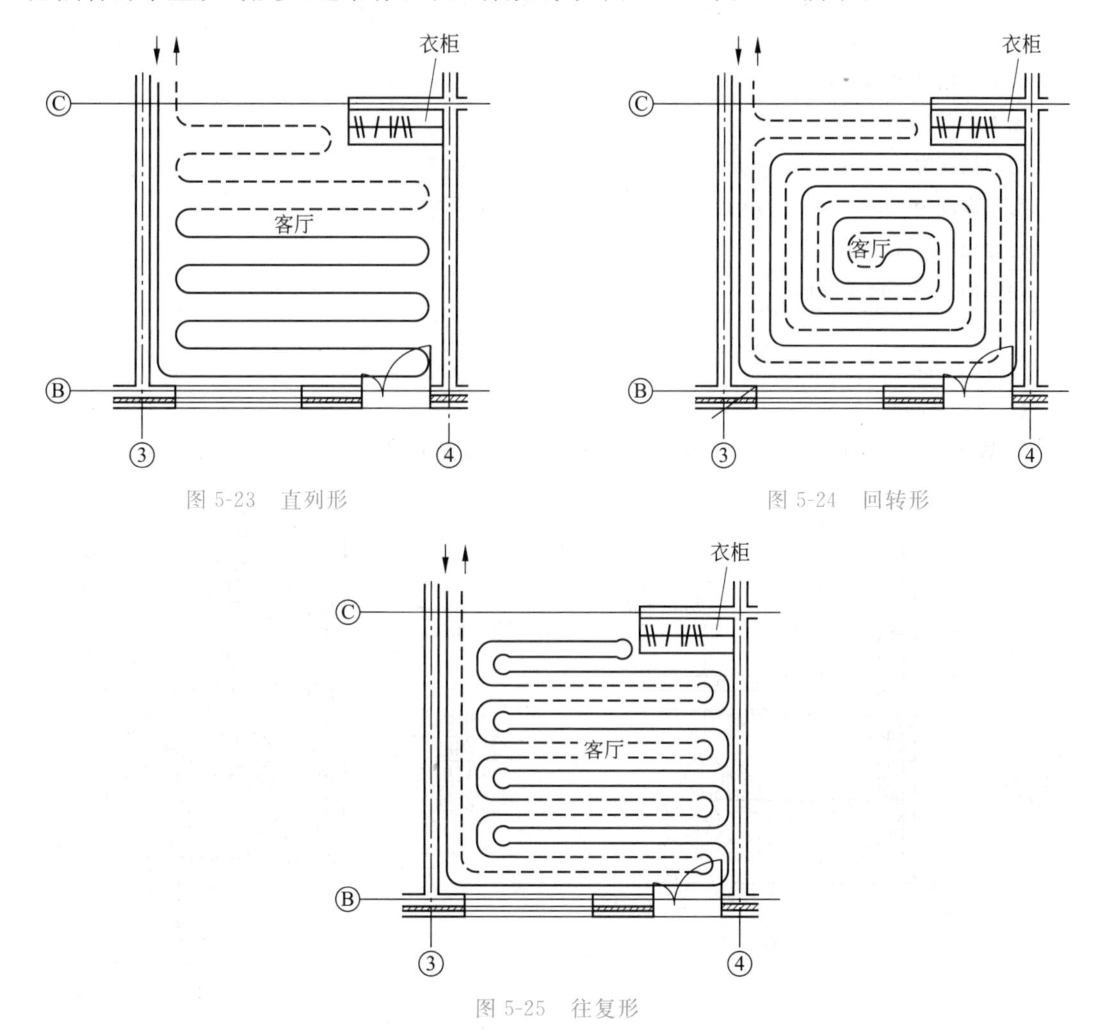

图 5-23　直列形

图 5-24　回转形

图 5-25　往复形

地面散热量的计算，都是建立在加热管间距均匀布置的基础上的。实际上房间的热损失主要发生在与室外空气邻接的部位，如外墙、外窗、外门等处。为了使室内温度分布尽可能均匀，在邻近这些部位的区域，管间距可以适当缩小，而在其他区域则可以将管间距适当放大。不过为了使地面温度分布不会有过大的差异，最大间距不宜超过 300mm。

加热管的敷设是无坡度的。根据规范的规定，热水管道无坡度敷设时，管内的水流速度不得小于0.25m/s。地暖管中水流速度也应达到这个要求，其目的是使水流能把空气裹携带走，不让它浮升积聚。

5.4.3 低温热水地板辐射供暖施工

1. 辐射体的表面温度

辐射体表面的平均温度宜符合表5-2的规定。

表5-2 辐射体表面的平均温度　　单位：℃

设置位置	宜采用的温度	温度上限值
人员经常停留的地面	25～27	29
人员短期停留的地面	28～30	32
无人停留的地面	35～40	42
房间高度为2.5～3.0m的顶棚	28～30	—
房间高度为3.1～4.0m的顶棚	33～36	—
距地面1m以下的墙面	35	—
距地面1～3.5m的墙面	45	—

2. 低温热水地板辐射供暖施工安装要点

1）地面构造

低温热水地板辐射供暖系统普遍采用的地面构造形式如图5-26和图5-27所示。

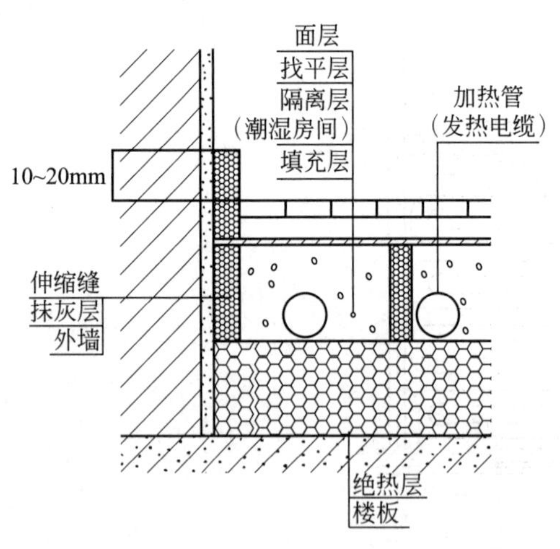

图5-26 楼层地面构造示意图

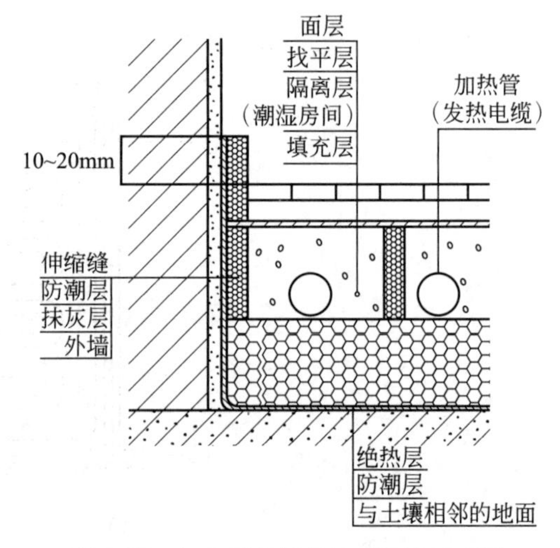

图5-27 与土壤相邻的地面构造示意图

地面构造由楼板或与土壤相邻的地面、绝热层、加热管、填充层、找平层和面层组成，并应符合下列规定。

（1）当工程允许地面按双向散热进行设计时，各楼层间的楼板上部可不设绝热层。

（2）对卫生间、洗衣间、浴室和游泳馆等潮湿房间，在填充层上部应设置隔离层。

（3）与土壤相邻的地面，必须设绝热层，且绝热层下部必须设置防潮层。直接与室外空气相邻的楼板，必须设绝热层。

地板辐射供暖系统绝热层采用聚苯乙烯泡沫塑料板时，其厚度不应小于表5-3的规定值；采用其他绝热材料时，可根据热阻相当的原则确定厚度。为了减少无效热损失和相邻用户之间的传热量，表5-3给出了绝热层的最小厚度，当工程条件允许时，宜在表5-3的基础上再增加10mm左右。

表5-3 聚苯乙烯泡沫塑料板绝热层厚度 单位：mm

楼层之间楼板上的绝热层	20
与土壤或不供暖房间相邻的地板上的绝热层	30
与室外空气相邻的地板上的绝热层	40

面层宜采用热阻小于0.05m^2·K/W的材料。当面层采用带龙骨的架空木地板时，加热管或发热电缆应敷设在木地板与龙骨之间的绝热层上。可不设置豆石混凝土填充层；发热电缆的线功率不宜大于10W/m；绝热层与地板间的净空高度不宜小于30mm。当地面荷载大于20kN/m^2时，应会同结构设计人员采取加固措施。

填充层的材料宜采用C15豆石混凝土，豆石粒径宜为5～12mm。加热管的填充层厚度不宜小于50mm。对低温地面辐射供暖来说，填充层的作用主要有以下两点：一是保护加热管；二是使热量能比较均衡地传至地面，从而使地面的表面温度趋于均匀。为了起到以上作用，要求填充层有一定的厚度。由于填充层的厚度直接影响到室内的净高、结构的荷载和建筑的初投资，所以不宜太厚。实验和工程实践一致证实，加热管上部有约30mm保护层时，基本上已能够满足以上要求。考虑到填充层上部还有30mm左右的水泥砂浆找平层，可以协同起到均衡温度的作用，所以规定低温热水系统填充层厚度宜取50mm。

2）地板辐射供暖的施工安装

施工安装前应具备以下工作条件。

（1）进行低温地板辐射供暖系统安装的施工队伍必须持有资质证书，施工人员必须经过培训，特别是机械接口施工人员必须经过专业操作培训，持合格证上岗。

（2）建筑工程主体已基本完成，且屋面已封顶，室内装修的吊顶、抹灰已完成，与地面施工同时进行。设于楼板上（装饰面下）的供回水干管地面凹槽，已配合土建预留。

（3）管道工程必须在入冬之前完成，冬季不宜施工。

（4）施工前已经过设计人员、施工技术人员、建设单位进行图纸会审，施工单位对施工人员进行过技术、质量、安全交底。

（5）材料已全部进场，电源、水源可以保证连续施工，有排放下水的地点。

3）施工的工艺流程

（1）清理地面。在铺设贴有铝箔的自熄型聚苯乙烯绝热板之前，将地面清扫干净，不得有凹凸不平的地面，不得有砂石碎块、钢筋头等。

（2）铺设绝热板。绝热板采用贴有铝箔的自熄型聚苯乙烯绝热板，必须铺设在水泥砂浆找平层上，地面不得有高低不平的现象。绝热板铺设时，铝箔面朝上，铺设平整。凡是钢筋、电线管或其他管道穿过楼板绝热层时，只允许垂直穿过，不准斜插，其插管接缝用胶带封贴严实、牢靠。

(3) 敷设加热盘管(PAP、XPAP、PP-R或PP-C、PE-X)。加热盘管敷设的顺序是从远到近逐个环圈敷设,加热盘管穿地面膨胀缝处,一律用膨胀条将分割成若干块地面隔开来,加热盘管在此处均须加伸缩节,伸缩节为加热盘管专用伸缩节,其接口连接以加热管品种确定。施工中须由土建工程事先划分好,相互配合和协调按图5-28自行选择。

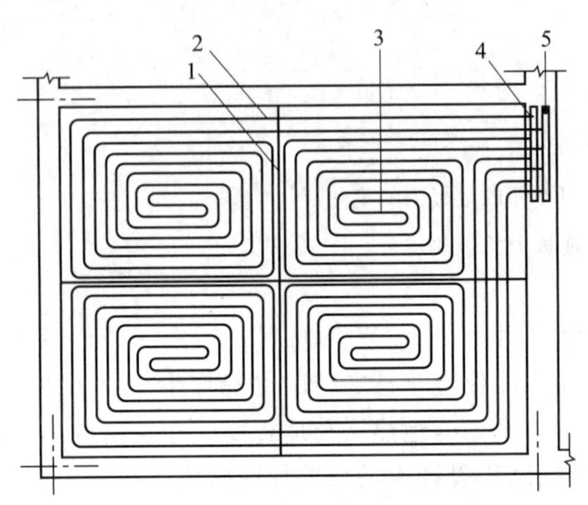

图5-28 地热管道平面布置图

1—膨胀带;2—伸缩节;3—加热管;4、5—分、集水器

加热管供暖散热量及其管道敷设间距可根据不同位置、不同地面材料按设计文件确定。加热管敷设完毕,采用专用的塑料U型卡及卡钉逐一将管道进行固定。U型卡固定在保温层中,卡间距参照《辐射供暖供冷技术规程》(JGJ 142—2012)。若没有钢筋网,则应安装在高出塑料管的上皮10~20mm处。敷设处如果尺寸不足整块敷设时应将接头连接好,严禁踩在塑料管上进行接头。

(4) 试压、冲洗。安装完地板上的加热盘管,应进行水压试验。首先接好临时管道及增压泵,灌水后打开排气阀,将管内空气放净后再关闭排气阀,先检查接口,无异样情况方可缓慢增压,增压过程观察接口,发现渗漏立即停止,将接口处理后再增压。增压至工作压力的1.5倍,且不小于0.6MPa。稳压1h,压力降不大于0.05MPa,且不渗不漏为合格。然后由施工单位、建设单位(或监理单位)双方检查合格后做好隐蔽记录,双方签字埋地管道验收。

(5) 回填豆石混凝土。试压验收合格后,立即回填豆石混凝土,豆石混凝土的强度等级由设计确定。试压临时管道暂不拆除,并且将管内压力降至0.4MPa,压力稳住、恒压。由土建单位进行回填,填充的豆石混凝土中必须加进5%的防龟裂的添加剂。

5.5 蒸汽供暖系统

微课:蒸汽采暖系统

图5-29所示为简单的蒸汽供暖系统原理图。水在蒸汽锅炉里被加热而形成具有一定压力和温度的蒸汽,蒸汽靠自身压力通过管道流入散热器,在散热器内放出热量,并经过散热器壁面传给房间;蒸汽则由于放出热量而凝结成水,经疏水器(起隔汽作用)然后沿凝结水管道返回热源的凝结水箱内,

经凝结水泵注入锅炉再次被加热变为蒸汽，如此连续不断地工作。

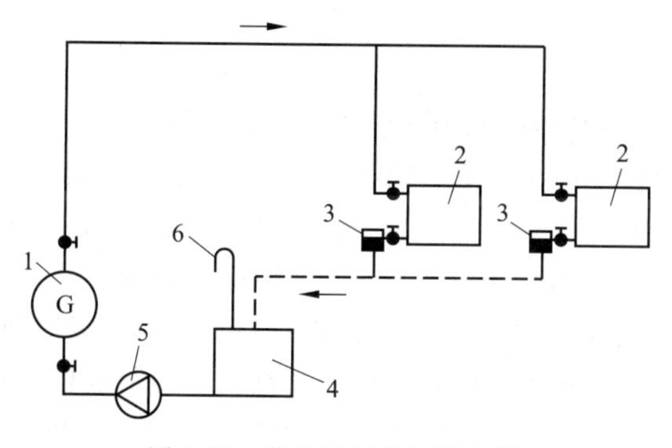

图 5-29　蒸汽供暖系统原理图

1—蒸汽锅炉；2—散热器；3—疏水器；4—凝结水箱；5—凝结水泵；6—空气管

5.5.1　低压蒸汽供暖系统

蒸汽的表压力低于或等于 70kPa 时，称为低压蒸汽供暖系统。

低压蒸汽供暖系统与热水系统大体一样，也可分为双管、单管、上供式、下供式及中供式几种形式。

图 5-30 所示为双管上供下回式低压蒸汽供暖系统。低压蒸气一般由低压蒸汽锅炉产生，蒸汽压力根据系统的大小和设置形式计算决定，保证蒸汽在输送中克服流动阻力，并使到达散热器内的蒸汽有一定剩余压力，以便排出空气。蒸汽在管道输送时，因沿途散热会产生凝结水，水平蒸汽管应有一定的坡度使汽、水同向流动。蒸汽在散热设备中放热后成为凝结水，为了防止蒸汽流出，一般在散热设备出口处设疏水装置。凝结水通过具有一定坡度的凝结水管靠重力流入设置在末端的凝结水箱，再经凝结水泵或其他方式送回锅炉。

图 5-31 所示为双管下供下回式低压蒸汽供暖系统。室内的蒸汽干管和凝结水干管可敷设于地下室或地沟内，在蒸汽干管的末端设置疏水装置以排出沿途凝结水。下供下回式虽然比上供下回式减少了各供汽立管的长度，但蒸汽通过立管向上输送，同时，立管中产生的凝结水在重力作用下下落，管内汽、水呈逆向流动。尤其是在初期运行时凝结水很多，容易产生水击，噪声也大。为了减轻水击现象，需要减少流速，增大立管管径，又浪费了管材。

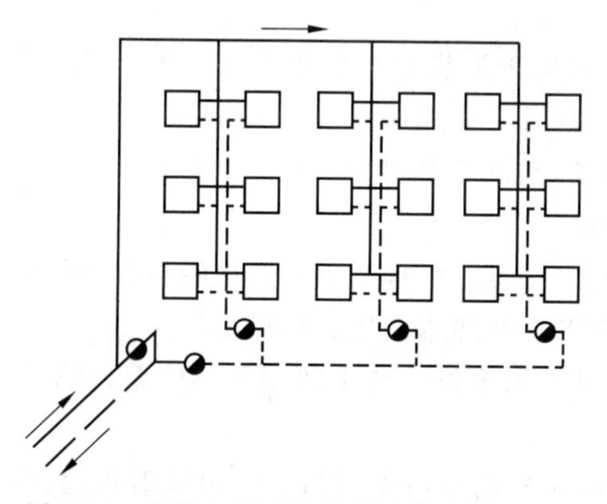

图 5-30　双管上供下回式低压蒸汽供暖系统

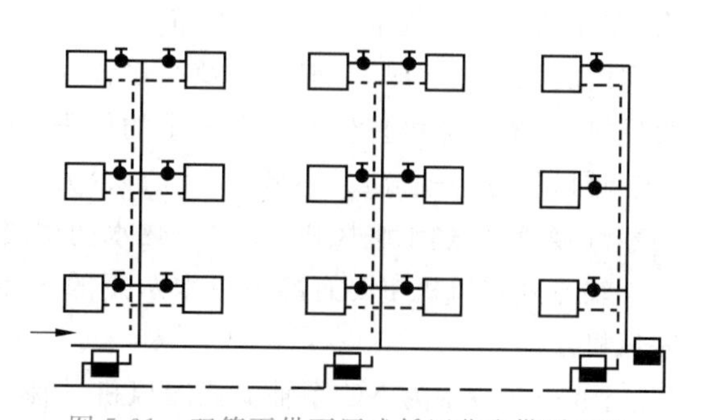

图 5-31　双管下供下回式低压蒸汽供暖系统

5.5.2 高压蒸汽供暖系统

蒸汽的表压力高于 70kPa 时，称为高压蒸汽供暖系统。

高压蒸汽通常由设置在厂区的蒸汽锅炉供给，供暖系统所需要的蒸汽压力主要取决于散热设备和其他附件的承压能力。与低压蒸汽供暖系统相比，高压蒸汽供暖系统由于供汽压力高，热媒流速大，可以增加系统的作用半径，供给相同的热负荷时需要的管径比较小。高压蒸汽饱和温度高，在散热量相同时，所需散热面积小；但供暖房间卫生条件差，输送过程中热损失也大。高压蒸汽供暖系统的运行管理及凝结水的回收相对要复杂些。

高压蒸汽供暖系统一般多采用双管上供下回式。当室内供暖系统较大时，应尽量采用同程式，以防止系统出现水平热力失调。

高压蒸汽供暖系统的设备要根据具体需求而定，除蒸汽锅炉、管道和散热设备几个基本组成部分以外，当锅炉或室外管网的蒸汽压力超过室内系统承压能力时，需要设减压阀降低蒸汽压力；当有不同的蒸汽用户或用户数量较多时，需要设分汽缸分配热媒；高压疏水装置疏水能力大，通常设在蒸汽干管末端；凝结水可利用其剩余压力送回锅炉房的凝结水箱。为了节约能源，可设置二次蒸发箱，分离出低压蒸汽供低压蒸汽用户使用。

5.6 热风供暖系统

5.6.1 暖风机的特点及分类

热风供暖又称暖风机供暖，由暖风机吸入空气经空气加热器加热后送入室内，以维持室内所要求的温度。暖风机是由通风机、电动机和空气加热器组成的联合机组。

微课：热风供暖

热风供暖是比较经济的供暖方式之一，其对流散热量几乎占 100%，具有热惰性小、升温快、使室温分布均匀、室内温度梯度小、设备简单、投资少等优点。适用于耗热量大的高大厂房，大空间的公共建筑，间歇供暖的房间，以及由于防火防爆和卫生要求必须全部采用新风的车间等。

当空气中不含粉尘和易燃易爆气体时，暖风机可用于加热室内循环空气。如果房间较大，需要的散热器数量过多，难以布置时，也可以用暖风机补充散热器散热量的不足部分。车间用暖风机供暖时，一般还应适当设置一些散热器，在非工作期间，可以关闭部分或全部暖风机，由散热器维持生产车间要求的值班供暖温度（5℃）。

暖风机分为轴流式（小型）和离心式（大型）两种。根据其结构特点及适用的热媒又可分为蒸汽暖风机、热水暖风机、蒸汽—热水两用暖风机和冷—热水两用暖风机等。

轴流式暖风机主要有冷—热水两用的 S 型暖风机和蒸汽—热水两用的 NC 型、NA 型暖风机。

图 5-32 所示为 NC 型轴流式暖风机。轴流式暖风机结构简单、体积小、出风射程远、风速低、送风量较小，一般悬挂或支撑在墙上或柱子上，可用来加热室内循环空气。

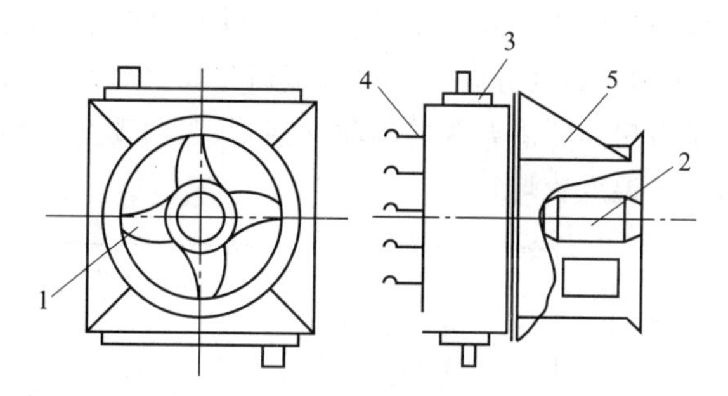

图 5-32 NC 型轴流式暖风机

1—轴流式风机；2—电动机；3—加热器；4—百叶片；5—支架

离心式暖风机主要有蒸汽—热水两用的 NBL 型暖风机，如图 5-33 所示，可用于集中输送大流量的热空气。离心式暖风机气流射程长、风速高、作用压力大、送风量大且散热量大，除了可用来加热室内再循环空气外，还可用来加热一部分室外的新鲜空气。这类大型暖风机是由地脚螺栓固定在地面的基础上的。

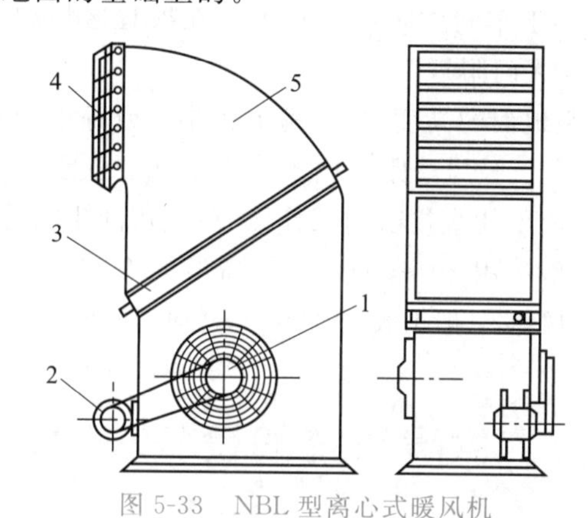

图 5-33 NBL 型离心式暖风机

1—离心式风机；2—电动机；3—加热器；4—导流叶；5—外壳

5.6.2 暖风机的布置

在生产厂房内布置暖风机时，应考虑车间的几何形状、工作区域、工艺设备位置以及暖风机气流作用范围等因素，可按以下要求布置。

1. 轴流式(小型)暖风机

(1) 应使车间温度场分布均匀，保持一定的断面速度，车间内空气的循环次数不应少于 1.5 次/h。

(2) 应使暖风机射程互相衔接，使供暖空间形成一个总的空气环流。

(3) 不应将暖风机布置在外墙上垂直向室内吹风，以免加剧外窗的冷风渗透量。

(4) 暖风机底部的安装高度，当出风风速 v 小于或等于 5m/s 时，取 2.5～3.5m；当出风风速 v 大于 5m/s 时，取 4～5.5m。

(5) 暖风机送风温度为 35～50℃。

图 5-34 所示为轴流式暖风机的布置方案。图 5-34(a)中暖风机布置在内墙侧，射出的

气流与房间短轴平行，吹向外墙或外窗方向。图 5-34(b)中暖风机布置在房间中部纵轴方向，将气流向外墙斜吹，多用在纵轴方向可以布置暖风机，且纵轴两侧都是外墙的狭长房间内。图 5-34(c)中暖风机沿房间四周布置成串联吹射形式，可避免吹出的气流相互干扰，室内空气形成循环流动，空气温度较均匀。

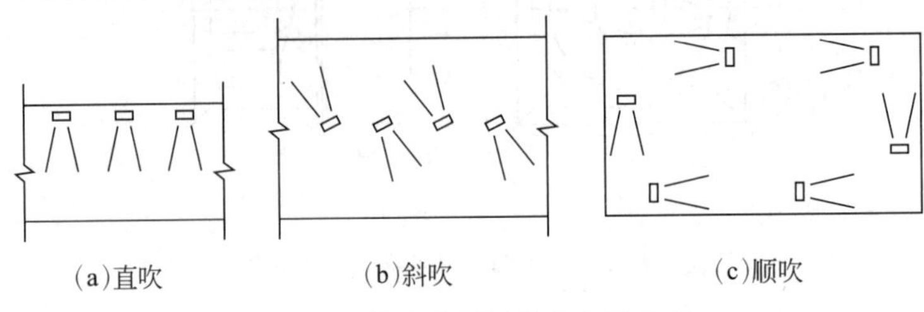

图 5-34 轴流式暖风机的布置方案

2. 离心式(大型)暖风机

由于大型暖风机的风速和风量都很大，所以应沿车间长度方向布置。出风口距侧墙不宜小于 4m，气流射程不应小于车间供暖区的长度。在射程区域内不应有构筑物或高大设备。暖风机不应布置在车间大门附近。

离心式暖风机出风口距地面的高度，当厂房下弦小于或等于 8m 时，取 3.5～6.0m；当厂房下弦大于 8m 时，取 5～7m。吸风口距地面不应小于 0.3m，且不应大于 1m。

应注意：集中送风的气流不能直接吹向工作区，应使房间生活地带或作业地带处于集中送风的回流区，送风温度一般采用 30～50℃，不得高于 70℃。

生活地带或作业地带的风速，一般不大于 0.3m/s，送风口的出口风速一般可采用 5～15m/s。

5.7 供暖系统的设备与附件

5.7.1 管材、管件及阀门

管道及其附件是供暖管道输送热媒的主体部分。管道附件是供暖管道上的管件(三通、弯头等)、阀门、补偿器、支座和器具(放气、放水、疏水、除污等装置)的总称。这些附件是构成供暖管道和保证供暖管道正常运行的重要部分。

微课：热水采暖系统的设备与附件

1. 管材、管件

供暖管道通常都采用钢管。钢管的最大优点是能承受较大的内压力和动荷载，管道连接简便，但缺点是钢管内部及外部易受腐蚀。室内供暖管道常采用水煤气管或无缝钢管；室外供暖管道常用的管材有普通焊接钢管和无缝钢管。

2. 阀门

阀门是用来开闭管道和调节输送介质流量的设备。在供暖管道上，常用的阀门形式有截止阀、闸阀、蝶阀、止回阀和调节阀等。

截止阀按介质流向可分为直通式、直角式和直流式(斜杆式)三种；按阀杆螺纹的位置可分为明杆和暗杆两种。图 5-35 所示为最常用的直通式截止阀结构示意图。截止阀关闭严密性较好，但阀体长，介质流动阻力大，产品公称通径不大于 200mm。

闸阀的结构形式也有明杆和暗杆两种；按闸板的形状及数目，有楔式与平行式以及单板与双板的区分，图 5-36 所示为明杆平行式双板闸阀构造示意图。闸阀的优缺点正好与截止阀相反，常用在公称通径大于 200mm 的管道上。

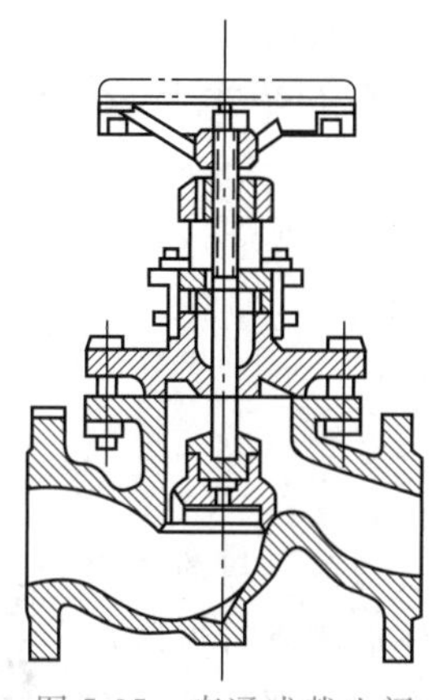

图 5-35　直通式截止阀

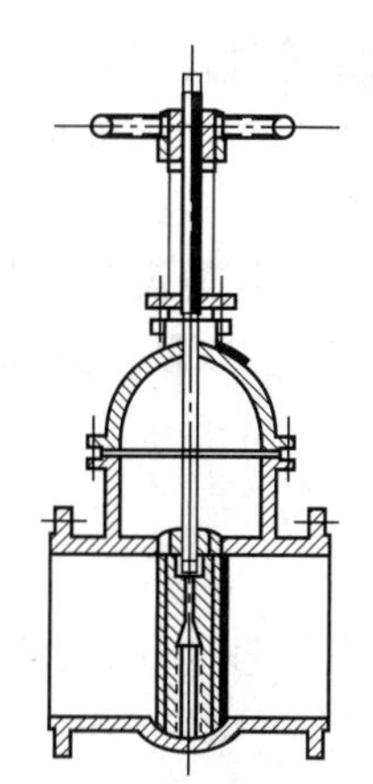

图 5-36　明杆平行式双板闸阀

截止阀和闸阀主要起开闭管道的作用，由于其调节性能不好，不适宜用来调节流量。图 5-37 所示为蜗轮传动型蝶阀。阀板沿垂直管道轴线的立轴旋转，当阀板与管道轴线垂直时，阀门全闭；阀板与管道轴线平行时，阀门全开。蝶阀阀体长度很小，流动阻力小，调节性能稍优于截止阀和闸阀，但造价高。蝶阀在国内热网工程上的应用逐渐增多。

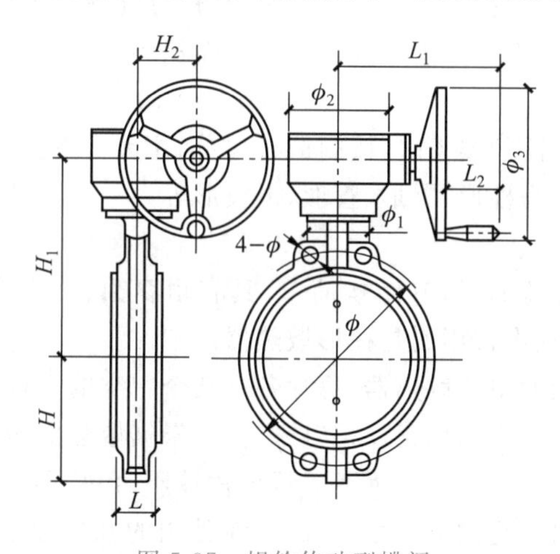

图 5-37　蜗轮传动型蝶阀

截止阀、闸阀和蝶阀的连接方式可用法兰、螺纹连接或采用焊接，传动方式可用手动(用于小口径)、齿轮、电动、液动和气动(用于大口径)等。

根据用途不同，供暖系统中的阀门按下列原则配置。

(1) 关闭用阀门：热水和凝结水系统用闸阀；高低压蒸汽系统用截止阀。

(2) 调节用阀门：截止阀、手动调节阀、蝶阀。

(3) 泄水、排气用阀门：热水温度小于 100℃时用旋塞；热水温度大于或等于 100℃时用闸阀。

3. 管道连接

钢管的连接可采用焊接、法兰盘连接和螺纹连接。焊接连接可靠、施工简便迅速，广泛用于管道之间及补偿器等的连接。法兰连接装卸方便，通常用在管道与设备、阀门等需要拆卸的附件连接上。对于室内供暖管道，通常借助三通、四通、管接头等管件，进行螺纹连接，也可采用焊接或法兰连接。具体要求如下。

(1) *DN* 小于或等于 32mm 的焊接钢管宜采用螺纹连接；*DN* 大于 32mm 的焊接钢管和无缝钢管宜采用焊接。

(2) 管道与阀门或其他设备、附件连接时，可采用螺纹连接或焊接；与散热器连接的支管上应设活接头或长丝，以便于拆卸；安装阀门处应设检查孔。

5.7.2 散热器

供暖系统中热媒是通过供暖房间内设置的散热设备而传热的。目前常用的散热设备有散热器、暖风机和辐射板。暖风机和辐射板分别依靠对流散热和辐射传热提高室内温度，多用于工业车间和大型公共建筑的供暖系统。在民用建筑和中、小型工业厂房供暖系统中应用较多的散热设备为散热器。

微课：散热器

热媒通过散热设备的表面，主要以对流(对流传热量大于辐射传热量)传热方式为主的散热设备，称为散热器。

1. 对散热器的要求

对散热器的总体要求是有较高的传热系数、足够的机械强度和承压能力；制造工艺简单、材料消耗少、表面光滑、不积灰尘、易清扫、占地面积小、安装方便、耐腐蚀、外形美观。

2. 散热器类型

目前国内生产的散热器种类繁多，按制造材料分，主要分为铸铁、钢制及铝合金散热器等；按构造形式分，主要分为柱形、翼形、管形、平板形等。

1) 铸铁散热器

铸铁散热器由铸铁浇铸而成，其结构简单，具有耐腐蚀、使用寿命长、热稳定性好等特点，因此被广泛应用。工程中常用的是柱形散热器。

柱形散热器是呈柱状的单片散热器，每片各有几个中空的立柱相互连通，常用的有二柱和四柱散热器两种。片与片之间用正反螺钉来连接，根据散热面积的需要，可把各个单片组合在一起形成一组散热器，如图 5-38 所示。每组片数不宜过多，一般二柱散热器每组不超过 20 片，四柱散热器每组不超过 25 片。我国目前常用的柱形散热器有带脚和不带脚两种片型，便于落地或挂墙安装。柱形散热器传热系数高，外形也较美观，占地较少，易组成所需的散热面积，表面光滑易清扫，因此被广泛用于住宅和公共建筑中。

2) 钢制散热器

钢制散热器与铸铁散热器相比具有金属耗量少、耐压强度高、外形美观整洁、体积小、占地少、易于布置等优点，但易受腐蚀、使用寿命短，多用于高层建筑和高温水供暖系统中，不能用于蒸汽供暖系统，也不宜用于湿度较大的供暖房间内。钢制散热器的主要形式有闭式钢串片散热器(见图 5-39)、板形散热器(见图 5-40)和钢制柱形散热器等。每一种类型都有自己的特点。

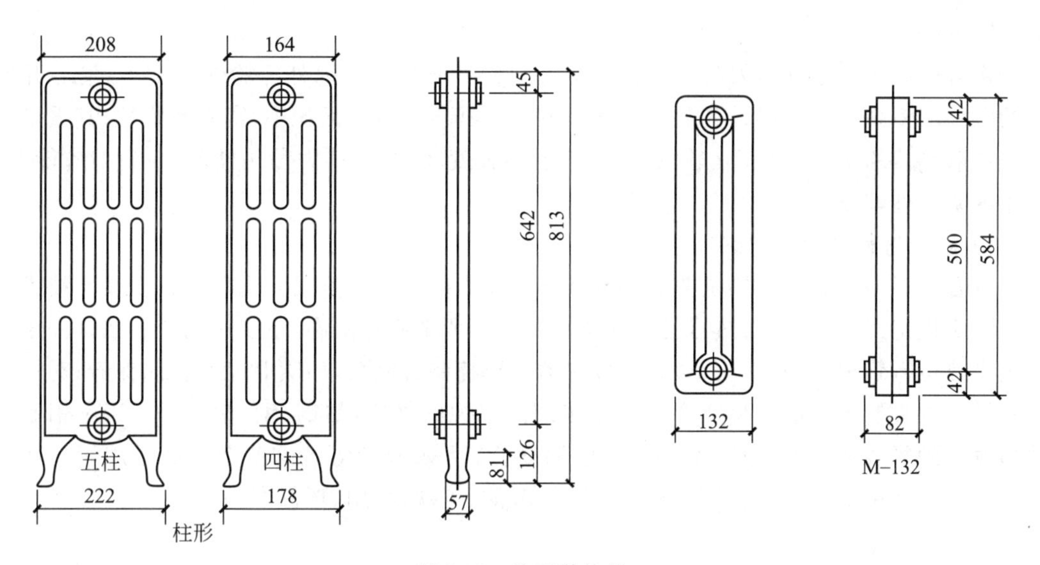

图 5-38　柱形散热器

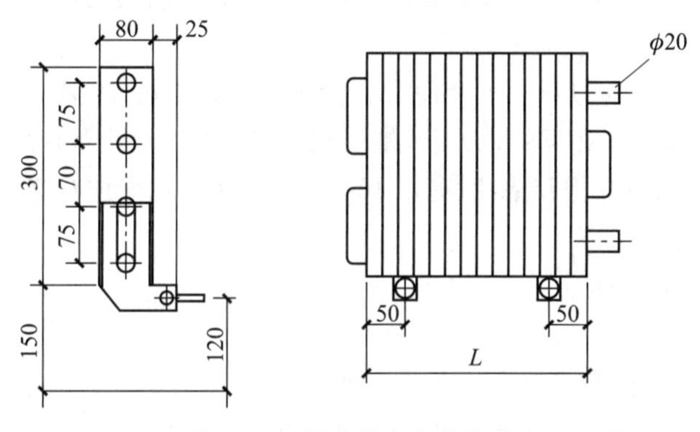

图 5-39　闭式钢串片散热器

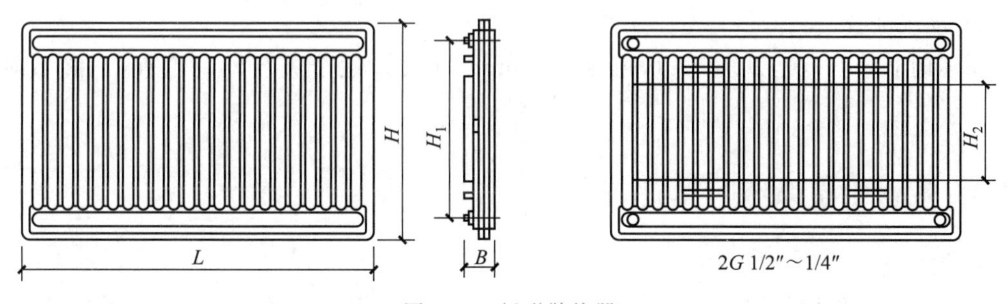

图 5-40　板形散热器

(1) 闭式钢串片散热器。其优点是承压高、体积小、重量轻、容易加工、安装简单和维修方便；缺点是薄钢片间距密、不宜清扫、耐腐蚀性差、串片容易松动、长期使用会导致传热性能下降。

(2) 钢制柱形散热器。其构造与铸铁散热器相似。

(3) 板形散热器。其外形美观，散热效果好，节省材料，但承压能力低。

3）铝合金散热器

铝合金散热器是近年来我国工程技术人员在吸取总结国内外经验的基础上，潜心开发出的一种新型高效散热器。其造型美观大方，线条流畅，占地面积小，富有装饰性；其重量约为铸铁散热器的1/10，便于运输安装；其金属热强度高，约为铸铁散热器的6倍；节省能源，采用内防腐处理技术。

4）复合材料型铝制散热器

复合材料型铝制散热器是普通铝制散热器发展的一个新阶段。随着科技发展与技术进步，从21世纪开始，铝制散热器已迈向主动防腐。所谓主动防腐，主要有两个办法。一个是规范供热运行管理，控制水质，对钢制散热器主要控制含氧量，停暖时充水密闭保养；对铝制散热器主要控制pH值。另一个方法是采用耐腐蚀的材质，如铜、钢、塑料等。于是铝制散热器发展到复合材料型，如铜-铝复合、钢-铝复合、铝-塑复合等。这些新产品适用于任何水质，耐腐蚀，使用寿命长，是轻型、高效、节材、节能、美观、耐用、环保产品。

3. 散热器的安装要求

散热器的安装形式有明装和暗装两种。明装散热器裸露在室内，暗装则有半暗装（散热器的一半宽度置于墙槽内）和全暗装（散热器宽度方向完全置于墙槽内，加罩后与墙面平齐）。

1）散热器组对（铸铁散热器）

散热器是由散热器片通过对丝组合而成。对丝一头为正丝口，另一头为反丝口。散热器片两侧的接口螺纹也是方向相反的，与对丝螺纹相对应。两个散热器片之间夹有垫片，热媒温度低于100℃时，可采用石棉橡胶垫片；高于100℃时，可用石棉绳加麻绕在对丝上做垫片。

2）散热器的安装

散热器安装可按国家标准图N114施工。

3）散热器的布置

（1）有外窗时，一般应布置在每个外窗的窗台下。

（2）在进深较小的房间，散热器也可沿内墙布置。

（3）在双层门的外室及门斗中不宜设置散热器。

4）水压试验

试压时直接升压至试验压力，稳压2～3min，对接口逐个进行外观检查，不渗不漏为合格。

5.7.3 热水供暖系统附属设备

1. 膨胀水箱

膨胀水箱的作用是用来贮存热水供暖系统加热的膨胀水量，在自然循环上供下回式热水供暖系统中，还起着排气作用。膨胀水箱的另一个作用是恒定供暖系统的压力。

膨胀水箱一般用钢板制成，通常是圆形或矩形。箱上连有膨胀管、溢流管、信号管、排水管及循环管等管道。

膨胀管与供暖系统管道的连接点，在自然循环系统中，应接在供水总立管的顶端，除了能容纳系统的膨胀水量外，它还是系统的排气设备；在机械循环系统中，一般接至循环水泵吸入口前。该点处的压力，无论系统是否运行，都是恒定的，此点称为定压点。

膨胀水箱与机械循环系统的连接方式如图 5-41 所示。

（1）膨胀管。膨胀水箱设在系统最高处，系统的膨胀水通过膨胀管进入膨胀水箱。自然循环系统中膨胀管接在供水总立管的顶部；机械循环系统中膨胀管接在循环水泵吸入口前。膨胀管不允许设置阀门，以免偶然关断使系统内压力增高，发生事故。

（2）循环管。为了防止水箱内的水冻结，膨胀水箱需设置循环管。在机械循环系统中，连接点与定压点应保持 1.5～3.0m 的距离，以使热水能缓慢地在循环管、膨胀管和水箱之间流动。循环管上也不应设置阀门，以免水箱内的水冻结。

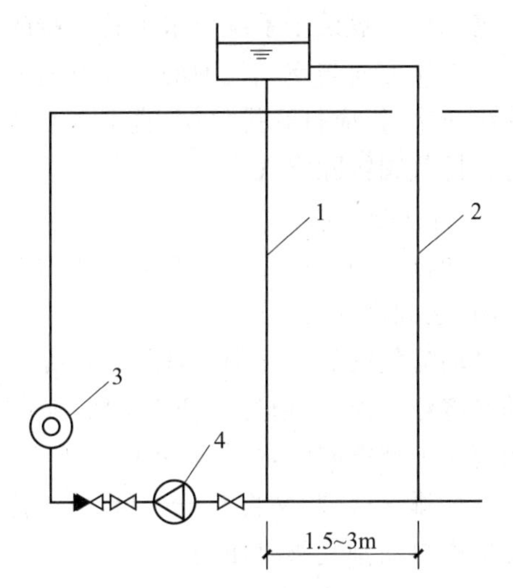

图 5-41　膨胀水箱与机械循环系统的连接方式

1—膨胀管；2—循环管；3—热水锅炉；4—循环水泵

（3）溢流管。溢流管用于控制系统的最高水位，当水的膨胀体积超过溢流管口时，水溢出就近排入排水设施中。溢流管上也不允许设置阀门，以免偶然关闭，水从人孔处溢出。

（4）信号管。信号管用于检查膨胀水箱水位，决定系统是否需要补水。信号管控制系统的最低水位，应接至锅炉房内或人们容易观察的地方，信号管末端应设置阀门。

（5）排水管。排水管用于清洗、检修时放空水箱用，可与溢流管一起就近接入排水设施，其上应安装阀门。

2. 排气装置

1）集气罐

集气罐一般是用直径为 100～250mm 的钢管焊制而成的，分为立式和卧式两种，如图 5-42 所示。集气罐顶部连接直径为 15mm 的排气管，排气管应引至附近的排水设施处，排气管另一端装有阀门，排气阀应设在便于操作处。

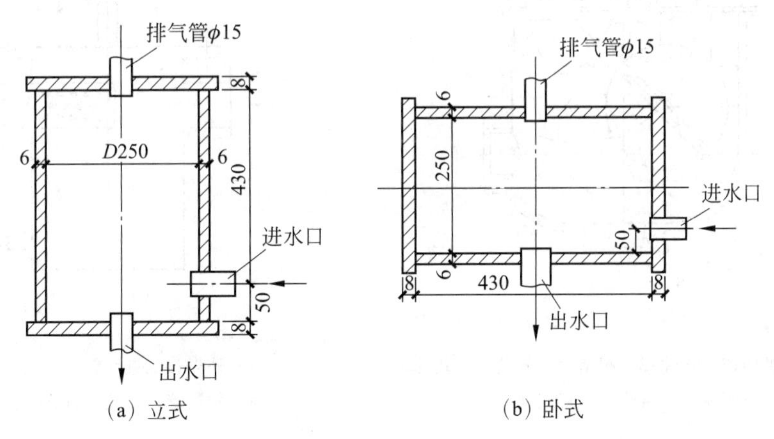

图 5-42　集气罐

集气罐一般设于系统供水干管末端的最高处，供水干管应向集气罐方向设上升坡度以使管中水流方向与空气气泡的浮升方向一致，以利于空气聚集到集气罐的上部，定期排除。当系统充水时，应打开排气阀，直至有水从管中流出，方可关闭排气阀。系统运行期间，应定期打开排气阀排除空气。

2）自动排气阀

自动排气阀大都是依靠水对浮体的浮力，通过自动阻气和排水机构，使排气孔自动打开或关闭，达到排气的目的。

自动排气阀的种类很多，图 5-43 所示是一种立式自动排气阀。当阀内无空气时，阀体中的水将浮子浮起，通过杠杆机构将排气孔关闭，阻止水流通过。当系统内的空气经管道汇集到阀体上部空间时，空气将水面压下去，浮子随之下落，排气孔打开，自动排除系统内的空气。空气排除后，水又将浮子浮起，排气孔重新关闭。自动排气阀与系统连接处应设阀门，以便检修自动排气阀时使用。

3）手动排气阀

手动排气阀适用于公称压力 P 小于或等于 600kPa、工作温度 t 小于或等于 100℃的水或蒸汽供暖系统的散热器上。它多用在水平式和下供下回式系统中，旋紧在散热器上部专设的丝孔上，以手动方式排除空气。

3. 其他附属设备

1）除污器

除污器可用来截留、过滤管道中的杂质和污物，保证系统内水质洁净，减少阻力，防止堵塞调压板及管道。除污器一般应设置于供暖系统入口调压装置前、锅炉房循环水泵的吸入口前和热交换设备入口前。另外，在一些小孔口的阀前（如自动排气阀）宜设置除污器或过滤器。

除污器的形式有立式直通、卧式直通和卧式角通三种。图 5-44 所示是供暖系统常用的立式直通除污器。

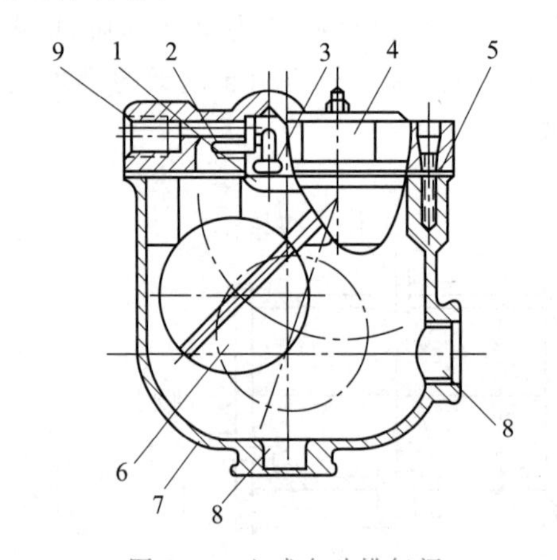

图 5-43 立式自动排气阀

1—杠杆机构；2—垫片；3—阀堵；4—阀盖；5—垫片；6—浮子；7—阀体；8—接管；9—排气孔

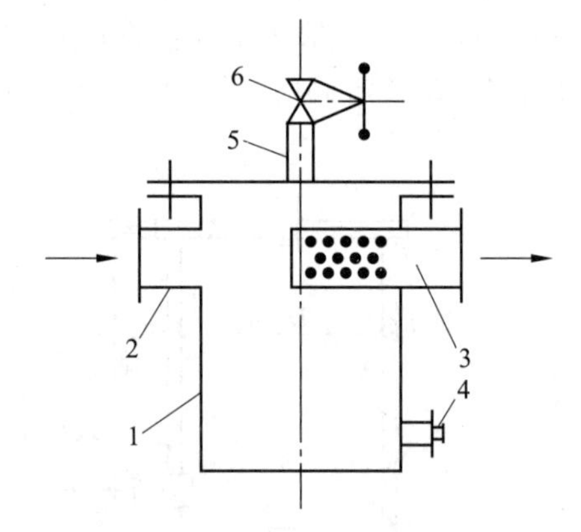

图 5-44 立式直通除污器

1—外壳；2—进水管；3—出水管；4—排污管；5—放气管；6—截止阀

除污器是一种钢制筒体，当水从进水管进入除污器时，因流速突然降低使水中污物沉淀到筒底，较洁净的水经带有大量过滤小孔的出水管流出。

除污器的型号可根据接管直径选择。除污器前后应装设阀门，并设旁通管供定期排污和检修使用，除污器不允许装反。

2）散热器温控阀

散热器温控阀是一种自动控制进入散热器热媒流量的设备，它由阀体部分和感温元件控制部分组成，如图 5-45 所示。

当室内温度高于给定的温度值时，感温元件受热，其顶杆压缩阀杆，将阀口关小，进入散热器的水流量会减小，散热器的散热量也会减小，室温随之下降；当室温下降到设置的低限值时，感温元件开始收缩，阀杆靠弹簧的作用抬起，阀孔开大，水流量增大，散热器散热量也随之增加，室温开始升高。温控阀的控温范围在 13～28℃，控温误差为±1℃。

散热器温控阀具有恒定室温、节约热能等优点，但其阻力较大（阀门全开时，局部阻力系数可达 18.0 左右）。

3）调压板

当外网压力超过用户的允许压力时，可设置调压板来减少建筑物入口供水干管上的压力。

调压板的材质，蒸汽供暖系统只能用不锈钢，热水供暖系统可以用铝合金或不锈钢。调压板用于压力 $P<1000$kPa 的系统中。选择调压板时孔口直径不应小于 3mm，且调压板前应设置除污器或过滤器，以免杂质堵塞调压板孔口。调压板的厚度一般为 2～3mm，安装在两个法兰之间，如图 5-46 所示。

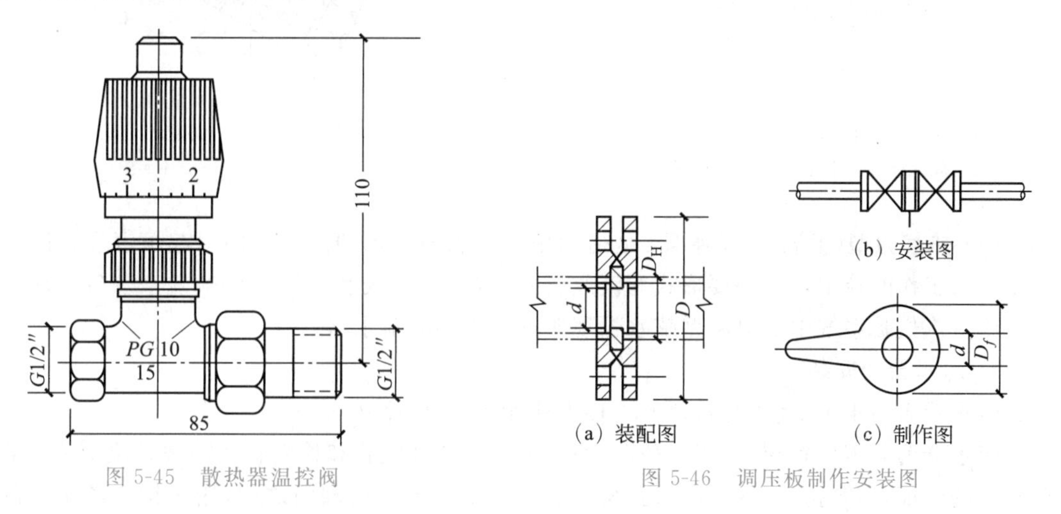

图 5-45 散热器温控阀

图 5-46 调压板制作安装图

5.7.4 蒸汽供暖系统附属设备

1. 疏水器

1）疏水器的作用

蒸汽疏水器的作用是自动阻止蒸汽逸漏并迅速排出用热设备及管道中的凝结水，同时能排出系统中积留的空气和其他不凝性气体。疏水器是蒸汽供热系统中重要的设备，它的工作状况对系统运行的可靠性和经济性影响极大。

2）疏水器的种类

疏水器根据作用原理的不同，可分为以下三种类型的疏水器。

（1）机械型疏水器是指利用蒸汽和凝结水的密度不同，形成凝结水液位，以控制凝结水排水孔自动启闭工作的疏水器。主要形式有浮筒式（见图 5-47）、钟形浮子式、自由浮球式、倒吊筒式疏水器等。

（2）热动力型疏水器是指利用蒸汽和凝水热动力学（流动）特性的不同来工作的疏水器。主要形式有脉冲式、圆盘式（如图 5-48 所示）、孔板或迷宫式疏水器等。

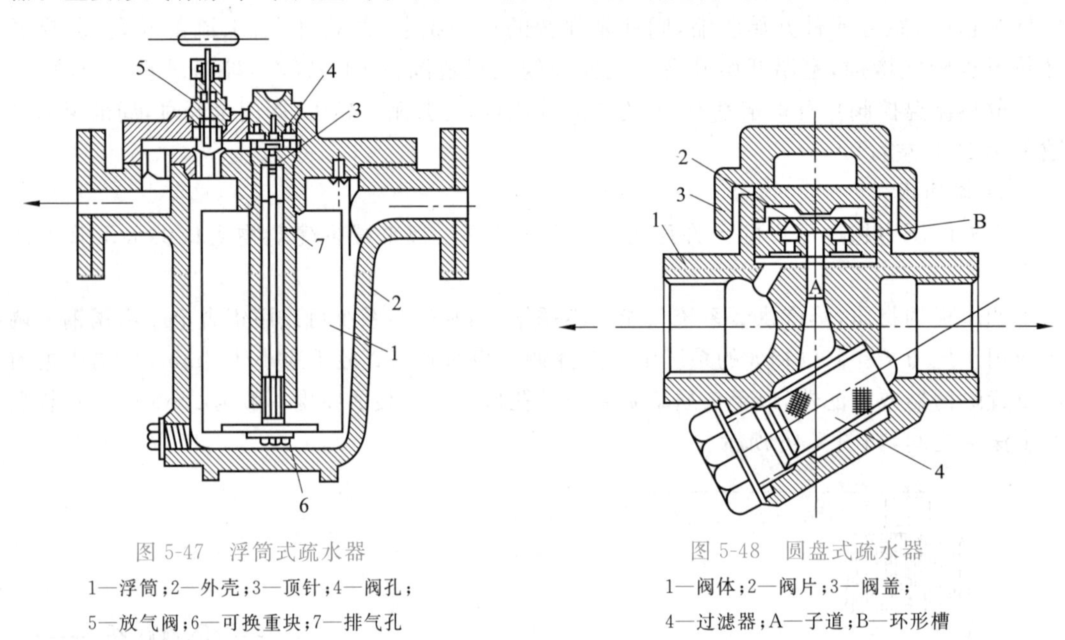

图 5-47　浮筒式疏水器

1—浮筒；2—外壳；3—顶针；4—阀孔；
5—放气阀；6—可换重块；7—排气孔

图 5-48　圆盘式疏水器

1—阀体；2—阀片；3—阀盖；
4—过滤器；A—子道；B—环形槽

（3）热静力型（恒温型）疏水器：是指利用蒸汽和凝结水的温度不同引起恒温元件膨胀或变形来工作的疏水器。主要形式有波纹管式、双金属片式和液体膨胀式疏水器等。应用在低压蒸汽供暖系统中的恒温型疏水器属于这一类型的疏水器。

3）疏水器的安装

疏水器多为水平安装，与管道的连接方式如图 5-49 所示。

疏水器前后需设置阀门，用以截断检修，并应设置冲洗管和检查管。冲洗管位于疏水器前阀门的前面，用来排气和冲洗管道；检查管位于疏水器与后阀门之间，用来检查疏水器的工作情况。图 5-49(b)所示为带旁通管的安装方式。旁通管可水平安装或垂直安装（旁通管在疏水器上面绕行），其主要作用是在开始运行时排除大量凝结水和空气，运行中不应打开旁通管，以防蒸汽窜入回水系统，影响其他用热设备和凝结水管道的正常工作并浪费热量。实践表明：装旁通管极易产生副作用，因此，对小型供暖系统和热风供暖系统，可考虑不设旁通管[见图 5-49(a)]，对于不允许中断供汽的生产用热设备，为了进行检修疏水器，应安装旁通管和阀门。

当多台疏水器并联安装[见图 5-49(f)]时，也可不设旁通管[见图 5-49(e)]。

此外，供暖系统的凝结水往往含有渣垢杂质，在疏水器前端应设过滤器（疏水器本身带有过滤网时可不设）。过滤器应经常清洗，以防堵塞。在某些情况下，为了防止用热设备在下次启动时产生蒸汽冲击，在疏水器后还应加装止回阀。

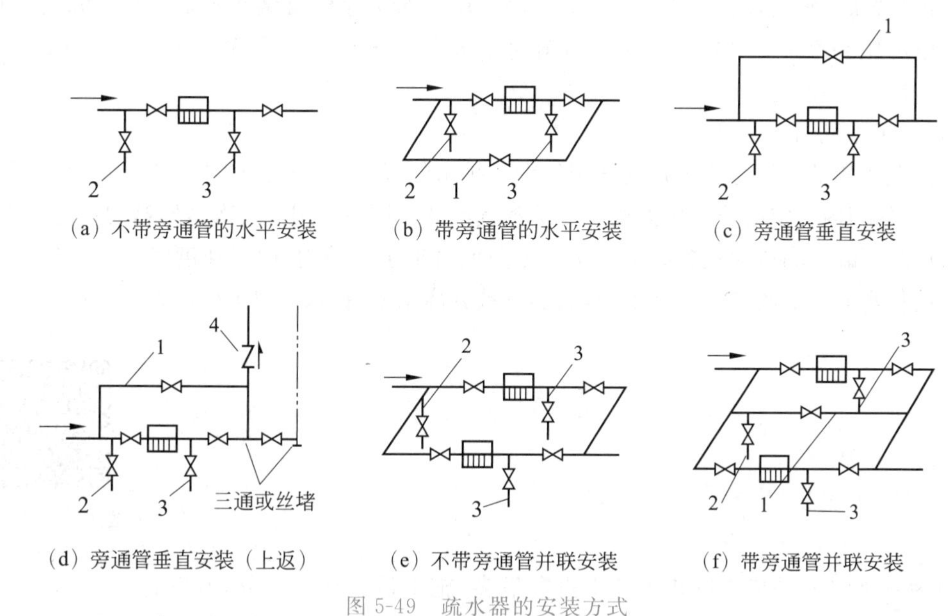

图 5-49 疏水器的安装方式

1—旁通管；2—冲洗管；3—检查管；4—止回阀

2. 减压阀

减压阀靠启闭阀孔对蒸汽进行节流以达到减压的目的。减压阀应能自动将阀后压力维持在一定范围内，工作时无振动，完全关闭后不漏气。由于供汽压力的波动和用热设备工作情况的改变，减压阀前后的压力是可能经常变化的。使用节流孔板和普通阀门也能减压，但当蒸汽压力波动时需要专人管理来维持阀后需要的压力不变，显然这是很不方便的。因此，除非在特殊情况下，如供暖系统的热负荷较小、散热设备的耐压程度高，或者外网供汽压力不高于用热设备的承压能力时，可考虑采用截止阀或孔板来减压。在一般情况下应采用减压阀。

目前国产减压阀有活塞式、波纹管式和薄片式等几种。图 5-50 所示为波纹管减压阀，其靠通至波纹箱的阀后蒸汽压力和阀杆下的调节弹簧的弹力平衡来调节主阀的开启度，压力波动范围在±0.025MPa 以内，阀前与阀后的最小调节压差为 0.025MPa。

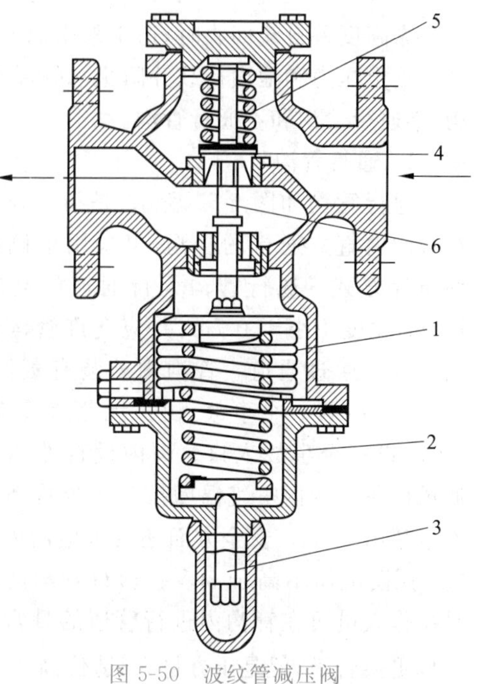

图 5-50 波纹管减压阀

1—波纹箱；2—调节弹簧；3—调整螺钉；4—阀瓣；5—辅助弹簧；6—阀杆

3. 其他凝结水回收设备

1）水箱

水箱用以收集凝结水，有开式（无压）和闭式（有压）两种。

水箱容积一般应按各用户的15～20min最大小时凝结水水量设计。当凝结水泵无自动启动和停止装置时，水箱容积应适当增大到30～40min最大小时凝结水水量。在热源处的总凝结水箱也可做到0.5～1.0h的最大小时凝水量容积。水箱一般只做一个，用3～10mm钢板制成。

2）二次蒸发箱

二次蒸发箱的作用是将用户内各用气设备排出的凝结水在较低的压力下分离出一部分二次蒸汽，并靠箱内一定的蒸汽压力输送二次蒸汽至低压用户利用。二次蒸发箱的构造简单，是一个圆形耐压罐。高压含汽凝结水沿切线方向的管道进入箱内，由于速度降低及旋转运动的分离作用使水向下流动进入凝结水管，而蒸汽被分离出来，在水面以上引出去加以利用。

5.8 供暖管道的布置与敷设

微课：供热管道的布置与敷设

5.8.1 室外供暖管道敷设方式

因为室外热网是集中供热系统中投资最多、施工最繁重的部分，所以合理选择供热管道的敷设方式以及做好管网平面的定线工作，对节省投资、保证热网安全可靠地运行和施工维修方便等，都具有重要的意义。室外供暖管道的敷设方式，可分为管沟敷设、埋地敷设、架空敷设三种。

1. 管沟敷设

厂区或街区交通特别频繁以至管道架空有困难或影响美观时，或在蒸汽供热系统中，凝水是靠高度差自流回收时，适于采用地下敷设。管沟是地下敷设管道的围护构筑物，其作用是承受土压力和地面荷载并防止水的侵入。根据管沟内人行通道的设置情况，分为通行管沟、半通行管沟和不通行管沟。

1）通行管沟

通行管沟如图5-51所示，是指工作人员可以在管沟内直立通行的管沟，可采用单侧或双侧两种布管方式。通行管沟人行通道的高度不低于1.8m，宽度不小于0.7m，并应允许管沟内管径最大的管道通过通道。管沟内若装有蒸汽管道，应每隔100m设一个事故入口；无蒸汽管道，应每隔200m设一个事故入口。沟内设自然通风或机械通风设备。沟内空气温度按工人检修条件的要求不应超出50℃。安全方面还要求地沟内设照明设施，照明电压不高于36V。通行管沟的主要优点是操作人员可在管沟内进行管道的日常维修以至大修更换管道，但是土方量大、造价高。

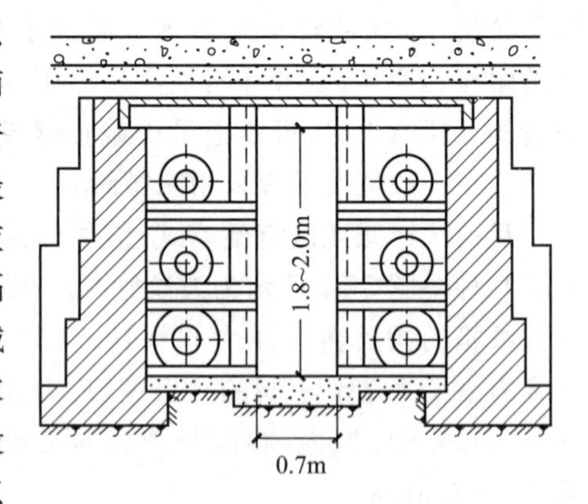

图5-51 通行管沟

2）半通行管沟

在半通行管沟（见图5-52）内，留有高度为1.2～1.4m、宽度不小于0.5m的人行通道。

操作人员可以在半通行管沟内检查管道和进行小型修理工作，但更换管道等大修工作仍需挖开地面进行。

从工作安全方面考虑，半通行管沟只宜用于低压蒸汽管道和温度低于 130℃的热水管道。在决定敷设方案时，应充分调查当时当地的具体条件，征求管理、运行工人的意见。

3）不通行管沟

不通行管沟（见图 5-53）的横截面较小，只需保证管道施工安装的必要尺寸。不通行管沟的造价较低，占地较小，是城镇供暖管道经常采用的管沟敷设形式。其缺点是检修时必须掘开地面。

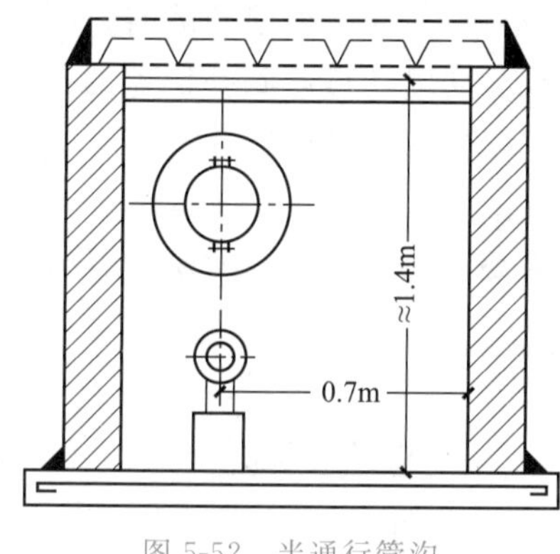

图 5-52　半通行管沟

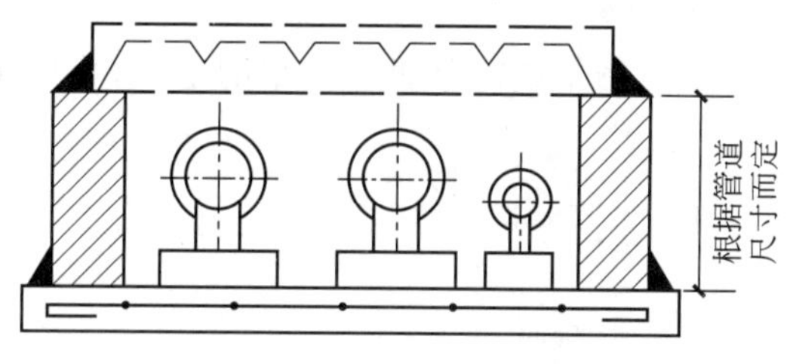

图 5-53　不通行管沟

2. 埋地敷设

对于直径 *DN* 小于或等于 500mm 的热力管道均可采用埋地敷设，一般使用在地下水位以上的土层内。它是将保温后的管道直接埋于地下，从而节省了大量建造地沟的材料、工时和空间。管道应有一定的埋设深度，外壳顶部的埋设深度应不小于表 5-4 的要求。此外，还要求保温材料导热率小，吸水率低，电阻率高，并具有一定的机械强度。为了防水防腐蚀，保温结构应连续无缝，形成整体。

表 5-4　埋地敷设管道最小覆土深度

管径/mm	50～125	150～200	250～300	350～400	450～500
车行道下/m	0.8	1.0	1.0	1.2	1.2
非车行道下/m	0.6	0.6	0.7	0.8	0.9

3. 架空敷设

架空敷设在工厂区和城市郊区应用广泛。它是将供热管道敷设在地面上的独立支架或带纵梁的桁架以及建筑物的墙壁上。架空敷设管道不受地下水的侵蚀，因而管道寿命长；由于空间通畅，故管道坡度易于保证，所需放气与排水设备量少，而且通常有条件使用工作可靠、构造简单的方形补偿器；因为只有支撑结构基础的土方工程，故施工土方量小，造价低；在运行中，易于发现管道事故，维修方便，是一种比较经济的敷设方式。架空敷设的缺点是占地面积较大、管道热损失大，在某些场合下不够美观。

在寒冷地区，若因管道散热量过大，热媒参数无法满足用户要求；或因管道间歇运行而采取保温防冻措施，使得它在经济上不合理时，则不适于采用架空敷设。

架空敷设所用的支架按其制成材料可分为砖砌、毛石砌、钢筋混凝土预制或现场浇灌、钢结构、木结构等类型。目前，国内使用较多的是钢筋混凝上支架，其坚固耐久，能承受较大的轴向推力，而且节省钢材，造价较低。

按照支架的高度不同，可将支架分为下列三种形式。

1）低支架

在不妨碍交通及不妨碍厂区、街区扩建的地段，供热管道可采用低支架敷设，如图 5-54 所示。此时，最好是沿工厂的围墙或平行于公路、铁路来布线。

低支架可节约大量土建材料，而且管道维修方便，是一种经济的敷设方式。为了避免地面水、雪的侵袭，管道保温层外壳底部离地面的净距不宜小于 0.3m。当遇到障碍，如与公路、铁路等交叉时，可将管道局部升高并敷设在桁架上跨越，同时还可起到补偿器的作用。低支架因轴向推力矩不大，可考虑使用毛石或砖砌结构以节约投资，方便施工。

2）中支架

在人流密集或需要通行大车的地方，可以采用中支架敷设，如图 5-55 所示，其净高为 2.5～4.0m。

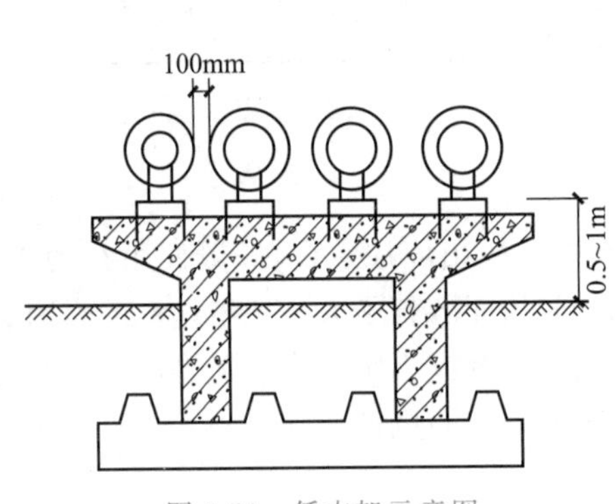

图 5-54　低支架示意图

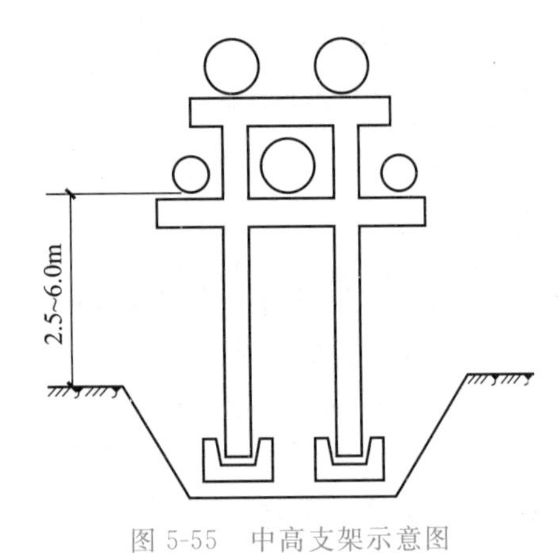

图 5-55　中高支架示意图

3）高支架

高支架的净高为 4.0～6.0m，如图 5-55 所示，在跨越公路或铁路时采用。

支架的形式很多，图 5-54 和图 5-55 所示属于独立式支架。为了加大支架间距，可采用各种形式的组合式支架。图 5-56 所示给出了梁式、桁架式、悬索式和桅缆式支架的原理简图，后两种适用于较小的管径。在厂区内，架空管道应尽量利用建筑物的外墙或其他永久性的构筑物，把管道架设在埋于外墙或构筑物上的支架上。这是一种最简便的方法，但在地震活动区，采用独立支架或地沟敷设比较可靠。

按照支架承受的荷载分类，支架分为中间支架和固定支架。中间支架承受管道、管中热媒及保温材料等的重量以及由于管道发生温度变形伸缩时产生的较小的摩擦力水平荷载。固定支架处的管道不允许移动，故固定支架主要承受水平推力及管道等的重力。固定支架所承受的水平推力在管道因温度变化膨胀收缩时可能达到很大值，因此，固定支架通常做成空间的立体支架形状。

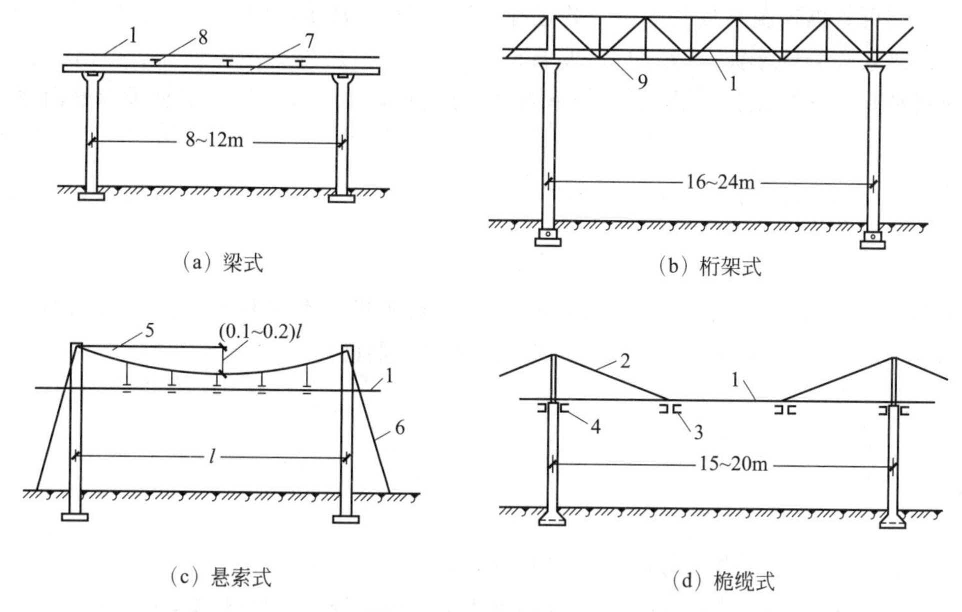

（a）梁式

（b）桁架式

（c）悬索式

（d）桅缆式

图 5-56　几种支架形式

1—管道；2—斜拉杆；3—吊架；4—支架；5—钢索；6—钢拉杆；7—纵梁；8—横梁；9—桁架

5.8.2　供热管道的保温

供热管道保温的目的主要是减少热媒在输送过程中的热损失，保证热用户要求的热媒参数，节约能源。另外可以降低管壁外表面的温度，避免烫伤人。

保温结构由保温层和保护层两部分组成。管道的防腐涂料层包含在保护层内。外面的保护层可以防潮、防水，阻挡外界环境对保温材料的影响，延长保温结构的寿命，保证其保温效果。

1. 保温层

保温层的施工方法有以下几种。

（1）涂抹式：将湿的保温材料，如石棉粉、石棉砖藻土等，直接分层涂抹于管道或设备外面。

（2）预制式：将保温材料和胶凝材料一起制成块状、瓦状，然后用镀锌铁丝绑扎。常用的材料有水泥蛭石、水泥珍珠岩等。

（3）捆扎式：利用柔软而具有弹性的保温织物，如矿渣棉毡、玻璃棉毡等，包裹在管道或其他需要保温的设备、附件上。

（4）浇灌式：常用泡沫混凝土、硬质泡沫塑料等材料，在模具和管道、附件之间注入配好的原料，直接发泡成型。

（5）充填式：将松散的、纤维状的保温材料充填在管道四周特制的套子或铁丝网中，以及充填于地沟或无地沟敷设的槽内。

2. 保护层

内防腐层在保温前进行，首先应对金属表面除油、除锈，然后刷防腐涂料，如防锈漆等。

保护层可根据保温结构及敷设方式选择不同的做法，常采用的保护层做法有沥青胶泥、石棉水泥砂浆等分层涂抹；或用油毡、玻璃布等卷材缠绕；还可利用黑铁皮、镀锌铁皮、铝皮等金属材料咬口安装；或在保温层外加钢套管、硬塑套管等。保护层外根据要求刷面漆。

本章小结

本章主要介绍了建筑供暖系统的组成及分类，热水供暖系统和蒸汽供暖系统的工作原理及形式，供暖系统中各种设备和附件，供暖系统管道的敷设方式等。

思考题

5.1 供暖系统由哪几部分组成？它们各自的作用是什么？

5.2 自然循环热水供暖系统与机械循环热水供暖系统的主要区别是什么？

5.3 机械循环热水供暖系统的主要形式有哪些？

5.4 常见的分户热计量系统有哪几种？各有何区别？主要计量装置有哪些？

5.5 辐射供暖与对流供暖相比有哪些优缺点？

5.6 热水辐射供暖系统加热管的布置形式通常有哪几种？

5.7 常用的散热器有哪几种？

5.8 膨胀水箱上面需要设置哪些配管？各个配管有何要求？

5.9 疏水器有什么作用？

5.10 室外供暖管道的敷设方式有哪几种？

习题

5.1 如图 5-57 所示，请为该系统图画出相应平面图，并回答以下问题。

(1) 试描述该系统的系统形式。

(2) 该系统适用于什么类型的建筑？有什么优缺点？

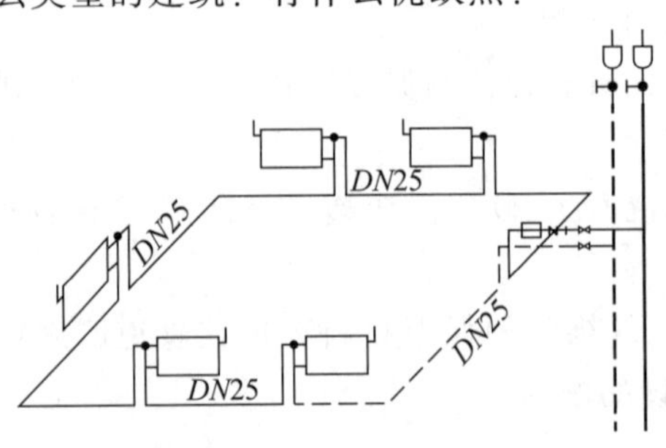

图 5-57 某供暖系统图

5.2　有一栋十三层的办公教学两用的综合楼，一～八层为教室，九～十三层为办公室，请为该综合楼选择合理的供暖系统形式，并说明原因。

5.3　有一新建住宅小区，原供暖设计为低温热水散热器供暖，水平双管下分式系统，设置分户热计量装置，供水温度为80℃，回水温度为60℃。由于考虑到外露的散热器影响美观，并且占用了室内有效的使用空间，不少住户在装修时做了以下改装。

(1) 将原有明装散热器完全封装起来，只在散热器正面留有一定面积的格栅。

(2) 将原有室内散热器系统完全拆掉，改装为地板辐射供暖系统。

试问以上两种改装在实际供暖运行时会发生什么故障？产生这些故障的原因是什么？

模块 6 通风与空调系统

知识目标

1. 了解通风系统的功能和分类，通风系统常用设备与附件的特点及用途。
2. 掌握建筑火灾烟气的特性，火灾烟气的控制原则。
3. 了解空调系统的分类与组成，掌握常用空气处理设备的特点及用途。

能力目标

1. 能分清不同的通风系统形式，能够根据不同建筑类型合理选择通风系统。
2. 能够掌握火灾控制原则的原理。
3. 能够根据不同的建筑特点选择合理的空调系统。

人类生活在空气中，创造良好的空气环境条件(温度、湿度、洁净度等)对保障人们的健康，提高劳动生产率，保证产品质量是不可或缺的。这一任务的完成就是由通风和空调来实现的。

空调是采用技术手段把某种特定内部的空气环境控制在一定状态之下，使其能够满足人体舒适或生产工艺的要求。而通风则是将室内被污染的空气直接或经净化后排出室外，再将新鲜的空气补充进来，从而保证室内的空气环境符合卫生标准和满足生产工艺的要求。

通风与空调的区别在于空调系统往往把室内空气循环使用，把新风与回风混合后进行热湿处理，然后再送入被调房间；通风系统不循环使用回风，而是对送入室内的室外新鲜空气不做处理或仅做简单处理，并根据需要对排风进行除尘、净化处理后排出或是直接排出室外。

6.1 通风系统概述

6.1.1 通风的任务和意义

通风就是用自然或机械的方法向某一房间或空间送入室外空气和由某一房间或空间排出空气的过程，送入的空气可以是经过处理的，也可以是不经处理的。换句话说，通风是利用室外空气(称为新鲜空气或新风)来置换建筑物内的空气(简称室内空气)以改善室内空气品质。通风的功能主要有以下几个方面。

(1) 提供人呼吸所需要的氧气。

(2) 稀释室内污染物或气味。

(3) 排出室内工艺过程产生的污染物。

(4) 除去室内多余的热量(称为余热)或湿量(称为余湿)。

(5) 提供室内燃烧设备燃烧所需的空气。

建筑中的通风系统可能只完成其中的一项或几项任务。其中,利用通风除去室内余热和余湿的能力是有限的,它受室外空气状态的限制。

6.1.2　通风系统的分类

微课:通风系统的分类

通风的主要目的是为了置换室内的空气,改善室内空气品质,是以建筑物内的污染物为主要控制对象的。根据换气方法不同可分为排风和送风。排风是在局部地点或整个房间把不符合卫生标准的污染空气直接或经过处理后排至室外;送风是把新鲜或经过处理的空气送入室内。对于为排风和送风设置的管道及设备等装置分别称为排风系统和送风系统,统称为通风系统。此外,按照系统作用的范围大小,还可将其分为全面通风和局部通风两类。通风方法按照空气流动的作用动力可分为自然通风和机械通风两种。在有可能突然释放大量有害气体或有爆炸危险的生产厂房内还应设置事故通风装置。

1. 自然通风

自然通风是指在自然压差作用下,使室内外空气通过建筑物围护结构的孔口流动的通风换气。根据压差形成的机理,可以分为热压作用下的自然通风、风压作用下的自然通风、热压和风压共同作用下的自然通风。

1) 热压作用下的自然通风

热压是由于室内外空气温度不同而形成的重力压差。如图 6-1 所示,当室内空气温度高于室外空气温度时,室内热空气因其密度小而上升,造成建筑内上部空气压力比建筑外大,空气从建筑物上部的孔洞(如天窗等)处逸出;同时在建筑内下部空气压力变小,室外较冷而密度较大的空气不断地从建筑物下部的门、窗补充进来。这种以室内外温度差引起的压力差为动力的自然通风,称为热压作用下的自然通风。

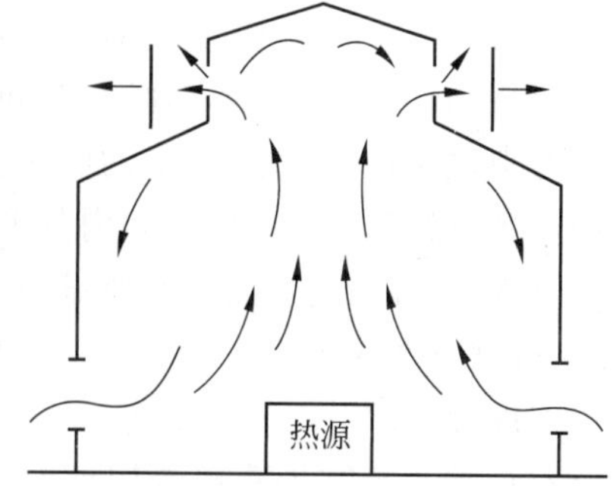

图 6-1　热压作用下的自然通风

热压作用产生的通风效应又称为"烟囱效应"。"烟囱效应"的强度与建筑高度和室内、外温差有关。一般情况下,建筑物越高,室内外温差越大,"烟囱效应"越强烈。

2) 风压作用下的自然通风

当风吹过建筑物时,在建筑的迎风面一侧,空气压力升高,相对于原来大气压力而言,产生了正压;在背风面产生涡流,在两侧空气流速增加,压力下降,相对于原来的大气压力而言,产生了负压。

建筑在风压作用下,具有正值风压的一侧进风,而在负值风压的一侧排风,这就是在风压作用下的自然通风。通风强度与正压侧和负压侧的开口面积、风力大小有关。如图 6-2 所示,建筑物在迎风的正压侧有窗,当室外空气进入建筑物后,建筑物内的压力水平就会升高,而在背风侧室内压力大于室外,空气由室内流向室外,这就是通常所说的"穿堂风"。

3）热压和风压共同作用下的自然通风

热压和风压共同作用下的自然通风可以简单地认为它们是效果叠加的。设有一建筑，室内温度高于室外温度。当只有热压作用时，室内空气流动如图 6-1 所示。当热压和风压共同作用时，在下层迎风侧进风量增加，下层的背风侧进风量减少，甚至可能出现排风；上层的迎风侧排风量减少，甚至可能出现进风，上层的背风侧排风量加大；在中和面附近迎风面进风、背风面排风。由实测及原理分析表明：对于高层建筑，在冬季（室外温度低）时，即使风速很大，上层的迎风面房间仍然是排风的，热压起了主导作用；对于高度低的建筑，风速受邻近建筑影响很大，因此也影响了风压对建筑的作用。

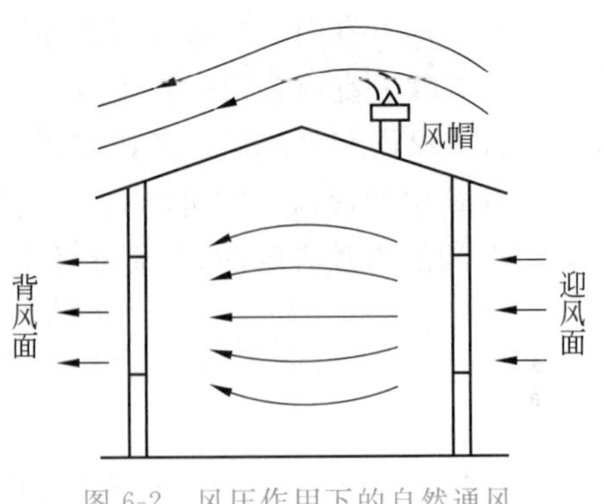

图 6-2　风压作用下的自然通风

风压作用下的自然通风与风向有着密切的关系。由于风向的转变，原来的正压区可能变为负压区，而原来的负压区可能变为正压区。风向是不受人的意志所控制的，并且大部分城市的平均风速较低。因此，由风压引起的自然通风不确定因素过多，无法真正应用风压的作用原理来设计有组织的自然通风。

虽然如此，仍应了解风压的作用原理，并考虑它对通风空调系统运行和热压作用下的自然通风的影响。

2. 机械通风

依靠通风机提供的动力，迫使空气流通来进行室内、外空气交换的方式称为机械通风。

与自然通风相比，机械通风具有以下优点：送入车间或工作房间内的空气可以经过加热或冷却、加湿或减湿的处理；从车间排出的空气，可以进行净化除尘，保证工厂附近的空气不被污染；根据卫生和生产上的要求造成房间内人为的气象条件；可以将吸入的新鲜空气，按照需要送到车间或工作房间内各个地点，同时也可以将室内污浊的空气和有害气体，从产生地点直接排除到室外去；通风量在一年四季中都可以保持平衡，不受外界气候的影响，必要时，根据车间或工作房间内的生产与工作情况，还可以任意调节换气量。但是机械通风系统中需设置各种空气处理设备、动力设备（通风机），以及各类风道、控制附件和器材，故初次投资和日常运行维护管理费用远大于自然通风系统；另外，各种设备需要占用建筑空间和面积，并需要专门人员管理，通风机还将产生噪声。

机械通风可根据有害物分布的状况，按照系统作用范围大小分为局部通风和全面通风两类。局部通风包括局部送风系统和局部排风系统；全面通风包括全面送风系统和全面排风系统。

1）局部通风

利用局部的送、排风控制室内局部地区污染物的传播或控制局部地区的污染物浓度达到卫生标准要求的通风称为局部通风。局部通风又分为局部排风和局部送风。

（1）局部排风系统。局部排风是指直接从污染源处排除污染物的一种局部通风方式。当污染物集中于某处发生时，局部排风是最有效的治理污染物对环境危害的通风方式。如果这种场合采用全面通风方式，反而使污染物在室内扩散；当污染物发生量大时，所需的稀释通风量则过大，在实际中难以实现。

图 6-3 所示为一局部机械排风系统。该系统由排风罩、通风机、空气净化设备、风管和排风帽等组成。排风罩是用于捕集污染物的设备，是局部排风系统中必备的部件；通风机在机械排风系统中提供空气流动动力；风管是空气输送的通道，根据污染物的性质，其加工材料可以是钢板、玻璃钢、聚氯乙烯板、混凝土、砖砌体等；空气净化设备用于净化室内空气，防止对大气造成污染，当排风中含有的污染物超过规范允许的排放浓度时，必须进行净化处理，如果不超过排放浓度可以不设净化设备；排风口是排风的出口，有风帽和百叶窗两种。当排风温度较高，且危害性不大时可以不用风机输送空气，依靠热压和风压进行排风，这种系统称为局部自然排风系统。局部排风系统的划分应遵循以下原则。

① 污染物性质相同或相似，工作时间相同且污染物散发点相距不远时，可合为一个系统。

② 不同污染物相混可产生燃烧、爆炸或生成新的有毒污染物时，不应合为一个系统，应各自形成独立系统。

③ 排除有燃烧、爆炸或腐蚀的污染物时，应当各自单独设立系统，并且系统应有防止燃烧、爆炸或腐蚀的措施。

④ 排除高温、高湿气体时，应单独设置系统，并有防止结露和排除凝结水的措施。

(2) 局部送风系统。在一些大型的车间中，尤其是有大量余热的高温车间，采用全面通风已经无法保证室内所有地方都达到适宜的程度。在这种情况下，可以向局部工作地点送风，创造温度、湿度、清洁度合适的局部空气环境。这种通风方式称为局部送风，直接向人体送风的方法又称岗位吹风或空气淋浴。

图 6-4 所示为车间局部送风系统。将室外新风以一定风速直接送到工人的操作岗位，使局部地区空气品质和热环境得到改善。当有若干个岗位需局部送风时，可合为一个系统。当工作岗位活动范围较大时，可采用旋转风口进行调节。夏季需对新风进行降温处理，应尽量采用喷水的等焓冷却，如无法达到要求，则采用人工制冷。有些地区室外温度并不太高，可以只对新风进行过滤处理。冬季采用局部送风时，应将新风加热到 18～25℃。

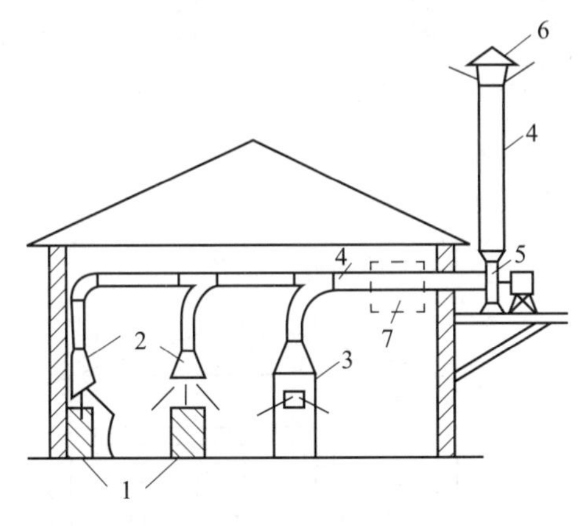

图 6-3　局部机械排风系统

1—工艺设备；2—排风罩；3—排气柜；4—风管；
5—通风机；6—风帽；7—空气净化设备

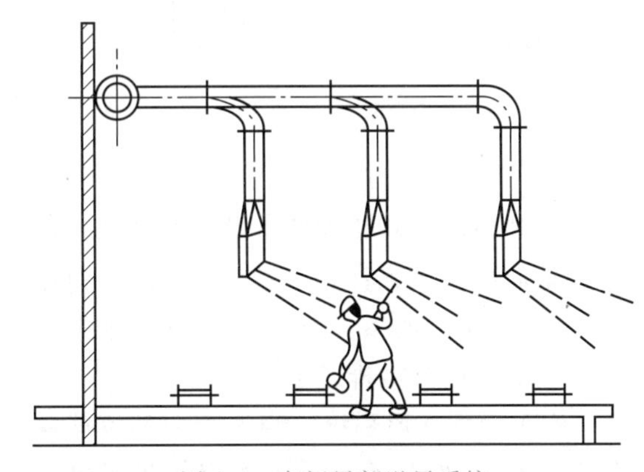

图 6-4　车间局部送风系统

在工艺不忌细小雾滴的中、重作业的高温车间中还可以直接用喷雾的轴流风机(喷雾风扇)进行局部送风。喷雾风扇实质上是装有甩水盘的轴流风机。自来水向甩水盘供水,高速旋转的甩水盘将水甩出形成雾滴,雾滴在送风气流中蒸发,从而冷却了送风气流。未蒸发的雾滴落在人身上,有"人造汗"的作用。因此可以在一定程度上改善高温车间中工作人员的工作条件。

2) 全面通风

全面通风又称稀释通风,其原理是向某一房间送入清洁的新鲜空气,稀释室内空气中的污染物浓度,同时把含污染物的空气排到室外,从而使室内空气中污染物浓度达到卫生标准的要求。

由于生产条件的限制,不能采用局部通风或采用局部通风后室内空气环境仍然不符合卫生和生产要求时,可以采用全面通风。全面通风适用于:有害物产生位置不固定的地方;面积较大或局部通风装置影响操作;有害物扩散不受限制的房间或一定的区段内。这就是允许有害物散入房间,同时引入室外新鲜空气稀释房间内的有害物浓度,使房间内的有害物浓度降低到符合卫生要求的允许浓度范围内,然后再从室内排出去。

全面通风包括全面送风和全面排风,两者可同时或单独使用。单独使用时需要与自然送、排风方式相结合。

(1) 全面排风系统。为了使室内产生的有害物尽可能不扩散到其他区域或邻室去,可以在有害物比较集中产生的区域或房间采用全面机械排风系统。图 6-5 所示是全面机械排风系统。在风机作用下,将含尘量大的室内空气通过引风机排除,此时,室内处于负压状态,而较干净的一般不需要进行处理的空气从其他区域、房间或室外补入以冲淡有害物。

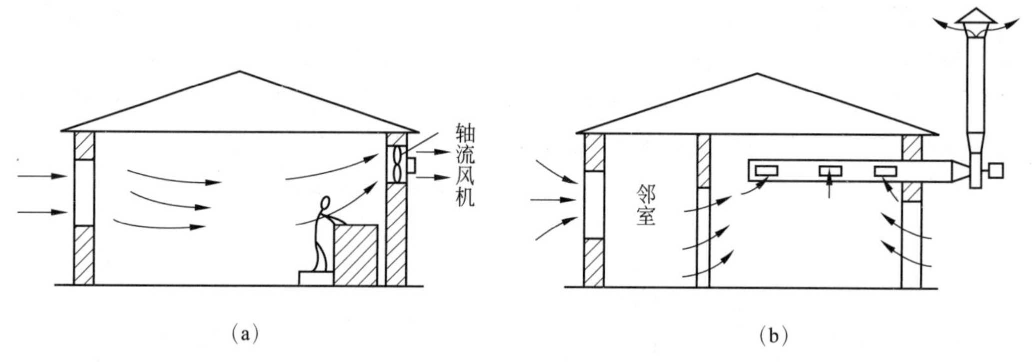

图 6-5 全面机械排风系统

图 6-5(a)所示是在墙上装有轴流风机的最简单的全面排风系统;图 6-5(b)所示是室内设有排风口,含尘量大的室内空气从专设的排气装置排入大气的全面机械排风系统。

(2) 全面送风系统。当不希望邻室或室外空气渗入室内,而又希望送入的空气是经过简单过滤、加热处理的情况下,多采用图 6-6 所示的全面机械送风系统来稀释室内有害物,这时室内处于正压状态,室内空气通过门窗排出室外。

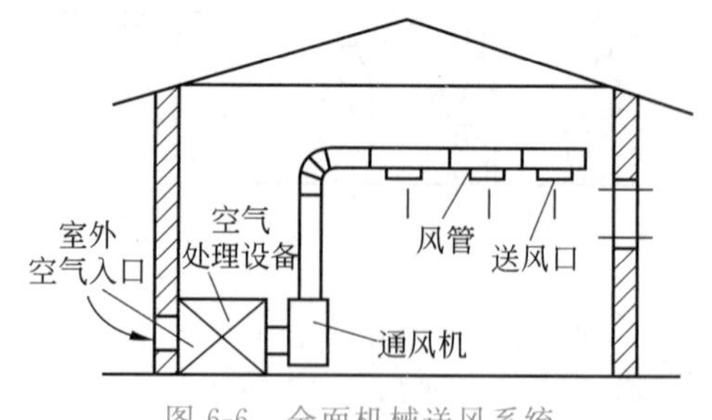

图 6-6 全面机械送风系统

6.2　通风系统的常用设备与附件

微课:通风系统常用设备与附件

从前面的内容可知,自然通风的设备装置比较简单,只需用进、排风窗及附属的开关装置即可;但其他各种通风方式,包括机械通风系统和管道式自然通风系统,则由较多的构件和设备组成。在这些通风方式中,除利用管道输送空气以及机械通风系统使用风机造成空气流通的作用压力外,一般的机械排风系统,由有害物收集和净化除尘设备、风管、风机、排风口或风帽等组成;机械送风系统由进气室、风管、风机、进气口组成。机械通风系统中,为了开关和调节进排气量,还设有阀门。本节将介绍通风系统的这些构件。

1. 室内送、排风口

室内送风口是送风系统中的风管末端装置,其任务是将各送风口所要求的风量,按一定的方向、一定的流速均匀地送入室内。

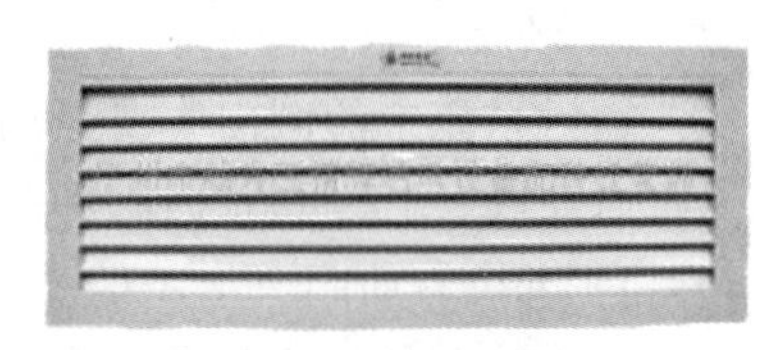

图 6-7　活动百叶送风口

在民用建筑中,常用的送风口为活动百叶送风口,如图 6-7 所示。当通风管道布置在隔墙内或暗装时,通常采用这种送风口,安装时把它直接嵌在墙面上。

在工业厂房中,一般通风量都很大,而且风管大多采用明装,因此常采用空气分布器作为送风口。

用于水平风管上的送风口大都直接开在风管的侧面或下面。风口可以是连续的,也可以是分开的。在连续的风口上,为了使气流均匀,常安装有许多导风板;而在分开开孔的风口上一般都装有插板,用于调节风量。

散流器是一种由上向下送风的送风口,一般明装或暗装在顶棚处的通风管道端头,其形状有方形、圆形、矩形等,如图 6-8 和图 6-9 所示。

图 6-8　方形散流器

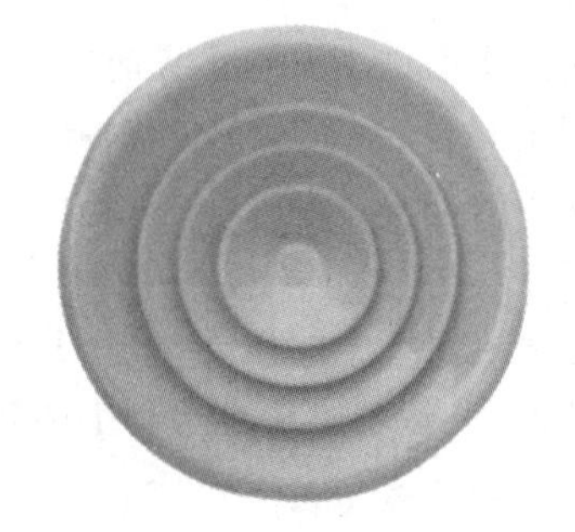

图 6-9　圆形散流器

室内排风口是全面排风系统的一个组成部分,室内被污染的空气经由排风口进入排风管。排风口的种类较少,通常做成百叶式。

2. 风管

风管是通风系统中的主要部件之一,其作用是用来输送空气。

常用的通风管道的断面有圆形和矩形两种。同样截面积的风管，以圆形截面最节省材料，而且其流动阻力小，因此采用圆形风管的较多。当考虑到美观和穿越结构物或管道交叉敷设时便于施工，才用矩形风管或其他截面风管。圆形风管和矩形风管分别以外径 D 和外边长 $A \times B$ 表示，单位是 mm。

目前最常用的管材是普通薄钢板和镀锌薄钢板，有板材和卷材。板材的规格为 750mm×1800mm、900mm×1800mm 及 1000mm×2000mm 等，其厚度：一般风管为 0.5～1.5mm，除尘风管为 1.5～3.0mm。普通薄钢板一般是冷轧或热轧钢板，要求表面平整、光滑、厚度均匀，允许有紧密的氧化铁薄膜，但不得有裂纹、结疤等缺陷。镀锌薄钢板要求表面光滑洁净，有镀锌层结晶花纹。有时也可以采用塑料板制作风管。当需要采用非金属材料制作风管时，必须符合防火标准，并应保证风管的坚固及严密性。

通风管道除了直管之外，还要根据工程的实际需要配设弯头、乙字弯、三通、四通、变径管(天圆地方)等管件。

3. 阀门

通风系统中的阀门主要是用来调节风量、平衡系统、防止系统火灾蔓延。常用的阀门有风机启动阀、调节阀、止回阀和防火阀。

1）风机启动阀

风机入口处的阀门有圆形插板阀和圆形瓣式启动阀等。圆形插板阀多用于中小型离心通风机上。圆形瓣式启动阀结构复杂，造价较高，但占地面积小，操作方便。

2）调节阀

调节阀是用来对风量进行调节的阀门。常用的调节阀有密封式斜插板阀、蝶阀、三通调节阀等。

3）止回阀

止回阀的作用是当风机停止运转时，阻止风管中的气流倒流，有圆形和方形之分。止回阀必须动作灵活、闸板关闭严密，所以阀板常用铝板制成，因铝板重量轻、启闭灵活、能防止火花及爆炸。止回阀适宜安装在风速大于 8m/s 的风管内。

4）防火阀

防火阀的作用是当发生火灾时，能自动关闭管道，切断气流，防止火势通过通风系统蔓延。防火阀也有方形、矩形之分，由阀板套、阀板和易熔片组成。防火阀是高层建筑空调系统中不可缺少的部件。

4. 风机

风机是通风系统中的重要设备，其作用是为通风系统提供使空气流动的动力，以克服风管和其他部件、设备对空气流动产生的阻力。在通风和空调工程中，常用的风机有离心式和轴流式两种类型。

1）离心式风机

离心式风机的构造如图 6-10 所示，主要由叶轮、机壳、机轴、吸气口、排气口以及轴承、底座等部件组成。

离心式风机的工作原理与离心式水泵相同，主要借助于叶轮旋转使气体获得压能和动能。

叶轮在电动机带动下随机轴一起高速旋转，叶片间的气体在离心力作用下由径向甩出，

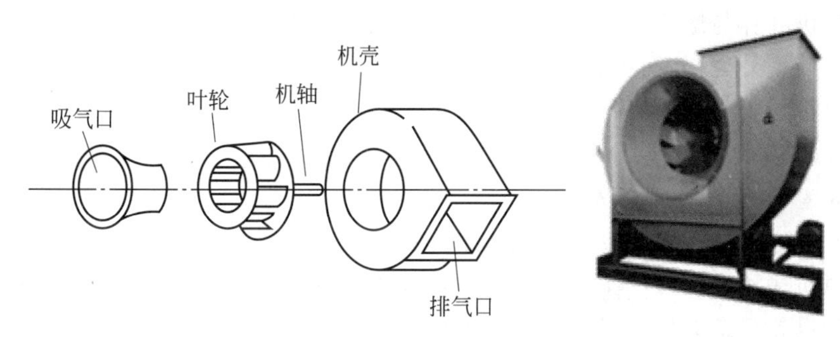

图 6-10　离心式风机的构造

同时在叶轮的吸气口形成真空，外界气体在大气压力作用下被吸入叶轮内，以补充排出的气体，由叶轮甩出的气体进入机壳后被压向风管，如此源源不断地将气体输送到需要的场所。

离心式风机按其产生的压力不同，可分为以下三类。

(1) 低压风机：风压小于或等于 1000Pa，一般用于送排风系统或空气调节系统。

(2) 中压风机：风压大于 1000Pa 且小于或等于 3000Pa 范围内，一般用于除尘系统或管网较长、阻力较大的通风系统。

(3) 高压风机：风压大于 3000Pa，用于锻造炉、加热炉的鼓风或物料的气力输送系统。

离心式风机的风压一般小于 15kPa。

离心式风机安装应符合以下施工技术要求。

(1) 风机的基础，各部位尺寸应符合设计要求。

(2) 预留孔灌浆前应清除杂物，灌浆应用碎石混凝土，其强度等级应比基础的混凝土高一级，并捣固密实，地脚螺栓不得歪斜。

(3) 通风机的传动装置外露部分应有防护罩。

(4) 通风机的进风口或进风管道直通大气时，应加装保护网或采取其他安全措施。

(5) 其进风管、出风管等应有单独的支撑，并与基础或其他建筑物连接牢固。

(6) 风管与风机连接时，法兰不得硬拉和别劲，机壳不应承受其他机件的重量，防止变形。

(7) 如果安装减振器，要求各组减振器承受荷载的压缩量应均匀，不得偏心。

(8) 安装减振器的地面应平整，安装完毕，在使用前应采取保护措施，以防损坏。

2) 轴流式风机

轴流式风机主要由叶轮、外壳、电动机和支座等部分组成，如图 6-11 所示。

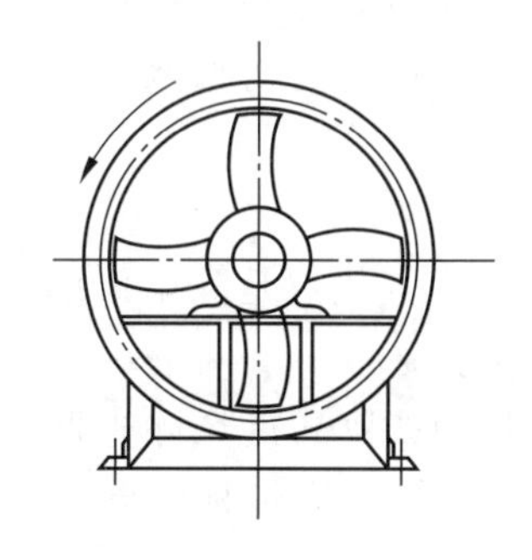

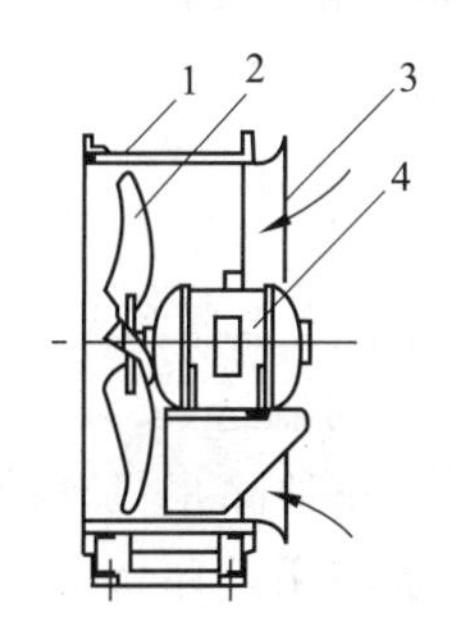

图 6-11　轴流式风机的构造

1—圆筒形机壳；2—叶轮；3—进口；4—电动机

轴流式风机叶片与螺旋桨相似，当电动机带动它旋转时，空气产生一种推力，促使空气沿轴向流入圆筒型外壳，并与机轴平行方向排出。

轴流式风机与离心式风机相比有以下特点。

(1) 当风量等于零时，风压最大。

(2) 风量越小，所需功率越大。

(3) 风机的允许调节范围(经济使用范围)很小。

轴流式风机多用在炎热的车间或卫生间中作为排风的设备。由于它产生的风压较小，只能用于无须设置管道的场合以及管道阻力较小的通风系统，而离心式风机往往用在阻力较大的系统中。

在实际应用中选择风机时，首先要选用低噪声风机，有条件时可采用变速风机，以减少运行费用。

5. 风帽

为了防止雨水、雪、杂质等进入排气管或利用室外空气流速在排气口处进行自然通风，在机械及自然排气中用钢板做排气管时均应设风帽。不同形式的风帽适用于不同的系统，圆伞形风帽适用于一般的机械排气系统，锥形风帽适用于除尘系统及非腐蚀性有毒系统，筒形风帽适用于自然通风系统。

6. 除尘器

在一些机械排风系统中，排出的空气中往往会有大量的粉尘，如果直接排入大气，会对周围的空气造成污染，影响环境卫生和危害居民健康，因此必须对排出的空气进行适当净化，净化时还能够回收有用的物料。除掉粉尘所用的设备称为除尘器。

按照除尘主要作用机理除尘器可分为机械式除尘器、过滤式除尘器、湿式除尘器和静电除尘器等。

1) 机械式除尘器

机械式除尘器包括重力沉降室、旋风除尘器和惯性除尘器等。这类除尘器的特点是结构简单、造价低、维护方便，但除尘效率不高，往往用于多级除尘系统中的前级预除尘。

2) 过滤式除尘器

过滤式除尘器包括袋式除尘器和颗粒层除尘器等。其特点是除尘效率高，但阻力较大，维护不方便，一般用作第二级除尘器。

3) 湿式除尘器

湿式除尘器包括低能湿式除尘器和高能文氏管除尘器。其主要特点是用水作为除尘介质，除尘效率高，所消耗的能量也高，且有污水产生，还需要对污水进行处理，且对憎水性粉尘不适用。

4) 静电除尘器

静电除尘器又称电除尘器，有干式对电除尘器和湿式电除尘器等。其优点是除尘效率高，消耗动力少；缺点是耗钢材多，投资大，对制造、安装及运行管理要求高。

在除尘器的实际应用中，往往综合了几种除尘机理的共同作用，例如卧式旋风除尘器中，既有离心力的作用，又有冲击和洗涤作用。评价除尘器工作的主要性能指标是除尘效率。

6.3　高层建筑防排烟

6.3.1　建筑火灾烟气的特性

火灾是一种多发性灾难，可导致巨大的经济损失和人员伤亡。建筑物一旦发生火灾，就有大量的烟气产生，这是造成人员伤亡的主要原因。了解火灾烟气的主要特性是控制烟气的前提。

1. 烟气的毒害性

烟气中CO、HCN、NH_3等都是有毒性的气体；另外，大量的CO_2气体及燃烧后消耗了空气中的大量氧气，会引起人体缺氧而窒息。可吸入的烟粒子被人体的肺部吸入后，也会造成危害。空气中含氧量≤6%，或CO_2浓度≥20%，或CO浓度≥1.3%时，都会在短时间内致人死亡。有些气体有剧毒，少量即可致人死亡，如光气$COCl_2$，空气中浓度≥50ppm时，在短时间内就能致人死亡。

2. 烟气的高温危害

火灾时物质燃烧产生大量热量，使烟气温度迅速升高。火灾初起(5～20min)烟气温度可达250℃；而后由于空气不足，温度有所下降；当窗户爆裂，燃烧加剧，短时间内可达500℃。燃烧的高温使火灾蔓延，使金属材料强度降低，导致结构倒塌，造成人员伤亡。高温还会使人昏厥、烧伤。

3. 烟气的遮光作用

当光线通过烟气时，致使光强度减弱，能见距离缩短，称之为烟气的遮光作用。能见距离是指人肉眼看到光源的距离。能见距离缩短不利于人员的疏散，使人感到恐怖，造成局面混乱，自救能力降低；同时也影响消防人员的救援工作。实际测试表明，在火灾烟气中，对于一般发光型指示灯或窗户透入光的能见距离仅为0.2～0.4m，对于反光型指示灯的能见距离仅为0.07～0.16m。如此短的能见距离，不熟悉建筑物内部环境的人就无法逃生。

建筑火灾烟气是造成人员伤亡的主要原因。因为烟气中的有害成分或缺氧使人直接中毒或窒息死亡；烟气的遮光作用又使人逃生困难而被困于火灾区。日本1976年的统计表明，1968—1975年8年中火灾死亡10667人，其中因中毒和窒息死亡的5208人，占48.8%，火烧致死的4936人，占46.3%。在烧死的人中多数人是因CO中毒晕倒后被烧致死的。烟气不仅会造成人员伤亡，也给消防队员扑救带来困难。因此，火灾发生时应当及时对烟气进行控制，并在建筑物内创造无烟(或烟气含量极低)的水平和垂直的疏散通道或安全区，以保证建筑物内人员安全疏散或临时避难和消防人员及时到达火灾区扑救。

6.3.2　火灾烟气控制原则

烟气控制的主要目的是在建筑物内创造无烟或烟气含量极低的疏散通道或安全区。烟气控制的实质是控制烟气合理流动，也就是使烟气不流向疏散通道、安全区和非着火区，而向室外流动。其主要方法有隔断或阻挡、排烟、加压防烟。下面简单介绍这三种方法的基本原则。

1. 隔断或阻挡

墙、楼板、门等都具有隔断烟气传播的作用。为了防止火势蔓延和烟气传播，建筑中必须划分防火分区和防烟分区。所谓防火分区，是指用防火墙、楼板、防火门或防火卷帘等分隔的区域，可以将火灾限制在一定局部区域内(在一定时间内)，不使火势蔓延。当然，防火分区的隔断同样也对烟气起了隔断作用。所谓防烟分区，是指在设置排烟措施的过道、房间中用隔墙或其他措施(可以阻挡和限制烟气的流动)分隔的区域。防烟分区在防火分区中分隔。防火分区、防烟分区的大小及划分原则参见《建筑设计防火规范》(2018 年版)(GB 50016—2014)。防烟分区分隔的方法除隔墙外，还有顶棚下凸不小于 500mm 的梁、挡烟垂壁和吹吸式空气幕。图 6-12 所示为用梁和挡烟垂壁阻挡烟气流动。

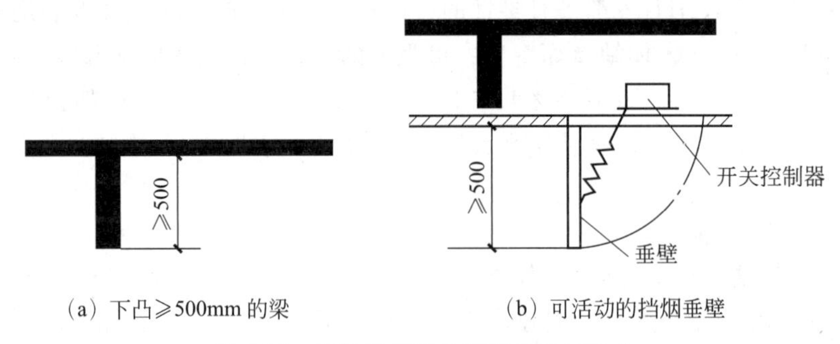

(a) 下凸≥500mm 的梁　　(b) 可活动的挡烟垂壁

图 6-12　用梁和挡烟垂壁阻挡烟气流动

2. 排烟

利用自然或机械作用力将烟气排到室外，称之为排烟。利用自然作用力的排烟称为自然排烟;利用机械(风机)作用力的排烟称机械排烟。排烟的部位有两类:着火区和疏散通道。着火区排烟的目的是将火灾产生的烟气(包括空气受热膨胀的体积)排到室外，降低着火区的压力，不使烟气流向非着火区，以利于着火区的人员疏散及救火人员的扑救。疏散通道的排烟是为了排除可能侵入的烟气，保证疏散通道无烟或少烟，以利于人员安全疏散及救火人员通行。

1) 自然排烟

自然排烟是利用热烟气产生的浮力、热压或其他自然作用力使烟气排出室外。这种排烟方式设施简单，投资少，日常维护工作少，操作容易;但排烟效果受室外很多因素的影响与干扰，并不稳定。因此，它的应用有一定的限制。虽然如此，在符合条件时宜优先采用。自然排烟有两种方式，即利用可开启外窗或专设排烟口排烟和利用竖井排烟，如图 6-13 所示。其中，图 6-13(a)所示为利用可开启外窗进行排烟，如果外窗不能开启或无外窗，可以专设排烟口进行自然排烟，如图 6-13(b)所示。专设的排烟口也可以是外窗的一部分，但它在火灾时可以人工开启或自动开启。开启的方式也有多样，如可以绕一侧轴转动或绕中轴转动等。图 6-13(c)所示是利用专设的竖井排烟，即相当于专设一个烟囱。各层房间设排烟风口与之相连接，当某层起火有烟时，排烟风口自动或人工打开，热烟气即可通过竖井排到室外。自然排烟是利用热烟气产生的浮力、热压或其他自然作用力使烟气排出室外。这种排烟方式实质上是利用烟囱效应的原理。在竖井的排出口设避风风帽，还可以利用风压的作用。但是由于烟囱效应产生的热压很小，而排烟量又大，因此需要竖井的截面面积和排烟风口的面积都很大，日本法规规定楼梯间前室排烟用的竖井断面面积为 $6m^2$，排烟风口的面积为 $4m^2$。如此大的面积很难为建筑业主和设计人员所欢迎，因此我国并不推荐使用这种排烟方式。

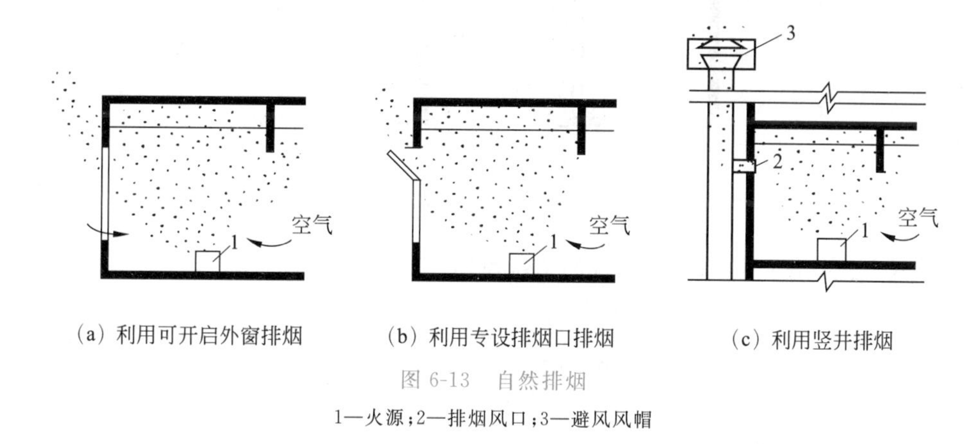

图 6-13 自然排烟

1—火源；2—排烟风口；3—避风风帽

2) 机械排烟

当火灾发生时，利用风机做动力向室外排烟的方法称为机械排烟。机械排烟系统实质上就是一个排风系统。

与自然排烟相比，机械排烟具有以下特点。

(1) 机械排烟不受外界条件(如内外温差、风力、风向、建筑特点、着火区位置等)的影响，而能保证有稳定的排烟量。

(2) 机械排烟的风道截面面积小，可以少占用有效建筑面积。

(3) 机械排烟的设施费用高，需要经常保养维修，否则有可能在使用时因故障而无法启动。

(4) 机械排烟需要有备用电源，防止火灾发生时正常供电系统被破坏而导致排烟系统不能运行。

机械排烟系统通常负担多个房间或防烟分区的排烟任务。它的总风量不像其他排风系统那样将所有房间风量叠加起来。这是因为系统虽然负担很多房间的排烟，但实际着火区可能只有一个房间，最多再波及邻近房间，因此系统只要考虑可能出现的最不利情况——两个房间或防烟分区。机械排烟系统的大小与布置应考虑排烟效果、可靠性与经济性。系统服务的房间过多(即系统大)，则排烟口多、管道长、漏风量大、最远点的排烟效果差，水平管道太多时，布置困难；如系统小，则虽然排风效果好，但却不经济。

3. 加压防烟

加压防烟是用风机把一定量的室外空气送入一房间或通道内，使室内保持一定压力或门洞处有一定流速，以避免烟气侵入。图 6-14 所示是加压防烟的两种情况，其中图 6-14(a)所示是当门关闭时，房间内保持一定正压值，空气从门缝或其他缝隙处流出，防止了烟气的侵入；图 6-14(b)所示是当门开启的时候，送入加压区的空气以一定风速从门洞流出，阻止烟气流入。当流速较低时，烟气可能从上部流入室内。

由上述两种情况分析可以看到，为了阻止烟气流入被加压的房间，必须达到以下条件。

(1) 门开启时，门洞有一定向外的风速。

(2) 门关闭时，房间内有一定正压值。

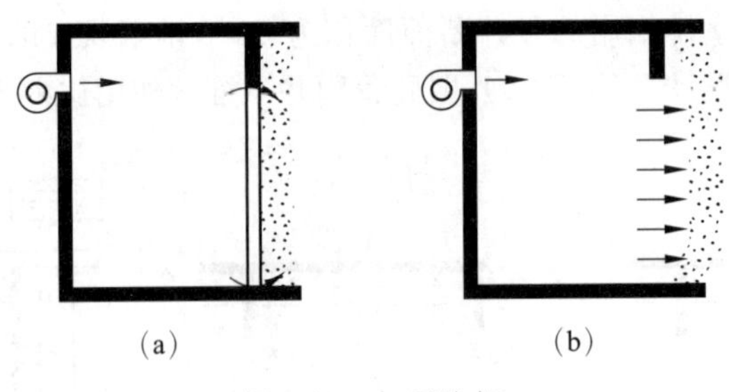

图 6-14 加压防烟

以上两点也是设计加压送风系统的两条原则。

6.4 空气调节系统概述

6.4.1 空气调节的任务与作用

空气调节(简称空调)的意义就是“使空气达到所要求的状态”或“使空气处于正常状态”。据此,一个内部受控的空气环境,一般是指在某一特定空间(如房间、机舱、汽车)内,对空气的温度、湿度、空气流动速度及清洁度进行人工调节,以满足工艺生产过程和人体舒适的要求。现代技术发展有时还要求对空气的压力、成分、气味及噪声等进行调节与控制。

在工程上,将只实现内部环境空气温度的调节和控制的技术手段称为供暖或降温;将只为保持内部环境有害物浓度在一定卫生要求范围内的技术手段称为工业通风。显然,供暖、工业通风及降温都是调节内部空气环境的技术手段,只是在调节的控制和要求上,以及在调节空气环境参数的全面性方面与空气调节有别而已。因此,可以说空气调节是供暖和通风技术的发展。

6.4.2 空气调节系统的分类

微课:空气调节系统的分类

1. 按空气处理设备的位置情况分类

1) 集中式空调系统

集中式空调系统中所有的空气处理设备,包括风机、冷却器、加热器、加湿器、过滤器等都设置在一个集中的空调机房内,空气处理所需的冷热源由集中设置的冷冻站、锅炉房或热交换站供给。空气经过处理后,再送往各个空调房间。

这种空调系统服务面积大,处理的空气量多,运行可靠,便于集中管理和维修;缺点是机房占地面积大,风管占据空间较多。适用于商场、超市、写字楼、剧院等大型公共场所。

2) 半集中式空调系统

半集中式空调系统的特点是除了设有集中处理新风的空调机房和集中的冷热源外,还设有分散在各个房间里的二次设备(又称末端装置)来承担一部分冷热负荷,对送入空调房间的空气做进一步的补充处理。它包括诱导式系统和风机盘管系统两种。它可解决集中式空调系统风管尺寸大、占据空间多的缺点，同时可根据负荷变化调整风量。如在一些办公楼、旅馆、饭店中采用的风机盘管系统，就是把新风在空调机房集中处理，然后与由风机盘管处理的室内循环空气一起送入空调房间。

在半集中式空调系统中，空气处理所需的冷热源也是由集中设置的冷冻站、锅炉房或热交换站供给。因此，集中式和半集中式空调系统又统称为中央空调系统。

3）分散式空调系统

分散式空调系统又称局部空调系统，实际上是一个小型的空调系统。它是把处理空气所需的冷热源、空气处理和输送设备、控制设备等集中设置在一个箱体内，组成一个紧凑的、可单独使用的空调机组（即整体式空调器），然后按照需要，灵活、方便地布置在空调房间内或空调房间附近。此系统使用灵活，安装方便，节省风道。常用的有窗式空调器、立柜式空调器、壁挂式空调器等。工程上，把空调机组安装在空调房间的邻室，使用少量风道与空调房间相连的系统也称为局部空调系统。

2. 按承担室内空调负荷所用的介质种类分类

1）全空气系统

全空气系统是指空调房间的热、湿负荷全部由经过处理的空气来负担，如图 6-15(a)所示。它是最早、最普通、至今仍广泛应用的空气调节方式，如集中式空调系统。由于空气的比热容较小，需要较多的空气量才能满足消除室内余热、余湿的要求，所以这种系统要求有较大断面的风道或较高的风速，可能要占据较多的建筑空间。

2）全水系统

全水系统中，空调房间的热、湿负荷全部由水来负担，如图 6-15(b)所示。由于水的比热容远大于空气的比热容，所以在相同的负荷条件下所需的水量较少，因而可克服全空气系统风道占据建筑空间较多的缺点。但是，全水系统往往只能达到消除余热、余湿的目的，而起不到通风换气的作用，室内空气品质较差，所以通常不单独使用。

3）空气—水系统

空气—水系统是全空气系统与全水系统的综合应用，以空气和水为介质，共同负担空调房间的热、湿负荷，如图 6-15(c)所示。它既解决了全空气系统因风量大导致风道断面尺寸大而占据较多建筑空间的矛盾，又解决了全水系统空调房间的新鲜空气供应问题，适用于大型建筑和高层建筑。如带盘管的诱导空调系统、新风加风机盘管系统均属于此类系统。

4）制冷剂系统

制冷剂系统是依靠制冷剂的蒸发或凝结来承担空调房间的负荷，如图 6-15(d)所示。由于制冷剂管道不便于长距离输送，该系统通常用于分散式安装的局部空调机组。如现在的家用分体式空调器，它分为室内机和室外机两部分。其中，室内机实际就是制冷系统中的

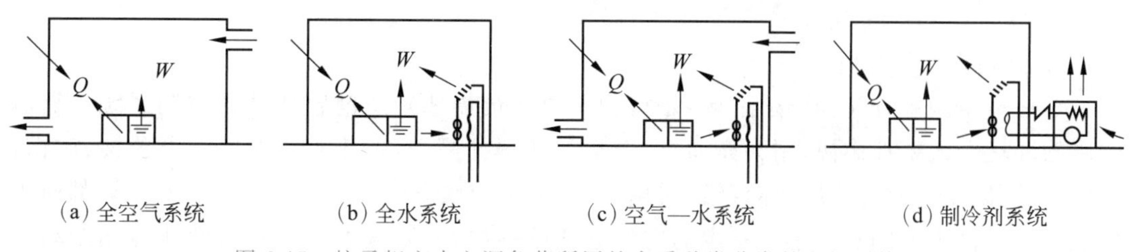

(a) 全空气系统　(b) 全水系统　(c) 空气—水系统　(d) 制冷剂系统

图 6-15　按承担室内空调负荷所用的介质种类分类的空调系统

蒸发器，并且在其内设置了噪声极小的贯流风机，迫使室内空气以一定的流速通过蒸发器的换热表面，从而使室内空气的温度降低；室外机就是制冷系统中的压缩机和冷凝器，其内设有一般的轴流风机，迫使室外的空气以一定的流速流过冷凝器的换热表面，让室外空气带走制冷剂液化放出的热量。

3. 按集中式空调系统处理的空气来源分类

1）封闭式系统

封闭式系统所处理的空气全部来自空调房间本身，没有室外新鲜空气补充，全部是室内的空气在系统中周而复始地循环。因此，空调房间与空气处理设备由风管连成了一个封闭的循环管道，如图 6-16(a)所示。这种系统无论是夏季还是冬季，冷热消耗量最省，但空调房间内的卫生条件差，人在其中生活、学习和工作易患空调病。因此，封闭式空调系统多用于战争时期的地下庇护所或指挥部等战备工程，以及很少有人进出的仓库等。

2）直流式系统

直流式系统所处理的空气全部来自室外的新鲜空气，即室外的空气经过处理后送入各空调房间，吸收了室内的余热、余湿后全部排出室外，如图 6-16(b)所示。与封闭式系统相比，这种系统消耗的冷(热)量最大，但空调房间内的卫生条件完全能够满足要求，因此这种系统适用于不允许采用室内回风的场合，如放射性实验室和散发大量有害物质的车间等。为了节能，可以考虑在排风系统中设置热回收设备。

3）混合式系统

因为封闭式系统没有新风，不能满足空调房间的卫生要求，而直流式系统消耗的能量又大，不经济，所以封闭式系统和直流式系统只能在特定的情况下才能使用。对于绝大多数空调系统，往往采用混合式系统，即采用一部分回风以节省能量，又使用部分室外的新鲜空气以满足卫生条件的要求。混合式系统综合了封闭式系统和直流式系统的优点，在工程实际中被广泛应用，如图 6-16(c)所示。

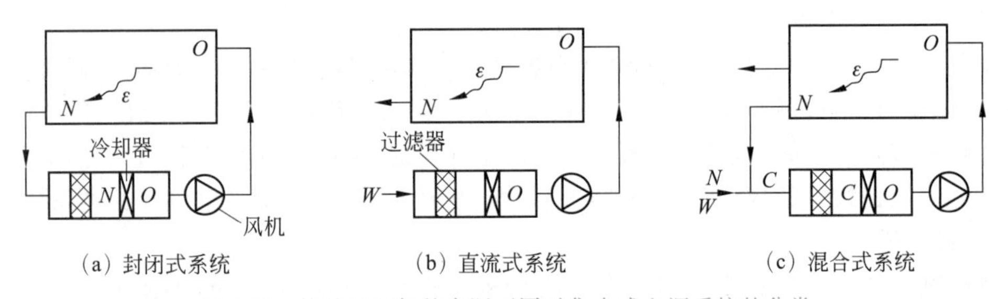

图 6-16 按处理空气的来源不同对集中式空调系统的分类

N—室内空气；W—室外空气；C—混合空气；O—冷却器后的空气状态

4. 按空调系统用途或服务对象不同分类

1）舒适性空调系统

舒适性空调系统简称舒适空调，是指为室内人员创造舒适健康环境的空调系统。舒适健康的环境令人精神愉快，精力充沛，工作学习效率提高，有益于身心健康。办公楼、旅馆、商店、影剧院、图书馆、餐厅、体育馆、娱乐场所、候机或候车大厅等建筑中所用的空调都属于舒适空调。由于人的舒适感在一定的空气参数范围内，所以这类空调对温度和湿度波动的控制要求并不严格。

2）工艺性空调系统

工艺性空调系统又称工业空调，是指为生产工艺过程或设备运行创造必要环境条件的空调系统，工作人员的舒适要求有条件时可兼顾。由于工业生产类型不同，各种高精度设备的运行条件也不同，因此工艺性空调的功能、系统形式等差别很大。例如，半导体元器件生产对空气中含尘浓度极为敏感，要求有很高的空气净化程度；棉纺织布车间对相对湿度要求很严格，一般控制在70%～75%；计量室要求全年基准的温度为20℃，波动±1℃，高等级的长度计量室要求(20±0.2)℃；抗生素生产要求无菌条件，等等。

6.4.3 空气调节系统的组成

图6-17所示是一个集中式空调系统的示意图，由图可以看出，一个完整的集中式空调系统由以下几部分组成。

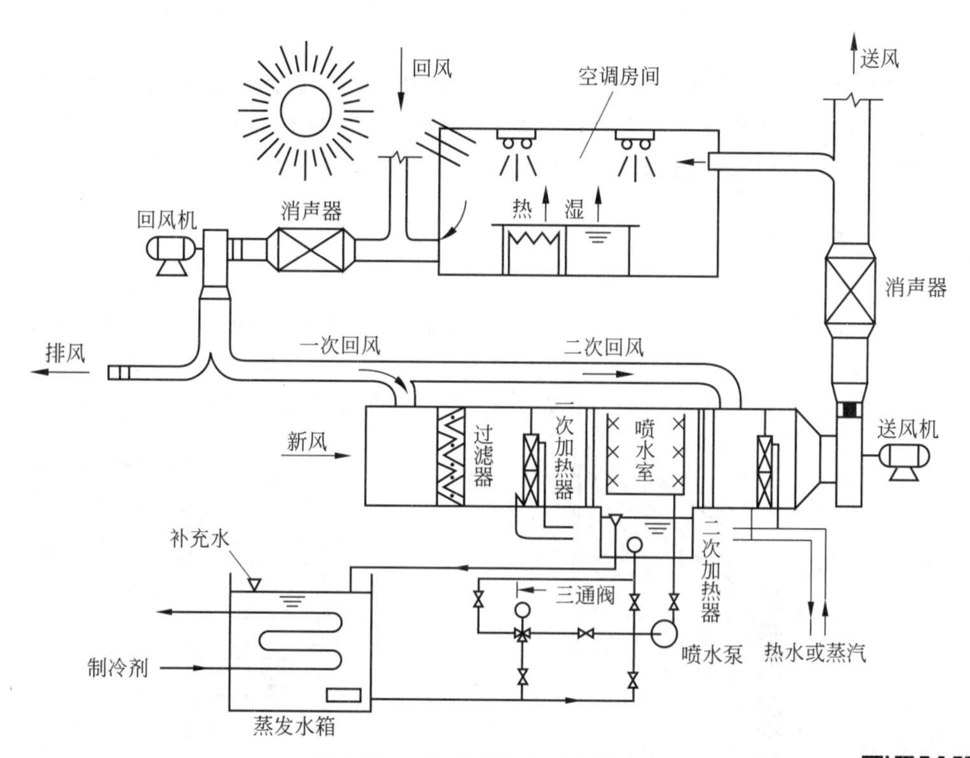

图6-17 二次回风集中式空调系统

微课：空气调节系统的组成

1. 空气处理部分

集中式空调系统的空气处理部分是一个包括各种空气处理设备在内的空气处理室。如图6-17所示，其中主要有过滤器、一次加热器、喷水室、二次加热器等。用这些空气处理设备对空气进行净化过滤和热湿处理，可将送入空调房间的空气处理到所需的送风状态点。各种空气处理设备都有现成的定型产品，这种定型产品称为空调机(或空调器)。

2. 空气输送部分

空气输送部分主要包括送风机、回风机(系统较小不用设置)、风管系统及必要的风量调节装置。送风系统的作用是不断将空气处理设备处理好的空气有效地输送到各空调房间；回风系统的作用是不断地排出室内回风，实现室内的通风换气，保证室内空气品质。

3. 空气分配部分

空气分配部分主要包括设置在不同位置的送风口和回风口，其作用是合理地组织空调房间的空气流动，保证空调房间内工作区（一般是 2m 以下的空间）的空气温度和相对湿度均匀一致，空气流速不致过大，以免对室内的工作人员和生产形成不良的影响。

4. 辅助系统部分

集中式空调系统是在空调机房中集中进行空气处理然后再送往各空调房间的，空调机房里对空气进行制冷（热）的设备（空调用冷水机组或热水、蒸汽）和湿度控制设备等就是我们所说的辅助设备。

6.5 空气处理设备

在空调工程中，为了满足房间的送风要求，需要使用不同的净化处理设备和热、湿处理设备将空气处理到某一个送风状态点，然后向室内送风。为了得到同一个送风状态点，可能会有不同的空气热、湿处理途径。

6.5.1 空气的净化处理设备

空气过滤器是用来对空气进行净化处理的设备，根据过滤效率的高低，通常分为初效过滤器、中效过滤器和高效过滤器三种类型。为了便于更换，一般做成块状。此外，为了提高过滤器的过滤效率和增大额定风量，可做成抽屉式（见图 6-18）或袋式（见图 6-19）。

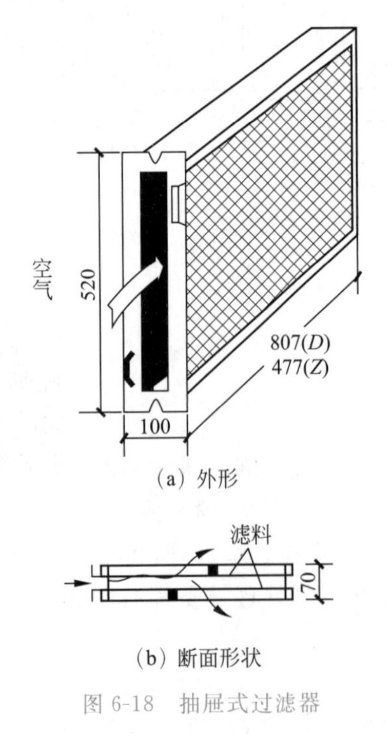

图 6-18 抽屉式过滤器

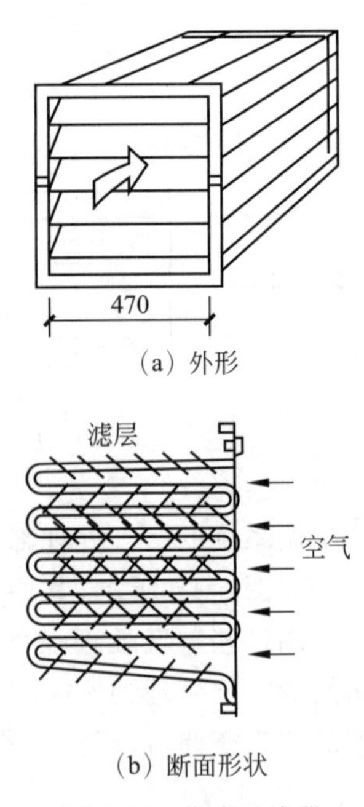

图 6-19 袋式过滤器

空气过滤器应经常拆换清洗，以免因滤料上积尘太多，使房间的温、湿度和室内空气洁净度达不到设计的要求。

对空气过滤器的选用，应主要根据空调房间的净化要求和室外空气的污染情况而定。对以温度、湿度要求为主的一般净化要求的空调系统，通常只设一级初效过滤器，在新、回风混合之后或新风入口处采用初效过滤器即可。对有较高净化要求的空调系统，应设初效和中效两级过滤器，在风机之后增加中效过滤器，其中第二级中效过滤器应集中设在系统的正压段(即风机的出口段)。有高度净化要求的空调系统，一般用初效和中效两级过滤器做预过滤，再根据要求洁净度级别的高低使用亚高效过滤器或高效过滤器进行第三级过滤。亚高效过滤器和高效过滤器尽量靠近送风口安装。

6.5.2　空气的加热

在空调工程中经常需要对送风进行加热处理。目前广泛使用的加热设备有表面式空气加热器和电加热器两种类型，前者用于集中式空调系统的空气处理室和半集中式空调系统的末端装置中；后者主要用在各空调房间的送风支管上作为精调设备，以及用于空调机组中。

1. 表面式空气加热器

表面式空气加热器又称表面式换热器，是以热水或蒸汽作为热媒通过金属表面传热的一种换热设备。图 6-20 所示是用于集中加热空气的一种表面式空气加热器的外形图。为了增强传热效果，表面式换热器通常采用肋片管制作。用表面式换热器处理空气时，对空气进行热湿交换的工作介质不直接和被处理的空气接触，而是通过换热器的金属表面与空气进行热湿交换。

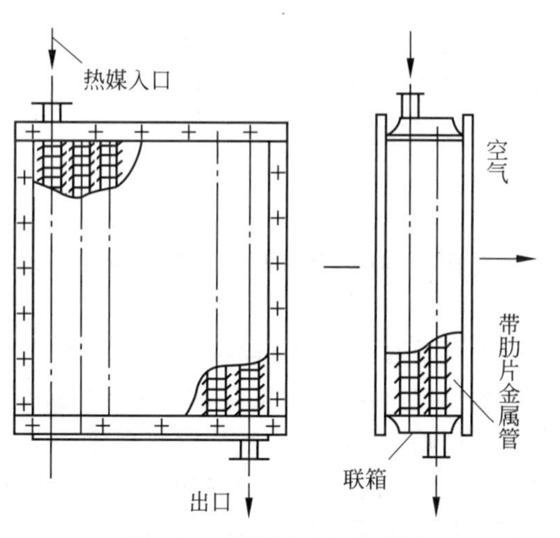

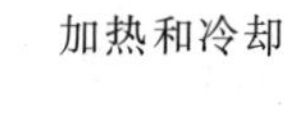

微课：空气的加热和冷却

图 6-20　表面式空气加热器

表面式换热器具有构造简单、占地面积小、水质要求不高、水系统阻力小等优点，因而，在机房面积较小的场合，特别是高层建筑的舒适性空调中得到了广泛的应用。

2. 电加热器

电加热器是让电流通过电阻丝发热来加热空气的设备,如图 6-21 所示具有结构紧凑、加热均匀、热量稳定、控制方便等优点,但由于电费较贵,通常只在加热量较小的空调机组等场合采用。在恒温精度较高的空调系统里,常安装在空调房间的送风支管上,作为控制房间温度的调节加热器。

电加热器有裸线式和管式两种结构。裸线式电加热器的构造如图 6-21(a)所示,它具有结构简单、热惰性小、加热迅速等优点;但由于电阻丝容易烧断,安全性差,使用时必须有可靠的接地装置。为方便检修,常做成抽屉式,如图 6-21(b)所示。

管式电加热器如图 6-21(c)所示,是由若干根管状电热元件组成的,管状电热元件是将螺旋形的电阻丝装在细钢管里,并在空隙部分用导热而不导电的结晶氧化镁绝缘,外形做成各种不同的形状和尺寸。这种电加热器的优点是加热均匀、热量稳定、经久耐用、使用安全性好,但它的热惰性大,构造也比较复杂。

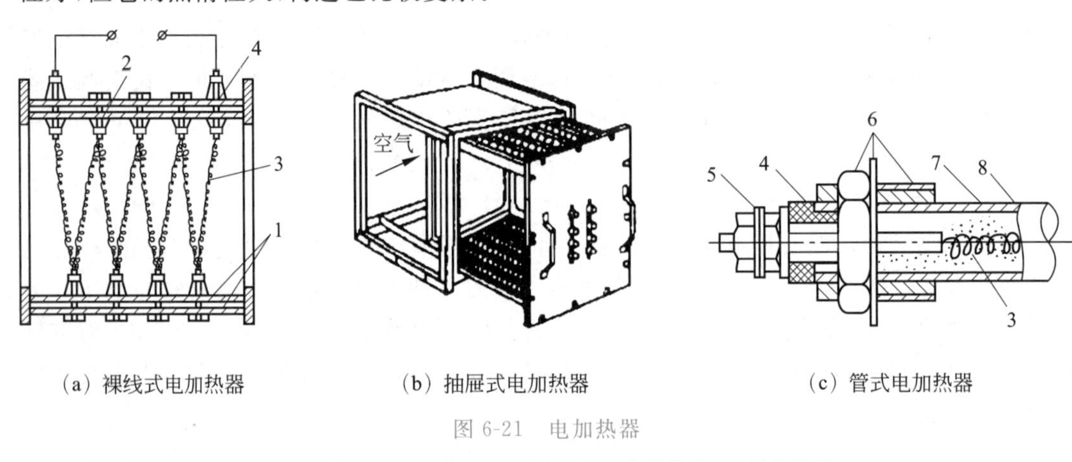

(a) 裸线式电加热器　(b) 抽屉式电加热器　(c) 管式电加热器

图 6-21　电加热器

1—钢板;2—隔热层;3—电阻丝;4—瓷绝缘子;5—接线端子;
6—紧固装置;7—绝缘材料;8—金属套管

6.5.3　空气的冷却

使空气冷却特别是减湿冷却,是对夏季空调送风的基本处理过程。常用的方法如下。

1. 用喷水室处理空气

喷水室是用于空调系统中夏季对空气冷却除湿、冬季对空气加湿的设备,它是通过水直接与被处理的空气接触来进行热湿交换,在喷水室中喷入不同温度的水,可以实现空气的加热、冷却、加湿和减湿等过程。用喷水室处理空气能够实现多种空气处理过程,冬夏季工况可以共用一套空气处理设备,具有一定的净化空气的能力,金属耗量小,容易加工制作;缺点是对水质条件要求高,占地面积大,水系统复杂,耗电较多。在空调房间的温、湿度要求较高的场合,如纺织厂等工艺性空调系统中,得到了广泛的应用。

喷水室由喷嘴、喷水管道、挡水板、集水池和外壳等组成,集水池内又有回水、溢水、补水和泄水四种管道和附属部件。图 6-22(a)和(b)所示分别是应用较多的低速、单级卧式和立式喷水室的结构示意图。

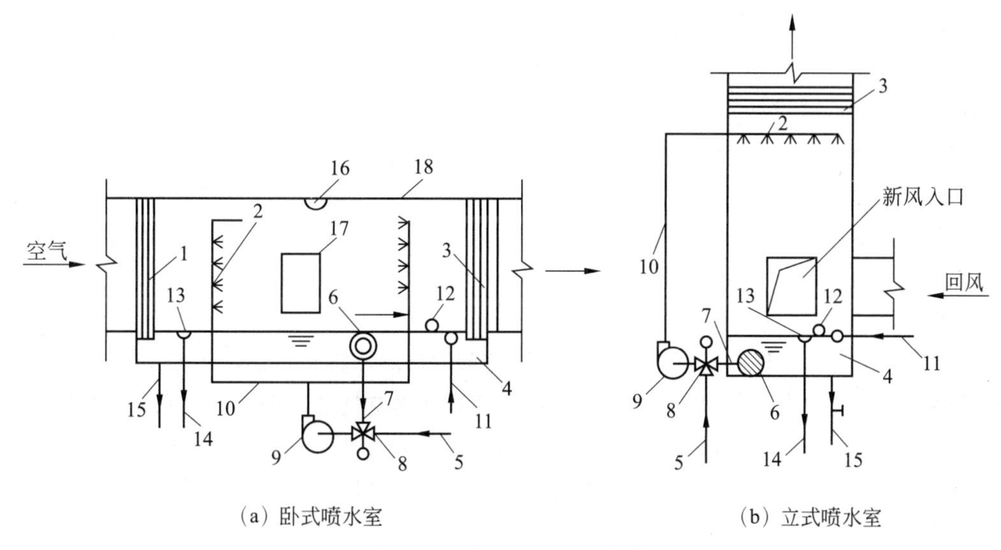

图 6-22 喷水室构造示意图

1—前挡水板；2—喷嘴与排管；3—后挡水板；4—底池；5—冷水管；6—滤水器；
7—循环水管；8—三通混合阀；9—水泵；10—供水管；11—补水管；12—浮球阀；
13—溢流器；14—溢流管；15—泄水管；16—防水灯；17—检查门；18—外壳

立式喷水室占地面积小，空气从下而上流动，水则从上向下喷淋。因此，空气与水的热湿交换效果比卧式喷水室好。一般用于要处理的空气量不大或空调机房的层高较高的场合。

喷水室处理法可用于任何空调系统，特别是在有条件利用地下水或山涧水等天然冷源的场合，宜采用这种方法。此外，当空调房间的生产工艺要求严格控制空气的相对湿度(如化纤厂)或要求空气具有较高的相对湿度(如纺织厂)时，用喷水室处理空气的优点尤为突出。但是这种方法也有缺点，主要是耗水量大，机房占地面积较大，水系统也比较复杂。

2. 用表面式冷却器处理空气

表面式冷却器简称表冷器，是由铜管上缠绕的金属翼片所组成排管状或盘管状的冷却设备，分为水冷式和直接蒸发式两种类型。水冷式表面冷却器与空气加热器的原理相同，只是将热媒换成冷媒——冷水而已。直接蒸发式表面冷却器就是制冷系统中的蒸发器，这种冷却方式是靠制冷剂在其中蒸发吸热而使空气冷却的。

水冷式表冷器的管内通入冷冻水，空气从管表面侧通过进行热交换冷却空气。因为冷冻水的温度一般为 7～9℃，夏季有时管表面温度低于所处理空气的露点温度，这样就会在管道表面产生凝结水滴，使空气完成一个减湿冷却的过程。如果管表面温度高于所处理空气的露点温度，则对空气进行干式冷却(使空气的温度降低但含湿量不变)。

表冷器在空调系统中被广泛使用，其结构简单、运行安全可靠、操作方便，但必须提供冷冻水源，不能对空气进行加湿处理。

6.5.4 空气的加湿

当冬季空气中含湿量降低时(一般指内陆气候干燥地区)，需对湿度有要求的建筑物内加湿，对生产工艺需满足湿度要求的车间或房间也需采用加湿设备。

1. 喷水室喷水加湿

用喷水室加湿空气是一种常用的加湿方法。对于全年运行的空调系统，如果夏季是用喷水室对空气进行减湿冷却处理的，在其他季节需要对空气进行加湿处理时，可仍使用该喷水室，只需相应地改变喷水温度或喷淋循环水，而不必变更喷水室的结构。

当水通过喷头喷出细水滴或水雾时，空气与水雾进行湿热交换，当喷水的平均水温高于被处理的空气露点温度时，喷嘴喷出的水会迅速蒸发，使空气达到水温下的饱和状态，从而达到加湿的目的。

2. 喷蒸汽加湿

喷蒸汽加湿是用普通喷管(多孔管)或专用的蒸汽加湿器将来自锅炉房的水蒸气直接喷射入风管和流动空气中去，例如夏季使用表面式冷却器处理空气的集中式空调系统，冬季就可以采用这种加湿的方式。这种加湿方法简单而经济，对工业空调可采用这种方法加湿。因为在加湿过程中会产生异味或凝结水滴，对风道有锈蚀作用，所以不适用于一般舒适性空调系统。

3. 水蒸发加湿

水蒸发加湿是用电加湿器加热水以产生蒸汽，使其在常压下蒸发到空气中去，这种方式主要用于空调机组中。电加湿器是使用电能生产蒸汽来加湿空气，根据工作原理的不同，有电热式和电极式两种，如图 6-23 所示。

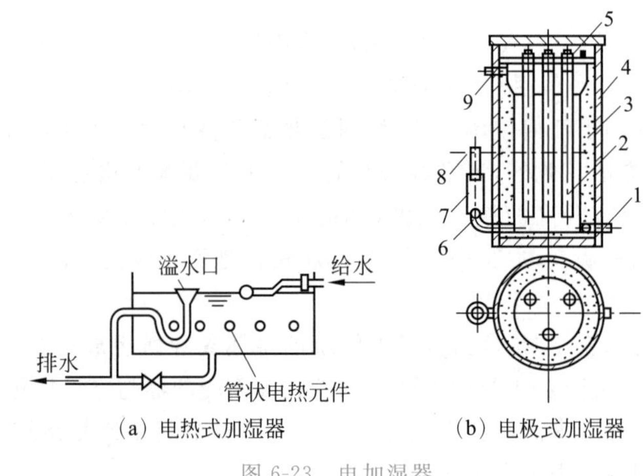

(a) 电热式加湿器　　(b) 电极式加湿器

图 6-23　电加湿器

1—进水管；2—电极；3—保温层；4—外壳；5—接线柱；6—溢水管；7—橡皮短管；8—溢水龙头；9—蒸汽出口

电热式加湿器是在水槽中放入管状电热元件，元件通电后将水加热产生蒸汽。补水靠浮球阀自动控制，以免发生断水空烧现象。

电极式加湿器是利用三根铜棒或不锈钢棒插入盛水的容器中做电极，当电极与三相电源接通后，电流从水中流过，水的电阻转化的热量把水加热产生蒸汽。电极式加湿器结构紧凑，加湿量易于控制；但耗电量较大，电极上容易产生水垢和腐蚀，因此适用于小型空调系统。

6.5.5　空气的减湿

在气候潮湿的地区、地下建筑以及某些生产工艺和产品贮存需要空气干燥的场合，往往需要对空气进行减湿处理。空气减湿的方法很多，常用的有以下两种。

1. 制冷减湿

制冷减湿是靠制冷除湿机来降低空气的含湿量。除湿机是一种对空气进行减湿处理的设备，常用于对湿度要求低的生产工艺、产品贮存以及产湿量大的地下建筑等场所的除湿。

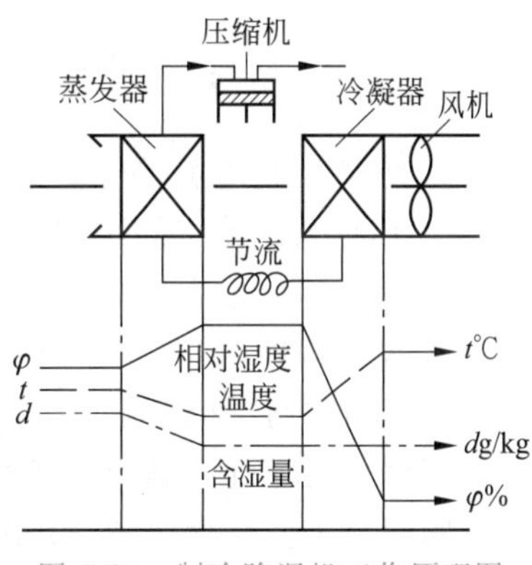

图 6-24　制冷除湿机工作原理图

除湿机实际上是一个小型的制冷系统，由制冷系统和风机等组成，其工作原理如图 6-24 所示。当待处理的潮湿空气流过蒸发器时，由于蒸发器表面的温度低于空气的露点温度，于是使空气温度降低，将空气在蒸发器外表面温度下所能容纳的饱和含湿量以上的那部分水分凝结出来，达到除湿目的。已经减湿降温后的空气随后再流过冷凝器，又被加热升温，吸收高温气态制冷剂凝结放出的热量，使空气的温度升高、相对湿度减小，从而降低了空气的相对湿度，然后进入室内。

从除湿机的工作原理可知，它的送风温度较高，因此适用于既要减湿又需要加热的场所。

2. 利用吸湿剂吸湿

固体吸湿剂有两种类型：一种是具有吸附性能的多孔性材料，如硅胶、铝胶等，吸湿后材料的固体形态并不改变；另一种是具有吸收能力的固体材料，如氯化钙等，这种材料在吸湿之后，由固态逐渐变为液态，最后失去吸湿能力。

固体吸湿剂的吸湿能力不是固定不变的，使用一段时间后失去了吸湿能力时，需进行“再生”处理，即用高温空气将吸附的水分带走（如对硅胶），或用加热蒸煮法使吸收的水分蒸发掉（如对氯化钙）。

液体吸湿剂采用氯化锂等溶液喷淋到空气中，使空气中的水分凝结出来而达到去湿的目的。

6.6　空气调节用制冷装置

6.6.1　空调冷源

在夏季，为了维持空调房间内空气的温度、湿度，必须利用空调冷源提供的冷量，通过空气处理设备（如喷水室、表面式空气冷却器等）处理空气，源源不断地向室内输送冷风，来抵消室外空气和太阳辐射对空调房间的热湿干扰和室内灯光、设备、人体等散发的热湿量。

空调工程中使用的冷源包括天然冷源和人工冷源两种。

天然冷源包括地下水、深湖水、深海水、天然冰、地道风和山涧水等。在我国的大部分地区，地下水温较低（如我国东北地区的中部和北部为 4～12℃），采用地下水或深井水可以满足空调系统空气降温的需要。但很多地区地下水的控制开采，使地下水作为天然冷源的应用受到限制。因此，当天然冷源不能满足空调需要时，便采用人工冷源，即用人工的方法制取冷量。空调工程中使用的制冷机主要有压缩式制冷和溴化锂吸收式制冷两大类。

6.6.2 制冷原理及机组

1. 压缩式制冷机

1）压缩式制冷机的原理

压缩式制冷机是利用液体蒸发过程中要吸收汽化潜热这一特性，使另一物体得到冷却的。图 6-25 所示是压缩式制冷机工作原理图。

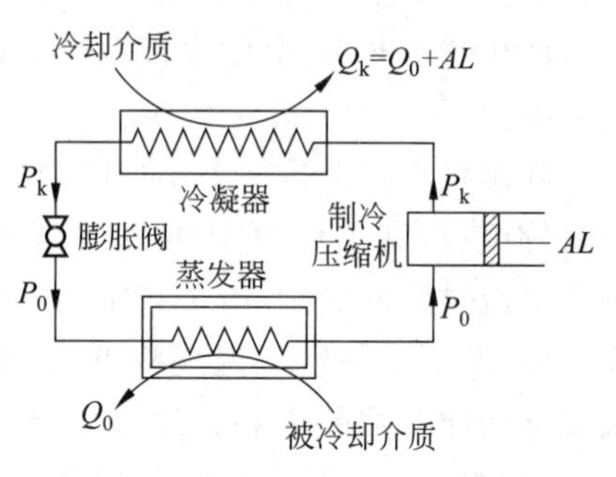

图 6-25 压缩式制冷机工作原理图

压缩式制冷机由制冷压缩机、蒸发器、冷凝器和膨胀阀四个主要部件组成，并由管道连接，构成一个封闭的循环系统。制冷剂在制冷系统中经历蒸发、压缩、冷凝和节流四个主要热力过程。

低温低压的液态制冷剂在蒸发器中吸取了被冷却介质（如水）的热量，产生相变，蒸发成为低温低压的制冷剂蒸汽，单位时间内吸收的热量就是制冷量。

低温低压的制冷剂蒸汽被压缩机吸入，经压缩成为高温高压的制冷剂蒸汽后被排入冷凝器。在压缩过程中，压缩机消耗了机械功 AL。

在冷凝器中，高温高压的制冷剂蒸汽被水或环境空气冷却，放出热量 Q_k，相变成为高压液体，放出的热量相当于在蒸发器中吸收的热量与压缩机消耗机械功转换成为热量的总和。从冷凝器排出的高压液态制冷剂，经膨胀阀门节流后变成低温低压的液体，再进入蒸发器进行蒸发制冷。

2）压缩式制冷机的形式

为了使制冷系统高效经济、安全可靠地运行，一个完整的蒸汽压缩式制冷系统除了具有压缩机、冷凝器、蒸发器和膨胀阀四大基本部件以外，还配备了氟利昂—油分离器、储液器、电磁阀、干燥过滤器、回热器以及一些检测控制仪表、阀门等。把上述的部件组装在一起就称为冷水机组。

冷水机组根据所配压缩机的形式不同，分为活塞式冷水机组、离心式冷水机组和螺杆式冷水机组。

（1）活塞式冷水机组。活塞式冷水机组配备活塞式压缩机。它是应用最为广泛的一种制冷压缩机，它的压缩装置是由活塞和气缸组成的，活塞在气缸内往复运动并压缩吸入的气体。活塞式冷水机组比较适宜的单机制冷量不大于 580kW。

（2）离心式冷水机组。离心式冷水机组配备离心式压缩机。它是靠离心力的作用，连续地将所吸入的气体压缩。离心式压缩机的特点是制冷能力大、结构紧凑、重量轻、占地面积小、维护费用低、通常可在 30%～100%负荷范围内无级调节。比较适宜的单机制冷量不小于 580kW。

（3）螺杆式冷水机组。螺杆式冷水机组配备螺杆式压缩机。它是回转式压缩机中的一种，通过气缸中两个反向旋转的螺杆相互啮合，改变两螺杆间的容积，使制冷剂蒸汽得到压缩。与活塞式制冷压缩机相比，其特点是效率高、能耗小、可实现无级调节，但螺杆的加工精度要求较高。其形式有单螺杆和双螺杆两种。

2. 吸收式制冷机的原理

吸收式制冷循环原理与压缩式制冷相似，不同之处是用发生器、吸收器和溶液泵代替了制冷压缩机，如图 6-26 所示。吸收式制冷是靠消耗热能来实现的。

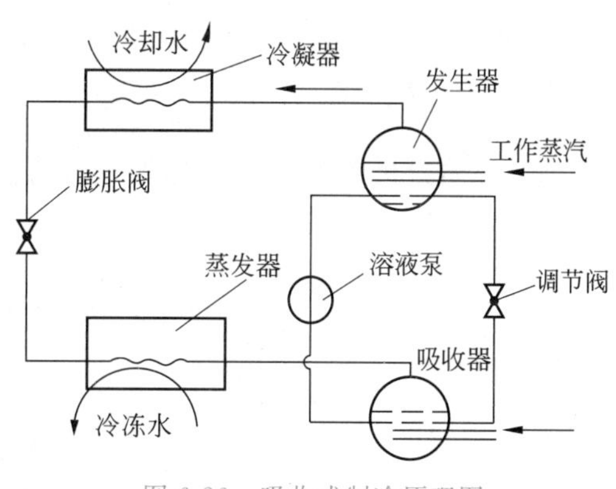

图 6-26　吸收式制冷原理图

在吸收式制冷机中，吸收器相当于压缩机的吸入侧，发生器相当于压缩机的压出侧。低温低压液态制冷剂在蒸发器中吸热蒸发成为低温低压制冷剂蒸汽后，被吸收器中的液态吸收剂吸收，形成制冷剂吸收剂溶液，经溶液泵升压后进入发生器。在发生器中，该溶液被加热、沸腾，其中沸点低的制冷剂变成高压制冷剂蒸汽，与吸收剂分离，然后进入冷凝器液化，经膨胀阀节流的过程大体上与压缩式制冷一致。

吸收式制冷目前常用的有两种工质，一种是溴化锂水溶液，其中水是制冷剂，溴化锂是吸收剂，制冷温度为 0℃以上；另一种是氨水溶液，其中氨是制冷剂，水是吸收剂，制冷温度可以低于 0℃。

溴化锂吸收式制冷机所需的热能来自于热电厂或锅炉的蒸汽，也可以自身燃烧油或天然气来制备。

本章小结

本章主要介绍了通风系统的功能和分类，通风系统中常用的设备与附件；介绍了建筑火灾烟气的特性及控制原则；介绍了空气调节系统的分类和组成，空调系统中常用的净化及热湿处理设备，空气调节用制冷装置的制冷原理及常用冷水机组。

思考题

6.1　通风系统主要有哪些功能？

6.2　通风系统有哪些分类方法？各自包含什么内容？

6.3　通风系统的常用设备与附件有哪些？各有什么用途？

6.4　控制火灾烟气的方法有几种？其基本原则是什么？

6.5　空调系统有哪些分类方法？各自包含什么内容？

6.6　空气调节系统由哪几部分组成？

6.7　常用的空气净化处理设备有哪些？

6.8　常用的空气加热和冷却设备有哪些？

6.9　空气加湿和减湿的方法有哪些？

6.10　压缩式制冷机的工作原理是什么？

习　题

6.1　试分析图 6-27 所示的通风方式。

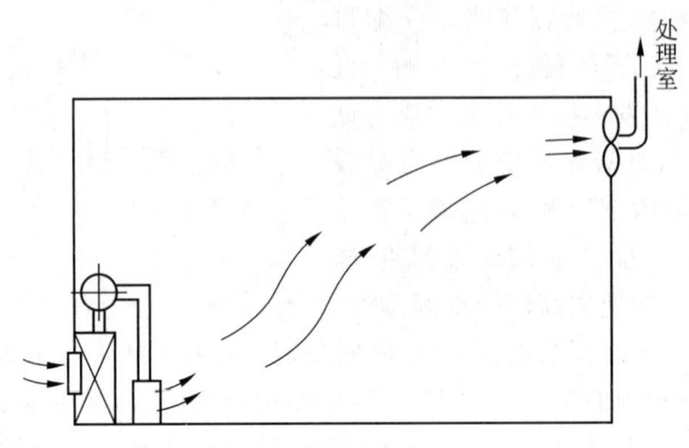

图 6-27　某室内通风系统

6.2　试分析图 6-28 中五种加压送风方式的区别。

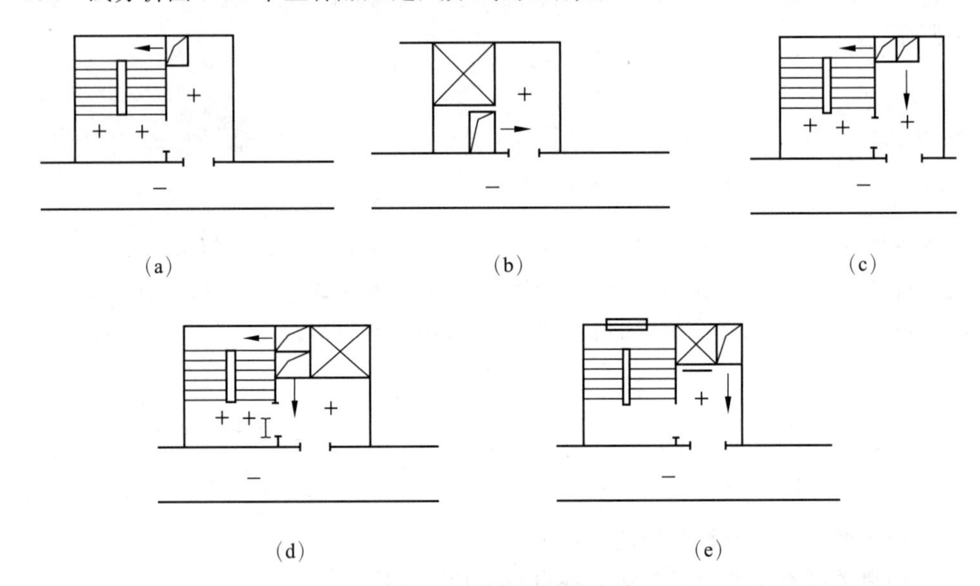

图 6-28　五种加压送风方式

6.3　有一栋十二层的综合大楼，一～五层为商场，六～十二层为办公室，试为该综合大楼选择合理的空调系统形式，并说明原因。

模块7 暖通空调施工图识读与施工

知识目标

1. 了解暖通空调施工图的制图要求，熟悉其图例符号，掌握施工图的识图方法和技巧。
2. 了解供暖、通风及空调施工安装的有关流程和方法。

能力目标

1. 能够进行供暖通风及空调施工图识读。
2. 能够根据施工图进行简单的安装流程制定及相关安装方法描述。

7.1 暖通空调制图的一般规定和常用图例

7.1.1 暖通空调制图的一般规定

1. 图线

在暖通空调施工图中线型的基本宽度 b 一般选用 0.7mm、1.0mm。图线有实线、虚线、波浪线、单点长画线、双点长画线、折断线等。实线和虚线有粗线(b)、中粗线(0.5b)、细线(0.25b)。粗线单线一般表示管道；中粗线单线表示本专业设备轮廓，双线表示管道的轮廓；细线表示建筑物轮廓，尺寸、标高、角度等标注线及引出线，非专业设备轮廓等。波浪线有中粗线(0.5b)、细线(0.25b)。中粗线单线表示软管，细线表示断开界线。有的图样使用了自定义图线，要注意其在图中的意义。

2. 比例

总平面图、平面图的比例一般与工程项目设计的主导专业一致。剖面图一般采用1∶50、1∶100、1∶200 等。局部放大图、管沟断面图采用 1∶20、1∶50、1∶100 等。索引图、详图采用 1∶1、1∶2、1∶10、1∶20 等。流程图、原理图一般不用比例绘制。

3. 图样画法

1）系统编号

一个工程设计中同时有供暖、通风、空调等两个及以上的不同系统时，应进行系统编号。系统编号由系统代号和顺序号组成。系统代号由大写拉丁字母表示，如表 7-1 所示；顺序号由阿拉伯数字组成。当一个系统出现分支时，可采用图 7-1(a)所示的画法表示。系统编号一般注在系统总管处，竖向垂直的管道系统应标注立管编号，如图 7-1(b)所示。

表 7-1　系统代号

序号	字母代号	系统名称	序号	字母代号	系统名称
1	N	(室内)供暖系统	9	X	新风系统
2	L	制冷系统	10	H	回风系统
3	R	热力系统	11	P	排风系统
4	K	空调系统	12	JS	加压送风系统
5	T	通风系统	13	PY	排烟系统
6	J	净化系统	14	P(Y)	排风兼排烟系统
7	C	除尘系统	15	RS	人防送风系统
8	S	送风系统	16	RP	人防排风系统

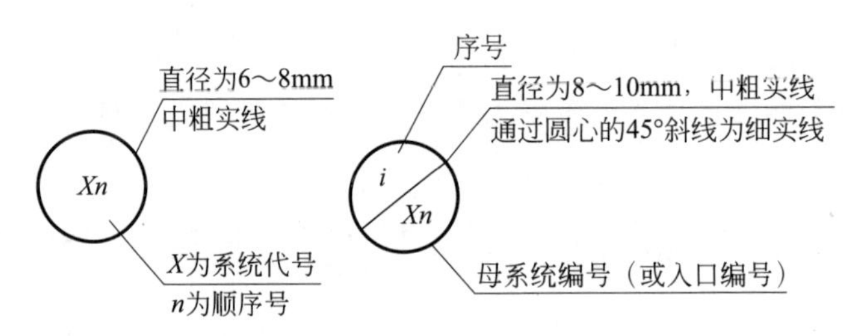

(a) 系统代号、编号的表示方法

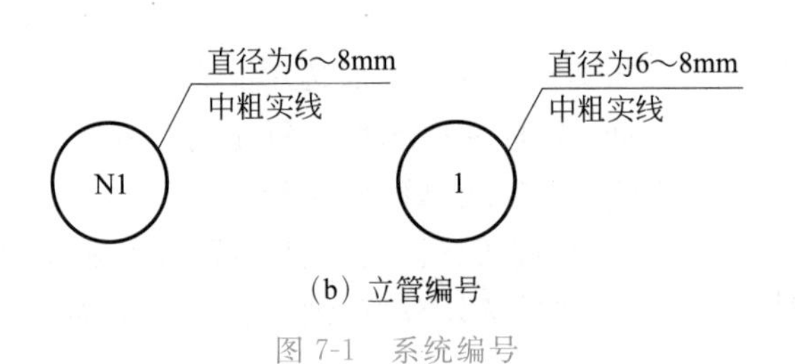

(b) 立管编号

图 7-1　系统编号

2) 管道标高、管径尺寸标注

标高以 m 为单位。标高符号以等腰直角三角形表示，如图 7-2所示。水、汽管道所注标高未予说明时，表示管中心标高；矩形风管所注标高未予说明时，表示管底标高；圆形风管所注标高未予说明时，表示管中心标高。有坡度的管道的标高在始端或末端标注。

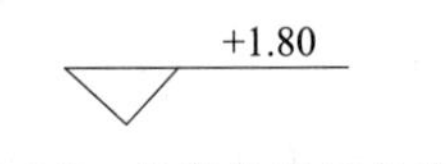

图 7-2　标高的表示方法

管径标注以 mm 为单位。低压流体输送用无缝钢管、螺旋缝或直缝焊接钢管、铜管、不锈钢管，用“D(或 ϕ)外径×壁厚”表示，如“$D108\times4$”“$\phi108\times4$”。低压流体输送用焊接管道规格应标注公称直径，用“DN”表示，如“$DN25$”“$DN70$”。金属或塑料管用“d”表示，如“$d10$”。矩形风管以截面尺寸“$A\times B$”表示，如“400×150”。水平管道的规格一般标注在管道的上方；竖向管道的规格一般标注在管道的左侧；双线表示的管道，其规格可标注在管道的轮廓线内，如图 7-3 所示。多条管道的规格标注方式如图 7-4 所示。风口、散流器的规格、数量及风量的表示方法如图 7-5 所示。

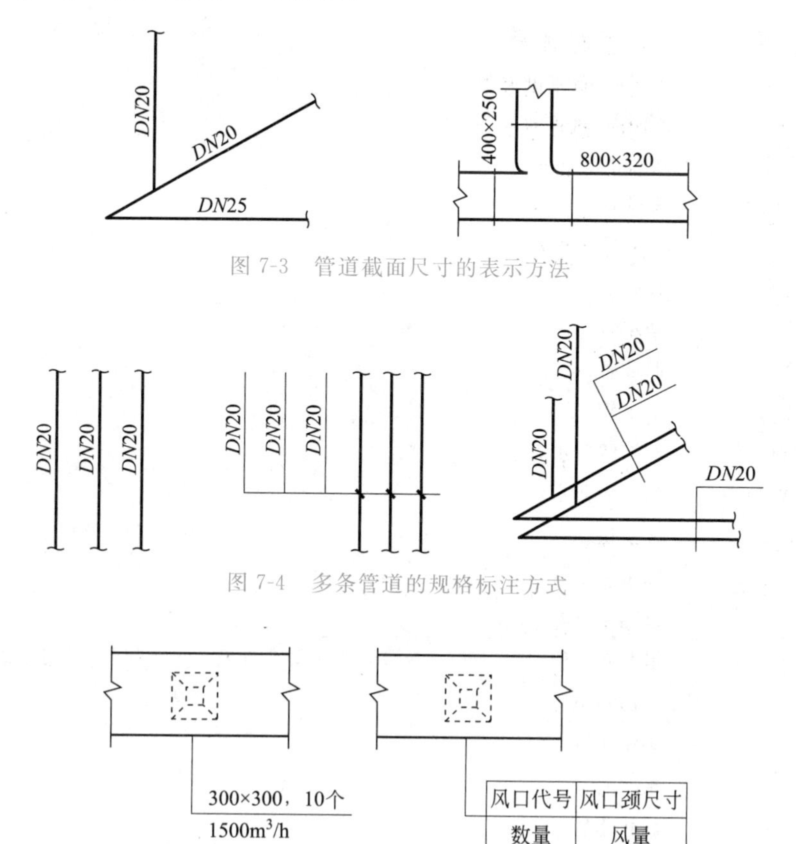

图 7-3　管道截面尺寸的表示方法

图 7-4　多条管道的规格标注方式

图 7-5　风口、散流器的规格、数量及风量的表示方法

3）管道在转向、分支、交叉、跨越、重叠时的表示方法

管道在转向、分支、交叉、跨越、重叠时，在图样中会有一些专门的表示方法，有时管道在一张图样中中断，须转至其他图面表示（或由其他图样引来）时，应注明转至（或来自）的图样编号。

7.1.2　暖通空调常用图例

（1）水、汽管道代号如表 7-2 所示。

表 7-2　水、汽管道代号

序号	代号	管道名称	备　注
1	RG	供暖热水供水管	可附加 1、2、3 等表示一个代号、不同参数的多种管道
2	RH	供暖热水回水管	可通过实线、虚线表示供、回关系省略字母 G、H
3	LG	空调冷水供水管	
4	LH	空调冷水回水管	
5	KRG	空调热水供水管	
6	KRH	空调热水回水管	

续表

序号	代号	管道名称	备注
7	LRG	空调冷、热水供水管	
8	LRH	空调冷、热水回水管	
9	LQG	冷却水供水管	
10	LQH	冷却水回水管	
11	n	空调冷凝水管	
12	PZ	膨胀水管	
13	BS	补水管	
14	X	循环管	
15	LM	冷媒管	
16	YG	乙二醇供水管	
17	YH	乙二醇回水管	
18	BG	冰水供水管	
19	BH	冰水回水管	
20	ZG	过热蒸汽管	
21	ZB	饱和蒸汽管	可附加 1、2、3 等表示一个代号、不同参数的多种管道
22	Z2	二次蒸汽管	
23	N	凝结水管	
24	J	给水管	
25	SR	软化水管	
26	CY	除氧水管	
27	GG	锅炉进水管	
28	JY	加药管	
29	YS	盐溶液管	
30	XI	连续排污管	
31	XD	定期排污管	
32	XS	泄水管	
33	YS	溢水(油)管	
34	R_1G	一次热水供水管	
35	R_1H	一次热水回水管	
36	F	放空管	
37	FAQ	安全阀放空管	
38	O1	柴油供油管	
39	O2	柴油回油管	
40	OZ1	重油供油管	
41	OZ2	重油回油管	
42	OP	排油管	

（2）风道代号如表7-3所示。

表7-3 风道代号

序号	代号	风道名称	备注
1	SF	送风管	
2	HF	回风管	一、二次回风可附加1、2进行区别
3	PF	排风管	
4	XF	新风管	
5	PY	消防排烟风管	
6	ZY	加压送风管	
7	P(Y)	排风排烟兼用风管	
8	XB	消防补风风管	
9	S(B)	送风兼消防补风风管	

（3）水、汽管道阀门和附件图例如表7-4所示。

表7-4 水、汽管道阀门和附件图例

序号	名称	图例	附注
1	截止阀		
2	闸阀		
3	球阀		
4	柱塞阀		
5	快开阀		
6	蝶阀		
7	旋塞阀		
8	止回阀		
9	浮球阀		
10	三通阀		
11	平衡阀		
12	定流量阀		
13	定压差阀		
14	自动排气阀		

续表

序号	名　称	图　例	附　注
15	集气罐、放气阀		
16	节流阀		
17	调节止回关断阀		水泵出口用
18	膨胀阀		
19	排入大气或室外		
20	安全阀	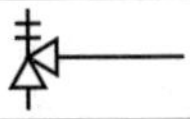	
21	角阀		
22	底阀		
23	漏斗		
24	地漏		
25	明沟排水	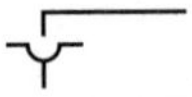	
26	向上弯头		
27	向下弯头		
28	法兰封头或管封		
29	上出三通	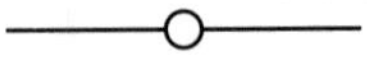	
30	下出三通		
31	变径管		
32	活接头或法兰连接	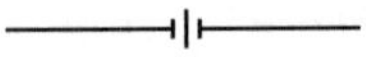	
33	固定支架	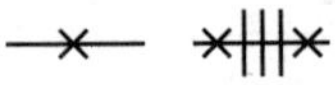	
34	导向支架	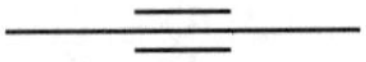	
35	活动支架		
36	金属软管		
37	可屈挠橡胶软接头		
38	Y形过滤器	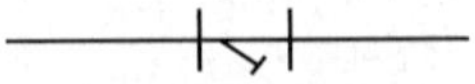	
39	疏水器		

续表

序号	名 称	图 例	附 注
40	减压阀		左高右低
41	直通型(或反冲型)除污器		
42	除垢仪	E	
43	补偿器		
44	矩形补偿器		
45	套管补偿器		
46	波纹管补偿器		
47	弧形补偿器		
48	球形补偿器		
49	伴热管		
50	保护套管		
51	爆破膜		
52	阻火器		
53	节流孔板、减压孔板		
54	快速接头		
55	介质流向	→ 或 ⇨	在管道断开处时,流向符号宜标注在管道中心线上,其余可同管径标注位置
56	坡度及坡向	i=0.3% 或 —— i=0.3%	坡度数值不宜与管道起、止点标高同时标注。标注位置同管径标注位置

(4) 风道阀门图例如表7-5所示。

表7-5 风道阀门图例

序号	名 称	图 例	附 注
1	矩形风管	***×***	宽×高(mm)
2	圆形风管	ϕ***	ϕ 直径(mm)
3	风管向上		

续表

序号	名称	图例	附注
4	风管向下	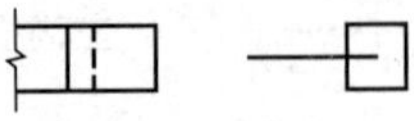	
5	风管上升摇手弯	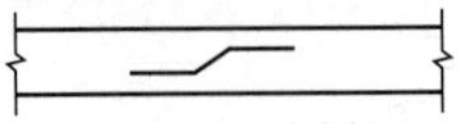	
6	风管下降摇手弯	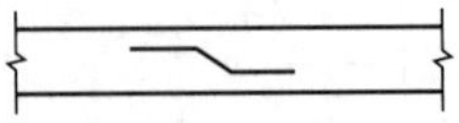	
7	天圆地方	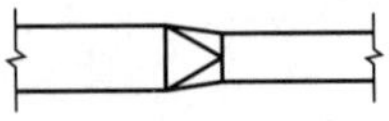	左接矩形风管，右接圆形风管
8	软风管		
9	圆弧形弯头		
10	带导流片的矩形弯头		
11	消声器		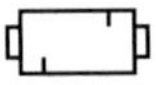
12	消声弯头		
13	消声静压箱		
14	风管软接头	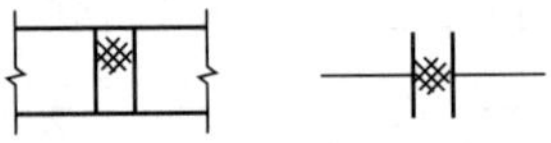	
15	对开多叶调节风阀	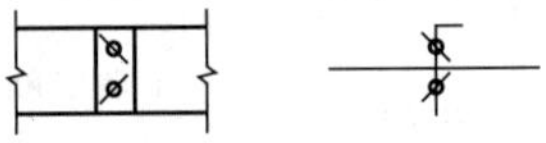	
16	蝶阀	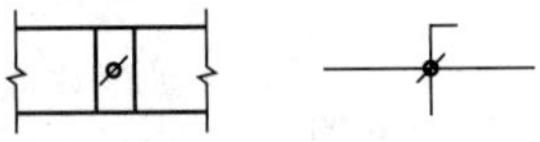	
17	插板阀	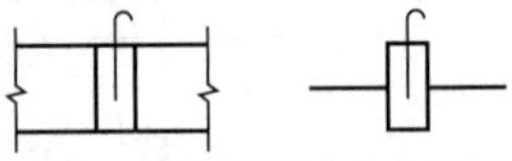	
18	止回风阀	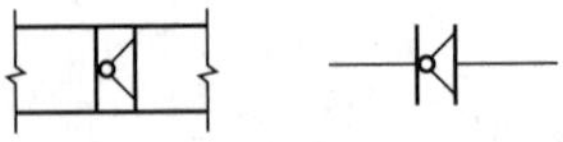	
19	余压阀	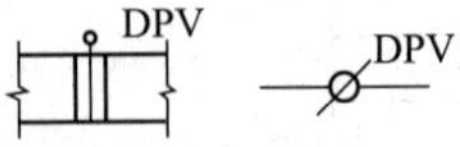 DPV DPV	
20	三通调节阀	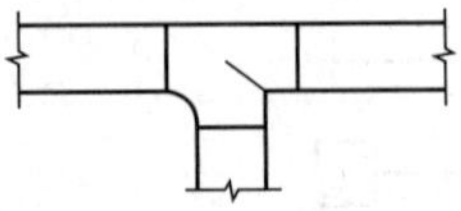	

续表

序号	名　称	图　例	附　注
21	防烟、防火阀	*** ***	*** 表示防烟、防火阀名称代号
22	方形风口		
23	条缝形风口		
24	矩形风口		
25	圆形风口		
26	侧面风口		
27	防雨百叶		
28	检修门	J J	
29	气流方向		左为通用表示法，中表示送风，右表示回风
30	远程手控盒	B	防排烟用
31	防雨罩		

（5）暖通空调设备图例如表 7-6 所示。

表 7-6　暖通空调设备图例

序号	名　称	图　例	附　注
1	散热器及手动放气阀	15 15 15	左为平面图画法，中为剖面图画法，右为系统图（Y 轴侧）画法
2	散热器及控制阀	15 15	
3	轴流风机		
4	轴（混）流式管道风机		

续表

序号	名 称	图 例	附 注
5	离心式管道风机		
6	吊顶式排气扇		
7	水泵		
8	手摇泵		
9	变风量末端		
10	空气机组加热、冷却盘管		从左到右分别为加热、冷却、双功能盘管
11	空气过滤器		从左到右分别为粗效、中效、高效
12	挡水板		
13	加湿器		
14	电加热器		
15	板式换热器		
16	立式明装风机盘管		
17	立式暗装风机盘管		
18	卧式明装风机盘管		
19	卧式暗装风机盘管		
20	窗式空调器		
21	分体空调器	室内机 室外机	
22	射流诱导风机		
23	减振器		左为平面图画法，右为剖面图画法

7.2　供暖系统施工图识读与施工

7.2.1　室内供暖施工图的组成

室内供暖施工图主要包括平面图、系统图、详图及设计说明和设备材料表等。

1. 平面图

室内供暖平面图表示建筑各层供暖管道与设备的平面布置。内容包括以下几个方面。

(1) 建筑物轮廓，其中应注明轴线、房间主要尺寸、指北针，必要时应注明房间名称。

(2) 热力入口位置，供、回水总管名称、管径。

(3) 干、立、支管位置，走向、管径、立管编号。

(4) 散热器的类型、位置和数量。各种类型的散热器规格和数量标注方法如下。

① 柱型、长翼型散热器只标注数量(片数)。

② 圆翼型散热器应标注根数、排数，如 3×2(每排根数×排数)。

③ 光管散热器应标注管径、长度、排数，如 D108×200×4(管径×管长×排数)。

④ 闭式散热器应标注长度、排数，如 1.0×2(长度×排数)。

对于多层建筑各层散热器布置基本相同时，也可采用标准层画法。在标准层平面图上，散热器要注明层数和各层的数量。平面图中散热器与供水(供汽)、回水(凝结水)管道的连接，按图 7-6 所示的方式绘制。

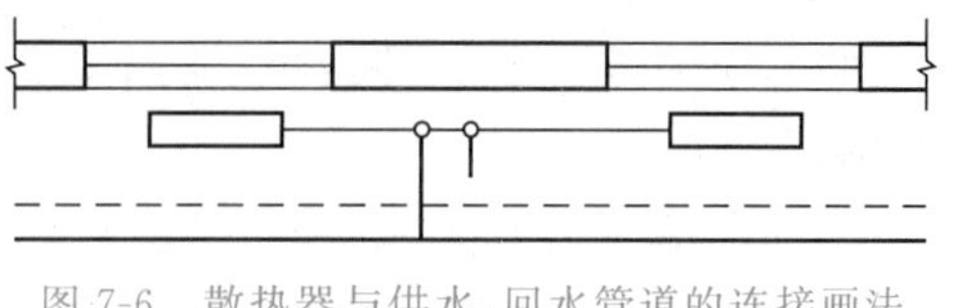
图 7-6　散热器与供水、回水管道的连接画法

(5) 膨胀水箱、集气罐、阀门位置与型号。

(6) 补偿器型号、位置、固定支架位置。

2. 系统图

供暖工程系统图应以轴侧投影法绘制，并宜用正等轴侧或正面斜轴侧投影法。当采用正面斜轴侧投影法时，Y 轴与水平线的夹角可选用 45°或 30°。图的布置方向一般应与平面图一致。

供暖系统图应包括以下内容。

(1) 管道走向、坡度、坡向、管径及变径的位置，管道与管道之间的连接方式。

(2) 散热器与管道的连接方式，例如是竖单管还是水平串联的，是双管上供还是下供。

(3) 管道系统中阀门的位置、规格。

(4) 集气罐的规格、安装形式(立式或是卧式)。

(5) 蒸汽供暖疏水器、减压阀的位置、规格、类型。

(6) 节点详图的图号。

按规定对系统图进行编号，并标注散热器的数量。对于柱型、圆翼型散热器的数量，应标注在散热器内；光管式、闭式散热器的规格及数量应标注在散热器的上方。

3. 详图

在供暖平面图和系统上表达不清楚、用文字也无法说明的地方，可用详图画出。详图是局部放大比例的施工图，因此又称大样图。例如，一般供暖系统入口处管道的交叉连接复杂，可另画一张比例比较大的详图。

4. 设计说明

室内供暖系统的设计说明一般包括以下内容。

(1) 系统的热负荷、作用压力。

(2) 热媒的品种及其参数。

(3) 系统的形式及管道的敷设方式。

(4) 选用的管材及其连接方法。

(5) 管道和设备的防腐、保温做法。

(6) 无设备表时，须说明散热器及其他设备、附件的类型、规格和数量等。

(7) 施工及验收要求。

(8) 其他需要用文字解释的内容。

7.2.2 室内供暖施工图实例和识读

1. 室内供暖施工图实例

图 7-7 所示为某综合楼供暖首层平面图，图 7-8 为供暖二层平面图，图 7-9 所示为供暖系统图。

(1) 本工程采用低温水供暖，供回水温度为 75℃/50℃。

(2) 系统采用上供下回单管顺流式。

(3) 管道采用焊接钢管，*DN*32 以下为螺纹连接，*DN*32 以上为焊接。

(4) 散热器选用铸铁四柱 813 型，每组散热器设手动放气阀。

(5) 集气罐采用《采暖通风国家标准图集》N103 中Ⅰ型卧式集气罐。

(6) 明装管道和散热器等设备、附件及支架等刷红丹防锈漆两遍，银粉两遍。

(7) 室内地沟断面尺寸为 500mm×500mm，地沟内管道刷防锈漆两遍，50mm 厚岩棉保温，外缠玻璃纤维布。

(8) 图中未注明管径的立管均为 *DN*20，支管为 *DN*15。

(9) 其余未说明部分，按施工及验收规范有关规定进行。

2. 室内供暖施工图识读

1) 平面图

识读平面图的主要目的是了解管道、设备及附件的平面位置和规格、数量等。

在首层平面图中(见图 7-7)，热力入口设在靠近⑥轴右侧位置，供回水干管管径均为 *DN*50。供水干管引入室内后，在地沟内敷设，地沟断面尺寸为 500mm×500mm。主立管设在⑦轴处。回水干管分成两个分支环路，右侧分支共七根立管，左侧分支共八根立管。回水干管在过门和厕所内局部做地沟。

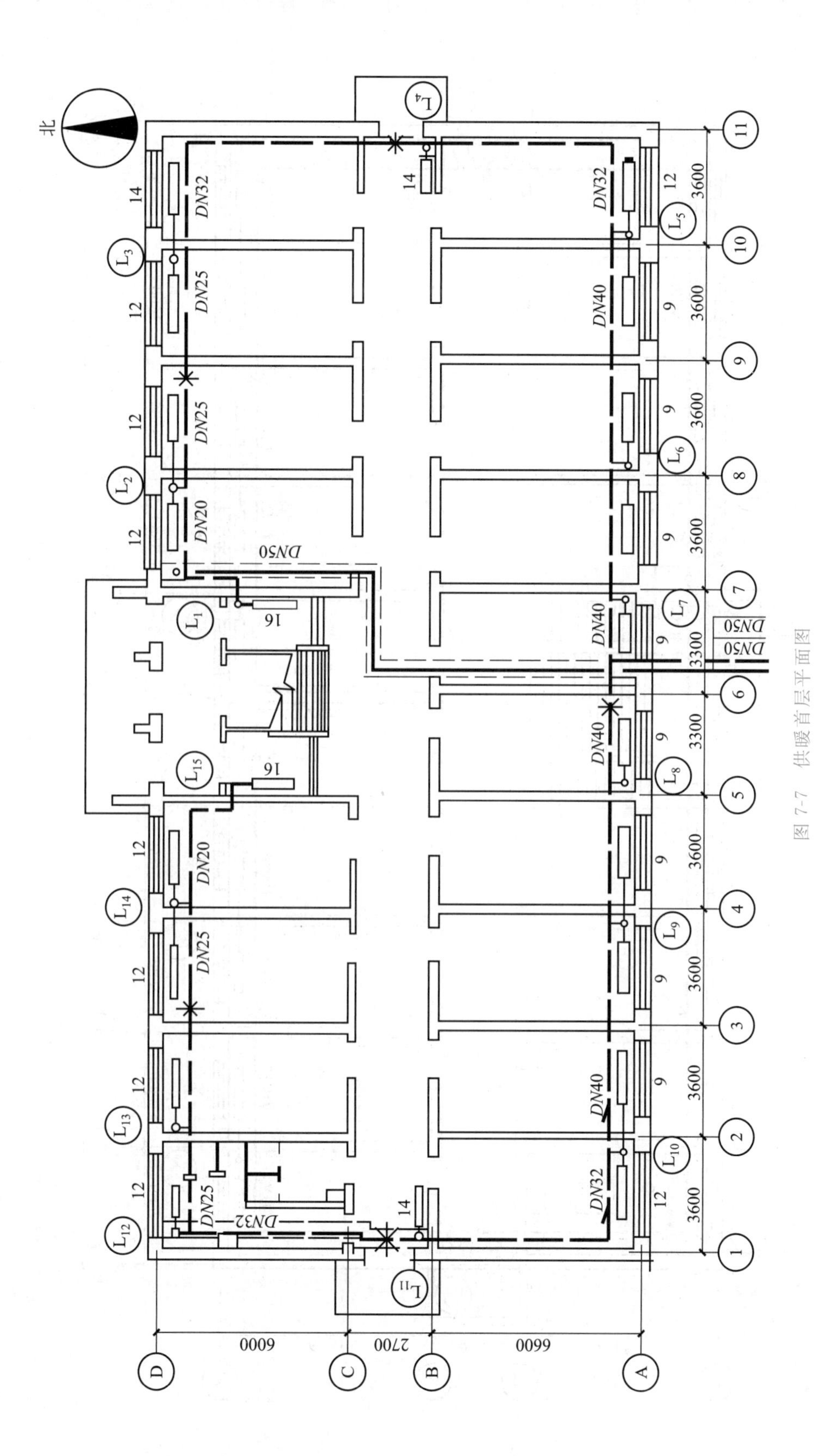
北
L1
L2
L3
L4
L5
L6
L7
L8
L9
L10
L11
L12
L13
L14
L15
DN20
DN25
DN32
DN40
DN50
3600
3300
6600
2700
6000
A
B
C
D
1
2
3
4
5
6
7
8
9
10
11

图 7-7 供暖首层平面图

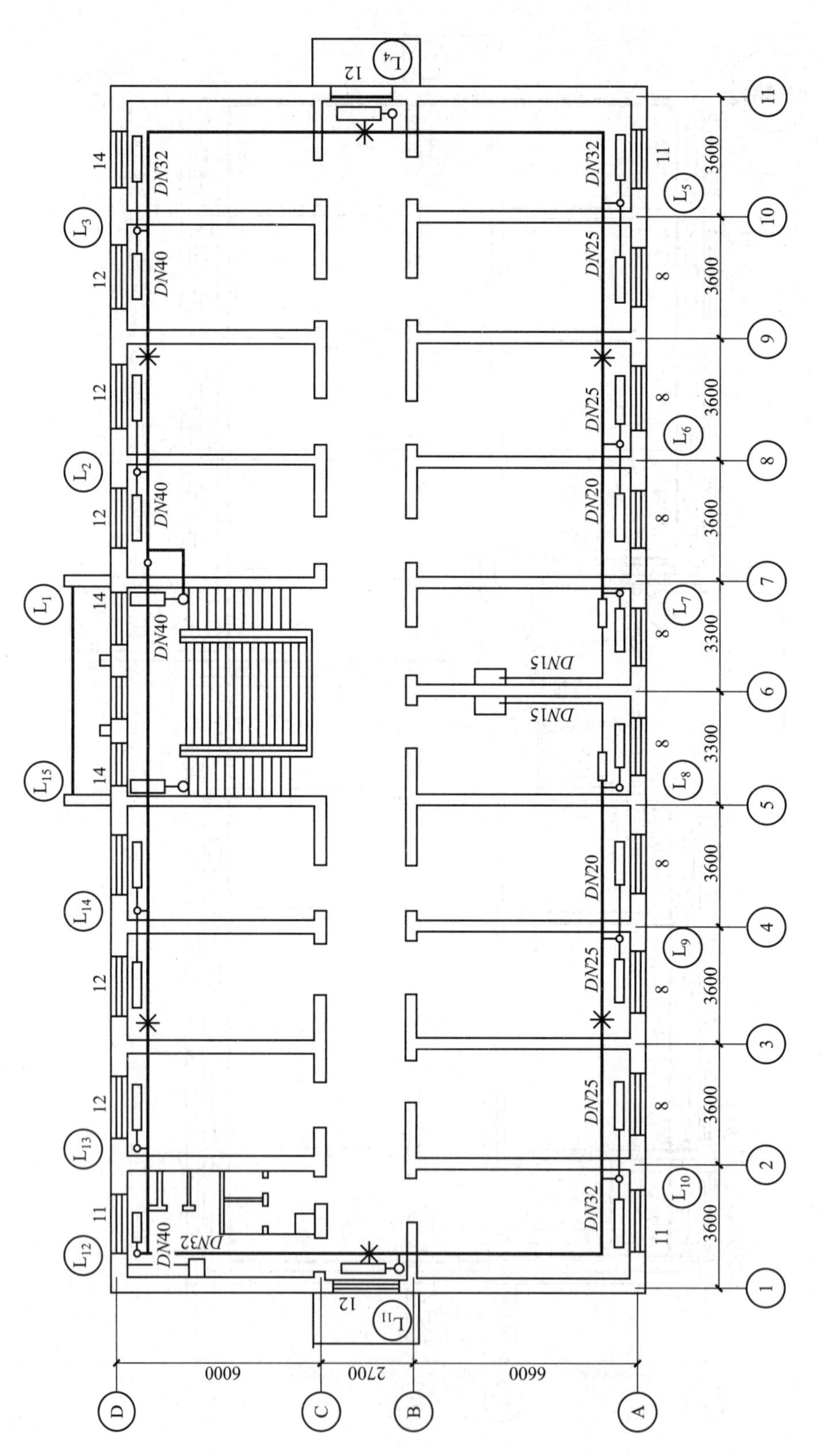
L1
L2
L3
L4
L5
L6
L7
L8
L9
L10
L11
L12
L13
L14
L15
DN40
DN32
DN25
DN20
DN15
3600
3300
6000
2700
6600
A
B
C
D
1
2
3
4
5
6
7
8
9
10
11

图 7-8 供暖二层平面图

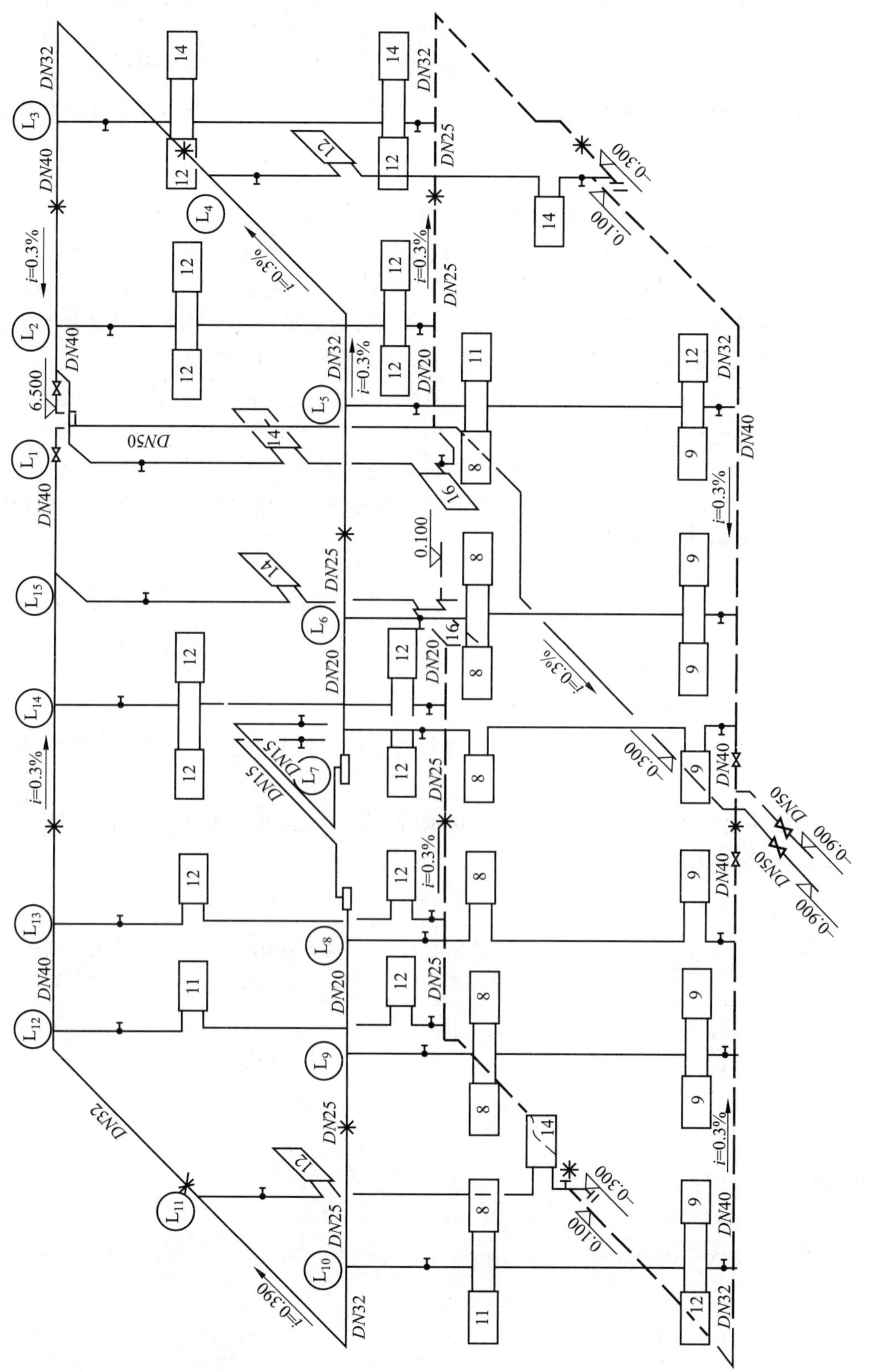

L1
L2
L3
L4
L5
L6
L7
L8
L9
L10
L11
L12
L13
L14
L15
DN32
DN40
DN50
DN25
DN20
DN15
i=0.3%
i=0.390
6.500
0.100
-0.300
-0.900

图 7-9　供暖系统图

在二层平面图中(见图 7-8),从供水主立管分为左右两个分支环路,分别向各立管供水,末端干管分别设置卧式集气罐,型号详见说明,放气管管径为 $DN15$,引至二层水池。建筑物内各房间散热器均设置在外墙窗下。一层走廊、楼梯间因有外门,散热器设在靠近外门内墙处;二层设在外窗下。散热器为铸铁四柱 813 型(见设计说明),各组片数标注在散热器旁。

2) 系统图

识读供暖系统图,一般从热力入口起,先弄清干管的走向,再逐一看各立、支管。

如图 7-9 所示,系统热力入口供回水干管均为 $DN50$,并设同规格阀门,标高为 -0.9m。引入室内后,供水干管标高为 -0.3m,有 0.3%上升的坡度,经主立管引到二层后,分为两个分支,分流后设阀门。两分支环路起点标高均为 6.5m,坡度为 0.3%,供水干管末端为最高点,分别设卧式集气罐,通过 $DN15$ 的放气管引至二层水池,出口处设阀门。

各立管采用单管顺流式,上下端设阀门。图中未标注的立、支管管径详见设计说明(立管为 $DN20$,支管为 $DN15$)。

回水干管同样分为两个分支,在地面以上明装,起点标高为 0.1m,有 0.3%沿水流方向下降的坡度。设在局部地沟内的管道,末端的最低点设泄水丝堵。两分支环路汇合前设阀门,汇合后进入地沟,回水排至室外。

7.2.3 供暖系统的施工安装

1. 室内供暖管道安装的基本技术要求

(1) 供暖管道采用低压流体输送钢管。

(2) 供暖系统所使用的材料和设备在安装前应按设计要求检查规格、型号和质量,符合要求方可使用。

(3) 管道穿越基础、墙和楼板应配合土建预留孔洞。预留孔洞尺寸如设计无明确规定时,可按表 7-7 所示的规定预留。

表 7-7 预留孔洞尺寸 单位:mm

管道名称及规格		明管留洞尺寸(长×宽)	暗管墙槽尺寸(长×宽)	管外壁与墙面最小净距
供暖立管	$DN\leqslant32$	100×100	130×130	25~30
	$DN=32\sim50$	150×150	150×130	35~50
	$DN=65\sim100$	200×200	200×200	55
	$DN=125\sim150$	300×300	—	60
两根立管	$DN\leqslant32$	150×100	200×130	
散热器支管	$DN\leqslant25$	100×100	60×60	15~25
	$DN=32\sim40$	150×130	150×100	30~40
供暖主干管	$DN\leqslant80$	300×250	—	—
	$DN=100\sim150$	350×300		

(4) 管道和散热器等设备安装前，必须认真清除内部污物，安装中断或完毕后，管道敞口处应适当封闭，防止进入杂物堵塞管道。

(5) 管道从门窗或其他洞口、梁柱、墙垛等处绕过，转角处如高于或低于管道水平走向，在其最高点和最低点应分别安装排气或泄水装置。

(6) 管道穿墙壁和楼板时，应分别设置铁皮套管和钢套管。安装在内墙壁的套管，其两端应与饰面相平。管道穿过外墙或基础时，应加设钢套管，套管直径比管道直径大两号为宜。

安装在楼板内的套管，其顶部应高出地面 20mm，底部与楼板相平。管道穿过厨房、厕所、卫生间等容易积水的房间楼板，应加设钢套管，其顶部应高出地面不小于 30mm。

(7) 明装钢管成排安装时，直线部分应互相平行，曲线部分曲率半径应相等。

(8) 水平管道纵横方向弯曲、立管垂直度、成排管段和成排阀门安装允许偏差要符合表 7-8 所示的规定。

表 7-8　管道、阀门安装的允许偏差　　单位：mm

项次	项　目		允许偏差
1	水平管道纵横方向弯曲，10m	$DN \leqslant 100$	5
		$DN > 100$	10
2	立管垂直度	每 1m	2
		5m 以上	≤8
3	成排管段和成排阀门在同一直线上距离		3

(9) 安装管道 DN 小于或等于 32mm 的不保温供暖双立管，两管中心距应为 80mm，允许偏差 5mm。热水或者蒸汽立管应该置于面向的右侧，回水立管置于左侧。

(10) 管道支架附近的焊口，要求焊口距支架净距大于 50mm，最好位于两个支座间距的 1/5 位置上。

2. 室内供暖管道的安装

1) 安装工艺流程

安装准备→预制加工→卡架安装→干管安装→立管安装→支管安装→散热器安装→试压→冲洗→防腐→保温→调试。

2) 安装准备

(1) 认真熟悉图样，配合土建施工进度，预留槽洞及安装预埋件。

(2) 按设计图画出管道的位置、管径、变径、预留口、坡向、卡架位置等施工草图，包括干管起点、末端和拐弯、节点、预留口、坐标位置等。

3) 干管安装

(1) 按施工图进行管段的加工预制，包括断管、套丝、上零件、调直、核对好尺寸，按环路分组编号，码放整齐。

(2) 安装卡架，按设计要求或规定间距安装。吊卡安装时，先把吊杆按坡向、顺序依次穿在型钢上，吊环按间距位置套在管上，再把管抬起穿上螺栓拧上螺母，将管固定。安装托架上的管道时，先把管就位在托架上，把每一节管装好 U 形卡，然后安装第二节管，以后各节管均照此进行，紧固好螺栓。

(3) 干管安装应从进户或分支路点开始，装管前要检查管腔并清理干净。在丝头处缠好生料带，一人在末端扶平管道，一人在接口处把管相对固定对准螺纹，慢慢转动入扣，用一把管钳固定住前节管件，用另一把管钳转动管至松紧适度，对准调直时的标记，要求螺纹外露 2～3 扣，并清掉外露生料带，依此方法装完为止(管道穿过伸缩缝或过沟处，必须先穿好钢套管)。

(4) 分路阀门离分路点不宜过远。如分路处是系统的最低点，必须在分路阀门前加泄水丝堵。集气罐的进出水口应开在偏下约为罐高的 1/3 处。丝接应与管道连接调直后安装。其放风管应稳固，如不稳可装两个卡子，集气罐位于系统末端时，应装托卡、吊卡。

(5) 采用焊接钢管，先把管道选好调直，清理好管膛，将管运到安装地点，安装程序从第一节开始；把管就位找正，对准管口使预留口方向准确，找直后用气焊点焊固定(管径小于或等于 50mm 点焊两点，管径大于或等于 70mm 点焊三点)，然后施焊，焊完后应保证管道正直。

(6) 遇有补偿器，应在预制时按规范要求做好预拉伸，并做好记录。按位置固定，与管道连接好。波纹管补偿器应按要求位置安装好导向支架和固定支架，并分别安装阀门、集气罐等附属设备。

(7) 管道安装完，检查坐标、标高、预留口位置和管道变径等是否正确，然后找直，用水平尺校对复核坡度，调整合格后，再调整吊卡螺栓 U 形卡，使其松紧适度，平整一致，最后焊牢固定卡处的止动板。

(8) 摆正或安装好管道穿结构处的套管，填堵管洞口，预留口处应加好临时管堵。

4) 立管安装

(1) 核对各层预留孔洞位置是否垂直，吊线、剔眼、栽卡子。将预制好的管道按编号顺序运到安装地点。

(2) 安装前先卸下阀门盖，有钢套管的先穿到管上，按编号从第一节开始安装。涂铅油缠麻将立管对准接口转动入扣，一把管钳咬往管件，另一把管钳拧管，拧到松紧适度，对准调直时的标记要求，螺纹外露 2～3 扣，预留口平整为止，并清净麻头。

(3) 检查立管的每个预留口标高、方向、半圆弯等是否准确、平整。将事先载好的管卡松开，把管放入卡内拧紧螺栓，用吊杆、线坠从第一节管开始找好垂直度，扶正钢套管，最后填堵孔洞，预留口必须加好临时丝堵。

5) 支管安装

(1) 检查散热器安装位置及立管预留口是否准确。量出支管尺寸和灯叉弯的大小(散热器中心距墙与立管预留口中心距墙之差)。

(2) 配支管，按量出支管的尺寸减去灯叉弯的量，然后断管、套丝、煨灯叉弯和调直。将灯叉弯两头缠生料带，装好活接头，连接散热器。

(3) 暗装或半暗装的散热器灯叉弯必须与炉片槽墙角相适应，达到美观要求。

(4) 用钢尺、水平尺、线坠校对支管的坡度和平行距墙尺寸，并复查立管及散热器有无移动。按设计或规定的压力进行系统试压及冲洗，合格后办理验收手续，并将水泄净。

(5) 立支管变径，不宜使用铸铁补芯，应使用变径管箍或焊接法。

6) 水压试验

供暖管道安装后应做水压试验。工作压力不大于 70kPa(表压力，下同)的蒸汽供暖系统，应以系统顶点工作压力的两倍做水压试验，同时在系统低点的试验压力不得小于

250kPa;热水供暖或工作压力超过70kPa的蒸汽供暖系统,应以系统顶点工作压力加100kPa做水压试验,同时在系统低点的试验压力不得小于300kPa。要求系统在达到试验压力后,5min内压力降不大于20kPa为合格。系统低点如大于散热器所承受的最大试验压力,则应分层做水压试验。

系统试压合格后,管道应根据设计要求做防腐或保温,明装管道一般先刷防锈漆,再刷银粉;管道保温可参照室外供热管道做法。

7）通暖试运行

（1）首先联系好热源,根据供暖面积确定通暖范围,制定通暖人员分工,检查供暖系统中的泄水阀门是否关闭,干管、立管、支管的阀门是否打开。

（2）向系统内充软化水,开始先打开系统最高点的放风阀,安排专人看管。慢慢打开系统回水干管的阀门,待最高点的放风阀见水后即关闭放风阀。再开总进口的供水管阀门,高点放风阀要反复开放几次,使系统中的冷风排净为止。

（3）正常运行半小时后,开始检查全系统,遇有不热处应先查明原因,需冲洗检修时,则关闭供回水阀门泄水,然后分先后开关供回水阀门放水冲洗,冲净后再按照上述程序通暖运行,直到正常为止。

（4）冬季通暖时,必须采取临时取暖措施,使室温保持+5℃以上才可进行。遇有热度不均,应调整各分路立管、支管上的阀门,使其基本达到平衡后,进行正式检查验收,并办理验收手续。

8）安装质量检验记录

供暖系统安装质量检验参照《建筑给水排水及采暖工程施工质量验收规范》(GB 50242—2002),地板辐射供暖安装质量检验参照《辐射供暖供冷技术规程》(JGJ 142—2012),住宅楼分户热计量系统安装质量检验参照《供热计量技术规程》(JGJ 173—2009)。质量检验合格后必须具备的质量检验记录有以下几个方面:①材料设备的出厂合格证;②材料设备进场检验记录;③散热器组对试压记录;④供暖干管预检记录;⑤供暖立管预检记录;⑥供暖管道补偿器预拉伸记录;⑦供暖支管、散热器预检记录;⑧供暖管道单项试压记录;⑨供暖管道隐蔽检查记录;⑩供暖系统试压记录;⑪供暖系统冲洗记录;⑫供暖系统试调记录。

7.3　通风、空调施工图识读与施工

室内通风与空调施工图是表示一栋工业或民用建筑的通风工程或空调工程的图样。它包括通风和空调系统的平面图、剖面图、系统图和详图。一个完整的通风与空调系统施工图还要有设计、安装说明。对于空调系统施工图,还应包括空调冷冻水及冷却水系统流程图以及冷冻机房的布置图。

微课:通风与空调施工图组成

7.3.1　通风与空调施工图的组成

1. 设计与安装说明

设计与安装说明的内容有以下几个方面。

(1) 建筑物概况：介绍建筑物的面积、高度及使用功能；对空调工程的要求。

(2) 设计标准：室外气象参数，如夏季和冬季的温度、湿度、风速；室内设计标准，如各空调房间(如客房、办公室、餐厅、商场等)夏季和冬季的设计温度、湿度、新风量要求和噪声标准等。

(3) 空调系统：对整幢建筑物的空调方式和建筑物内各空调房间所采用的空气调节设备做简要的说明。

(4) 空调系统设备安装要求：主要是对空调系统的装置，如风机盘管、柜式空调器及通风机等提出详细的安装要求。

(5) 空调系统一般技术要求：对风管使用的材料、保温和安装的要求，提出说明。

(6) 空调水系统：包括空调水系统的类型，所采用的管材及保温，系统试压和排污情况。

(7) 机械送排风：建筑物内各空调房间、设备层、车库、消防前室、走廊的进排风设计要求和标准。

(8) 空调冷冻机房：列出所采用的冷冻机、冷冻水泵及冷却水泵的型号、规格、性能和台数，并提出主要的安装要求。

2. 通风与空调平面图、剖面图

要表示出各层、各空调房间的通风与空调系统的风道及设备布置，给出进风管、排风管、冷冻水管、冷却水管和风机盘管的平面位置。

对于在平面图上难以表达清楚的风道和设备，应加绘剖面图。剖面图的选择要能反映该风道和设备的全貌，并给出设备、管道中心(或管底)标高，标注出距该层地面的尺寸。

3. 通风与空调系统图

系统图与平面图相配合可以说明通风与空调系统的全貌。表示出风管的上、下楼层间的关系，风管中干管、支管、进(出)风口及阀门的位置关系。风管的管径、标高也能得到反映。

4. 送风、排风示意图

对通风与空调工程中的送风、排风、消防正压送风、排烟等做出表示。

5. 空调冷冻水及冷却水系统工艺流程图

在空调工程中，风与水两个体系紧密联系，缺一不可，但又相互独立的。所以在施工图中要将冷冻水及冷却水的流程详尽绘出，使施工人员对整个水系统有全面的了解。需要注意的是，冷冻水和冷却水流程图与送风、排风示意图均是无比例的。

6. 冷冻机房布置图

给出冷水机组、水泵、水池、电气控制柜的安装位置。

7. 设备材料表

列出本通风与空调工程主要设备，材料的型号、规格、性能和数量。

8. 局部详图

通常可采用国家或地区的标准图。如建设单位对本工程有特殊要求者，须由设计人员专门提供。

在识读通风与空调施工图时，首先必须看懂设计安装说明，从而对整个工程建立一个全面的概念。接着识读冷冻水和冷却水流程图，送风、排风示意图。流程图和示意图反映了空调系统中两种工质的工艺流程。领会了其工艺流程后，再识读各楼层、各空调房间的平面图就比较清楚了。至于局部详图，则是对平面图上无法表达清楚的部分做出补充。

识读过程中，除了要领会通风与空调施工图外，还应了解土建施工图的地沟、孔洞、竖

井、预埋件的位置是否相符，与其他专业（如水、电）施工图的管道布置有无碰撞，发现问题应及时同相关人员协商解决。

7.3.2　空调施工图实例

下面以某办公大楼空调施工图为例进一步说明通风、空调施工图的组成和内容。

该工程的施工图由图纸目录、设计说明、主要设备材料表、地下室通风排烟平面图、各层空调或通风平面图、空调水系统图、空调机房平面图和空调机房水系统图等组成。

在设计说明中，包含以下内容。

1. 工程概况

本工程为一综合大楼，总建筑面积为 18000m²，地上八层，地下一层。一～三层为大堂和办公大厅，四～八层包括办公套房和会议室，地下室是汽车库和设备用房。全楼设置水冷式中央空调，制冷机组采用水冷螺杆式冷水机组，供热用间接式电热锅炉。

1）设计内容

全楼设置中央空调系统、机房制冷系统、冷却水系统，冷却塔置于屋顶。地下室设置机械排烟系统，电梯前室及防烟楼梯间设置加压防烟系统。

2）设计依据

《民用建筑供暖通风与空气调节设计规范》(GB 50736—2012)、《建筑设计防火规范》(GB 50016—2014)、《汽车库、修车库、停车场设计防火规范》(GB 50067—2014)、《汽车库建筑设计规范》(JGJ 100—2015)、《通风与空调工程施工质量验收规范》(GB 50243—2016)、《通风与空调工程施工规范》(GB 50738—2011)。

2. 设计参数

空调室内设计参数如表 7-9 所示。

表 7-9　空调室内设计参数

房　间	室内温度/℃		相对湿度/%		新风量/[m³/(p·h)]	备　注
	夏季	冬季	夏季	冬季		
大堂	26	21	60	40	25	<60dB(A)
办公大厅	27	21	60	40	25	<60dB(A)
办公室	27	21	60	40	25	<60dB(A)
会议室	26	21	60	40	25	<60dB(A)

3. 空调水系统及设备

(1) 本工程设置集中冷热水系统，冷冻水供回水温度为 7℃/12℃，热水供回水温度为 60℃/50℃。

(2) 空调水系统采用同程式，分为两个环路，一～三层为一个环路，四～八层为一个环路。

(3) 全楼空调面积约 12000m²，总冷负荷 1280kW，设冷水机组两台，冷冻水泵三台(两用一备)，冷却水泵三台(两用一备)，冷却塔两台，冷却塔流量为 600m³/(h·台)，空调热负荷为 933kW，空调热水泵两台，所有设备要求承压 0.8MPa 以上。

4. 气流组织

(1) 配合装修做百叶侧送风口或方形散流器下送，回风为顶棚百叶回风口及百叶回风门回风。

(2) 图上所有风口尺寸除特别注明外均为喉部尺寸，施工现场应根据实际顶棚尺寸及外墙开口尺寸进行调整。

5. 消声隔震及卫生

(1) 冷冻水机组、水泵及柜式空调机组均设橡胶剪切垫，吊顶式空调机需装减震器。

(2) 空调送回风管、地下室通风管与空调机组或风机连接处均加双层帆布软接，冷冻水机组、水泵出入口均设不锈钢软接头。

(3) 送回风静压箱内贴消声材料。

(4) 所有新风进风口、回风口均应设杀菌过滤网。

6. 风管的制作安装

(1) 一般风管采用5mm不燃型无机玻璃钢制作，制作风管及配件应符合规范要求。

(2) 矩形风管边长大于630mm或保温风管边长大于800mm且管段长度大于1200mm的风管，应采取加固措施。

(3) 风管采用难燃PEF板材保温，设在空调房间内的风管保温层厚度为15mm，设在非空调房间内的风管保温层厚度为25mm。

7. 系统试压及排污

(1) 系统安装完毕应进行水压试验，系统试压时设备进出口阀门应关闭。试验压力为0.8MPa，在试验压力下10min内压力下降小于0.02MPa且外观检查无渗漏为合格。试验合格后进行保温。

(2) 空调水系统的清洁对正常运行有很大的影响，需要重视。在系统运行前要进行排污，排污前将所有设备进出口关闭，打开旁通阀门或者支路旁通直至系统没有污物排出为止。

(3) 每层水平管供回水管末端加冲洗阀。

(4) 每组立管末端(供回水)加排污阀。

8. 施工注意事项

(1) 穿墙、楼板处的水管、风管施工完毕，应将缝隙填实。

(2) 冷热水立管穿楼板处，需在楼板处或剪力墙侧板处做支架。

(3) 防雨新风百叶直接接入设备的带过滤网；不接入设备，直接接入机房的不带过滤网。

(4) 水管支吊架的制作安装参照《给水排水标准图集》S161，风管支吊架的制作安装参照《采暖通风标准图集》T607。

(5) 图中标高以建筑首层地面为±0.000标高基准面。图中所注风管标高为管顶标高，所标风管尺寸为宽×高，所标水管标高为管中心标高。

图7-10～图7-19所示是办公大楼的空调平面图、空调水系统图、空调机房平面图和空调机房水系统图以及地下室的通风排烟平面图。读者可扫描图右侧二维码获取清晰图。其中，图7-10所示为地下室通风排烟平面图，其系统形式为机械排烟系统结合局部机械送风系统；图7-11～图7-13所示为一～三层空调平面图，由于一～三层为大堂和办公大厅，因而系统设计为全空气低速风管系统，散流器下送风。由于建筑平面相对较小，因而水管和风管未分开设计，而是设计在同一张平面图上。图7-14所示为四～七层空调平面图，办公套房内采用风机盘管加新风系统侧送风方式，会议室采用吊顶机组设置百叶风口下送风方式。

图 7-15 所示为八层空调平面图，办公套房及会议室设计同四～七层，左侧办公大厅内采用空气低速风管系统，散流器下送风。图 7-16 和图 7-17 所示为空调水系统图，采用水平双管同程式，分为两个环路，一～三层为一个环路，四～八层为一个环路。图 7-18 和图 7-19 所示为机房系统图及平面图。

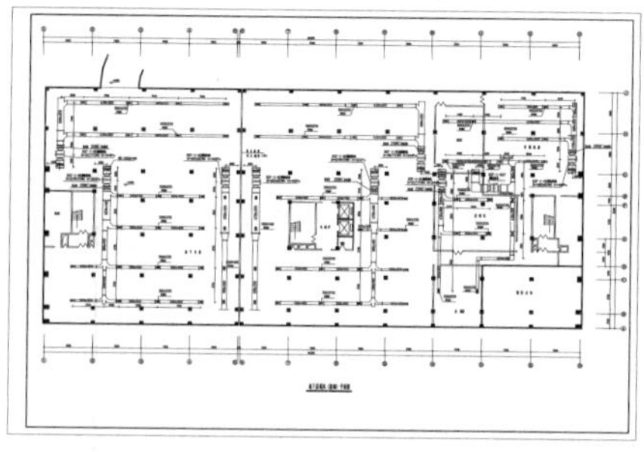

图 7-10　地下室通风(排烟)平面图

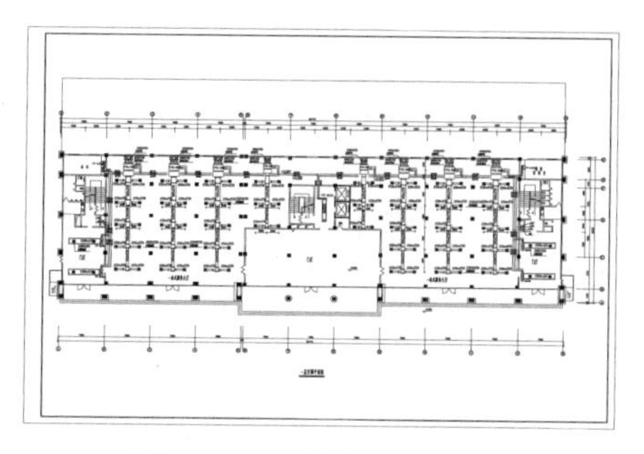

图 7-11　一层空调平面图

扫描二维码下载
图 7-10～图 7-17

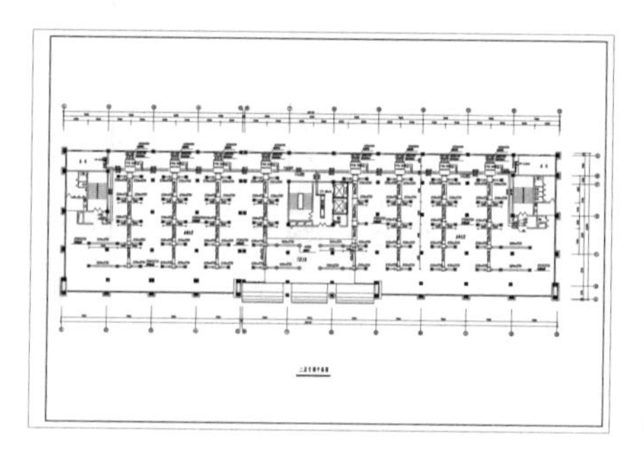

图 7-12　二层空调平面图

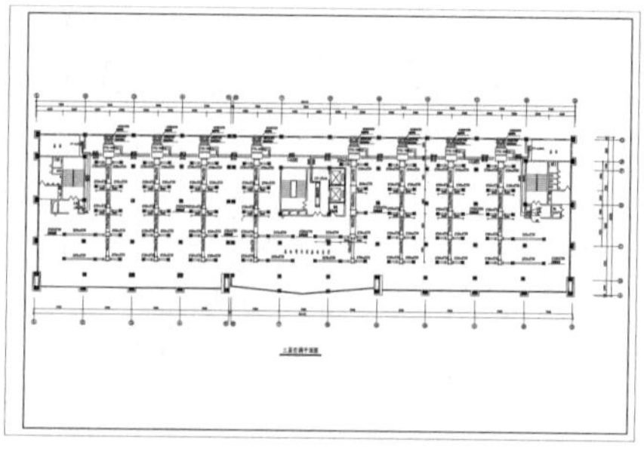

图 7-13　三层空调平面图

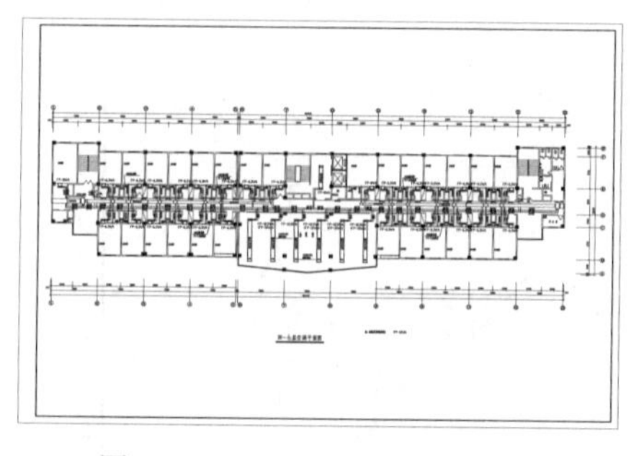

图 7-14　四～七层空调平面图

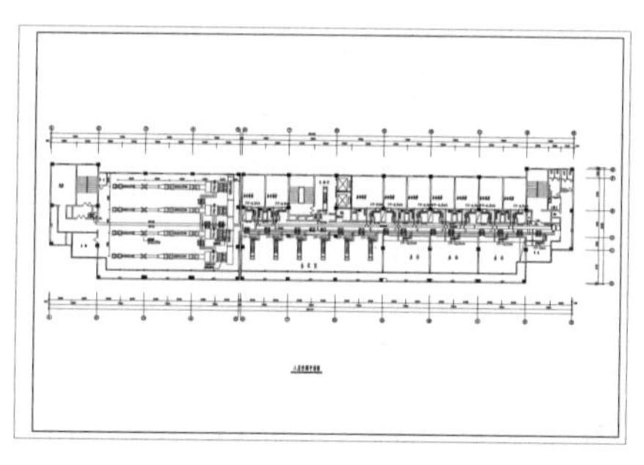

图 7-15　八层空调平面图

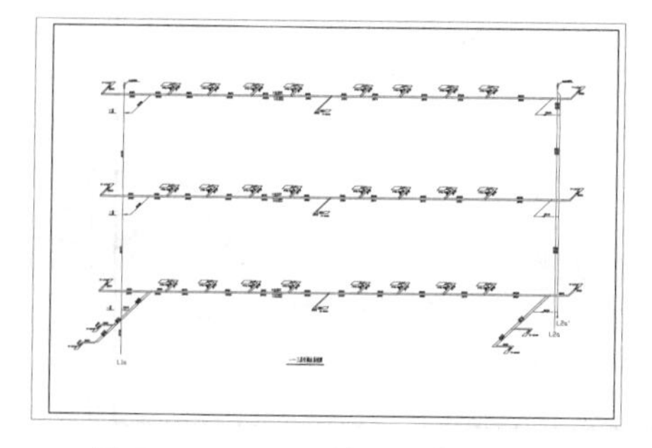

图 7-16　一～三层空调水系统图

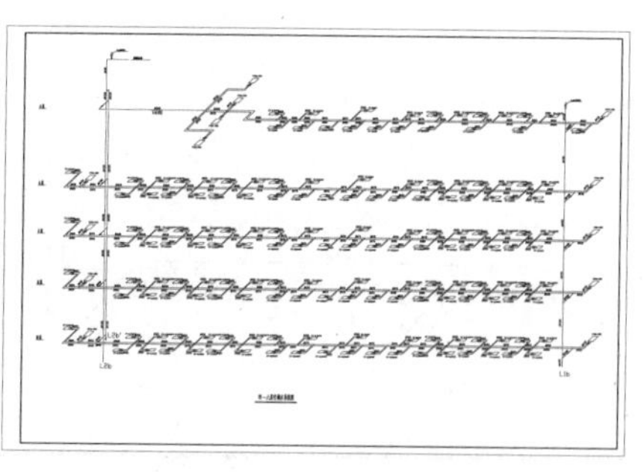

图 7-17　四～八层空调水系统图

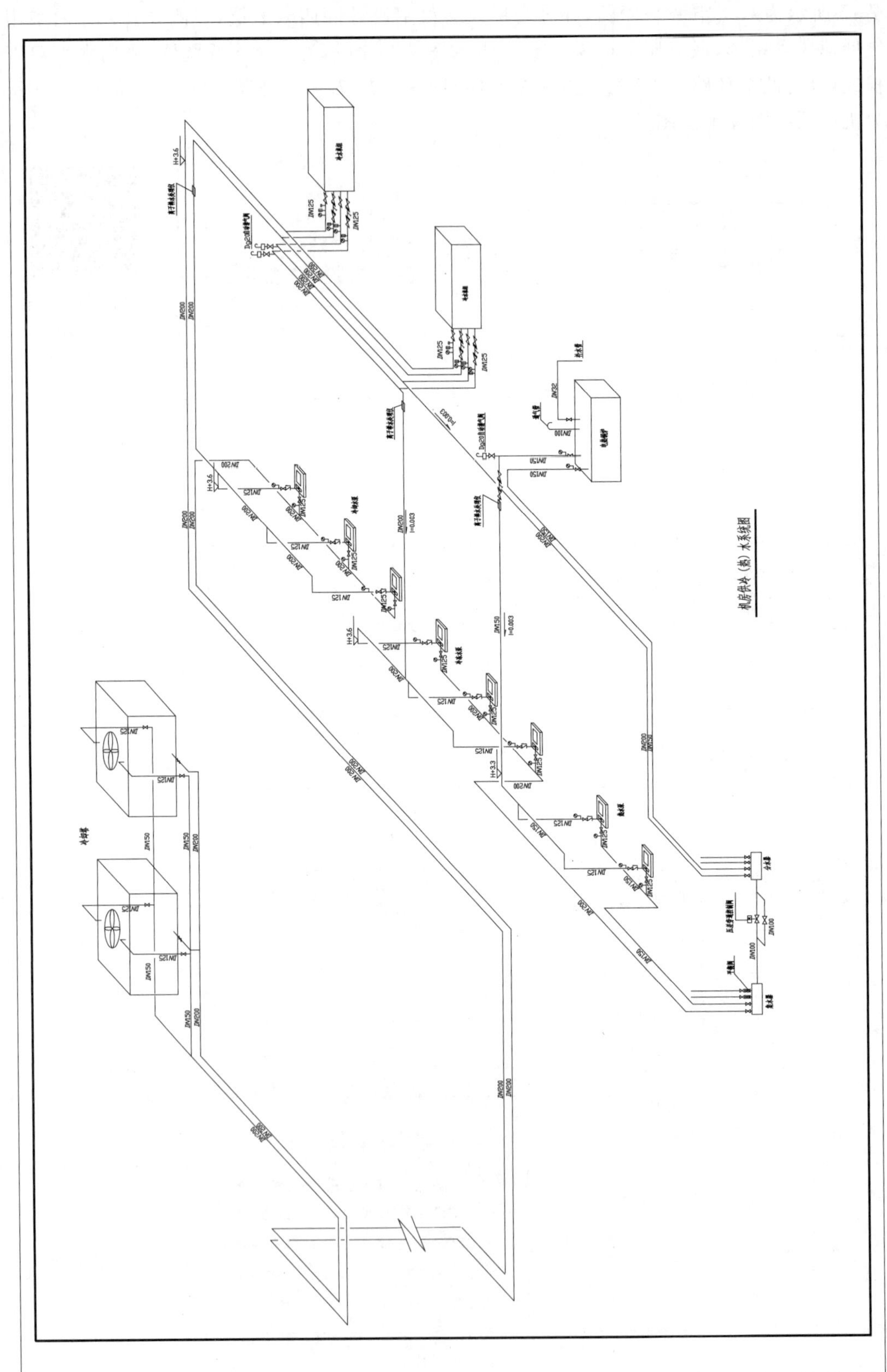

图 7-18 机房冷(热)水系统图

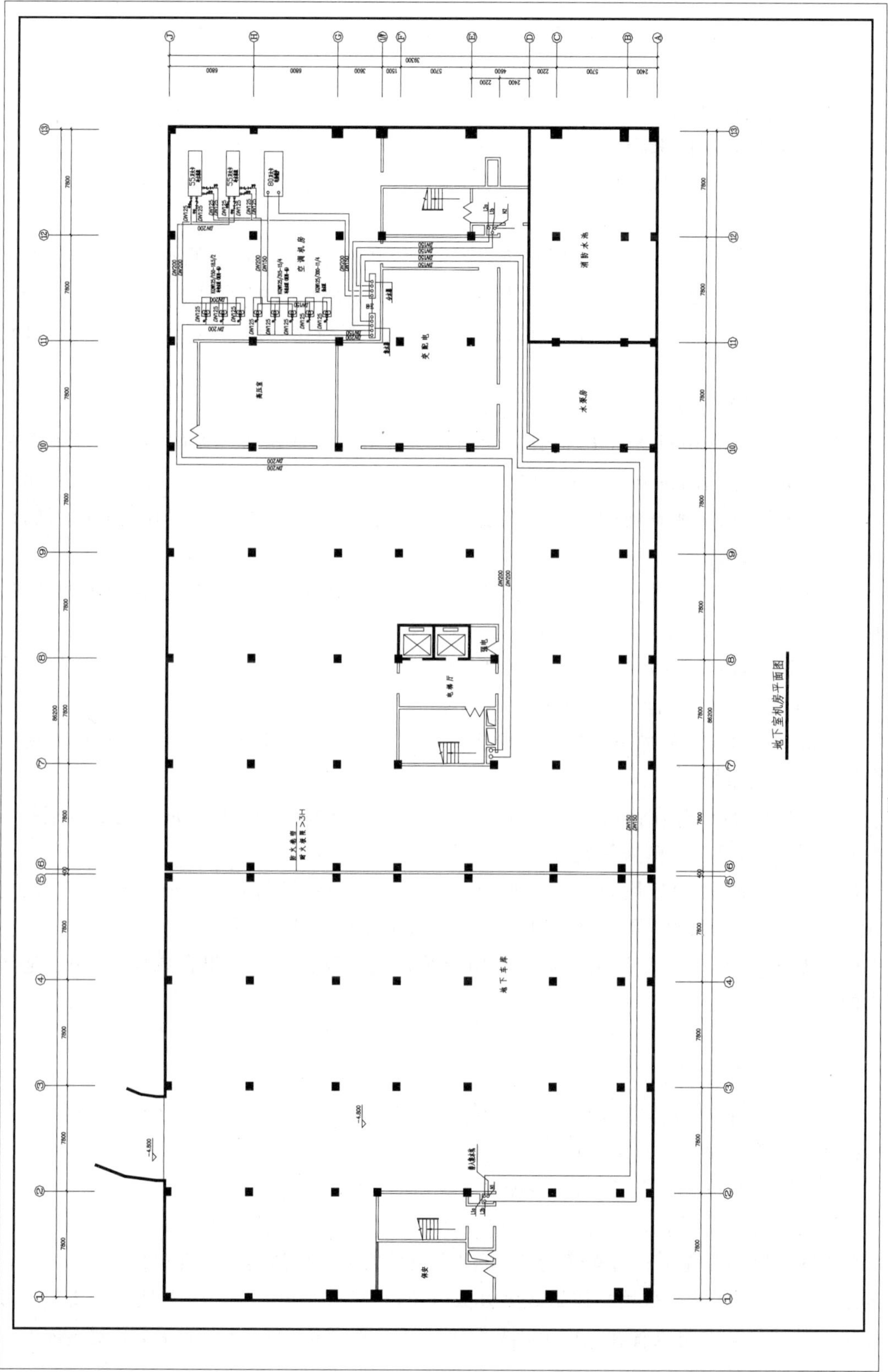

图 7-19　地下室机房平面图

7.3.3 通风与空调风管系统施工安装

1. 风管系统的选择

1）风管断面形状的选择

（1）圆形风管。若以等用量的钢板而言，圆形风管通风量最大，阻力最小，强度大，易加工，保温方便。一般用于排风管道。

（2）矩形风管。对于公共、民用建筑，为了充分利用建筑空间，降低建筑高度，使建筑空间既协调又美观，通常采用方形或矩形风管。但当矩形风管的断面积一定且当宽高比大于8∶1时，风管比摩擦阻力增大，因此矩形风管的宽高比一般不大于4∶1，最多取到6∶1。

2）风管材料的选择

通风管道一般采用板材制作，但具体使用什么材料要根据输送气体的性质和就地取材的原则来确定。常用的材料有以下几种。

（1）普通钢板：又称“黑铁皮”，其结构强度高、加工性能好、价格便宜，但表面易生锈，使用时应做防腐处理。

（2）镀锌铁皮：又称“白铁皮”，是在普通钢板表面镀锌而成。它具有普通钢板的特点，同时耐腐蚀性能好，是风管的常用材料，适用于各种空调系统。

（3）不锈钢板：具有防腐、耐酸、强度高、韧性好、表面光洁等优点，但价格高，常用在洁净度要求高或防腐要求高的通风系统。

（4）铝板：塑性好、易加工、耐腐蚀、摩擦时不产生火花，多用于洁净度要求高或有防爆要求的通风空调系统。

（5）塑料复合板：是在普通钢板上喷一层0.2～0.4mm厚的塑料层而成。它既有钢板强度大的性能，又有塑料的耐腐蚀性，多用于防腐要求高的通风系统。

（6）玻璃钢板：是由玻璃布和合成树脂复合后形成的新型材料，其质轻、强度高、耐腐蚀、耐火，多用在纺织、印染等含腐蚀性气体或含大量蒸汽的排风系统。

（7）砖、混凝土：适用于地沟风管或利用建筑物或构筑物的空间组合成风管，用于通风量大的场合。

2. 风管系统的安装

（1）安装技术要求如下。

① 明装风管：水平度，每米偏差小于或等于3mm，总偏差小于或等于20mm；垂直度，每米偏差小于或等于2mm，总偏差小于或等于20mm。

② 暗装风管：位置应正确，无明显偏差。

（2）安装流程如图7-20所示。

（3）安装顺序为先干管后支管；安装方法应根据施工现场的实际情况确定，可以在地面上连成一定的长度，然后采用整体吊装的方法就位；也可以把风管一节一节地放在支架上逐节连接。整体吊装式将风管在地面上连接好，一般可接长至10～12节左右，用倒链或升降机将风管吊到吊架上。

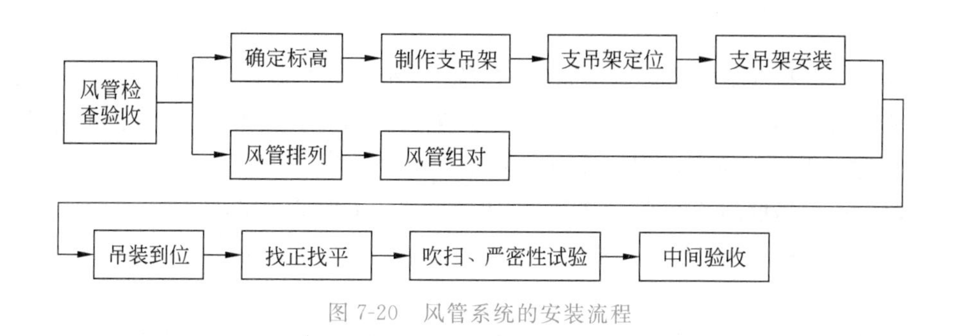

图7-20　风管系统的安装流程

(4) 风管穿越需要封闭的防火、防爆的墙体或楼板时，应设预埋管或防护套管，其钢板厚度不应小于1.6mm。风管与防护套管之间应用不燃且对人体无危害的柔软材料进行封堵。

(5) 复合材料风管接缝应牢固，无孔洞和开裂。当采用插接连接时，接口应匹配、无松动，端口缝隙不应大于5mm。

(6) 硬聚氯乙烯风管的直管段连续长度大于20m，应按设计要求设置伸缩节；支管的重量不得由干管承受，必须自行设置支架、吊架。

(7) 风管系统安装完毕，应按系统类别进行严密性检验。

3. 风口的安装

(1) 风口安装应横平、竖直、严密、牢固、表面平整。

(2) 带风量调节阀的风口安装时，应先安装调节阀框，后安装风口的叶片框。同一方向的风口，其调节装置应设在同一侧。

(3) 散流器风口安装时，应注意风口预留孔洞要比喉口尺寸大，留出扩散板的安装位置。

(4) 洁净系统的风口安装前，应将风口擦拭干净，其风口边框与洁净室的顶棚或墙面之间应采用密封胶或密封垫料封堵严密，不得漏风。

(5) 球形旋转风口连接应牢固，球形旋转头要灵活，但不得晃动。

(6) 排烟口与送风口的安装部位应符合设计要求，与风管或混凝土风管的连接应牢固、严密。

4. 风阀的安装

(1) 风阀安装前应检查框架结构是否牢固，调节、制动、定位等装置是否准确灵活。

(2) 风阀的安装同风管的安装，将其法兰与风管或设备的法兰对正，加上密封垫片，上紧螺栓，使其与风管或设备连接牢固、严密。

(3) 风阀安装时，应使阀件的操纵装置便于人工操作。其安装的方向应与阀体外壳标注的方向一致。

(4) 安装完的风阀，应在阀体外壳上有明显和准确的开启方向、开启程度的标志。

(5) 防火阀的易熔片应安装在风管的迎风侧，其熔点的温度应符合设计要求。

5. 风管安装注意问题

(1) 在风管穿越需要封闭的防火、防爆的墙体或楼板时，应设预埋管或防护套管，其钢板厚度不应小于1.6mm。风管与防护套之间应用不燃且对人体无危害的柔性材料进行封堵。

(2) 风管内严禁其他管道穿越;输送含有易燃、易爆气体或安装在易燃、易爆环境的风管系统应有良好的接地,通过生活区或其他辅助生产房间时必须严密,并不得设置接口;室外立管的固定拉索严禁拉在避雷针或避雷网上。

(3) 输送空气温度高于80℃的风管,应按设计规定采取防护措施。

(4) 防火阀、排烟阀(口)的安装方向、位置应正确。防火分区隔墙两侧的防火阀距墙表面不应大于200mm。

(5) 风管系统安装完毕,应按系统类别进行严密性检验。漏风量应符合设计及《通风与空调工程施工规范》(GB 50738—2011)中15.2.3条的规定。风管系统的严密性检验应符合下列规定。

① 低压系统风管的严密性检验应采用抽检,抽检率为5%,且不得少于一个系统。在加工工艺得到保证的前提下,采用漏光法进行检测。检测不合格时,应按规定的抽检率做漏风量测试。

② 中压系统风管的严密性检验应在漏光法检验合格后对系统漏风量测试进行抽验,抽验率为20%,且不得少于一个系统。

③ 高压系统风管严密性检验为全数进行漏风量测试。

系统风管严密性检验的被抽检对象应全数合格,视为通过;如有不合格时,则应再加倍抽验,直至全数合格。

6. 风管系统安装质量检验记录

(1) 风管系统安装检验批质量验收记录(送风、排风、排烟系统)。

(2) 风管系统安装检验批质量验收记录(空调系统)。

(3) 风管系统安装检验批质量验收记录(净化空调系统)。

(4) 通风与空调分项工程质量验收记录。

(5) 通风与空调子分部工程质量验收记录(送风、排风系统)。

(6) 通风与空调子分部工程质量验收记录(防烟、排烟系统)。

(7) 通风与空调子分部工程质量验收记录(除尘系统)。

(8) 通风与空调子分部工程质量验收记录(空调系统)。

(9) 通风与空调子分部工程质量验收记录(净化系统)。

(10) 隐蔽工程记录。

(11) 施工日记。

7.3.4 空调水系统安装

(1) 空调工程水系统的设备与附属设备、管道、管配件及阀门的型号、规格、材质、连接形式应符合设计规定。

(2) 管道安装应符合下列规定。

① 隐蔽管道在隐蔽前必须经监理人员(或建设单位项目专业技术人员)验收及认可

签字。

② 焊接钢管、镀锌钢管不得采用热煨弯。

③ 管道与设备的连接应在设备安装完毕进行，与水泵制冷机组的连接管必须为柔性接口。柔性短管不得强行对口连接，与其连接的管道应设置独立的支架。

④ 冷热水及冷却水系统应在系统冲洗、排污合格（目测：以排出口的水色和透明度与入口水对比相近，无可见杂物），再循环试运行2h以上，且水质正常后才能与制冷机组、空调设备相贯通。

⑤ 固定在建筑结构上的管道支架、吊架不得影响结构的安全。管道穿越墙体或楼板处应设钢制套管，管道接口不得置于套管内，钢制套管应与墙体饰面或楼板底部平齐，上部应高出楼层地面20～50mm，并不得将套管作为管道支撑。保温管道与套管四周间隙应使用不燃材料堵塞紧密。

（3）管道系统安装完毕，外观检查合格后，应按设计要求进行水压试验。当设计无规定时，应符合下列规定。

① 冷热水、冷却水系统的试验压力，当工作压力小于或等于1.0MPa时，为工作压力加0.5MPa。

② 对于大型或高层建筑垂直位差较大的冷（热）媒水、冷却水管道系统，宜采用分区、分层试压和系统试压相结合的方法。一般建筑可采用系统试压方法。

分区、分层试压：对相对独立的局部区域的管道进行试压。在试验压力下，稳压10min，压力下降不得大于0.02MPa，再将系统压力降至工作压力，在60min内压力不得下降，外观检查无渗漏为合格。

系统试压：在各分区管道与系统主、干管全部连通后，对整个系统的管道进行系统的试压。试验压力以最低点的压力为准，调至试验压力后，稳压10min，压力下降不得大于0.02MPa，再将系统压力降至工作压力，外观检查无渗漏为合格。

③ 各类耐压塑料管的强度试验压力为1.5倍工作压力，严密性工作压力为1.15倍设计工作压力。

④ 凝结水系统采用充水试验，应以不渗漏为合格。

（4）阀门的安装应符合下列规定。

① 阀门的安装位置、高度、进出口方向必须符合设计要求，连接应牢固紧密。

② 装在保温管道上的各类手动阀门，手柄均不得向下。

③ 阀门安装前必须进行外观检查，阀门的铭牌应符合《工业阀门　标志》（GB/T 12220—2015）的规定。对于工作压力大于1.0MPa及在主、干管上起到切断作用的阀门，应进行强度和严密性试验，合格后方准使用。其他阀门可不单独进行试验，待在系统试压中检验。

强度试验时，试验压力为公称压力的1.5倍，持续时间不少于5min，阀门的壳体、填料应无渗漏。

严密性试验时，试验压力为公称压力的1.1倍，试验压力在试验持续的时间内应保持不变，时间应符合表7-10所示的规定，以阀瓣密封面无渗漏为合格。

表 7-10　阀门压力持续时间　　单位：s

公称直径 DN/mm	严密性试验的最短试验持续时间	
	金属密封	非金属密封
≤50	15	15
65～200	30	15
250～450	60	30
≥500	120	60

(5) 补偿器的补偿量和安装位置必须符合设计及产品技术文件的要求，并应根据设计计算的补偿量进行预拉伸或预压缩。

设有补偿器(膨胀节)的管道应设置固定支架，其结构形式和固定位置应符合设计要求，并应在补偿器的预拉伸(或预压缩)前固定；导向支架的位置应符合所安装产品技术文件的要求。

(6) 冷却塔的型号、规格、技术参数必须符合设计要求。对含有易燃材料冷却塔的安装，必须严格执行施工防火安全的规定。

(7) 水泵的规格、型号、技术参数应符合设计要求和产品性能指标。水泵正常连续试运行的时间不少于 2h。

(8) 水箱、集水缸、分水缸、贮水罐的满水试验或水压试验必须符合设计要求。贮冷罐内壁防腐涂层的材质、涂抹质量、厚度必须符合设计要求及产品技术文件要求，贮冷罐的底座必须进行绝热处理。

(9) 空调水系统质量检验记录。

① 空调水系统安装检验批质量验收记录(金属管道)。

② 空调水系统安装检验批质量验收记录(非金属管道)。

③ 空调水系统安装检验批质量验收记录(设备)。

④ 防腐与绝热施工检验批质量验收记录(管道系统)。

⑤ 通风与空调子分部工程质量验收记录(空调水系统)。

⑥ 通风与空调子分部工程质量验收记录。

⑦ 隐蔽工程记录。

⑧ 施工日记。

本章小结

本章主要介绍了暖通空调制图的一般规定和常用图例；介绍了供暖、通风与空调施工图的组成及实例识图；同时介绍了供暖、通风与空调系统的施工安装流程及安装方法。

思　考　题

7.1　室内供暖施工图主要包括哪些内容？

7.2　怎样识读室内供暖施工图？

7.3　室内供暖系统的安装流程是什么？

7.4　通风与空调施工图主要包括哪些内容？

7.5　怎样识读通风与空调施工图？

7.6　风管系统的安装流程是什么？

7.7　空调水系统的压力试验有什么要求？

习　　题

7.1　某办公建筑供暖系统为垂直的分区系统，如图 7-21 所示。试回答以下问题。

(1) 高区和低区热媒参数是否相同？为什么？

(2) 按照不同的系统分类标准，高区是什么类型的系统？低区又是什么类型的系统？

(3) 高区右侧立管每层两组散热器各设置一根跨越管，若两组散热器共用一根跨越管是否可以？与设置两根跨越管有什么区别？

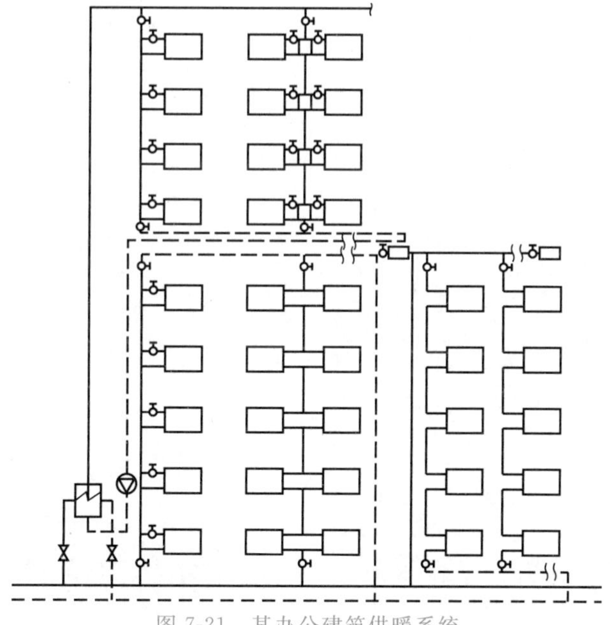

图 7-21　某办公建筑供暖系统

7.2　某建筑空调系统如图 7-22 所示，试回答以下问题。

(1) 该图是什么样的空调系统形式？这种系统适用于什么样的建筑类型？

（2）该图系统是如何实现冷热双制的？其冷源和热源是否相同？

（3）该图中空调机房的作用是什么？和制冷机房有什么区别？

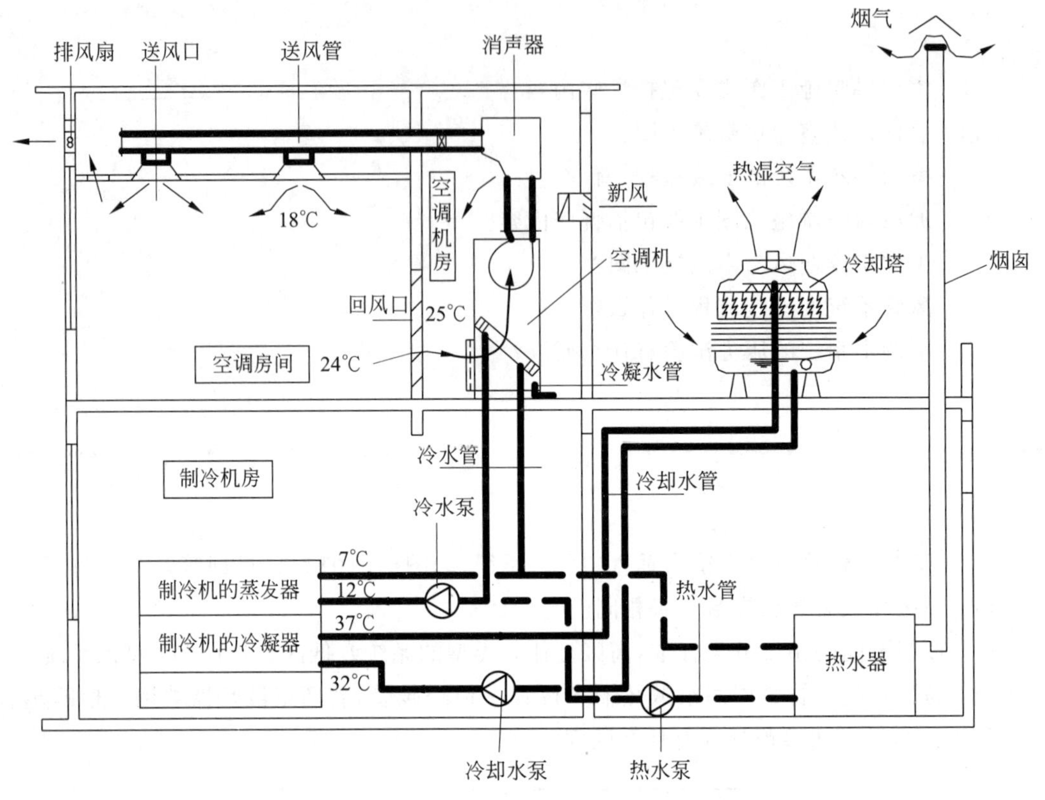

图 7-22 某建筑空调系统示意图

模块 8 建筑供配电及防雷接地系统

知识目标

1. 掌握建筑供配电系统的基本概念。
2. 掌握低压配电方式、配电线路的敷设要求。
3. 了解常用电气设备的功能及其特点。
4. 掌握防雷接地的基础知识。

能力目标

1. 能够识别变配电所主要电气设备的规格型号。
2. 能够进行低压配电线路的配电方式分析。
3. 能够进行低压电气设备的初步选择。
4. 能够进行施工现场临时用电的布设。

微课:电力系统的概述

8.1 电力系统概述

8.1.1 电力系统的组成

概括来说,电力系统是一个庞大的电路网,它可以跨越省际、国际,甚至洲际。电力系统是由发电厂、电力网和电能用户组成的一个发电、输电、变配电和用电的整体。图 8-1 所示是电力系统的组成示意图。

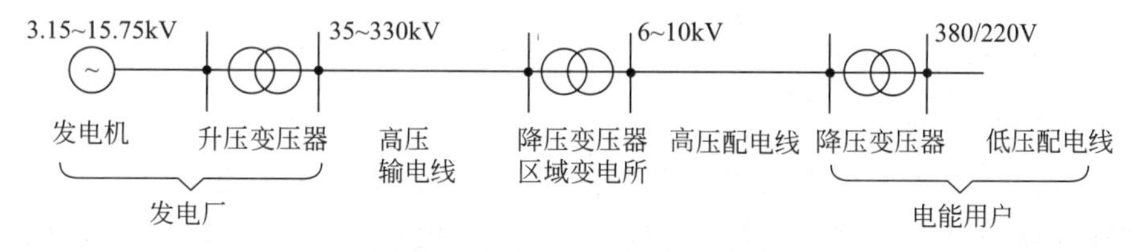

图 8-1 电力系统的组成示意图

1. 发电厂

发电厂是生产电能的工厂,它是把非电形式的能量转换成电能。发电厂的种类很多,一般根据所利用能源的不同分为火力发电厂、水力发电厂、原子能发电厂。此外,还有风力、地热、潮汐、太阳能等发电厂。我国目前主要以水力发电厂和火力发电厂为主,并将原子能发电作为今后发展的方向。

2. 电力网

电力系统中的各级电压线路及其联系的变配电所称为电力网。电力网是电力系统的重要组成部分，其作用是将电能从发电厂输送并分配到各个电能用户。

1）变、配电所

变电所是接收电能、变换电压和分配电能的场所，由电力变压器和配电装置所组成。配电所只用来接收和分配电能，不承担变换电压的任务，是仅有受电、配电设备而没有电力变压器的场所。

变电所按变压的性质和作用又可分为升压变电所和降压变电所两大类。升压变电所的任务是将低电压变换为高电压，以利于电能的传输。降压变电所的任务是将高电压变换到一个合理的电压等级，一般建在靠近用电负荷中心的地点。降压变电所根据其在电力系统中的地位和作用的不同，又分为地区变电所和工厂变电所等。

建筑变电所或建筑配电所一般建在建筑物内部。

2）电力线路

电力线路又称输电线。由于各种类型的发电厂多建于自然资源丰富的地方，一般距电能用户较远，所以需要各种不同电压等级的电力线路，将发电厂生产的电能源源不断地输送到各电能用户。电力线路的作用是输送电能，并把发电厂、变配电所和电能用户连接起来。

电力线路按其用途及电压等级分为输电线路和配电线路。电压在 35kV 及以上的电力线路称为输电线路；电压在 10kV 及以下的电力线路称为配电线路。电力线路按其架设方法的不同可分为架空线路和电缆线路；按其传输电流种类的不同又可分为交流线路和直流线路。目前，已出现少数的高压直流输电线路，它在性能上比交流输电提高了很多。

3. 电能用户

电能用户又称电力负荷。在电力系统中，一切消费电能的用电设备均称为电能用户。

用电设备按其用途可分为：动力用电设备（如电动机等），工艺用电设备（如电解、电镀、冶炼、电焊、热处理等设备），电热用电设备（如电炉、烘箱、空调器等），照明用电设备和试验用电设备等。它们分别将电能转换为机械能、热能和光能等不同形式的适于生产、生活需要的能量。

8.1.2 额定电压与供电质量

1. 电力系统的电压

由于电气设备生产的标准化，电气设备的额定电压必须统一，发电机、变压器、用电设备和输电线路的额定电压必须分成若干等级。所谓额定电压，就是用电设备、发电机、变压器正常运行并具有最经济效果时的工作电压，也就是正常情况下所规定的电压。

1）电力线路的额定电压

电力线路的额定电压等级是国家根据国民经济发展的需要及电力工业的水平，经全面技术经济分析后确定的，它是确定各类用电设备额定电压的基本依据。

2）用电设备的额定电压

用电设备运行时，电力线路上要有负荷电流流过，因而在电力线路上引起电压损耗，造成电力线路上各点电压略有不同，如图 8-2 所示。但成批生产的用电设备，其额定电压不可能按使用地点的实际电压来制造，而只能按线路首端与末端的平均电压即电力线路的额定电压U_N来制造。所以用电设备的额定电压与同级电力线路的额定电压是相等的。

3）发电机的额定电压

由于同一等级电压的线路允许电压损耗为±5%，即整个线路允许有10%的电压损耗，因此为了维持线路首端与末端平均电压的额定值，线路首端（电源端）电压应比线路额定电压高5%，而发电机是接在线路首端的，所以规定发电机的额定电压高于同级线路额定电压5%，用以补偿线路上的电压损耗，如图8-2所示。

4）电力变压器的额定电压

（1）变压器一次绕组的额定电压。当变压器直接与发电机相连，如图8-3中变压器T_1所示，则其一次绕组的额定电压应与发电机额定电压相同，即高于同级线路额定电压5%；当变压器不与发电机相连，而是连接在线路上，如图8-3中变压器T_2所示，则可将变压器看作是线路上的用电设备，因此其一次绕组额定电压应与线路额定电压相同。

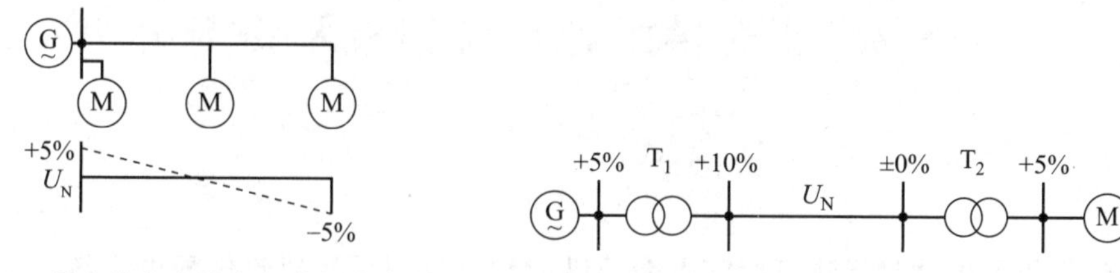

图8-2　用电设备和发电机的额定电压　　图8-3　电力变压器的额定电压

（2）变压器二次绕组的额定电压。变压器二次绕组的额定电压是指变压器一次绕组接上额定电压而二次绕组开路时的电压，即空载电压。变压器在满载运行时，二次绕组内约有5%的阻抗电压降。因此分两种情况进行讨论。

如果变压器二次侧供电线路很长（如较大容量的高压线路），则变压器二次绕组额定电压，一方面要考虑补偿变压器二次绕组本身5%的阻抗电压降，另一方面还要考虑变压器满载时输出的二次电压要满足线路首端应高于线路的额定电压5%，以补偿线路上的电压损耗。此时，变压器二次绕组的额定电压要比线路额定电压高10%，如图8-3中变压器T_1所示。

如果变压器二次侧供电线路不长（如为低压线路或直接供电给高、低压用电设备的线路），则变压器二次绕组的额定电压只需高于其所接线路额定电压5%，即仅考虑补偿变压器内部5%的阻抗电压降，如图8-3中变压器T_2所示。

综上所述，在同一电压等级中，电力系统中各个环节（发电机、变压器、电力线路、用电设备）的额定电压数值并不都相同。

2. 供配电系统的电能质量

供配电系统的电能质量包括电压质量、波形质量和频率质量，电压和频率被认为是衡量电能质量的两个基本参数。

根据我国规定，交流供电系统的额定电压等级有：12V、24V、36V、110V、220V、330V、3kV、6kV、10kV、35kV、110kV、220kV、330kV、500kV等，目前，我国最高的电压等级是1000kV。根据设计安装规程，把1kV以下的电压称为低压，1kV以上的电压称为高压；根据安全规程，把设备对地电压在250V及以下的电压称为低压，250V以上的电压称为高压。

衡量电压质量的标准是电压偏移、电压波动和三相电压不对称度。在使用中，实际电压都要偏离额定电压，这种情况就是电压偏移。我国规定，正常运行情况下，用电设备端子处电压偏移的允许值：电动机为±5%额定电压；照明灯，一般工作场所为±5%额定电压，对于远离变电所的小面积一般工作场所难以满足前述要求时可为+5%、−10%额定电压，应急照明、道路照明和警卫照明等为+5%、−10%额定电压；其他用电设备当无特殊规定时为±5%额定电压。电压偏移主要是由各种电气设备、供配电线路的电能损失引起的，可通过改善线路、提高设备的效率等途径减小。规范上用额定电压损失来限定电压偏移。电压波动主要是由电源波动和电能用户变化引起的。三相电压不平衡(不对称)主要是由炼钢电弧炉、单相电机车等引起的。

我们国家交流电力网的额定频率(俗称工频)是50Hz。电力系统正常频率偏差的允许值为±0.2Hz。当系统容量较小时，可放宽到±0.5Hz。

8.2 建筑供配电系统组成及负荷分级

8.2.1 建筑供配电系统的组成

建筑供配电就是指建筑所需电能的供应和分配问题。建筑供配电系统是指所需的电力能源从进入建筑物(或小区)起到所有用电设备终端止的整个电路。

微课：建筑供配电系统组成及负荷分级

建筑供配电系统由总降压变电所(或高压配电所)、高压配电线路、分变电所、低压配电线路及用电设备组成。

1. 二次变压的供电系统

大型建筑群和某些负荷较大的中型建筑，一般采用具有总降压变电所的二次变压供电系统。该供电系统一般采用35～110kV电源进线。先经过总降压变电所，将35～110kV的电源电压降至6～10kV，然后经过高压配电线路将电能送到各分变电所，再由6～10kV降至380/220V，供低压用电设备使用。高压用电设备则直接由总降压变电所的6～10kV母线供电。这种供电方式称为二次变压供电方式。

2. 一次变压的供电系统

1）具有高压配电所的一次变压系统

一般中型建筑或建筑群多采用6～10kV电源进线，经高压配电所将电能分配给各分变电所，由分变电所将6～10kV电压降至380/220V电压，供低压用电设备使用。同样，高压用电设备直接由高压配电所的6～10kV母线供电。

2）高压深入负荷中心的一次变压系统

对于某些中小型建筑或建筑群，如果本地电源电压为35kV，且各种条件允许时，可直接采用35kV作为配电电压，将35kV线路直接引入靠近负荷中心的变电所，再由车间变电所一次变压为380/220V，供低压用电设备使用。这种高压深入负荷中心的一次变压供电方式可节省一级中间变压，从而简化了供电系统，节约有色金属，降低电能损耗和电压损耗，提高了供电质量，而且适应电力负荷的发展。

3）只有一个变电所的供电系统

对于小型建筑或建筑群，由于用电较少，通常只设一个将6～10kV电压降为380/220V电压的变电所。

3. 低压供电的小型供电系统

某些小型建筑或建筑群也采用380/220V低压电源进线，只需设置一个低压配电室，将电能直接分配给各低压用电设备使用。

8.2.2　电力负荷的分级

根据用电设备对供电可靠性的要求不同，把供电负荷分为三级。

1. 一级负荷

中断供电将造成重大的政治、经济损失或人员伤亡的负荷，或是影响有重大政治、经济意义的用电单位正常工作的负荷，称为一级负荷。如重要的铁路枢纽、通信枢纽、重要的国际活动场所、重要的宾馆、医院的手术室、重要的生物实验室等。

在一级负荷中，当中断供电将发生中毒、爆炸和火灾等情况的负荷，以及特别重要场所不允许中断供电的负荷，应视为特别重要的负荷。

一级负荷的供电方式为采用两个互相独立的电源供电，当一个电源发生故障时，另一个电源不应同时受到损坏。一级负荷中特别重要的负荷除上述两个电源外，还必须增设应急电源，如柴油发电机组、直流蓄电池组。

图8-4所示为不停电电源（UPS）的组成示意图。交流不停电电源（UPS）主要由整流器（UR）、逆变器（UV）和蓄电池组（GB）三部分组成。公共电网正常供电时，交流电源经晶闸管整流器（UR）转换为直流，对蓄电池组（GB）充电。当公共电网突然停电时，电子开关（QV）在保护装置作用下进行切换，蓄电池组（GB）放电，经逆变器（UV）转换为交流，恢复对重要负荷的供电。

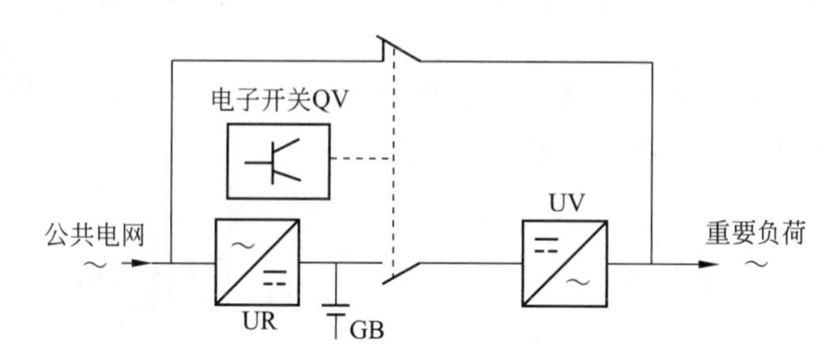

图8-4　不停电电源（UPS）的组成示意图

图8-5所示为稳频稳压式不停电电源的工作原理简图。正常情况下，重要负荷由公共电网供电，交流电经整流器整成直流电，并向逆变器供电。为了保证供电质量，在逆变器之前装设有直流滤波器，使整流后的脉动电压转换为无脉动的直流电压。在逆变器将直流电逆变为交流电的过程中，可通过反馈控制环节实现交流电的稳压和稳频。逆变器的输出端又连接有变压器，采取级联方式，既可改变电压，又可吸收谐波，使逆变器的方波输出变换为阶梯波输出。为了使输出的交流电波形改善，又在变压器之后装设了交流滤波器，从而使交流滤波器输

出的交流电变为纯正弦波。通过以上几个环节的处理，可使电源的输出为稳压、稳频且为纯正弦波的高质量电压。在公共电网正常供电情况下，蓄电池组通过整流器将电网的交流电整成直流电而得到充电。当公共电网停电时，保护装置使电子开关(符号 QV)动作，其触点 QV 闭合，使蓄电池组对逆变器的回路放电，从而使其交流输出端可不间断地对重要负荷供电。与此同时，电子开关触点 QV 断开。在公共电网恢复供电时，保护装置又使电子开关的触点切换，QV 断开，切断蓄电池组放电回路，而 QV 闭合，接通电网的供电回路。这种稳频稳压式不停电电源系统通常还配备足够容量的快速自启动的柴油发电机组作为备用电源，以弥补蓄电池组容量的不足。

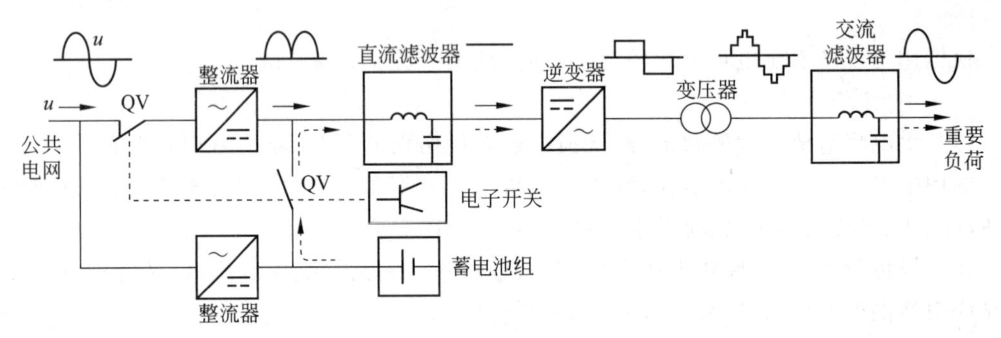

图 8-5 稳频稳压式不停电电源的工作原理简图

2. 二级负荷

中断供电将造成较大的政治、经济损失或影响重要用电单位正常工作的负荷，称为二级负荷。如地、市政府办公楼，三星级旅馆，甲级电影院，地、市级主要图书馆、博物馆、文物珍品库等。

二级负荷的供电方式采用两条彼此独立的线路供电，供电变压器也应有两台。当负荷较小或地区供电条件困难时，可由一回 6kV 及以上专用架空线供电；当采用电缆线路时，应采用两根电缆组成的线路供电，其每根电缆应能承受 100%的二级负荷。

3. 三级负荷

除了一级负荷、二级负荷之外，其他的都属于三级负荷。三级负荷在供电方式上没有特殊的要求，一般可采用单回路供电或按约定供电。

8.3 变配电所及低压配电线路

8.3.1 变配电所概述

1. 变配电所的构成

变电所的构成主要有高压配电室、低压配电室、变压器室、电容器室、值班室等。变电所的类型有很多，按变压器及高压电气设备安装的位置，可分为室内型、半室外型、室外型及成套变电站。室内型变电所将所有的设备都放在室内，其特点是安全、可靠、受环境影响小，但是造价较高。半室外型变电所只将低压配电设备放在室内，其他设备均放在室外，其特点是造价低，变压器通风散热好。室外型变电所将全部设备都放在室外，一般建筑工地较多采用此类变电所。成套变电站由高压室、低压室、变压器室组成，成套出厂，其特点是易搬迁，安装方便。

变配电所中主要电气设备的文字及图形符号如表 8-1 所示。

表 8-1 主要电气设备的文字及图形符号

电气设备名称	文字符号	图形符号	电气设备名称	文字符号	图形符号
断路器	QF		刀开关	QK	
负荷开关	QL		接触器常开触点	KM	
隔离开关	QS		接触器常闭触点	KM	
熔断器	FU		热继电器	KH	线圈 常闭触点
电流互感器	TA		电压互感器	TV	

2. 变配电所的主要电气设备

在低压变配电所中，常用的高压电气设备有熔断器、隔离开关、负荷开关、断路器、互感器、避雷器等；常用的低压电气设备有低压断路器、刀开关、熔断器等。下面介绍几种常用的高压电气设备。

1）高压熔断器

高压熔断器的作用是使设备或者线路避免遭受过电流和短路电流的危害。各种类型的高压熔断器的保护主要由熔体来完成，当线路或者设备出现故障时，电流增大，熔体温度上升到熔断温度，熔体熔断，起到保护作用。

供配电系统中常用的高压熔断器有户内型（RN 系列）和户外型（RW 系列）。常用的低压熔断器有 RT0 系列、RL 系列、RM 系列及 NT 系列等。

户内高压熔断器的全型号格式及含义如图 8-6 所示。

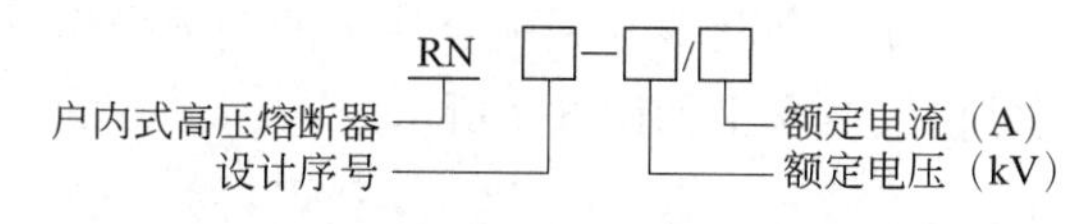

图 8-6 户内高压熔断器的全型号格式及含义

对于“自爆式”熔断器，其型号就是在 RN 前加字母 B，如BRN_2^1—10 型。

户外高压熔断器的全型号格式及含义如图 8-7 所示。

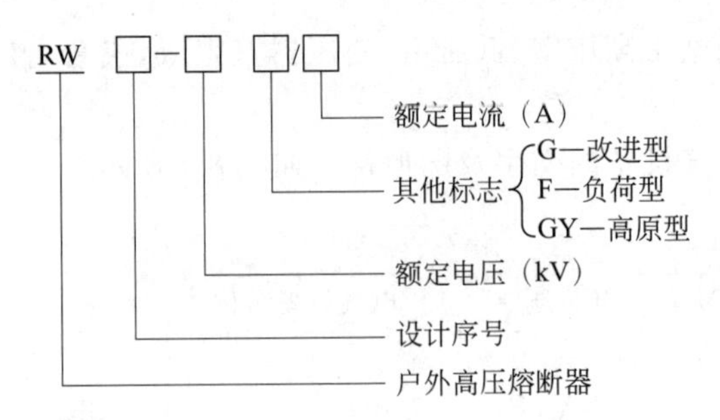

图 8-7 户外高压熔断器的全型号格式及含义

注意

对于“自爆式”熔断器，也是在 RW 前加字母 B，如 BRW—10 型；有的熔断器型号为 RXW，其中字母 X 表示“限流型”，如 RXW□—35 型（上海电瓷厂产品）；也有的户外限流型熔断器不加字母 X，如 RW10—35 型（抚顺电瓷厂产品）。

2）高压断路器

高压断路器既可切断正常的高压负荷电流，又可切断严重过载或短路电流，有很完善的灭弧装置。高压断路器按其灭弧介质分为多油断路器、少油断路器、真空断路器、六氟化硫断路器等。

高压断路器的全型号格式及含义如图 8-8 所示。

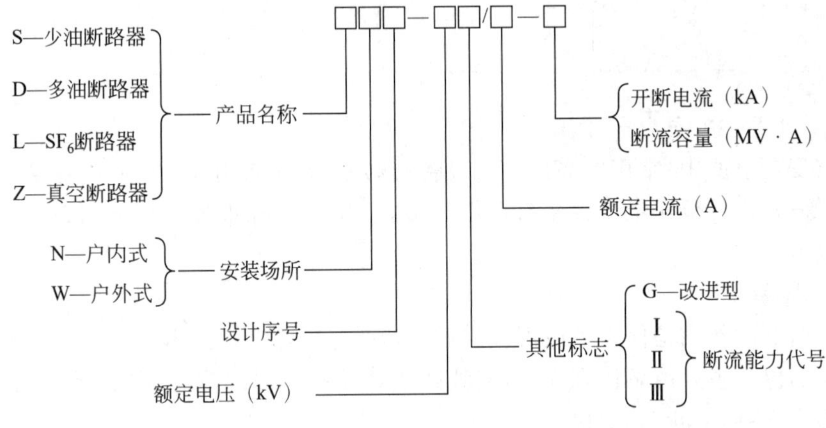

图 8-8 高压断路器的全型号格式及含义

3）高压隔离开关

高压隔离开关的作用是隔离高压电源，以保证线路能安全检修。高压隔离开关没有灭弧装置，不能通断负荷电流，因此在和其他开关配合使用的倒闸操作时，要特别注意。

高压隔离开关的全型号格式及含义如图 8-9 所示。

4）高压负荷开关

高压负荷开关用来通断高压线路正常的负荷电流。高压负荷开关有一定的灭弧装置，不能通断故障电流。

高压负荷开关的全型号格式及含义如图 8-10 所示。

5）电力变压器

目前，变电所广泛使用的双绕组三相电力变压器都采用 R10 容量系列的降压变压器

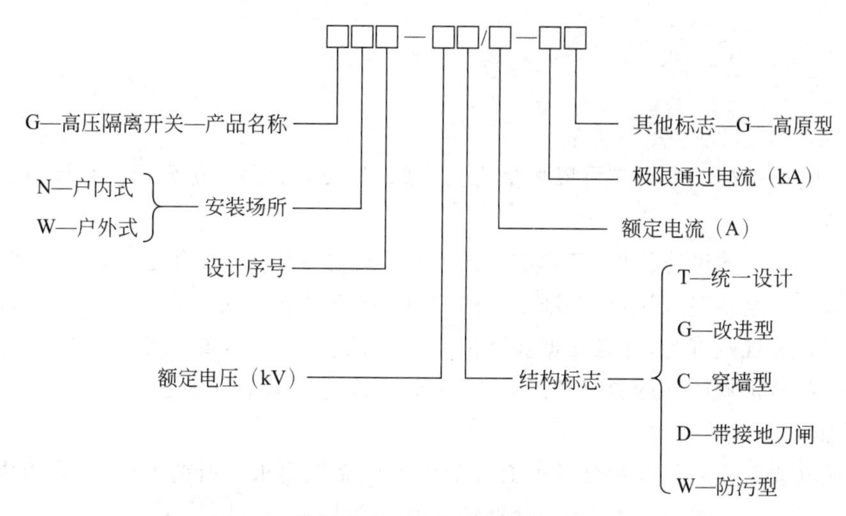

图 8-9　高压隔离开关的全型号格式及含义

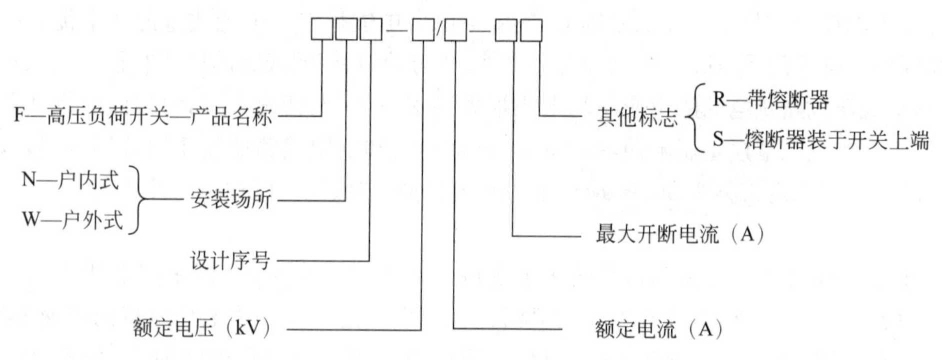

图 8-10　高压负荷开关的全型号格式及含义

（配电变压器）。这种变压器按调压方式分为无载调压和有载调压两大类；按绕组绝缘及冷却方式分为油浸式、干式和充气式（SF_6）等变压器，其中油浸式变压器又可分为油浸自冷式、油浸风冷式、油浸水冷式和强迫油循环冷却式等。现场使用的 6～10kV 配电变压器多为油浸式无载调压变压器。

电力变压器的全型号格式和含义如图 8-11 所示。

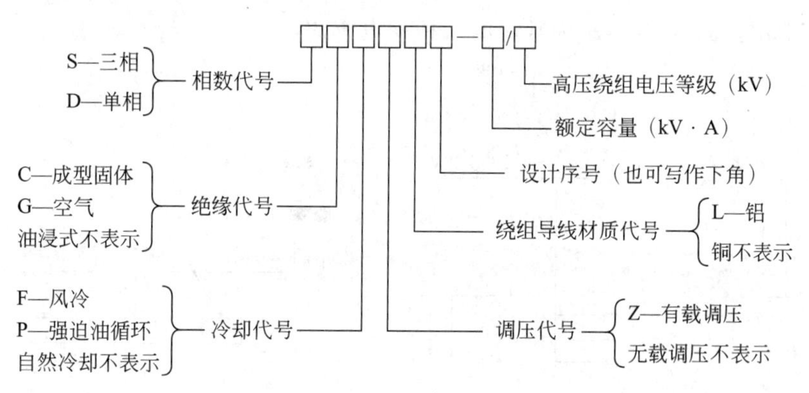

图 8-11　电力变压器的全型号格式及含义

8.3.2 低压配电线路

1. 低压配电线路的配电要求

低压配电线路的配电要求可以概括为五个原则:安全、可靠、优质、灵活、经济。

1）安全

随着我国经济的迅速发展,工程质量的要求早已做了调整,安全是人们首先要考虑的问题。对于低压配电线路来说,要保证安全的原则,应从以下方面考虑:配电线路的设计应严格按照国家有关规范进行,并且根据实际情况适当调整;配电线路的施工按照设计图进行,施工材料一定是正规厂家的合格产品,施工工艺应符合国家施工规范章程。

2）可靠

低压配电线路应满足民用建筑所必需的供电可靠性要求。所谓可靠性,是指供电电源、供电方式要满足负荷等级要求,否则会造成不必要的损失。

3）优质

低压配电线路在供电可靠的基础上,还应考虑到电能质量。电能质量的两个衡量指标是电压和频率。电压的质量除了跟电源有关之外,还与动力、照明线路的设计有很大关系。在设计线路时,低压线路供电的距离应满足电压损失要求;在一般情况下,动力和照明宜共用变压器,当采用共用变压器严重影响照明质量时,可将动力和照明线路的变压器分别设置,以避免电压波动。我国规定工频为50Hz,应由电力系统保证,与低压配电线路的设计无关。

4）灵活

低压配电线路还应考虑到负荷的未来发展。从工程角度来看,低压配电线路应力求接线简单、操作方便、安全,并具有一定的灵活性。特别是近年大功率家用电器的迅速发展,如即热式电热水器、大屏幕电视机等普及很快,因此应在设计时进行调查研究,使设计在符合有关规定的基础上适当考虑发展的要求要留有余地。

5）经济

低压配电线路在满足上述原则的基础上,还应当考虑减少有色金属的消耗、减少电能的消耗、降低运行费用等,满足经济的原则。

2. 低压配电线路的配电方式

低压配电线路的基本配电方式有放射式、树干式、链式(树干式的一种变形)和环式,其中前三种较常用。图8-12所示为常用的三种配电方式。

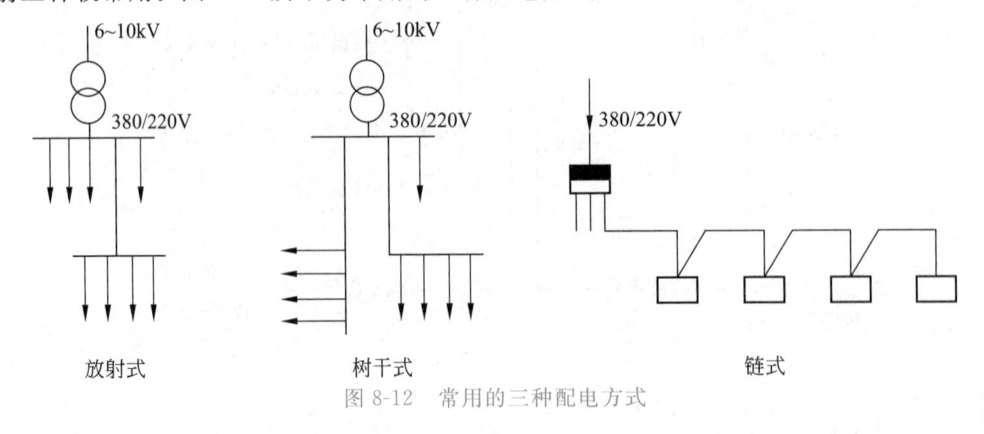

图8-12 常用的三种配电方式

1）放射式

放射式是指每一个独立负荷或集中负荷均由单独的配电线路供电，它一般用于供电可靠性要求较高或设备容量较大的场所。例如电梯，虽然容量不大，但供电可靠性要求高；大型消防泵、生活用水泵和中央空调机组等，供电可靠性要求高，单台机组容量大；这些设备都必须采用放射式专线供电。对于供电可靠性要求不高，用电量较大的楼层等，也必须采用放射式供电方案。

放射式配电方式供电可靠性高，但是所需设备及有色金属消耗量大。

2）树干式

树干式是指若干个独立负荷或集中负荷按其所处的位置依次连接到某一条配电干线上，一般适用于用电设备比较均匀、设备容量不大、无特殊要求的场所。

树干式配电方式的系统灵活性好、耗资小，但是干线发生故障影响范围大。

在一般的建筑物中，由于设备类型多，供电可靠性要求不同，因此，多采用放射式和树干式结合的配电方式。

3）链式

当设备距离配电屏较远、设备容量比较小且相距比较近时，可以采用链式配电方案。这种配电方式供电可靠性较差，一条线路出现故障，可影响多台设备正常运行。链式配电方式由一条线路配电，先接至一台设备，然后再由这台设备接至相邻近的设备，通常一条线路可以接 3～4 台设备，最多不超过 5 台，总功率不超过 10kW。

3. 低压配电线路的敷设

1）概述

低压配电线路按照敷设的场所分为室外配电线路和室内配电线路。室外配电线路是指从变配电所至建筑物进线处的一段低压线路。由进户线至室内用电设备之间的一段线路则是室内配电线路，如图 8-13 所示。民用建筑室外配电线路有架空线路和电缆线路两种。

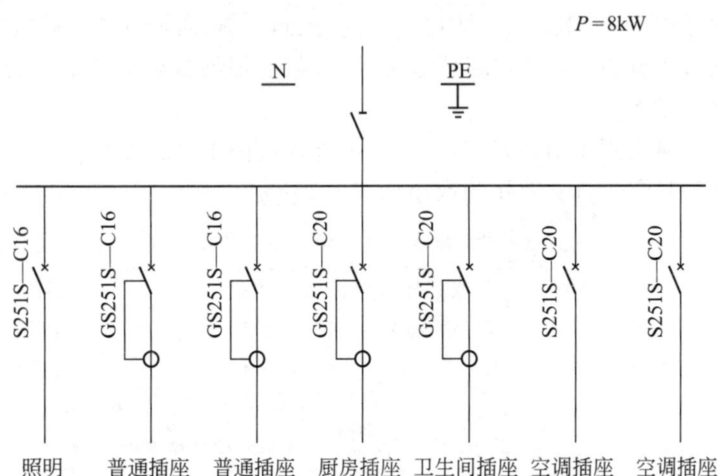

图 8-13 住宅室内配电系统图

2）架空线路

(1) 特点。架空线路的优点是投资少、材料容易解决、安装维护方便、便于发现和排除故障;缺点是占地面积大,影响环境的整齐和美观,易受外界气候的影响。

(2) 架空线路的结构。低压架空线路由导线、电杆、横担、绝缘子、金具和拉线等组成。

(3) 架空线路的敷设。低压架空线路敷设的主要过程包括:电杆测位和挖坑,立杆,组装横担,导线架设,安装接户线。敷设过程要严格按照有关技术规程进行,以确保安全和质量要求。

3) 电缆线路

(1) 特点。电缆线路的优点是运行可靠、不易受外界环境影响、无须架设电杆、不占地面、不碍观瞻等,特别适合于有腐蚀性气体和易燃易爆气体的场所;缺点是成本高、投资大、维修不方便等。

(2) 电缆的结构和类型。电缆是一种特殊的导线,它是将一根或几根绝缘导线组合成线芯,外面包上绝缘层和保护层。保护层又分为内护层和外护层。内护层用以保护绝缘层,而外护层用以保护内护层免受机械损伤和腐蚀,包括铠装层和外被层。电缆的基本结构如图 8-14 所示。

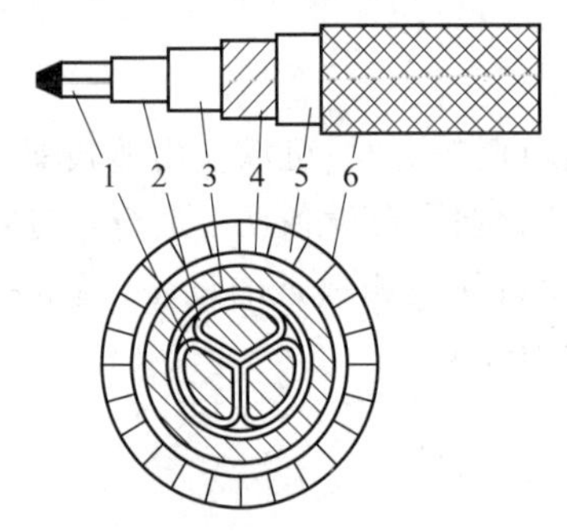

图 8-14 电缆的基本结构

1—导线(体);2—相绝缘层;3—带绝缘层;4—护套层;5—铠装层;6—外护套层

电缆的分类方式很多:按电缆芯数可分为单芯、双芯、三芯、四芯等;按线芯的材料可分为铜芯电缆和铝芯电缆;按用途可分为电力电缆、控制电缆、同轴电缆和通信电缆等;按绝缘层和保护层不同又可分为油浸纸绝缘铅包电缆、聚氯乙烯绝缘聚氯乙烯护套电缆和橡皮绝缘聚氯乙烯护套电缆等。

我国电缆的型号采用汉语拼音字母组成,带外护层的电缆则在字母后加上两个阿拉伯数字。常用电缆型号字母含义及排列次序如表 8-2 所示。

表 8-2 常用电缆型号字母含义及排列次序

类 别	绝缘种类	线芯材料	内护层	其他特征	外护层
电力电缆不表示	Z—纸绝缘	T—铜(省略)	Q—铅护套	D—不滴流	两个数字
K—控制电缆	X—橡皮	L—铝	L—铝护套	F—分相铅包	
Y—移动式软电缆	Y—聚氯乙烯		H—橡套	P—屏蔽	
P—信号电缆	Y—聚乙烯		(H)F—非燃性橡套	C—重型	
H—市内电话电缆	YJ—交联聚乙烯		V—聚氯乙烯护套		
			Y—聚乙烯护套		

电缆外护层的结构采用两个阿拉伯数字表示,前一个数字表示铠装层结构,后一个数字表示外被层结构。电缆外护层代号的含义如表 8-3 所示。

表 8-3 电缆外护层代号的含义

第一个数字		第二个数字	
代号	铠装层类型	代号	外被层类型
0	无	0	无
1	—	1	纤维绕包
2	双钢带	2	聚氯乙烯护套
3	细圆钢丝	3	聚乙烯护套
4	粗圆钢丝	4	—

例如，VV_{22}—10— 3×95 表示 3 根截面为 95mm^2，聚氯乙烯绝缘，电压为 10kV 的铜芯电力电缆，铠装层为双钢带，外被层是聚氯乙烯护套。

(3) 电缆线路的敷设。电缆线路的敷设方式很多，有直接埋地敷设、电缆沟敷设、沿管道敷设、沿构架明敷设、沿桥架敷设等。最常用的方式有电缆沟敷设和沿桥架敷设(见图 8-15)。

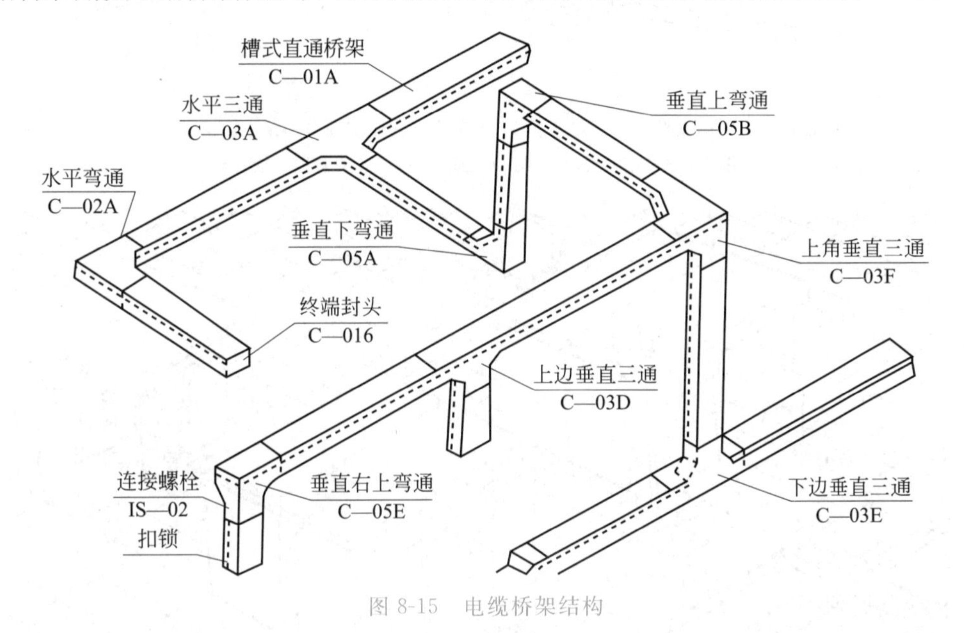

图 8-15 电缆桥架结构

4. 室内低压线路

1) 室内低压线路的结构

室内低压线路中，由总配电箱至各分配电箱的线路称为干线；由分配电箱引出的线路称为支线，支线的数目一般在 6～9 路。

2) 室内低压线路的敷设

室内配线按其敷设方式可分为明敷设和暗敷设两种，明、暗敷设是以线路在敷设后，导线和保护体是否能为人们肉眼直接观察到而区别的。

(1) 明敷设：导线直接或在管道、线槽等保护体内敷设于墙壁、顶棚的表面及桁架、支架等处。图 8-16 所示为塑料线槽配线示意图。

(2) 暗敷设：导线在管道、线槽等保护体内敷设于墙壁、顶棚、地坪及楼板等的内部或者在混凝土板孔内敷设。图 8-17 所示为地面内暗装金属线槽配线方式。目前暗敷设是常用的室内低压线路的敷设方式。

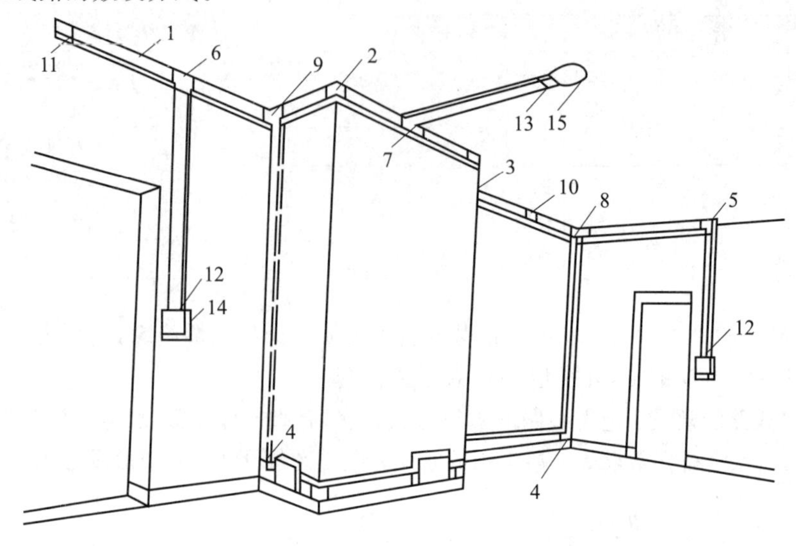

图 8-16　塑料线槽配线示意

1—直线线槽;2—阳角;3—阴角;4—直转角;5—平转角;6—平三通;7—顶三通;8—左三通;9—右三通;10—连接头;11—终端头;12—开关盒;13—灯位盒插口;14—开关盒顶盖板;15—灯位盒及盖板

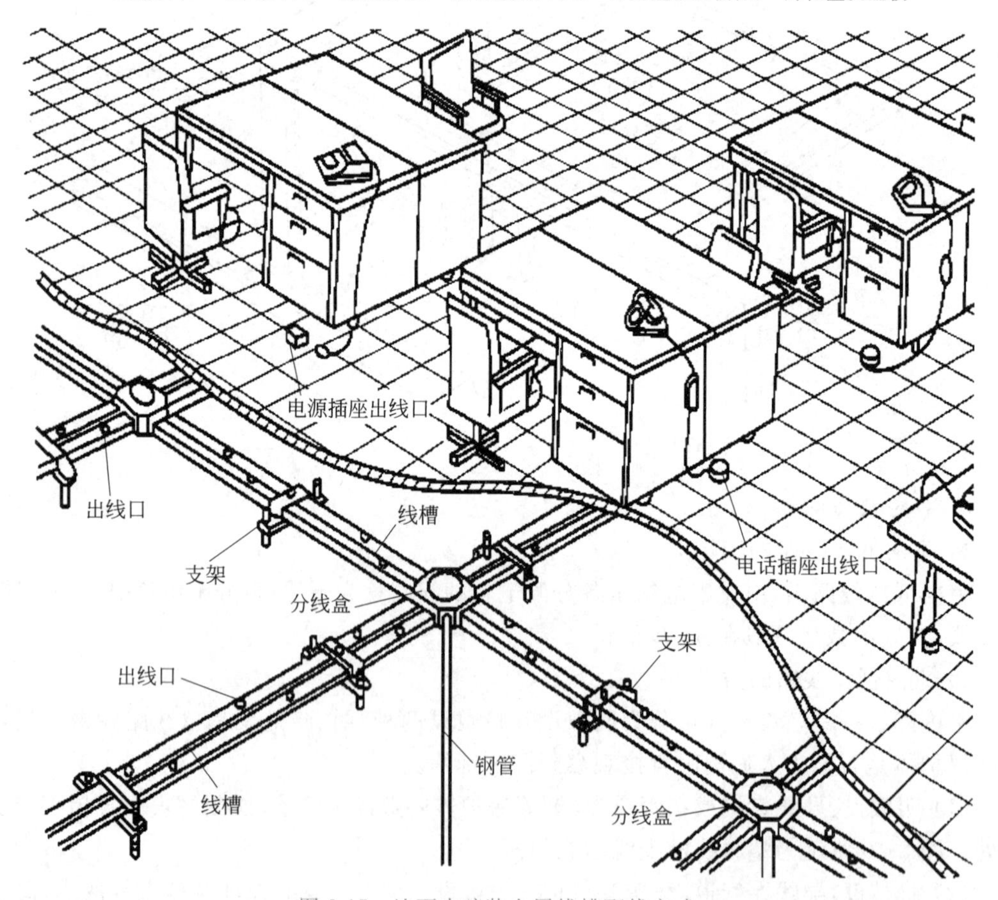

图 8-17　地面内暗装金属线槽配线方式

在电气施工中，常用的电气线管是PVC管和钢管。PVC管可用于无特殊要求的场所。钢管用于高温、容易受机械损伤的场所。20世纪90年代，市场上出现一种可挠性的金属线管，称为普里卡金属套管，这种线管具有钢管和PVC管所有的优点，其最大的特点是可自由弯曲，即可挠性，但是价位较高，目前还没有广泛使用。

室内低压线路除了以上介绍的敷设方式之外，还有钢索吊架配线等配线方式。在高层建筑中，由于线路复杂，一般都采用竖井内配线。电气竖井是指从建筑底层到顶层垂直贯通的空间，电井应每层或隔层在楼板处用相当于楼板耐火极限的不燃烧体封闭。电气竖井可分为强电竖井和弱电竖井。竖井内配线经常采用以下三种形式：封闭式母线、电缆线、绝缘线穿管。图8-18所示为电气竖井配电设备布置示意图。

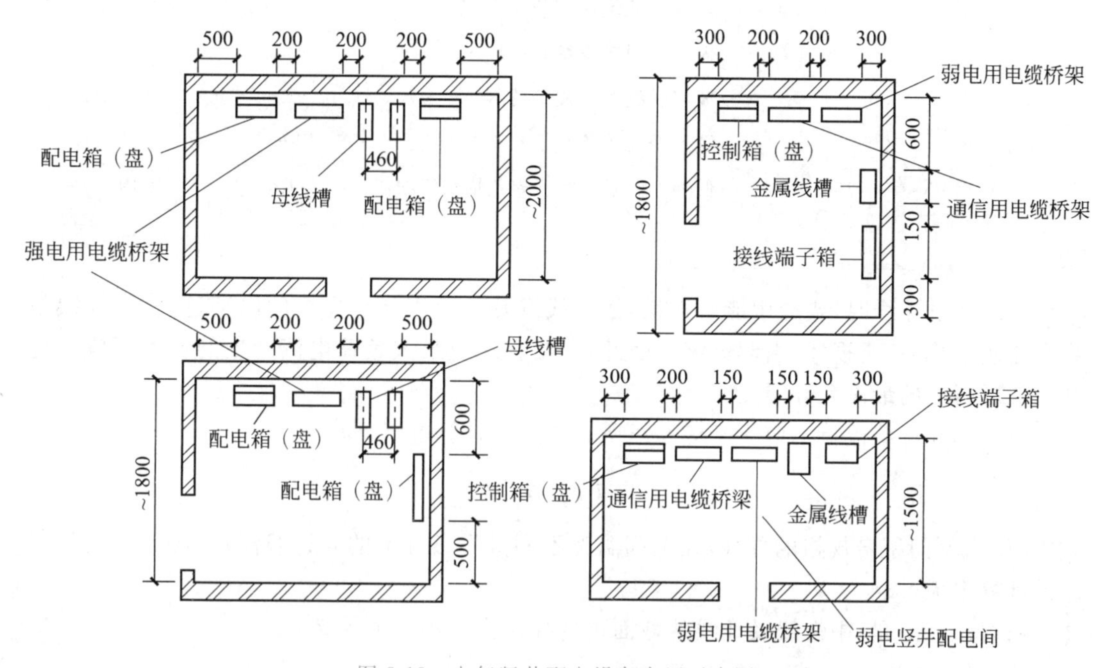

图8-18　电气竖井配电设备布置示意图

8.4　配电导线与低压电气设备的选择

8.4.1　配电导线的选择

为了保证配电线路安全、经济地运行，要根据环境和使用特点选择导线。导线的选择包括导线的材料、导线截面、绝缘方式等。常用导线的型号及其主要用途如表8-4所示。目前低压绝缘导线和电缆一般都采用铜导线，只有部分母线可采用铝线；导线的绝缘方式很多，例如，低压绝缘导线一般采用聚氯乙烯绝缘导线；而导线截面的选择必须满足三个方面的要求，即导线的发热条件、允许电压损失和机械强度。下面分别进行介绍。

微课：配电导线与低压电气设备的选择

表 8-4 常用导线的型号及其主要用途

导线型号		额定电压/V	导线名称	最小截面积/mm^2	主要用途
铝芯	铜芯				
LJ	LGJ	—	铝芯绞线、钢芯铝绞线	16、10	室外架空线
BLV	BV	450/750	聚氯乙烯绝缘线	1.5	室内线路
	ZR-BV	450/750	阻燃型聚氯乙烯绝缘线	1.5	室内线路
	RV	300/500、450/750	聚氯乙烯绝缘软线	0.12	移动电器
	RVS	300/500、450/750	聚氯乙烯绝缘绞型软线	0.12	移动电器
BLVV	BVV	300/500、450/750	聚氯乙烯绝缘塑料护套线	0.12	室外敷设
BLX	BX	500	棉纱编织橡皮绝缘线	1.5	室内线路
BBLX	BBX	500	玻璃丝编织橡皮绝缘线	2.5	室内线路
BLXF	BXF	500	氯丁橡皮绝缘线	—	室外敷设
	WDZ-BYJ	450/750	低烟无卤阻燃交联聚乙烯绝缘线	1.5	室内线路

1. 按发热条件选择导线截面

电流通过导线时，要产生能量损耗，使导线发热。而当绝缘导线的温度过高时，导线绝缘会加速老化，甚至损坏，引起火灾。因此，导线在通过最大负荷电流产生的温度不应超过其正常运行时的最高允许温度。

导线的允许载流量不应小于该导线所在线路的计算电流，即：

$$I_{al} \geqslant I_C \tag{8-1}$$

式中，I_{al}为不同型号规格的导线，在不同温度不同敷设条件下的允许载流量(A)；I_C 为该线路的计算电流(A)。

值得注意的是，中性线及地线的截面可选择比火线小一个等级。

2. 按允许电压损失选择导线截面积

配电导线存在阻抗，因此会在配电线路上产生电压损失。电压损失过大，会使得用户端的电压达不到要求，影响设备的正常工作。因此，在选择导线截面时，要考虑到因为导线阻抗带来的电压损失，即按照电压损失选择导线截面积。

一般规定用户的实际电压和额定电压偏差为±5%，对于视觉要求高的场所，要适当降低偏差。

配电线路电压损失的大小与导线的输送功率、输送距离及导线的截面积有关，可用式(8-2)进行导线截面积的选择：

$$S = \frac{P_C L}{C \Delta U} \tag{8-2}$$

式中，S 为导线截面积(mm^2)；P_C 为该线路的计算功率(kW)；L 为导线长度(m)；C 为电压损失计算系数，它是与电路相数、额定电压及导线材料的电阻率等因素有关的一个常数，如表 8-5 所示；ΔU 为允许电压损失(V)。

表 8-5 电压损失计算系数 C 值

线路额定电压/V	线路相数	系数 C 值	
		铜线	铝线
380/220	三相四线	77	46.3
380/220	两相三线	34	20.5
220	单相或直流	12.8	7.75
110		3.2	1.9
36		0.34	0.21
24		0.153	0.092
12		0.038	0.023

3. 按机械强度选择导线截面积

导线和电缆应有足够的机械强度以避免在刮风、结冰时被拉断，使供电中断，造成事故。因此，国家有关部门强制规定了在不同敷设条件下，导线按机械强度要求允许的最小截面，一般情况下，导线只要满足发热要求和电压损失要求，就一定能满足机械强度要求。当配电导线长度大于 300m 时，按照电压损失要求计算导线截面积，按照发热要求校验；当配电导线长度小于 300m 时，则按照发热要求计算导线截面积，按照电压损失要求校验。

8.4.2 低压电气设备的选择

1. 常用低压控制电器

1）刀开关

刀开关是一种简单的手动操作电器，用于非频繁接通和切断容量不大的低压供电线路，并兼作电源隔离开关。刀开关的型号一般以 H 字母打头，种类规格繁多，并有多种衍生产品。按工作原理和结构，刀开关可分为低压刀开关、胶盖闸刀开关、刀形转换开关、铁壳开关、熔断式刀开关、组合开关等。

低压刀开关的最大特点是有一个刀形动触头，其基本组成部分是闸刀（动触头）、刀座（静触头）和底板，结构如图 8-19 所示。

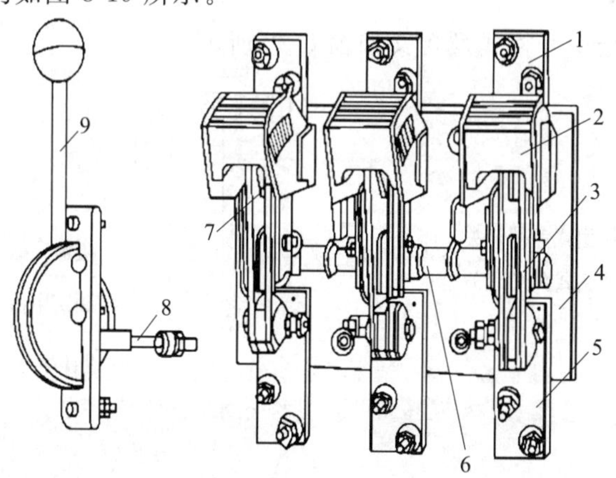

图 8-19 HD13 型低压刀开关

1—上接线端子；2—钢栅片灭弧罩；3—闸刀；4—底座；5—下接线端子；
6—主轴；7—静触头；8—连杆；9—操作手柄

低压刀开关按操作方式分为单投开关和双投开关;按极数分为单极开关、双极开关和三极开关;按灭弧结构分为带灭弧罩和不带灭弧罩等。

低压刀开关的全型号格式及含义如图 8-20 所示。

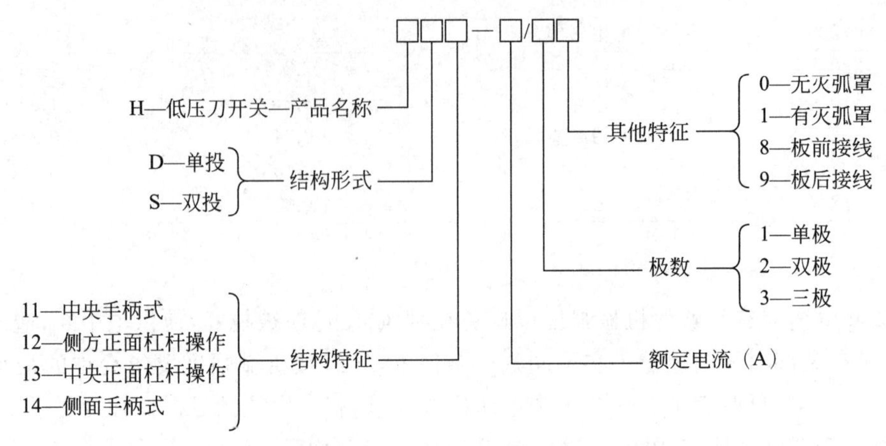

图 8-20 低压刀开关的全型号格式及含义

低压刀开关常用于不频繁接通和切断的交流电路和直流电路,刀开关装有灭弧罩时可以切断负荷电流。

胶盖闸刀开关是使用最广泛的一种刀开关,又称开启式负荷开关。闸刀装在瓷质底板上,每相附有保险丝、接线柱,用胶木罩壳盖住闸刀,以防止切断电源时电弧烧伤操作者。胶盖闸刀开关价格便宜、使用方便,在建筑中广泛使用。三相胶盖闸刀开关在小电流配电系统中用来接通和切断电路,也可用于小容量三相异步电动机的全压启动操作,单相双极刀开关用在照明电路或其他单相电路上,其中熔丝提供短路保护。胶盖闸刀开关外形如图 8-21 所示。

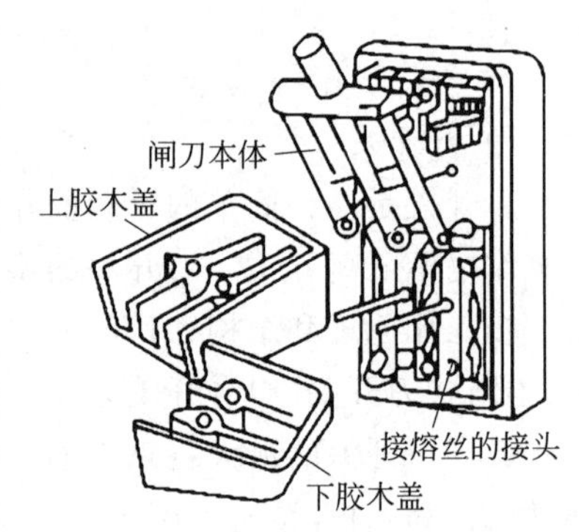

图 8-21 胶盖闸刀开关外形

低压负荷开关的全型号格式及含义如图 8-22 所示。

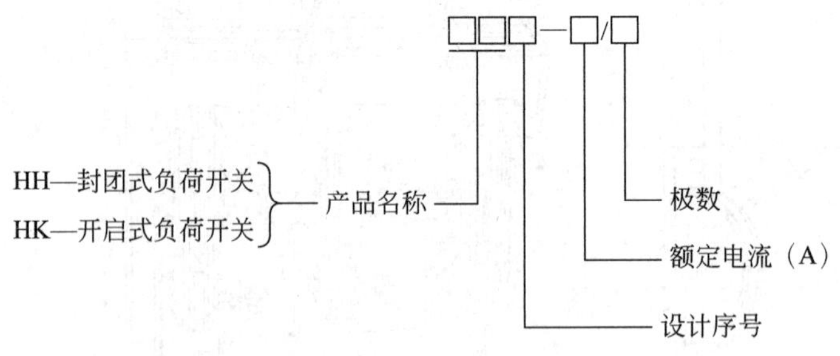

图 8-22 低压负荷开关的全型号格式及含义

铁壳开关又称封闭式负荷开关。因其早期的产品都带有一个铸铁外壳,所以称为铁壳开关。目前,铸铁外壳早已被结构轻巧、强度又高的薄钢板冲压外壳所取代。铁壳开关一般用于电气照明、电热器、电力排灌等线路的配电设备中,供不频繁手动接通和分断负荷电路之用，包括用作感应电动机的不频繁启动和分断。铁壳开关的型号主要有 HH3、HH4、HH12 等系列，其结构如图 8-23 所示。

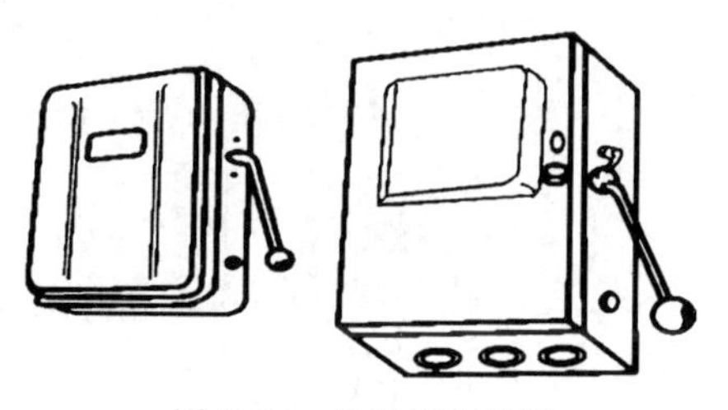

图 8-23 铁壳开关外形

熔断式刀开关又称刀熔开关，熔断器装于刀开关的动触片中间。它的结构紧凑，可代替分列的刀开关和熔断器，通常装于开关柜及电力配电箱内，主要型号有 HR3、HR5、HR6、HR11 系列。其结构示意图如图 8-24 所示。

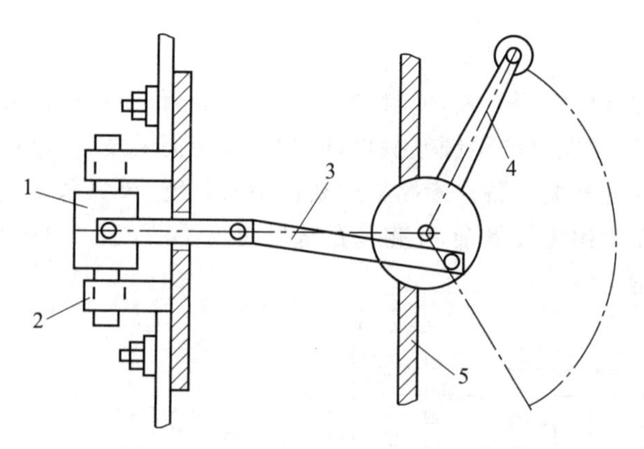

图 8-24 HR 型刀熔开关结构示意图

1—RT0 型熔断器的熔管；2—HD 型刀开关的弹性触座；
3—连杆；4—操作手柄；5—配电装置面板

低压刀熔开关的全型号格式及含义如图 8-25 所示。

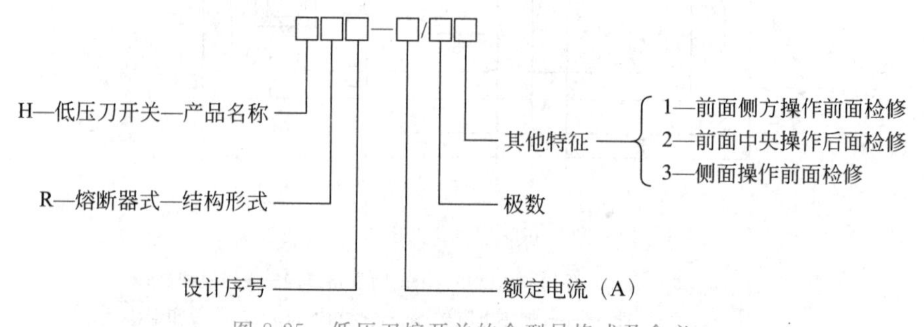

图 8-25 低压刀熔开关的全型号格式及含义

2）熔断器

熔断器是最简单的一种保护电器，用以实现短路保护。它的特点是结构简单、体积小、重量轻、维护简单、价格低廉，所以应用极为广泛。

熔断器由熔体和安装装置组成，熔体由熔点较低的金属如铅、锡、锌、铜、银、铝等制成。当熔体流过电流足够大、时间足够长时，由于电流的热效应，熔体便会熔断而切断电路。熔断器串联在被保护的电路中。

低压熔断器的全型号格式及含义如图 8-26 所示。

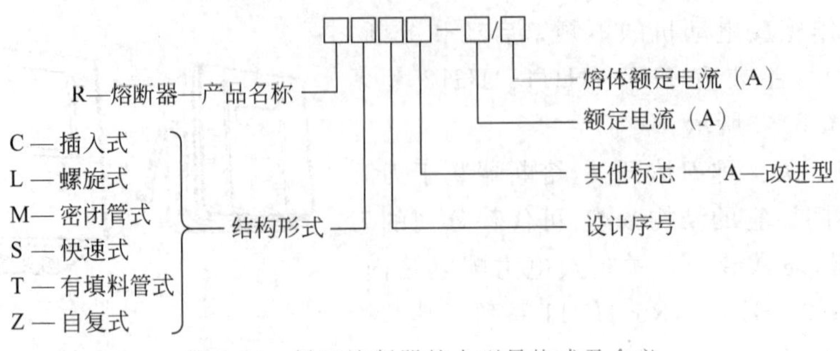

图 8-26　低压熔断器的全型号格式及含义

3）低压断路器

低压断路器又称低压空气开关，或自动空气开关。断路器具有良好的灭弧性能，它能带负荷通断电路，可以用于电路的不频繁操作，同时它又能提供短路、过负荷和失压保护，是低压供配电线路中重要的开关设备。断路器主要由触头系统、灭弧系统、脱扣器和操作机构等部分组成。它的操作机构比较复杂，主触头的通断可以手动，也可以电动。断路器的原理结构和接线如图 8-27 所示。

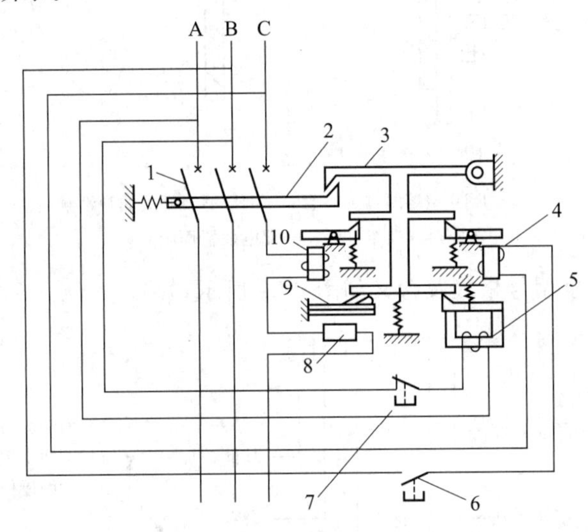

图 8-27　断路器的原理结构和接线

1—主触头；2—跳钩；3—锁扣；4—分励脱扣器；5—失压脱扣器；
6、7—脱扣按钮；8—加热电阻丝；9—热脱扣器；10—过流脱扣器

当手动合闸后，跳钩 2 和锁扣 3 扣住，开关的触头闭合，当电路出现短路故障时，过流脱扣器 10 中线圈的电流会增加许多倍，其上部的衔铁逆时针方向转动推动锁扣向上，使其跳钩 2 脱钩，在弹簧弹力的作用下，开关自动打开，断开线路；当线路过负荷时，加热电阻丝 8 的发热量会增加，使双金属片向上弯曲程度加大，托起锁扣 3，最终使开关跳闸；当线路电压不足时，失压脱扣器 5 中线圈的电流会下降，铁心的电磁力下降，不能克服衔铁上弹簧的弹力，使衔铁上跳，锁扣 3 上跳，与跳钩 2 脱离，致使开关打开。脱扣按钮 6 和按钮 7 起分励脱扣作用，当按下按钮时，开关的动作过程与线路失压时是相同的；按下分励脱扣器 4 时，使分励脱扣器线圈通电，最终使开关打开。低压空气断路器有许多新的种类，其结构和动作原理也不完全相同，前面所述的只是其中的一种。

国产低压空气断路器的全型号格式及含义如图 8-28 所示。

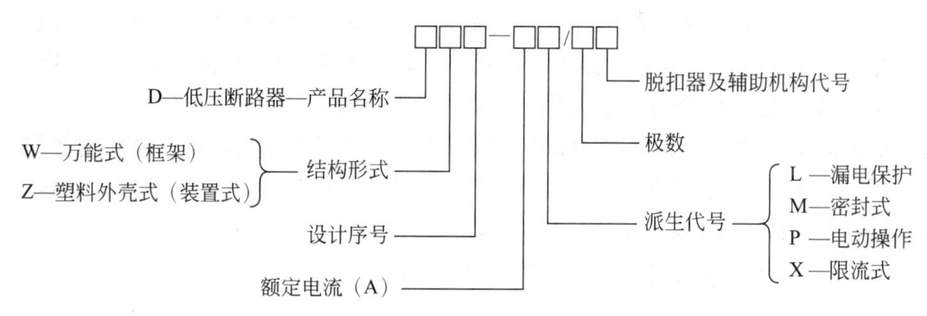

图 8-28 国产低压空气断路器的全型号格式及含义

万能式空气断路器又称框架式自动空气开关，它可以带多种脱扣器和辅助触头，操作方式多样，装设地点灵活。

目前常用的低压断路器除 DZ、DW 型号外，还有新型号 C 系列、S 系列、K 系列等，低压断路器的具体型号各个厂家都不尽相同。如 T1B1—63C63/2、HUM18—40/1P、S251S—C40 均为不同厂家的断路器型号。

4）漏电保护器

漏电保护器由放大器、零序互感器和脱扣装置组成。它具有检测和判断漏电的能力，可在几十到几百毫安的漏电电流下动作。将低压断路器和漏电保护器合二为一的情况比较常见。

5）按钮

按钮是一种结构简单、应用广泛、短时接通或断开小电流电路的手动控制电器。

按钮一般由按钮帽、恢复弹簧、动触头、静触头和外壳等组成。按钮根据静态时触头的分合状况，分为常开按钮（动合按钮）、常闭按钮（动断按钮）及复合按钮（常开、常闭组合为一体的按钮）。按钮的特点是可以频繁操作。

6）交流接触器

交流接触器用来接通和断开主电路。它具有控制容量大、可以频繁操作、工作可靠、寿命长等特点，在继电接触电路中应用广泛。

交流接触器由电磁机构、触头系统和灭弧装置三部分组成。电磁机构由励磁线圈、铁心、衔铁组成。触头分为主触头和辅助触头；主触头用在主电路中，通断大电流电路；辅助触头用在控制电路中，起电气连锁作用。触头根据自身特点分为常开触头和常闭触头。

当交流接触器励磁线圈通入单相交流电时，铁心产生电磁吸力，弹簧被压缩，衔铁吸合，带动动触头向下移动，使常闭触头先断开，常开触头后闭合。当励磁线圈失电时，电磁力消失，在弹簧弹力的作用下，使触点位置复原，常开触头先断开，常闭触头后闭合。

7）热继电器

热继电器是一种利用电流的热效应工作的过载保护电器，一般用来保护电动机，避免其因过载而损坏。

加热元件串接在电动机主电路中，动触头接于电动机线路接触器线圈的控制电路中，当电动机过载时，热继电器的电流增大，经过一定时间后，发热元件产生的热量使双金属片遇热膨胀弯曲，动触头与静触头分开，使电动机的控制回路断电，将电动机的电源切断，起到保护作用。

8）互感器

互感器是一种特殊变压器，可分为电流互感器（文字符号为 TA）、电压互感器（文字符号为 TV)两类。互感器的功能有以下两个。

(1) 安全绝缘。采用互感器作为一次电路与二次电路之间的中间元件,既可避免一次电路的高电压直接引入仪表、继电器等二次设备,又可避免二次电路故障影响一次电路,提高了两方面工作的安全性和可靠性,特别是保障了人身安全。

(2) 扩大测量范围。采用互感器以后,就相当于扩大了仪表、继电器的使用范围。例如用一只 5A 的电流表,通过不同变流比的电流互感器就可测量任意大的电流。同样,用一只 100V 的电压表,通过不同变压比的电压互感器就可测量任意高的电压。

电流互感器的全型号格式及含义如图 8-29 所示。

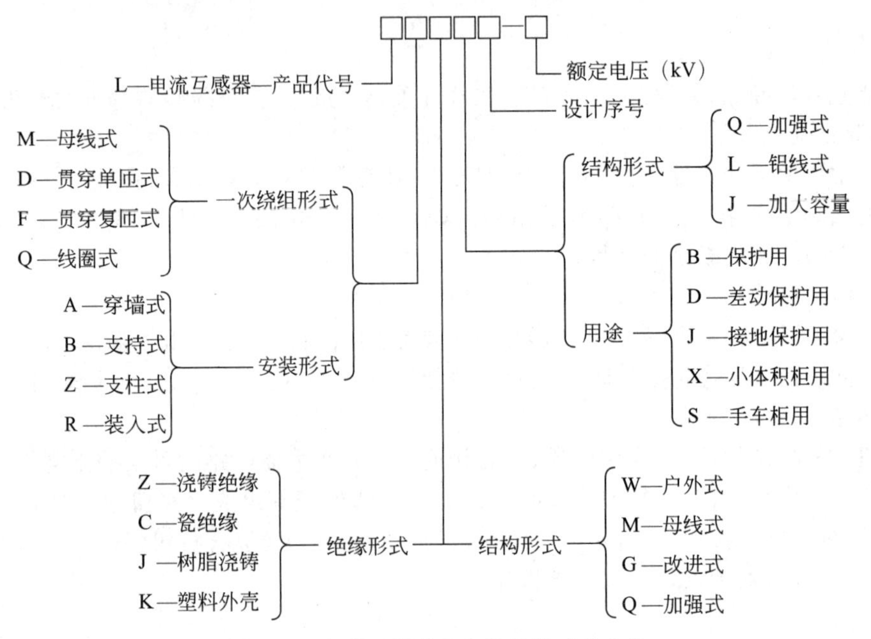

图 8-29 电流互感器的全型号格式及含义

电压互感器的全型号格式及含义如图 8-30 所示。

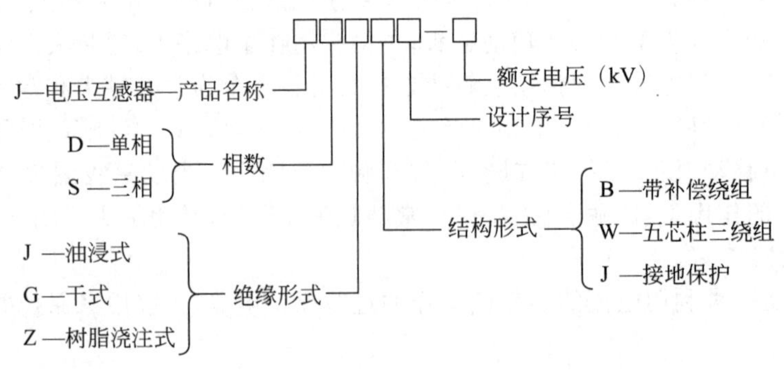

图 8-30 电压互感器的全型号格式及含义

2. 低压控制开关的选择

1) 刀开关的选择

选择刀开关时,其额定电压不应超过开关的额定电压值,同时,它们的额定电流应大于或等于线路的额定电流。

2）熔断器的选择

熔断器的额定电压应大于或等于配电线路的额定电压，熔断器熔体的额定电流 I_N 应大于或等于配电线路的计算电流 I_C，即：

$$I_N \geqslant I_C \tag{8-3}$$

同时，熔体的额定电流和电动机的尖峰电流应满足以下条件。

$$I_N \geqslant KI_{jf}$$

注意

当启动电流很小时，K 取 1；当启动电流较大时，K 取 0.5～0.6。

3）断路器的选择

（1）断路器的额定电压应大于或等于配电线路的额定电压。

（2）断路器的额定电流 I_N 应大于或等于配电线路的计算电流 I_C，即：

$$I_N \geqslant I_C \tag{8-4}$$

（3）断路器的极限分断电流应大于或等于配电线路最大短路电流。

（4）配电用断路器脱扣器的整定：长延时动作电流值取线路允许载流量的 0.8～1 倍；3 倍延时动作电流值的释放时间应大于最大启动电流电动机的实际启动时间，以防止电动机启动时断路器脱扣分闸。电动机保护用断路器延时脱扣器的整定：长延时动作电流值应等于电动机额定电流，6 倍延时动作电流值的释放时间应大于电动机的实际启动时间，以防止电动机启动时断路器脱扣分闸。照明回路用断路器延时脱扣器的整定：长延时动作电流值应大于线路的计算电流，以保证线路正常运行。

一般情况下，断路器的分断能力比同容量的熔断器的分断能力低，为改善保护特性，两者往往配合使用，熔断器尽可能置于断路器前侧。

4）漏电开关的选择

一般情况下，开关箱内漏电保护器的额定漏电动作电流应不大于 30mA，额定漏电动作时间应不大于 0.1s；用于潮湿和有腐蚀介质场所的漏电保护器应采用防溅型产品，其额定漏电动作电流应不大于 15mA，额定漏电动作时间应小于 0.1s。

8.5 建筑物防雷的基本知识

微课：人体触电类型

8.5.1 人体触电类型

1. 触电的原因及危害

人体本身是电导体，当人体接触带电体承受过高电压形成回路时，就会有电流流过人体，由此引起局部伤害或死亡的现象称为触电。

一般规定 36V 以下为安全电压。人体通过 30mA 以上的电流就具有危险性。但由于人体电阻值有较大的差异，即使同一个人，其体表电阻也与皮肤的干燥程度、清洁程度、健康状况及心情等因素有很大的关系。当皮肤处于干燥、洁净和无损伤状态下，人体电阻在4kΩ以上；当皮肤处于潮湿状态，人体电阻约为1kΩ。由此可见，安全电压也是因人而异的。

2. 触电方式

1）直接触电

人体的某一部位接触电气设备的带电导体，另一部位与大地接触，或同时接触到两相不同的导体所引起的触电，称为直接触电。此时加在人体的电压为相电压或线电压。

2）间接触电

间接触电是指人体接触到故障状态的带电导体，而正常情况下该导体是不带电的。例如电气设备的金属外壳，当发生碰壳故障时就会使金属外壳的电位升高，这时人触到金属外壳就会发生触电。人体同时触到不同电位的两点时，会在人体加一电压，此电压称为接触电压。减小接触电压的方法是将在后面讲述的等电位连接。

3）跨步电压触电

在接地装置中，当有电流流过时，此电流流经埋设在土层中的接地体向周围土层中流散，使接地体附近的地表面任意两点之间都可能出现电压。如图8-31所示，当人走到附近时，两脚之间的电压U就称为跨步电压。当供电系统出现对地短路或有雷电流流经输电线入地时，都会在接地体上流过很大的电流，使接触电压大大超过安全电压，造成触电伤亡。因此，一般接地体的电阻应尽量小，以减小跨步电压。

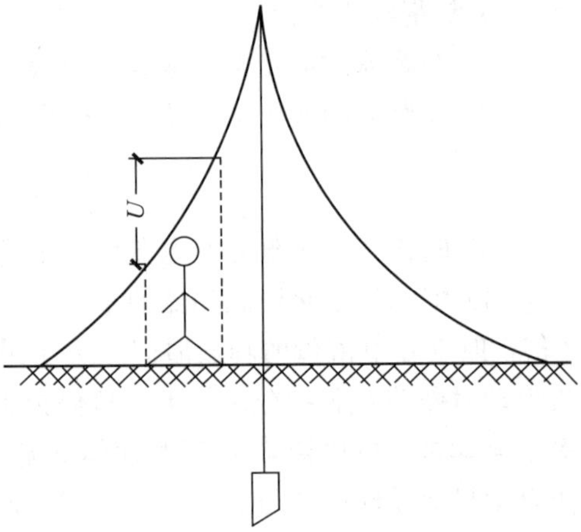

图8-31 单一接地体附近的电位分布

3. 触电急救措施

1）尽快使触电者脱离电源

可就近断开电源；若距电源开关较远，则用干燥的不导电物体拨开电源线；可采用短路法使电源开关掉闸。

2）现场急救

触电者脱离电源后须积极抢救，时间越快越好。若触电者失去知觉，但仍能呼吸，应立即抬到空气畅通、温暖舒适的地方平卧；若触电者已停止呼吸，心脏停止跳动，这种情况往往是假死，一般通过人工呼吸和心脏按压的方法使触电者恢复正常。

4. 防止触电的主要措施

（1）建立各项安全规章制度，加强安全教育和对电气工作人员的培训。

（2）设立屏障，保证人与带电体的安全距离，并挂标示牌。

（3）采用连锁装置和继电保护装置，推广使用漏电断路器进行接地故障保护。

8.5.2 建筑防雷系统

1. 雷电的基本知识

1）雷电的形成及危害

空气中不同的气团相遇后，凝成水滴或冰晶，形成积云。积云在运动中分离出电荷，当其积聚到足够数量时，就形成带电雷云。在带有不同电荷雷云之间，或在雷云及由其感应而生的不同电荷之间发生击穿放电，即形成雷电。

雷电放电电流很大，幅值可达数十至数百千安。雷电感应所产生的电压高达几百千伏至几百万伏，放电时产生的温度达2000K。雷电产生的机械效应、热效应及电气效应几乎同时瞬间发生，往往造成突然性危害。可炸裂或击毁被击建筑物；通过导体时，烧断导线，烧毁设备，引起金属熔化而造成火灾及停电事故；雷电流流入地下或雷电波侵入室内时，在相邻的金属构架或地面上产生很高的对地电压，造成接触电压和跨步电压升高，导致电击危险。

2）雷电的种类

（1）直击雷。带电雷云直接对大地或地面凸出物放电，称为直击雷。直击雷一般作用于建筑物顶部的突出部分或高层建筑的侧面（又称侧击雷）。

（2）感应雷。感应雷分为静电感应雷和电磁感应雷两种。静电感应雷是雷云接近地面时，在地面凸出物顶部感应大量异性电荷，在雷云离开时，凸出物顶部的电荷失去束缚，以雷电波的形式高速传播。电磁感应雷是在雷击后，雷电流在周围空间产生迅速变化的强磁场，处在强磁场范围内的金属导体上会感应出过高的过电压形成。

（3）雷电波侵入。雷电打击在架空线或金属管道上，雷电波沿着这些管道侵入建筑物内部，危及人身或设备安全，称为雷电波侵入。

3）雷电的活动规律

雷电的活动主要取决于气象、季节、地域及地物等因素。从气候上来说，热而潮湿的地区比冷而干燥的地区雷电活动多，我国以华南、西南及长江流域比较多，华北、东北较少，西北最少；从地域上看，山区的雷电活动多于平原，平原的雷电活动多于沙漠，陆地的雷电活动多于湖海；从季节上看，雷电主要活动在夏季，其次是春夏和夏秋交接时期。

2. 建筑物的防雷

1）雷击的选择性

建筑物遭受雷击的部分是有一定规律的。建筑物易遭受雷击的部位如下。

（1）平屋面或坡度不大于10%的屋面——檐角、女儿墙、屋檐，如图8-32(a)、(b)所示。

（2）坡度大于10%且小于50%的屋面——屋角、屋脊、檐角、屋檐，如图8-32(c)所示。

（3）坡度不小于50%的屋面——屋角、屋脊、檐角，如图8-32(d)所示。

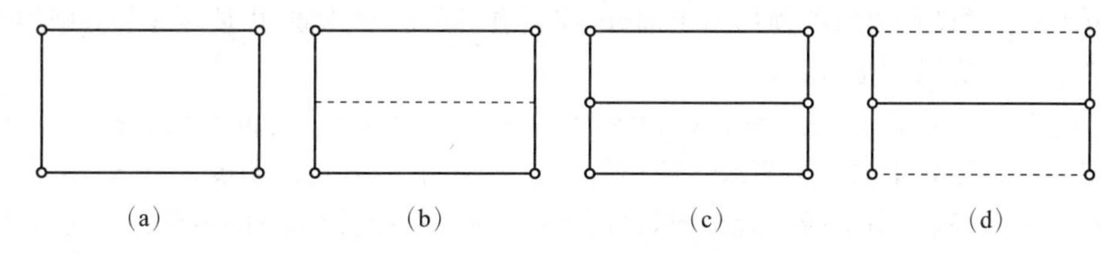

图8-32 建筑物易受雷击的部位

2）建筑物的防雷分类

建筑物根据其重要程度、使用性质、发生雷电事故的可能性和后果，按防雷要求分为三类。

（1）第一类防雷建筑物。遇下列情况之一时，应划为第一类防雷建筑物：凡制造、使用或贮存炸药、火药、起爆药、火工品等大量爆炸物质的建筑物;因电火花而引起爆炸,会造成巨大破坏和人身伤亡者;具有0 区或 20 区爆炸危险环境的建筑物;具有 1 区或 21 区爆炸危险环境的建筑物,因电火花而引起爆炸,会造成巨大破坏和人身伤亡者。

(2) 第二类防雷建筑物。遇下列情况之一时,应划为第二类防雷建筑物:国家级重点文物保护的建筑物;国家级的会堂、办公建筑物、大型展览和博览建筑物、大型火车站、国宾馆、国家级档案馆、大型城市的重要给水水泵房等特别重要的建筑物;国家级计算中心、国际通信枢纽等对国民经济有重要意义且装有大量电子设备的建筑物;制造、使用或贮存爆炸物质的建筑物,且电火花不易引起爆炸或不致造成巨大破坏和人身伤亡者;具有 1 区或 21 区爆炸危险环境的建筑物,且电火花不易引起爆炸或不致造成巨大破坏和人身伤亡者;具有 2 区或 22 区爆炸危险环境的建筑物;有爆炸危险的露天钢质封闭气罐;预计雷击次数大于 0.05 次/a的部、省级办公建筑物及其他重要或人员密集的公共建筑物以及火灾危险场所;预计雷击次数大于 0.25 次/a 的住宅、办公楼等一般性民用建筑物。

(3) 第三类防雷建筑物。遇下列情况之一时,应划为第三类防雷建筑物:省级重点文物保护的建筑物及省级档案馆;预计雷击次数大于或等于 0.01 次/a,且小于或等于 0.05 次/a 的部、省级办公建筑物及其他重要或人员密集的公共建筑物以及火灾危险场所;预计雷击次数大于或等于 0.05 次/a,且小于或等于 0.25 次/a 的住宅、办公楼等一般性民用建筑物或一般性工业建筑物;在平均雷暴日大于 15d/a 的地区,高度在 15m 及以上的烟囱、水塔等孤立的高耸建筑物;在平均雷暴日小于或等于 15d/a 的地区,高度在 20m 及以上的烟囱、水塔等孤立的高耸建筑物。

3) 建筑物的防雷措施

根据三种雷电的破坏作用及建筑物防雷分类,可以采取以下措施。

防直击雷的措施是在建筑物顶部安装接闪器(接闪杆、接闪带或接闪网);防感应雷的措施是将建筑物面的金属构件或建筑物内的各种金属管道、钢窗等与接地装置连接;防雷电波侵入的措施是在变配电所、建筑物内的电源进线处安装避雷器。

4) 建筑物的防雷装置

建筑物的防雷装置一般由接闪器、引下线、接地装置三个部分组成。

(1) 接闪器。接闪器即引雷装置,其形式有接闪杆、接闪带、接闪网等,安装在建筑物的顶部。接闪器一般用圆钢或扁钢做成。接闪杆主要安装在构筑物(如水塔、烟囱)或建筑物上;接闪带水平敷设在建筑物顶部凸出部分,如屋脊、屋檐、女儿墙、山墙等位置;接闪网是可靠性更高的多行交错的接闪器。

(2) 引下线。引下线是连接接闪器和接地装置的金属导体,它的作用是把接闪器上的雷电流引到接地装置上去。引下线一般用圆钢或扁钢制作,既可以明装,也可以暗设。对于建筑艺术要求较高者,引下线一般暗敷,目前也经常利用建筑物本身的钢筋混凝土柱子中的主筋直接引下去,非常方便又节约投资,但必须要求将两根以上的主筋焊接至基础钢筋,以构成可靠的电气通路。

(3) 接地装置。接地装置由接地线和接地体组成,它是引导雷电流安全入地的导体。接地体分为水平接地体和垂直接地体两种。水平接地体一般用圆钢或扁钢制成,垂直接地体则采用圆钢、角钢或钢管制成。连接引下线和接地体的导体称为接地线,接地线通常采用直径为 10mm 以上的镀锌圆钢制成。

8.6 建筑电气系统的接地

微课:建筑电气系统的接地

8.6.1 接地概述

将电气设备的某一部分与地做良好的连接,称为接地。埋入地中并直接与大地接触的金属导体,称为接地体(或接地极)。兼作接地用的直接与大地接触的各种金属构件、金属井管、钢筋混凝土建筑物的基础、金属管道和设备等,称为自然接地体;为了接地埋入地中的接地体,称为人工接地体。连接设备接地部位和接地体的金属导线,称为接地线。接地体和接地线的总和,称为接地装置。接地电阻是指接地装置对地电压和通过接地体流入地中电流的比值。

8.6.2 接地的类型

1. 接地分类

根据接地目的的不同,接地类型主要有工作接地、保护接地、保护接零三种。

1) 工作接地

电力系统由于运行安全的需要,将电源中性点接地,这种接地方式称为工作接地。

2) 保护接地

将电气设备的金属外壳与大地做良好的电气连接,这种接地方式称为保护接地。保护接地适用于中性点不接地的低压系统。

3) 保护接零

将电气设备在正常情况下不带电的金属部分与零线做良好的电气连接,称为保护接零。保护接零适用于中性点接地的低压系统。

2. 保护接地的形式和系统表示

低压配电系统的保护接地形式,分为 TN 系统、TT 系统、IT 系统三种,其中 TN 系统比较常见。

1) TN 系统

我国的低压配电系统,通常采用三相四线制系统,即 380/220V 低压配电系统。该系统采用电源中性点直接接地方式,而且引出中性线(N 线)或保护线(PE 线)。这种将中性点直接接地,而且引出中性线或保护线的三相四线制系统,称为 TN 系统。

在低压配电的 TN 系统中,中性线(N 线)的作用,一是用来接驳相电压 220V 的单相设备;二是用来传导三相系统中的不平衡电流和单相电流;三是减少负载中性点电压偏移。保护线(PE 线)的作用是为保障人身安全,防止触电事故发生。在 TN 系统中,当用电设备发生单相接地故障时,就形成单相短路,线路过电流保护装置动作,迅速切除故障部分,从而防止人身触电。

TN 系统因其 N 线和 PE 线的不同形式,分为 TN—C 系统、TN—S 系统和 TN—C—S 系统。T 表示电源中性点接地,N 表示设备保护接零,C 表示 PE 线与 N 线是合一的,S 表示 PE 线与 N 线是分开的。

(1) TN—C 系统。TN—C 系统如图 8-33 所示。这种系统的 N 线和 PE 线合用一根导线——保护中性线(PEN 线),所有设备外露可导电部分(如金属外壳等)均与 PEN 线相连。当三相负荷不平衡或只有单相用电设备时,PEN 线上有电流通过。这种系统一般能够满足供电可靠性的要求,而且投资较少,节约有色金属,所以在我国低压配电系统中应用最为普遍。

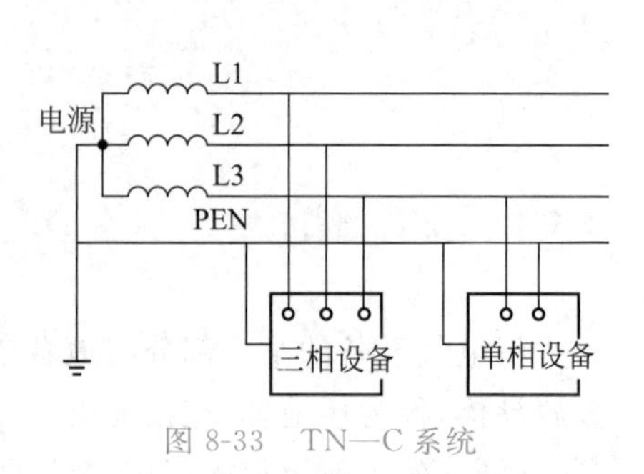

图 8-33 TN—C 系统

(2) TN—S 系统。TN—S 系统如图 8-34 所示。这种系统的 N 线和 PE 线是分开的,所有设备的外露可导电部分均与公共 PE 线相连。这种系统的特点是公共 PE 线在正常情况下没有电流通过,因此不会对接在 PE 线上的其他用电设备产生电磁干扰。此外,由于其 N 线与 PE 线分开,因此其 N 线即使断线也不影响接在 PE 线上的用电设备防间接触电的安全。所以,这种系统多用于环境条件较差,对安全可靠性要求高及用电设备对电磁干扰要求较严的场所。

(3) TN—C—S 系统。TN—C—S 系统如图 8-35 所示。这种系统前边为 TN—C 系统,后边为 TN—S 系统(或部分为 TN—S 系统)。它兼有 TN—C 系统和 TN—S 系统的优点,常用于配电系统末端环境条件较差且要求无电磁干扰的数据处理或具有精密检测装置等设备的场所。

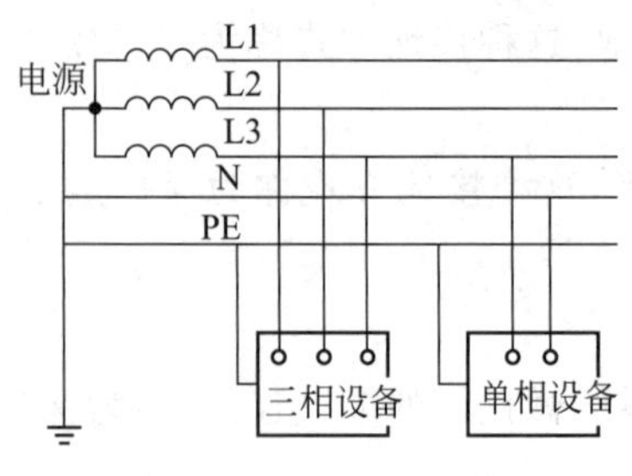

图 8-34 TN—S 系统

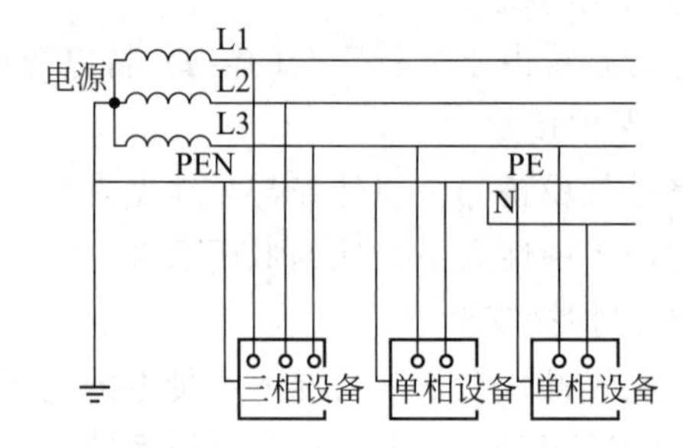

图 8-35 TN—C—S 系统

2) TT 系统

TT 系统的电源中性点直接接地,也引出 N 线,属于三相四线系统,而设备的外露可导电部分则经各自的 PE 线分别接地,其功能可用图 8-36 来说明。

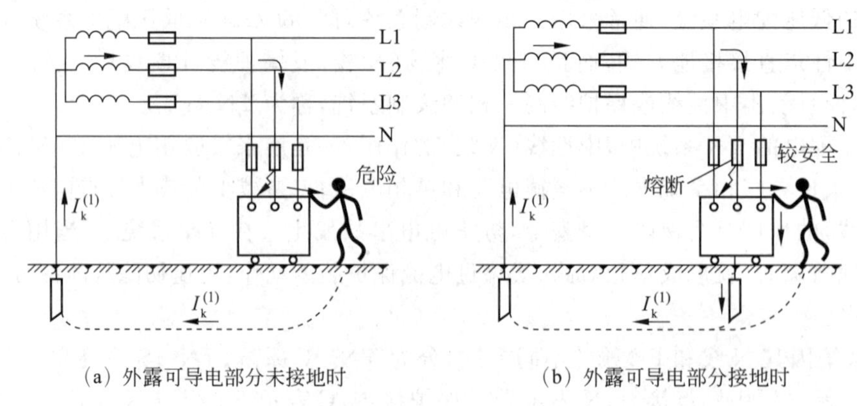

(a) 外露可导电部分未接地时　　(b) 外露可导电部分接地时

图 8-36 TT 系统保护接地功能说明

如图 8-36(a)所示,电气设备没有采用接地保护措施时,一旦电气设备漏电,其漏电流不足以使熔断器熔断(或过流保护装置动作),设备外壳将存在危险的相电压。当人体误触其外壳时,就会有电流流过人体,这个电流对人体是危险的。

在 TT 系统中,电气设备采用接地保护措施后(见图 8-36(b)),当发生电气设备外壳漏电时,由于外壳接地,故障电流通过保护接地电阻和中性点接地电阻回到变压器中性点,这一电流通常能使故障设备电路中的过电流保护装置动作,切断故障设备电源,从而减少人体触电的危险。

因某种原因,即使过电流保护装置不动作,由于人体电阻远大于保护接地电阻(此时相当于与之并联),因此通过人体的电流也很小,一般小于安全电流,对人体的危险也较小。

由上述分析可知,TT 系统的使用能减少人体触电的危险,但是毕竟不够安全。因此为保障人身安全,应根据国际 IEC 标准加装漏电保护器(漏电开关)。

3) IT 系统

IT 系统的电源中性点不接地或经阻抗(约 1000Ω)接地,且通常不引出 N 线,而电气设备的导电外壳经各自的 PE 线分别直接接地,因此它又被称为三相三线制系统。

在 IT 系统中,当电气设备发生单相接地故障时,接地电流将通过人体和电网与大地之间的电容构成回路,如图 8-37 所示。由图可知,流过人体的电流主要是电容电流。一般情况下,此电流是不大的,但是,如果电网绝缘强度显著下降,则这个电流可能会达到危险程度。在 IT 系统中,如果一相导体已经接地而未被发现(此时三相设备仍可继续正常运行),人体又误触及另一相正常导体,这时人体所承受的电压将是线电压,其危险程度不言而喻。因此为确保安全,必须在系统内安装绝缘监察装置,当发生单相接地故障时及时发出灯光或音响信号,提醒工作人员迅速清除故障以绝后患。

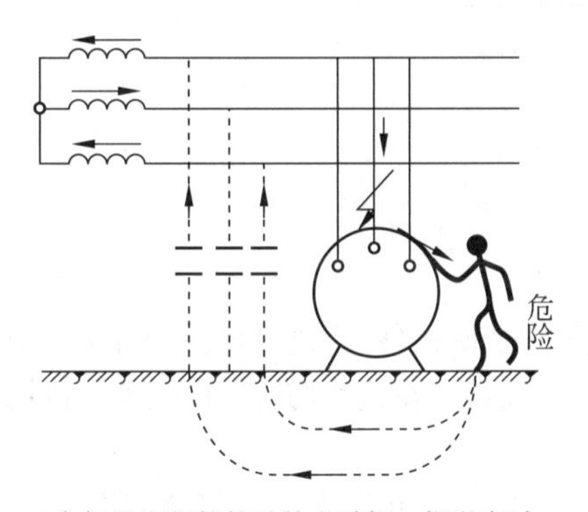

(a) 没有保护接地的电动机一相碰壳时

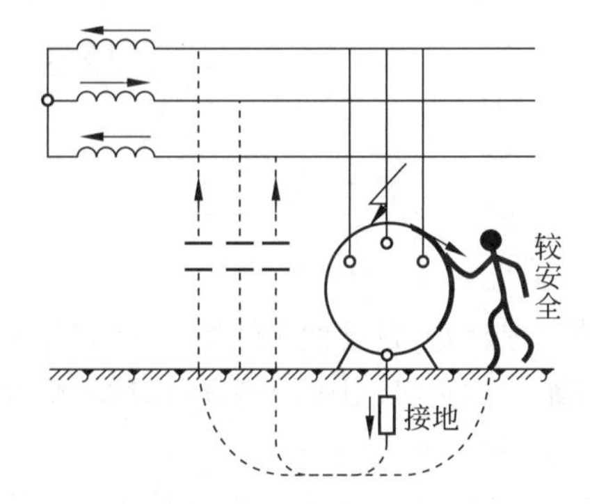

(b) 装有保护接地的电动机一相碰壳时

图 8-37　IT 系统保护接地的作用

8.6.3　等电位联结

1. 总等电位联结

将建筑物内所有电器外壳、金属管等用导线连接,再做统一接地。等电位联结的作用在于降低建筑物内间接接触电压和不同金属部件间的电位差,并消除自建筑物外经电气线路和各种金属管道引入的危险故障电压的危害。它的做法是通过进线配电箱近旁的总等电位联结端子板(接地母排)将下列导电部分互相连通:进线配电箱的 PE(PEN)母排;公用设施的金属管道,如上水、下水、热力、煤气等管道;如果可能,应包括建筑物金属结构;如果做了人工接地,也包括其接地极引线。总等电位联结如图 8-38 所示。

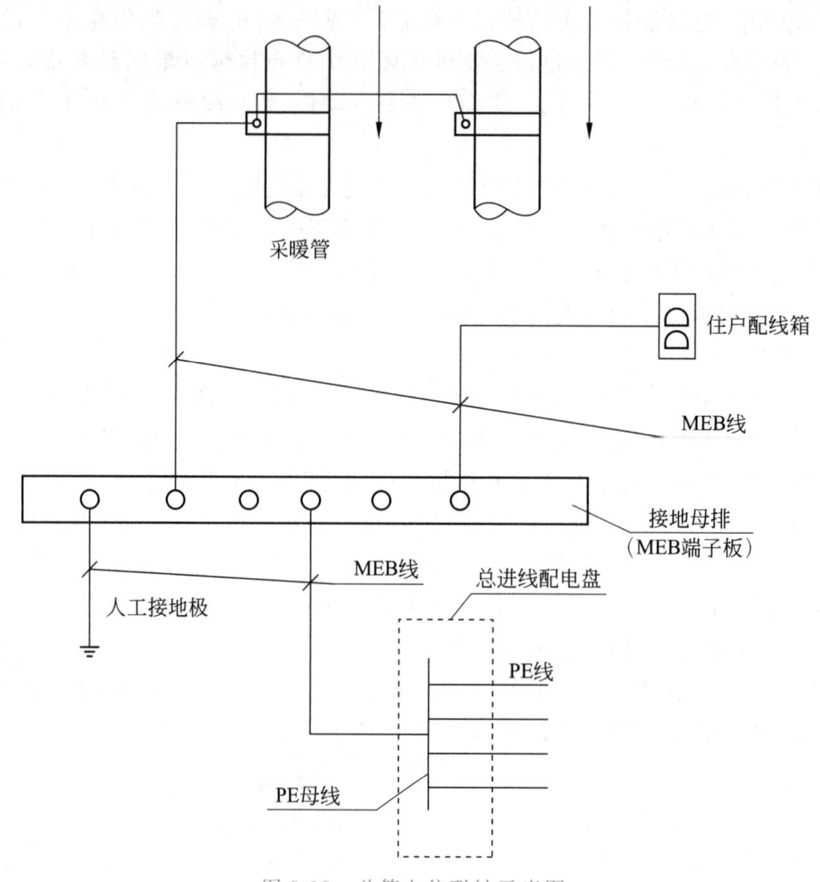

图 8-38 总等电位联结示意图

2. 辅助等电位联结

在特别潮湿、危险性大的场所,即将该场所内的所有金属构件、管道等部分用导线直接作等电位联结。如厨房、卫生间等场所,都需要做辅助等电位联结。在这些场所需设置等电位箱。

3. 局部等电位联结

在一局部场所范围内将各可导电部分连通,称为局部等电位联结。可通过局部等电位联结端子板将 PE 母线(或干线)、金属管道、建筑物金属体等相互连通。

8.7 施工现场临时用电

8.7.1 概述

施工现场供电是指为建筑安装工程施工工地提供电力,以满足建筑工程建设用电的要求。施工现场用电一般由两部分组成:一部分是建筑工程施工机械设备用电;另一部分是施工现场照明用电。当建筑工程施工正常进行时，这个供电系统必须能保证施工正常工作，以满足施工用电的要求；当建筑工程施工完成时，这个供电系统的工作即告结束。因此，施工供电明显地具有临时供电的性质，所以施工现场供电是临时性供电。施工现场供电虽然是临时性的，但从电源引入一直到用电设备，形成了一个完整的供用电系统，这个系统的运行必须是安全和可靠的。

8.7.2 施工现场变压器的选用

建筑工程现场施工供电，关系到合理安全地供电，对节约电能和降低工程费用有着重要的现实意义。一般来说，施工现场电源的选用有以下方案。

(1) 如果是大型工程，需要装设独立的变压器，那么在开工前，要完成永久性的供电设施，包括送电线路、变配电室等，使能有永久性配电室引接施工电源，施工工地的电源主干线，如有条件也应与永久性的配电线路结合在一起。

(2) 如果工程使用就近的供电设施，那么施工现场临时用电也尽量由邻近的地区供电网内取得。

8.7.3 施工现场负荷量的计算

工地临时供电，包括动力用电与照明用电两种，在计算负荷量时，应考虑到以下设备。

(1) 施工现场所使用的机械动力设备、其他电气工具及照明用电的数量。

(2) 施工总进度计划中施工高峰阶段同时用电的机械设备最高数量。

总负荷量可按式(8-5)计算：

$$P = 1.05 \sim 1.10\left(K_1 \frac{\sum P_1}{\cos\varphi} + K_2 \sum P_2 + K_3 \sum P_3 + K_4 \sum P_4\right) \tag{8-5}$$

式中，P 为供电设备总需要量(kV·A)；P_1 为电动机额定功率(kW)；P_2 为电焊机额定功率(kV·A)；P_3 为室内照明容量(kW)；P_4 为室外照明容量(kW)；$\cos\varphi$ 为电动机的平均功率因数(在施工现场最高为 0.75～0.85，一般为 0.65～0.75)。

8.7.4 配电线路布置

(1) 施工现场临时用电一般采用 380/220V 的供电系统，整个施工现场可按三级配电形式布置，即总配电箱→分配电箱→开关箱。

(2) 施工现场配电线路一般应采用 TN—S 接地方式的三相四线制系统，架空线路距地面 4m 以上，在各配电箱处打地钻进行重复接地，零线应与其他各导线颜色区别开来。

(3) 施工现场使用的配电箱、开关箱的安装高度，箱底与地面的垂直距离均为 1.3m，配电箱、开关箱进出线口一律高于箱体的下底，并且要防绝缘损坏。整个施工现场用电要实行分级保护。

(4) 照明要有专用漏电保护箱，一般场所宜选用额定电压为 220V 的照明器。镝灯、小太阳灯等金属外壳必须与PE线相连接。室内线路及灯具安装高度在危险潮湿场所不得低于2.5m,室外线路及灯具安装高度不得低于3m,如低于此值需使用36V安全电压供电。

(5) 熔断器、闸具参数要与设备容量相匹配,严禁使用不符合原规格的熔丝或金属丝。

(6) 施工现场一律选用铜导线,导线截面积可根据负荷量来选择。

本章小结

本章主要介绍了供配电系统的有关知识,其中包括:供电系统的组成、作用;电力负荷的分类及要求;低压变配电所的结构、类型及主要的电气设备;低压配电线路的配电要求、配电方式、配电线路的结构和敷设;配电导线和开关的选用原则;建筑物防雷接地的基本知识;施工现场临时用电的一般方案等。

思考题

8.1 建立供电系统有哪些优越性?

8.2 什么是工频?我国供电系统的工频是多少?

8.3 根据供电可靠性,电力负荷的分级情况如何?各级分别采用哪种供电方式?

8.4 室外低压配线的方式有哪些?室内低压配线的方式有哪些?

8.5 选用配电导线应该满足哪些要求?

8.6 在选用断路器和熔断器时,一定要躲过电动机的尖峰电流,为什么?

8.7 雷电的危害形式有哪些?各种形式分别采取什么样的防雷措施?

8.8 防雷装置的组成有哪些?各部分的作用分别是什么?

8.9 什么是保护接地和保护接零?各适用于什么场合?

8.10 什么是等电位联结?它的作用是什么?

8.11 施工现场用电一般采用哪种供电方式?

习题

8.1 某学生宿舍楼照明的计算负荷为50kW,由100m远处的变电所用塑料绝缘铜线(BV)供电,供电方式为三相四线制,要求这段线路的电压损失不超过2.5%。试选择导线截面积。

8.2 某建筑工地上有一配电箱,该配电箱控制着5台电动机。电动机型号如下:一台塔式起重机,型号为QZ315型(3+3+15)kW,JC=25%;15kW电动机的额定电流为30A,启动电流是额定电流的7倍;2台振捣器:Y系列,2.2kW;通过计算得知电动机的尖峰电流为239A。试选择该配电箱的进线断路器。

模块 9 建筑弱电系统

知识目标

1. 掌握有线电视系统的组成及各部分的作用。
2. 了解广播音响系统的组成及布置方式。
3. 掌握建筑物内电话配线的方式与要求。
4. 了解防盗与保安系统的组成及工作原理。

能力目标

1. 能够进行有线电视系统工程图的识读。
2. 能够进行建筑电话系统布线图的识读和分析。

9.1 有线电视系统

微课:有线电视系统

9.1.1 有线电视系统概述

电视是现代社会传播信息的重要工具,它不仅能为我们提供丰富的娱乐节目,还能迅速传递政治、经济、科技、文化、治安等信息。随着经济的发展,电视数量越来越多,分布越来越广,接收图像质量高、效果好的电视节目就成为迫切需要。为解决电视节目收看的质量问题,有线电视系统应运而生。

有线电视系统(community antenna television,CATV)是指利用电视天线和卫星天线接收电视信号,并通过电缆系统将电视信号传输、分配到用户电视接收机的系统。有线电视系统先后经历了共用天线电视系统、电缆电视系统和有线电视系统三个发展阶段。

共用天线电视系统是指共用一组天线接收电视台的电视信号,并通过同轴电缆传输、分配给许多电视机用户的系统。

通过同轴电缆、光缆或其组合来传输、分配和交换声音、图像信号的电视系统,称为电缆电视(cable television)系统,其英文缩写也是 CATV。现在,习惯上又将其称为有线电视系统。

近些年,CATV 呈现光纤化、数字化、双向传输特点并构成“三网合一”的宽带综合信息网。

9.1.2 有关 CATV 的几个概念

1. 电视频道

电视信号中包括图像信号(视频信号 V)和伴音信号(音频信号 A),两个信号合成为射频信号 RF。一个频道的电视节目要占用一定的频率范围,称为频带。我国规定,一个频道的频带宽度为 8MHz。

电视频道分为高频段(V 段)和超高频道(U 段)。高频段中又分为低频段 VL 和高频段 VH。频道基波配置波谱如图 9-1 所示。

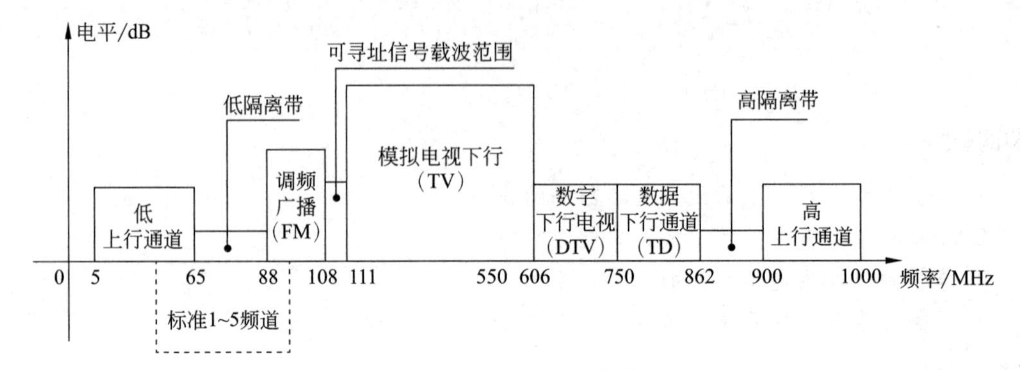

图 9-1 频道基波配置波谱图

图 9-1 中横坐标表示频率,纵坐标表示网络传输中信号电平的相对高低;频谱中下行模拟电视频道分为标准频道(DS-xx)和增补频道(Z-xx), Z-xx 是有线电视专用频道。由于网络双向业务的开通,下行频道 DS1-5 频道不宜选用。一个传输系统中为防止上、下行信号的串扰特设置了隔离带。

目前我国电视广播采用Ⅰ(48.5~56.5 MHz)、Ⅲ(167~223 MHz)、Ⅳ(470~566 MHz)、Ⅴ(606~862 MHz)四个波段,Ⅰ、Ⅲ波段为 VHF 频段,Ⅳ、Ⅴ波段为 UHF 频段。Ⅰ与Ⅲ波段之间和Ⅲ与Ⅳ波段之间为增补频道 A、B 波段,这是因 CATV 节目不断增加和服务范围不断扩大而开辟的新频道。在Ⅰ波段与 A 波段(增补频道)之间空出 88~171MHz 频段划归调频(FM)广播、通信等使用,有时称为Ⅱ波段。其中,87~108MHz 为 FM 广播频段。

2. 信号电平

电视信号在空间传输的强度,用场强表示;信号进入接收传输器件后变成电压信号,用信号电压表示。为了便于计算,在工程中用信号电平表示,单位为 dBμV,使用时只用 dB 表示。测量电视信号电平要用场强计。

国家标准规定有线电视输出口的电平在 VHF 波段为 57~83dB,在 UHF 波段为 60~83dB。低于规定的下限将导致载噪比变坏,电视上雪花大;高于规定的上限将使得工程造价增加,使电视接收机的高频头非线性失真严重,出现交扰调制和互调干扰。

3. 宽带放大器

电视信号要想进行传输,就要克服传输过程中的衰减,因此要先把信号电平提高到一定的水平。这时就需要使用放大器,现在的信号是全频道信号,放大器工作频率要宽,要能放大所有信号而不失真,这种放大器就是宽带放大器。

放大器的参数有两个,一个是增益,一般为 20~40dB;另一个是最高输出电平,一般为 90~120dB。放在混合器后面,作为系统放大器的称为主放大器;放在每个楼中,作为楼栋放大器的称为线路放大器。

放大器使用的电源一般都放在前端设备箱中,也有挂在电杆上的防雨式放大器,有的放大器上有可调衰减器，可以调整输入信号强度。

4. 分配器

分配器把电视信号平均分成几等份，传输到各支路中。信号在分配器上要有衰减，衰减量是一个支路2dB。

5. 分支器

分支器也是一种把信号分开连接的器件，与分配器不同的是，分支器是串接在干线里，从干线上分出几个分支线路，但干线还要继续传输。

9.1.3　有线电视系统的组成

有线电视系统的组成有三大部分，分别是前端信号处理部分、干线传输部分和用户分配部分，如图9-2所示。

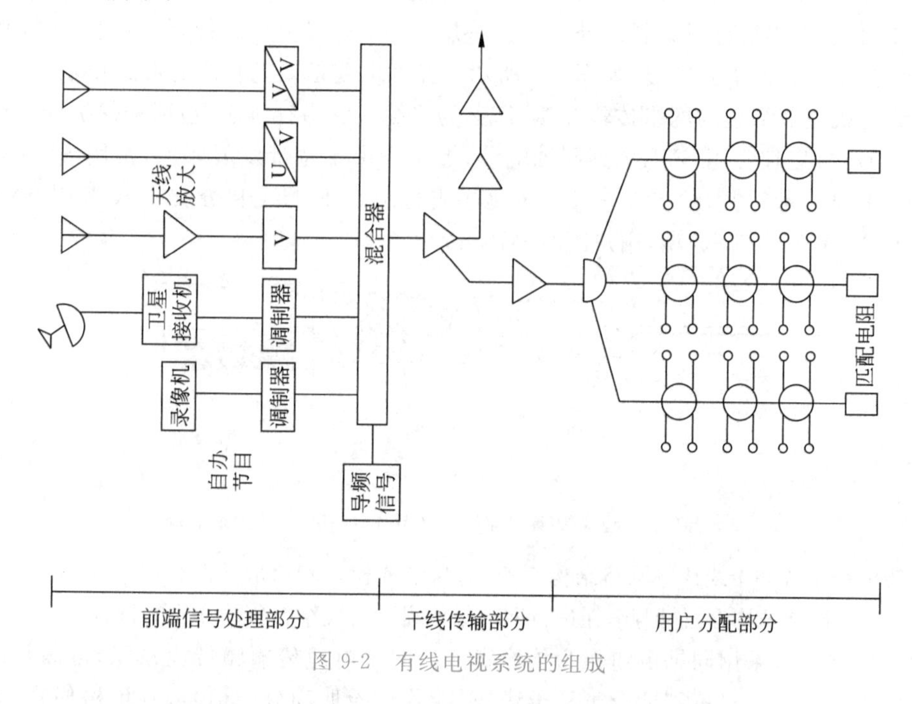

图9-2　有线电视系统的组成

1. 前端信号处理部分

前端系统是有线电视系统重要的组成部分之一，因为前端信号质量不好，后面其他部分是较难补救的。

前端系统主要包括电视接收天线、频道放大器、卫星电视接收设备、自播节目设备、导频信号发生器、调制器、混合器及连接线缆等部件。它的任务是把天线接收到的各种电视信号，经过处理后，恰当地送入分配网络。前端设备是根据天线输出电平的大小和系统的要求来设计的，其质量的好坏对整个系统的音像质量起着关键作用。

2. 干线传输部分

干线传输部分是把前端接收处理、混合后的电视信号，传输给用户分配系统的一系列传输设备，主要有各种类型的干线放大器和干线电缆。为了能够高质量、高效率地传送信号，应当采用优质、低耗的同轴电缆和光缆;同时,采用干线放大器,其增益正好抵消电缆的衰减,既不放大,也不减小。在主干线上应尽可能减少分支,以保证干线中串接放大器的数量最少。如果要传输双向节目,必须使用双向传输干线放大器建立双向传输系统。

1) 干线放大器的类型

根据干线放大器的电平控制能力,干线放大器主要分为以下几类。

(1) 手动增益控制和均衡型干线放大器。

(2) 自动增益控制型干线放大器。

(3) 自动增益控制加自动斜率补偿型放大器。

(4) 自动电平控制型干线放大器。其包含自动增益控制和自动斜率控制功能。

2) 干线传输电缆

干线传输电缆一般有两种,一种是同轴电缆,另一种是光纤电缆。同轴电缆是指有两个同心导体,而导体和屏蔽层又共用同一轴心的电缆。最常见的同轴电缆由绝缘材料隔离的铜线导体组成,在里层绝缘材料的外部是另一层环形导体及其绝缘体,然后整个电缆由聚氯乙烯或特氟纶材料的护套包裹,如图 9-3 所示。光纤电缆是以光脉冲的形式传输信号,材质以玻璃或有机玻璃为主的网络传输介质,简称为光缆。它由纤维芯、包层和保护套组成。在CATV 工程中,以往常用 SYKV 型同轴电缆,近年来由于宽带发展要求,常用 SYWV 型同轴电缆。干线一般采用 SYWV—75—12 型(或光缆),支干线和分支干线多用 SYWV—75—12 或 SYWV—75—9 型,用户配线多用 SYWV—75—5 型。

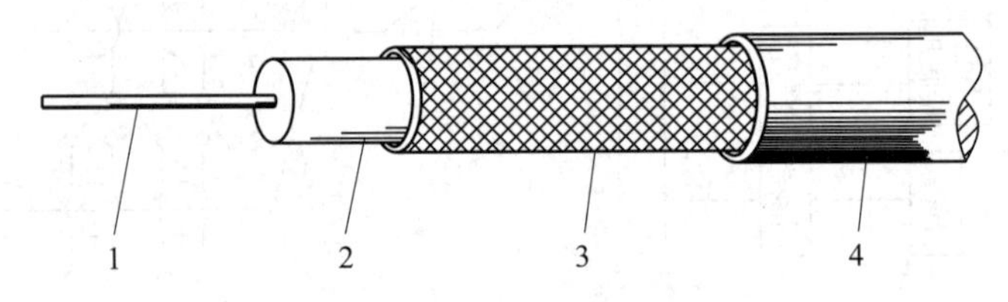

图 9-3 射频同轴电缆

1—内导体;2—绝缘层(聚乙烯);3—外导体屏蔽层;4—绝缘保护层

有线电视系统的干线传输网络结构有树形、星形或树形和星形的混合形。同轴电缆和光缆各有其适合的网络结构形式,因此,在进行网络结构设计时应结合传输介质的特点考虑。

树形网络通常采用同轴电缆作为传输媒介。同轴电缆传输频带比较宽,可满足多种业务信号的需要;同时,它特别适合于从干线、干线分支拾取和分配信号,其价格便宜,安装和维护方便,所以同轴电缆树形网络结构至今被广泛采用。

由于分解和分支信号困难,光缆不能使用树形分支网络结构,但它更宜使用星形布局。星形网络结构特别适合用于用户分配系统,即在分配的中心点将用户分配线路像车轮一样向外辐射布置。这种结构有利于在双向传输分配系统中实行分区切换,以减少上行噪声的积累。

在实际设计和应用中,往往采用两者的混合结构,以使网络结构更好地符合综合性多种业务和通信要求。

3. 用户分配部分

分配系统是有线电视系统的最后一个环节,是整个传输系统中直接与用户端相连接的部分。它的分布面广,其作用是使用成串的分支器或成串的串接单元,将信号均匀地分给各用户接收机。由于这些分支器及串接单元都具有隔离作用,所以各用户之间相互不会有影响；即使有的用户端被意外短路，也不会影响其他用户的收看。

用户分配的基本方式如图 9-4 所示。

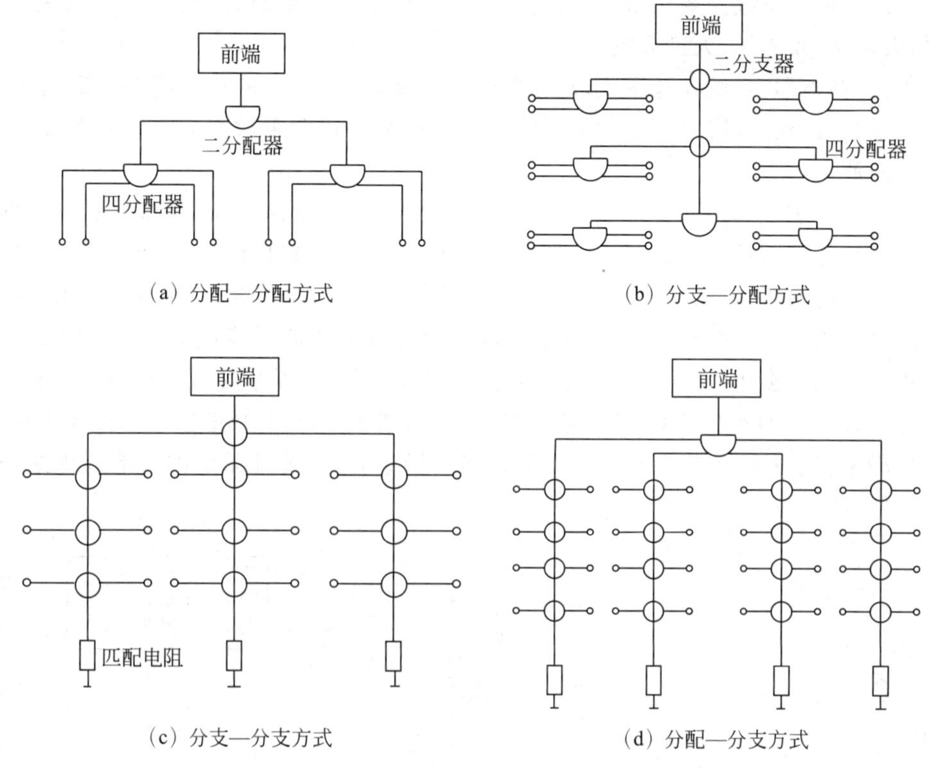

(a) 分配—分配方式　(b) 分支—分配方式

(c) 分支—分支方式　(d) 分配—分支方式

图 9-4 用户分配的基本方式

分配信号的方式应根据分配点的输出功率、负载大小、建筑结构及布线要求等实际情况灵活选用，以能充分发挥分配器和分支器的作用为原则。例如，应用分配器可将一个输入口的信号能量均等或不均等分配到两个或多个输出口，分配损耗小，有利于高电平输出。但分配器不适合直接用于系统输出口的信号分配，因为分配器的阻抗不匹配时容易产生反射，同时它无反向隔离功能，因此不能有效地防止用户端对主线的干扰。而分支器反向隔离性能好，所以采用分支器直接接于用户端传送分配信号。

9.2 广播音响系统

9.2.1 广播音响系统概述

广播音响系统是指单位内部或某一建筑物(群)自成系统的独立有线广播系统，是集娱乐、宣传和通信为一体的工具。广播音响系统常用于公共场所，平时播放背景音乐，播放通知，报告本单位新闻、生产经营状况及召开广播会议；在特殊情况下还可以当作应急广播，如事故、火警疏散的抢救指挥等。此外，还可以转播中央和当地电台的无线广播节目、自办娱乐节目等。该系统的特点是：设备简单，维护和使用方便，听众多，影响面大，工程造价低，易普及。目前,广播音响系统已被广泛采用。

建筑物的广播系统主要是有线广播系统,按用途可分为语言扩声系统和音乐扩声系统两大类。语言扩声系统主要用来播送语言信息,多用于人口聚集、流动量大、播送范围广的场合,如火车站、候机厅、大型商场、码头、宾馆、厂矿、学校等。语言扩声系统的特点是声音传输距离远,扬声器多,覆盖范围大,对音质要求不高,只对声音的清晰度有一定的要求,声压级要求不高,达到 70dB 即可。语言扩声系统一般采用以前置放大器为中心的音响系统,如图 9-5(a)所示。

音乐扩声系统主要用来播放音乐、歌曲和文艺节目等内容,以欣赏和享受为目的。因此,在声压级、传声增益、频响特性、声场不均匀度、噪声、失真度和音响效果等方面,比语言扩声系统有更高的要求。音乐扩声系统主要采用双声道立体声形式,有的还采用多声道和环绕立体声形式。音乐扩声系统多采用以调音台为控制中心的音响系统 ,如图 9-5(b)所示。音乐扩声系统多用于音乐厅、歌厅、舞厅、卡拉 OK 厅、多功能厅、剧场、体育馆和大型文艺演出等场合。对于专业音响系统,使用的设备多、档次高,对声场的频响特性要求高,安装和调试比较复杂,需要有专业人员进行调试和现场指导,才能使系统的音响效果达到理想状态。

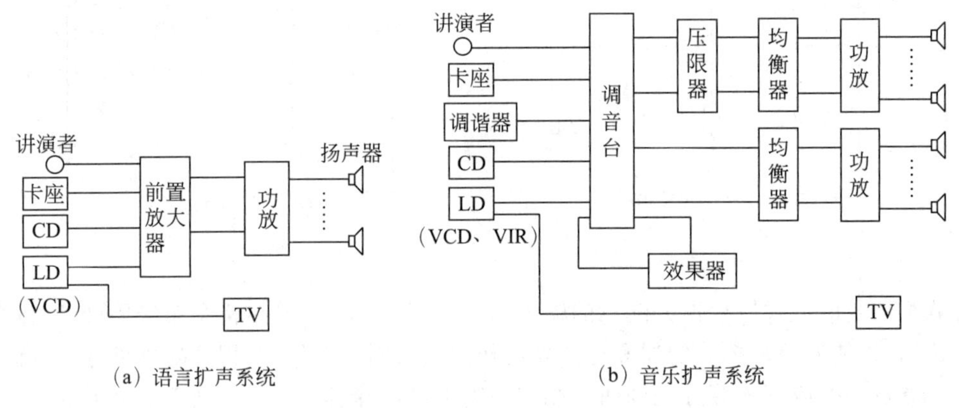

(a) 语言扩声系统　　(b) 音乐扩声系统

图 9-5　两种扩声系统

9.2.2 广播音响系统的组成

广播音响系统由音源设备、声音处理设备、扩声设备三部分组成。

1. 音源设备

音源设备能够产生声音信号,其频率为 20Hz～20kHz。主要的音源设备有以下几种。

1) 话筒

话筒又称传声器或麦克风,它是把各种声源发出的声音转换成电信号的设备。

2) 录音机

录音机是能将音频信号进行记录和重放的设备。它是利用电磁转换原理,把其他音源的信号记录在磁带上,或是把录在磁带上的信号重放出来。现在的录音机普遍采用轻触式机芯、逻辑控制电路、集成化杜比降噪系统、自动选曲电路和微处理器控制电路等。双卡录音机是扩声系统中不可缺少的设备。

3）激光唱机

激光唱机又称为CD机，是广播音响系统中最常用的音源设备之一，它利用激光光束，以非接触方式将CD唱盘上的脉冲编码调制信号捡拾出来，经解码器解码把数字信号转换为模拟音频信号输出。CD机主要由激光拾音器、唱盘驱动器、伺服机构和数字信号处理电路等部分组成。

4）电唱机

电唱机是利用拾音头将密纹唱片中的声纹信号捡拾出来得到声音信号。目前电唱机已逐步被卡座录音机和激光唱机所代替。

5）调谐器

调谐器又称为收音头，实际上是一台设有低频放大和扬声器的收音机。

6）其他音源设备

其他音源设备包括录像机（VCR）、影碟机（LD）和各类VCD机、DVD机，它们既能提供视频图像信号，又能提供音频图像信号，可作为扩声系统的音源设备。

2. 声音处理设备

语言扩声系统对声音处理设备的要求不高，但是对音乐扩声系统来讲，为了获得高保真度和各种艺术效果的声音，就必须对输入的各种音频信号进行适当的加工处理。声音处理设备主要有以下几种。

1）调音台

调音台又称前级增音机，是扩声系统中的主要设备之一，起着指挥中心和分配信号的作用。调音台能接收多路不同电平的各种音源信号，在对其进行加工、处理和混合后，重新分配和编组，由输出端子输出多路音频信号，供其他设备使用。

2）频率均衡器

频率均衡器是一种对声音频响特性进行调整的设备。通过均衡器可以对声音中某些频率成分的电平进行提升或衰减，以达到不同的音响效果。

3）移频器

移频器是用来控制扩音设备中声音反馈的设备。它可以实现频率补偿，抑制啸叫，改善重放品质。移频器主要用于语言扩音系统中，而以音乐和歌曲为内容的扩声系统，则不宜采用。

4）激励器

音频信号在系统的传输过程中，损失最多的是中频和高频的谐波成分，使扬声器放出来的声音缺乏现场感、穿透力和清晰度，而激励器就是在原来音频信号中添加上丢失的中频和高频谐波成分的设备。

5）压限器

压限器的主要功能是对音频信号的动态范围进行压缩和扩张，即压缩和扩张音频信号的最大电平和最小电平之间的相对变化量，达到保护设备、减小失真、降低噪声和美化音质的目的。

3. 扩声设备

扩声设备主要有以下几种。

1）功率放大器

功率放大器简称功放，它的作用是把来自前置放大器或调音台的音频信号进行功率放大，以足够的功率推动音箱发声。功率放大器按照与扬声器配接的方式分为定压式和定阻式两种。对于传播距离远、音箱布局分散的广播系统选用定压式功放；歌舞厅、迪斯科厅等场所的主音箱系统选用定阻式功放。

2）音频变压器

音频变压器的作用是变换电压和变换阻抗。

3）扬声器

扬声器是将扩音机输出的电能转换为声能的器件。

9.2.3 扬声器的布置

在现代建筑中，广播音响系统和消防广播系统往往共用一个系统，它们会根据实际情况相互切换。因此，广播音响系统对扬声器的布置还要符合消防紧急广播的要求。对用于公共广播系统的语言扩音系统，扬声器布置地点包括走廊、电梯门厅、商场、餐厅、会场、娱乐厅等公共场所以及车库、机房等地点，在走道的交叉处、拐弯处也应安装扬声器。对厅堂的音乐扩声系统，一般要求：所有听众席上的声压分布均匀，听众的声源方向良好，控制声反馈和避免产生回声干扰。

扬声器的布置方式有以下三种。

1. 集中式布置

集中式布置方式的扬声器指向性较宽，适用于房间形状和声学特性良好的场所。其优点是声音清晰、自然、方向性好；缺点是有可能引起啸叫。

2. 分散式布置

分散式布置方式的扬声器指向性较尖锐，适用于房间形状和声学特性不好的场所。其优点是声压分布均匀，容易防止啸叫；缺点是声音的清晰度容易破坏，感觉声音从旁边或者后边传来，有不自然的感觉。

3. 混合式布置

混合式布置方式的主扬声器的指向性较宽，辅助扬声器的指向性较尖锐，适用于声学特性良好，但房间形状不理想的场所。其优点是大部分座位的清晰度好，声压分布较均匀；缺点是有的座位会同时听到主、辅扬声器两个方向传来的声音。

9.3 电话通信系统

9.3.1 电话通信系统概述

随着经济的发展和信息时代的到来，人们对信息的需求量与日俱增，电话通信已成为人们交流、获取信息的重要方式之一。在现代建筑中，电话通信系统是建筑电气弱电部分不可缺少的系统之一。

1. 电话通信的发展

电话通信技术从发明到现在，已经有一百多年的历史。它的发展经历了模拟通信和数字通信两个阶段。模拟通信是指信号以模拟方式进行处理和传输；而数字通信是指将模拟信号转换为数字信号，然后以数字信号进行通信。图 9-6 所示为模拟通信和数字通信示意图。

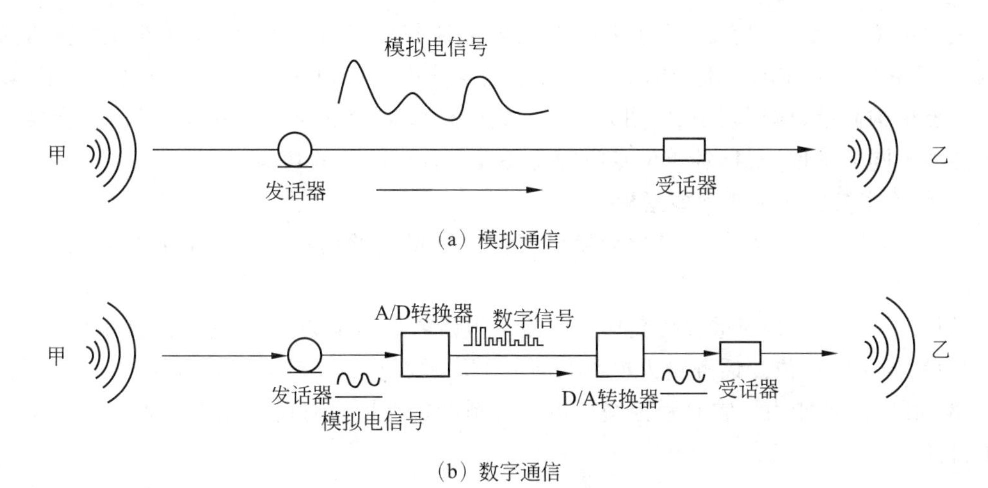

图 9-6 模拟通信和数字通信示意图

由图可以看出，数字通信与模拟通信相比较，增加了两个设备：一个是模拟转换设备，其作用是将模拟电信号转换为数字信号；另一个是数模转换设备，其作用是将数字信号还原为模拟电信号。数字通信与模拟通信一样，也是双向的。目前，我国大部分地区已建成数字电话交换本地网，电话交换设备已基本实现数字程控交换。

2. 程控交换机

1）程控交换机概述

不同用户间的通话，是通过电话交换机来完成的。早期的电话交换是依靠人工接线来满足用户通话要求的，这种人工电话交换机的保密性差，接线速度慢，劳动强度大。后来人们发明了步进制和纵横制等电磁式交换机，它们有笨重、费电、维护量大等缺点。

1965 年 5 月，美国贝尔系统的 1 号电子交换机问世，它是世界上第一部开通使用的程控交换机。程控交换机是利用电子计算机技术，用预先编好的程序来控制电话的接续工作。交换机在硬件上采用全模块化结构，具有高集成度、高可靠性、高功能、低成本的特点，最开始的程控交换机都是模拟程控交换机，只能交换模拟信号。随着电子器件、集成电路和电子计算机技术的发展，出现了程控数字交换机(PABX)，它实际上是一部由计算机软件控制的数字通信交换机。

2）程控交换机的构成

程控交换机分为话路设备和控制设备两大部分。话路设备主要包括各种接口电路(如用户线接口电路和中继线接口电路等)和交换(或接续)网络；控制设备在纵横制交换机中主要包括标志器与记发器，而在程控交换机中，控制设备则为电子计算机，包括中央处理器(CPU)、存储器和输入/输出设备。

3）程控交换机的类型

程控交换机从技术结构上分为程控模拟用户交换机和程控数字用户交换机两种。前者是对模拟语音信号进行交换，属于模拟交换范畴；后者是对 PCM 数字语音信号进行交换，是数字交换机的一种类型。

程控交换机从使用方面进行分类，可分为通用型程控用户交换机和专用型程控用户交换机两大类。通用型程控用户交换机适用于一般企事业单位、工厂、机关、学校等以话音业务为主的单位，容量一般在几百门以下，且其内部话务量所占比重较大，一般占总发话话务量的70%左右。目前国内生产的200门以下的空分程控用户交换机均属于此种类型，其特点是系统结构简单、体积较小、使用方便、价格便宜、维护量较少。专用型程控用户交换机适用于各种不同的单位，根据各单位专门的需要提供各种特殊的功能。

4）程控交换机的主要性能指标

（1）容量规模。这项指标是指交换机能接入的最大的用户线数或中继线数，它反映交换机网络的通路数。

（2）话务量。它是衡量程控交换机所能承担话务量多少的指标，通常用爱尔兰（或小时呼）作为话务量的单位。话务量为单位时间内平均呼叫次数与呼叫平均占用时间的乘积。

（3）呼叫处理能力。它是程控交换机的控制设备在忙时对用户呼叫次数的处理能力的一项指标。

9.3.2 建筑物内的电话配线

建筑物内的电话配线一般包括配线设备、分线设备、配线电缆、用户线及用户终端机。在有用户交换机的建筑物内，配线架一般设置在电话站内；在无用户交换机的较大建筑物内，往往在首层或地下一层电话进户电缆引入点设电缆交接间和内置交接箱，从配线设备引出多路的垂直电缆，向楼层配线区馈送配线电缆，在楼层设分线箱，并与楼层横向暗管道系统相连通，通过横向暗管向话机出线盒敷设用户线，以接通用户终端设备（电话机、传真机）。常用的两种配线方式如图9-7所示。

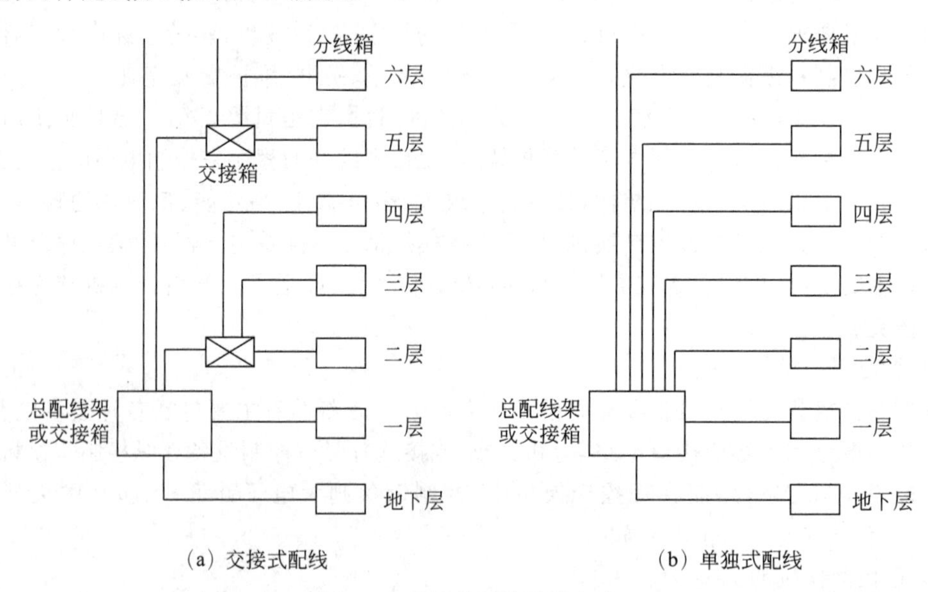

图9-7 常用的两种配线方式

单独式配线的特点是各个楼层的配线电缆采用分别独立的直接配线，因此，各楼层之间的配线电缆之间无直接关系，各楼层所需的电缆对数根据需要确定，互不影响。缺点是电话电缆数量多，工程造价较高。

交接式配线方式将高层建筑物按楼层分为几个交接配线区域，除总配线架或总交接箱所在楼层和相邻的几层用直接式配线外，其他各层电缆均由交接配线区内的交接箱引出。由于各层的电话电缆线路互不影响，所以故障影响范围较小。这种配线方式的主干线电缆芯线利用率较高，适用于各楼层需要的电缆线对数不同的场所。

9.4　防盗与保安系统

9.4.1　防盗与保安系统概述

国民经济的发展使得人们对建筑物及建筑物内部物品的安全性要求日益提高，无论是金融大厦、证券交易中心、博物馆及展览馆，还是办公大楼、高级商场及住宅小区，对保安系统均有相应的要求。因此，保安系统已经成为现代化建筑，尤其是智能建筑非常重要的系统之一。

早期保安系统的主要内容是保护财产和人身安全。随着科技的飞速发展，各单位的重要文件、技术资料、图纸的保护也越来越重要。在具有信息化和办公自动化的建筑内，不仅要对外部人员进行防范，而且要对内部人员加强管理。

防盗保安系统分为防盗系统和保安系统两大类。

9.4.2　防盗系统的种类

防盗系统的种类很多，在此选取部分内容加以介绍，以便了解防盗系统的原理。

1. 玻璃破碎报警防盗系统

玻璃破碎报警器是一种探测玻璃破碎时发出的特殊信号的报警器。目前，国际上已有多种玻璃破碎报警器，有的是利用振动原理来检测的，有的是利用声音来检测的。例如，BSB 型玻璃破碎报警器是利用探测玻璃破碎时发出的特殊声音来报警的。BSB 型玻璃破碎报警器主要由报警器和探头两部分组成，报警器可安装在值班室内等处，探头设置在需要保护的现场，它的安装无严格的方向性要求。探头的作用是将声音信号转换为电信号，电信号经信号线传输给报警器。

玻璃破碎防盗报警器适宜设置在商场、展览馆、仓库、实验室、办公楼的玻璃橱柜和玻璃门窗处。这类报警装置对玻璃破碎的声音具有极强的辨别能力，而对讲话和鼓乐声却无任何反应。图 9-8 所示为常见玻璃破碎探测器。

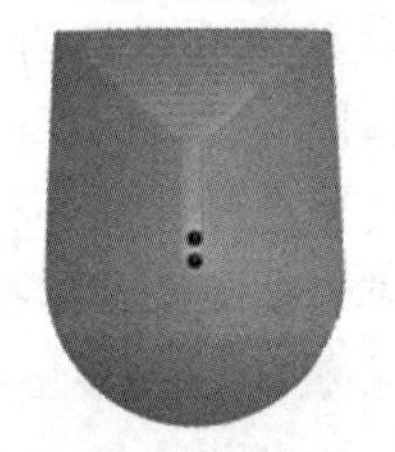

(a) 智能玻璃破碎探测器

(b) 普通玻璃破碎探测器

图 9-8　常见玻璃破碎探测器

2. 超声波报警防盗系统

超声波防盗报警器是利用超声波来探测运动目标，探测室内有无异常人侵入的报警设备。当夜间有人侵入时，由发射机向现场发射的超声波射向入侵的运动目标，从而产生反射信号，使得远控报警器获得信号，并立即向值班人员发出报警声和光信号。这种报警器由发射机、接收机和远控报警器三部分组成。发射机和接收机均安装于需要防范的现场，远控报警器安装在值班室内。它适用于立体空间的监控，异常人物无论是从外部侵入还是从天窗、地下钻出来，都在其监控范围内。图 9-9 所示为常见超声波探测器。

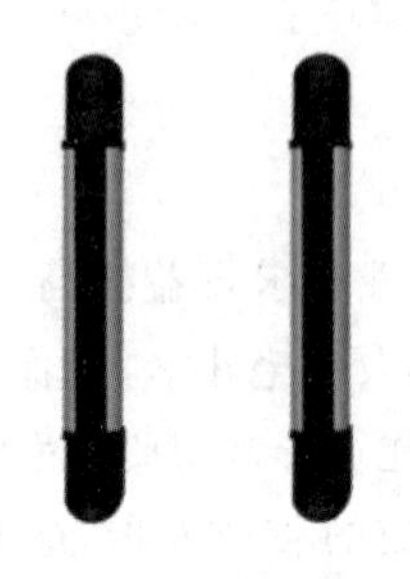

(a) 超声波栅栏探测器

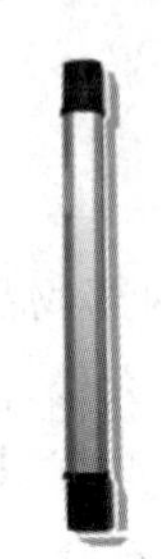

(b) 红外超声波栅栏探测器

(c) 超声波探测器

图 9-9 常见超声波探测器

3. 微波报警防盗系统

微波报警探测器是利用微波技术进行工作的一种防盗装置，其实际上是一种小型化的雷达装置。这种报警器用于探测一定距离内的空间出现的人体活动目标，它能迅速报警，显示和记录数据。它不受环境、气候及温度的影响，能在立体范围内进行监控，而且易于隐蔽安装。图 9-10 所示为常见微波报警探测器。

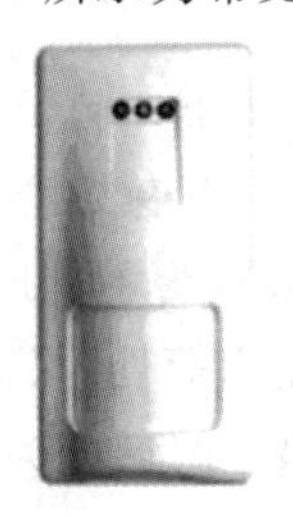

(a) 微波智能红外探测器

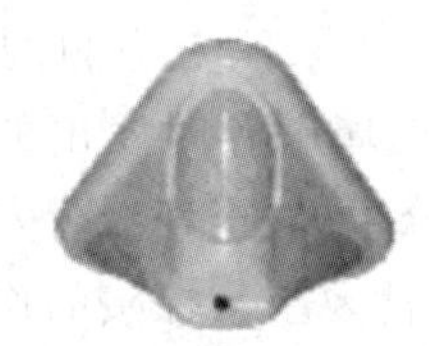

(b) 红外微波探测器

(c) 微波探测器

图 9-10 常见微波报警探测器

4. 红外报警系统

红外报警控制器具有独特的优点：在相同的发射功率下，红外线有极远的传输距离；红外线是不可见光，入侵者难以发现并躲避它；红外报警系统是非接触警戒，可昼夜监控。

红外报警控制器分为主动式和被动式两种。主动式红外报警探测器是一种红外线光束截断型报警器，它由发射器、接收器和信息处理器三个单元组成。被动式红外报警探测器是一种室内型静默式的防入侵报警器，它不发射红外线，安装有灵敏的红外传感器，一旦接收到入侵者身体发出的红外辐射，即可报警。图 9-11 所示为常见主动式红外报警探测器，图 9-12 所示为常见被动式红外报警探测器。

(a) 主动式红外报警探测器

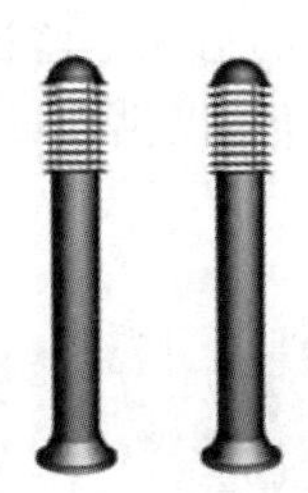
(b) 落地主动式红外报警探测器

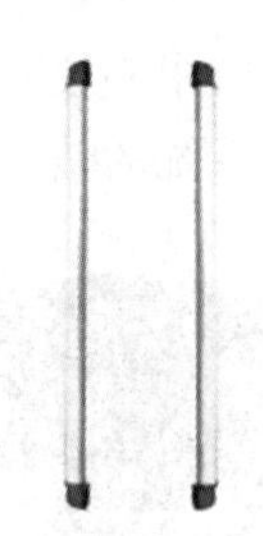
(c) 主动式红外＋超声波栅栏探测器

图 9-11　常见主动式红外报警探测器

(a) 被动式红外吸顶单鉴探测器

(b) 被动式红外探测器

(c) 被动式红外与微波复合智能吸顶探测器

图 9-12　常见被动式红外报警探测器

图 9-13 所示为防盗报警系统框图。

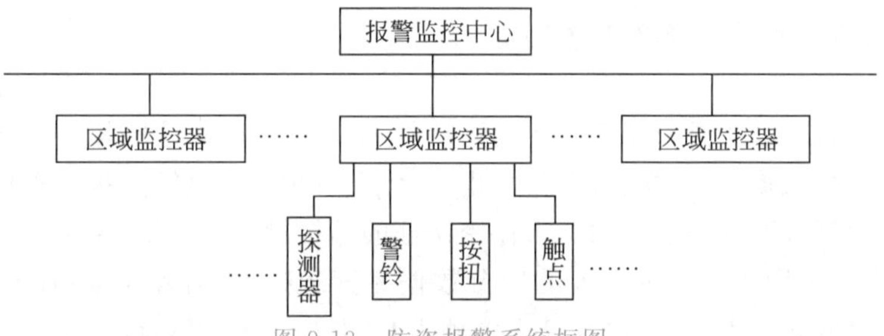

图 9-13　防盗报警系统框图

9.4.3　保安系统

1. 可视—对讲—电锁门保安系统

本系统在住宅楼入口设有电磁门锁，门平时总是关闭的，在门外墙上设有对讲总控制箱，来访者按下探访对象的楼层和住宅号相对应的按钮，则被访家中的对讲机铃响，当主人通过对讲机问清来访者的身份，并同意探访时，按动话筒上的按钮，这时电磁门才打开；否则，来访者被拒之门外。若还希望能看清来访者的容貌及入口的现场情景，则在门外安装摄像机，将摄像机视频输出经同轴电缆接入调制器，再由调制器输出射频信号进入混合器，并引入大楼内公用天线系统，这就是可视—对讲—电锁门保安系统。

2. 闭路电视监视系统

在人们无法或者不可能直接观察的场合，闭路电视监视系统能实时、形象、真实地反映监控对象的画面，并已成为现代化管理中监控的一种极为有效的监视工具。闭路电视监视系统通常由摄像、控制、传输和显示四部分组成。在重要场所安装摄像机(见图 9-14)，使保安人员在监控中心便可监视整个大楼内、外的情况。监视系统除起到正常的监视作用之外，在接到报警系统的信号后，还可实行实时录像，以供现场跟踪和事后分析。

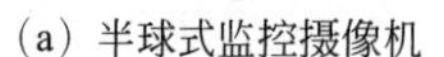

(a) 半球式监控摄像机　(b) 红外一体摄像机　(c) 枪型摄像机

图 9-14　常见闭路电视监视系统用摄像机

3. 电子巡更系统

电子巡更系统是利用全新技术确保保安巡更工作科学化、规范化管理的系统。根据建筑物使用功能和安全防范管理要求，电子巡更系统可以按预先编制的保安人员巡查程序，通过信息识读器或其他方式对保安人员巡逻的工作状态进行监督、记录，并能对意外情况及时报警。

电子巡更系统按系统结构形式分为在线式电子巡更系统和离线式电子巡更系统。在线式电子巡更系统中巡更点设置有读卡器或开关按钮，保安在巡更时通过刷卡或按钮进行确认。控制器规格和设置应根据读卡器与按钮的位置及数量确定。离线式电子巡更系统中巡更点设置有信息钮，保安在巡更时手持数据采集器读取信息钮中的数据，同样系统中各设备的规格应根据读信息钮的位置及数量确定。

4. 停车场(库)管理系统

停车场(库)管理系统是根据建筑物使用功能和安全防范管理要求，对停车场(库)的车辆通行道口实施出入控制、监视、行车信号指示、停车管理和车辆防盗报警等功能的系统。

停车场(库)管理系统一般采用三重保密认证的非接触式智能 IC 卡作为通行凭证，并凭借图像对比、人工识别技术以及强大的后台数据库管理技术，对停车场(库)实现智能化管理。它集计算机网络技术、总线技术及非接触式 IC 卡技术于一体，可广泛应用在停车收费、智能化管理的地面或地下停车场(库)，并可方便地与门禁、收费等系统组合，实现一卡通。

本章小结

本章主要介绍了建筑弱电系统的有关知识，其中包括：有线电视系统的组成及各部分的作用；广播音响系统的组成及布置方式；建筑物内电话配线的方式与要求；防盗与保安系统的组成及工作原理等。

思考题

9.1　什么是 CATV 系统？它的特点是什么？

9.2　广播音响系统由哪些部分组成？音乐扩声系统的特点是什么？

9.3 红外报警系统有哪些种类？它们各有什么不同？

9.4 简述可视—对讲—电锁门保安系统的功能。

习 题

9.1 图 9-15 所示为某建筑物内的电话系统图，试对该系统进行识读和分析，指出其错误的地方，并进行修正。

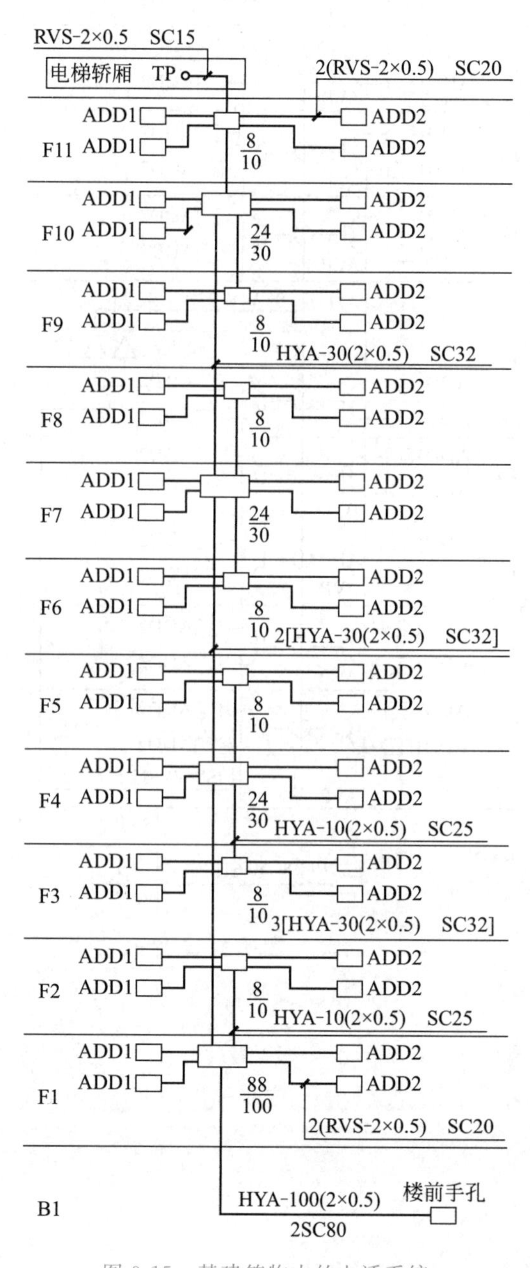

图 9-15 某建筑物内的电话系统

9.2　图 9-16 所示为某建筑物内的有线电视系统图，试对该系统进行识读和分析。

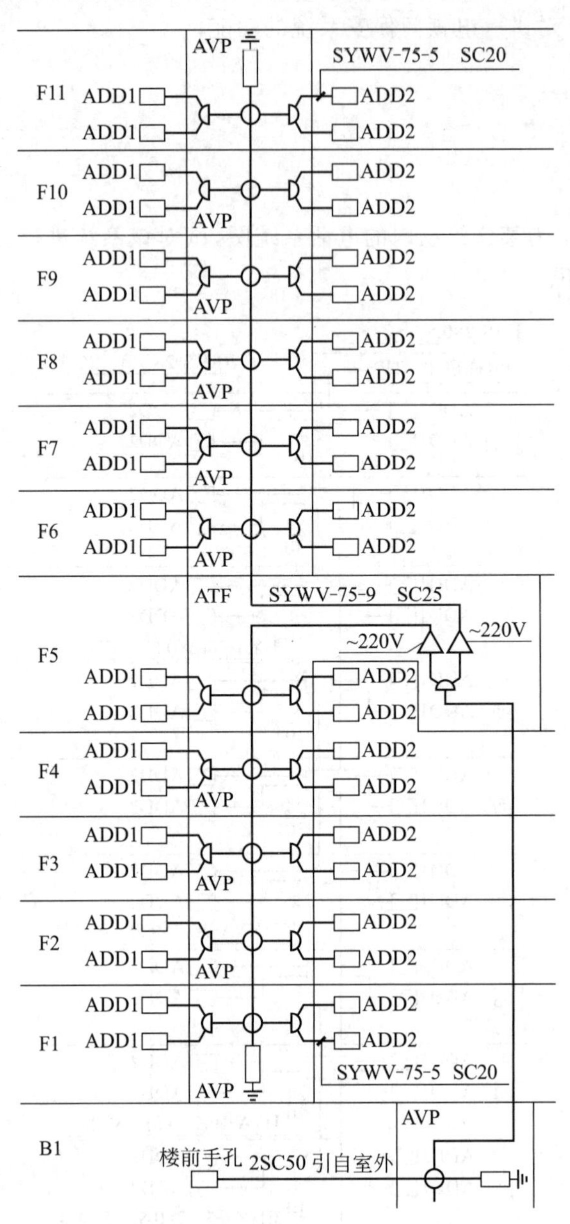

图 9-16　某建筑物内的有线电视系统

模块 10 建筑电气照明

知识目标

1. 了解光的色调、光度量等的基本定义。
2. 了解照度标准、照明种类等基础知识。
3. 掌握常用电光源和照明器的特点及其适用范围。
4. 掌握照明线路的布设、灯具和插座线路控制的基础知识。

能力目标

1. 能够区分电光源的种类和安装方式。
2. 能够进行简单灯具和插座控制线路的绘制。

10.1 建筑电气照明概述

照明技术的实质是研究光的分配与控制，下面对光的基本概念进行简单介绍。

1. 光的本质

现代物理学证实，关于光的本质有两种理论，即电磁理论和量子理论。光的电磁理论认为光是在空间传播的一种电磁波，而电磁波的实质是电磁振荡在空间传播。光的量子理论认为光是由辐射源发射的微粒流。

电磁波波谱图如图 10-1 所示。电磁波的波长范围极其宽广，光只是其中的一个范围。波长小于 380nm 的电磁辐射称为紫外线；波长大于 780nm 的电磁辐射称为红外线。紫外线和红外线均不可见。380～780nm 这个波长范围的光称为可见光。顾名思义，可见光能引起人的视觉。紫外线、红外线和可见光统称为光。

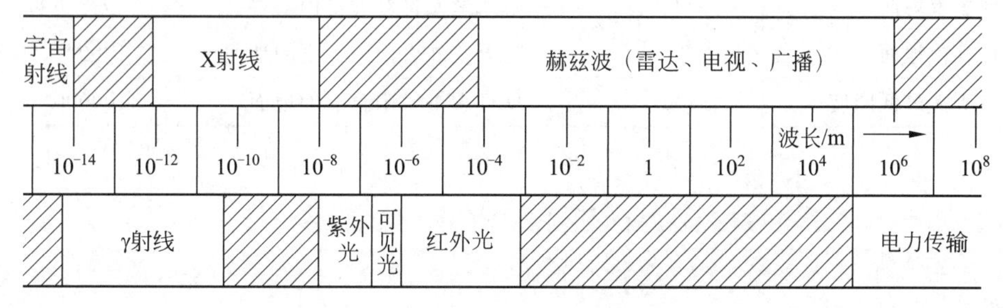

图 10-1 电磁波波谱图

2. 光源的主要特性

1）色调

不同颜色光源所发出的或者在物体表面反射的光，会直接影响人们的视觉效果。如红、橙、黄、棕色光给人以温暖的感觉，这些光称为暖色光；蓝、青、绿、紫色光给人以寒冷的感觉，这些光称为冷色光。光源的这种视觉特性称为色调。

2）显色性

同一颜色的物体在具有不同光谱功率分布的光源照射下，会显现出不同的颜色。与参考标准光源相比较时，光源显现物体颜色的特性称为光源的显色性。

3）色温

光源发射光的颜色与黑体在某一温度下辐射的光色相同时，黑体的温度称为该光源的色温。据实验，将一具有完全吸收与放射能力的标准黑体加热，温度逐渐升高光度也随之改变，黑体曲线可显示黑体由红—橙红—黄—黄白—白—蓝白的过程。可见光源发光的颜色与温度有关。

4）眩光

光由于时间或空间上分布不均，造成人们视觉上的不适，这种光称为眩光。眩光分为直射眩光和反射眩光。眩光是衡量照明质量的一个重要参数。

3. 光度量

1）光通量

光通量的实质是通过人的视觉来衡量光的辐射通量。光源在单位时间内向周围空间辐射并引起人的视觉的能量大小，称为光通量。

光通量用符号 Φ 表示，单位是 lm（流明）。

2）照度

通常把物体表面所得到的光通量与这个物体表面积的比值称为照度。

照度用符号 E 表示，单位是 lx（勒克斯）。

光通量主要用来表征光源或发光体发射光的强弱，而照度用来表征被照面上接收光的强弱。

表 10-1 中列出了各种环境条件下被照面的照度。

表 10-1　各种环境条件下被照面的照度

被照表面	照度/lx	被照表面	照度/lx
朔日星夜地面	0.002	晴天采光良好的室内	100～500
望日月夜地面	0.2	晴天室外太阳散光下的地面	1000～10000
读书所需最低照度	＞30	夏日中午太阳直射的地面	100000

10.2　照明的基本概念

10.2.1　我国的照度标准

为了限定照明数量，提高照明质量，需制定照度标准。制定照度标准需要考虑视觉功效特性、现场主观感觉和照明经济性等因素。制定照度标准的方法有多种，主观法，根据主观判断制定照度；间接法，根据视觉功能的变化制定照度；直接法，根据劳动生产率及单位产品成本制定照度。

随着我国国民经济的发展，各类建筑对照明的质量要求越来越高，国家也制定了相关的照度标准。各类建筑的照度标准如表 10-2 和表 10-3 所示。

表 10-2 住宅照明设计的照度标准

类别		参考平面及其高度	照度标准值/lx
起居室	一般活动区	0.75m 水平面	100
	书写、阅读		300
卧室	一般活动区		75
	一般活动区		150
餐厅或厨房操作台			150
厨房一般活动区			100
卫生间			100
楼梯间		地面	30

表 10-3 中小学建筑照明的照度标准

类别	照度标准值/lx	备注
教室	300	课桌面
实验室、自然教室		实验课桌面
多媒体教室		0.75m 水平面
教室黑板	500	黑板面
美术教室		课桌面
阅览室	300	0.75m 水平面
办公室		
饮水处、厕所、过道、楼梯间	75	地面

10.2.2 照明种类

1. 正常照明

永久性安装的、正常情况下使用的照明称为正常照明。正常照明又分为四种方式：一般照明、分区一般照明、局部照明和混合照明。

2. 应急照明

在正常照明电源因故障失效的情况下，供人员疏散、保障安全或继续工作用的照明称为应急照明。应急照明包括疏散照明、安全照明和备用照明。

在下列的建筑场所应该装设应急照明。

(1) 一般建筑的走廊、楼梯和安全出口等处。

(2) 高层民用建筑的疏散楼梯、消防电梯及其前室、配电室、消防控制室、消防水泵房和自备发电机房。

(3) 医院的手术室和急救室。

(4) 人员较密集的地下室、每层人员密集的公共活动场所等。

值得注意的是,应急照明光源应采用能瞬时可点燃的照明光源,一般使用白炽灯、荧光灯、卤钨灯、LED 灯等。

3. 警卫值班照明

一般情况下,把正常照明中能单独控制的一部分或者应急照明的一部分作为警卫值班照明。警卫值班照明是在非生产时间内为了保障建筑及生产的安全,供值班人员使用的照明。

4. 障碍照明

在可能危及航行安全的建筑物或构筑物上安装的标志灯称为障碍照明。障碍照明应该按交通部门有关规定装设,如在高层建筑物的顶端装设飞机飞行用的障碍标志灯;在水上航道两侧建筑物上装设水运障碍标志灯。障碍照明灯应采用能透雾的红光灯具,有条件时宜采用闪光照明灯。

5. 装饰照明

为美化和装饰某一特定空间而设置的照明,称为装饰照明。装饰照明以纯装饰为目的,不兼作工作照明。

10.3 常用电光源及照明器

10.3.1 常用电光源

根据光的产生原理,目前常用的照明电光源可分为热辐射光源、气体放电光源和 LED 光源三大类。

微课:常用电光源

1. 热辐射光源

热辐射光源是利用某种物质通电加热而辐射发光的原理制成的光源,如白炽灯和卤钨灯等。

1) 白炽灯

白炽灯的原理是电流将钨丝加热到白炽状态而发光的。

白炽灯的性能特点是结构简单、成本低、显色性好、使用方便、有良好的调光性能。但白炽灯发光效率很低,寿命短,是国家政策要求逐步淘汰的电光源。一般情况下,室内外照明不应采用普通照明白炽灯;在特殊情况下需采用时,其额定功率不应超过 100W。图 10-2 所示为白炽灯构造,图 10-3 所示为螺口灯头接线结构图。

2) 卤钨灯

卤钨灯是在白炽灯的基础上改进制成的。卤钨灯管内充入适量的氩气和微量卤素(碘或溴)。由于钨在蒸发时和卤素形成卤化钨,卤化钨在高温灯丝附近又被分解,使一部分钨重新附着在灯丝上,这样提高了灯丝的工作温度和寿命。图 10-4 所示为碘钨灯结构图。

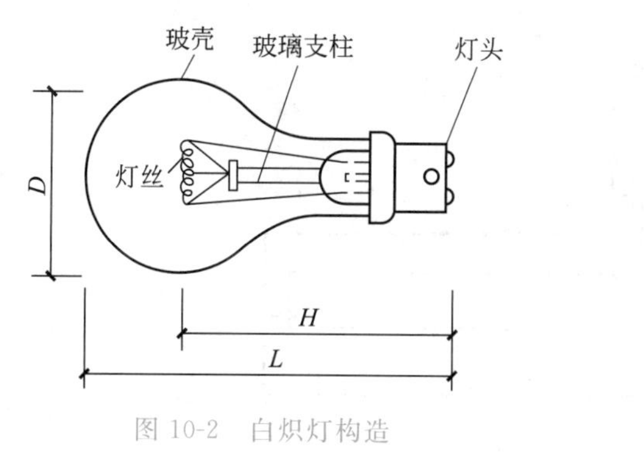

图 10-2　白炽灯构造

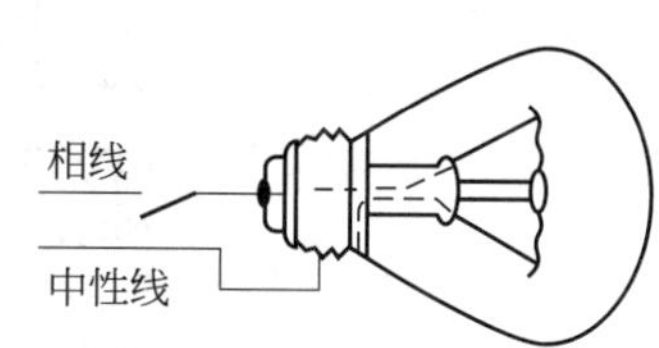

图 10-3　螺口灯头接线结构

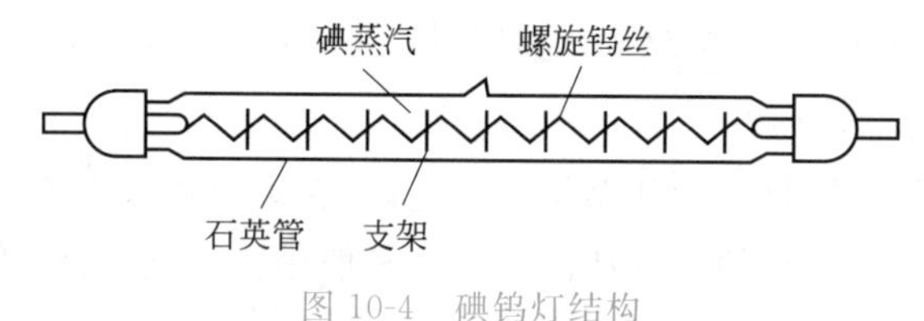

图 10-4　碘钨灯结构

卤钨灯的特点是体积小、寿命长、光效高、显色性好、使用方便。特别适用于电视转播照明,并用于绘画、摄影照明和建筑物投光照明等场所。

2. 气体放电光源

气体放电光源是利用汞或钠气体辐射的紫外线激活荧光粉发光的原理制成的光源,如荧光灯、高压汞灯和高压钠灯等。根据气体的压力,又分为低压气体放电光源和高压气体放电光源。低压气体放电光源包括荧光灯和低压钠灯,这类灯中的气体压力低;高压气体放电光源的特点是灯中气压高,负荷一般比较大,所以灯管的表面积比较大,灯的功率也较大,又称高强度气体放电灯。

1) 荧光灯

荧光灯是常用的一种低压气体放电光源,它具有结构简单、光效高、显色性较好、寿命长、发光柔和等优点。一般用在家庭、学校、研究所、工业、商业、办公室、控制室、设计室、医院、图书馆等场所。图 10-5 所示为荧光灯结构示意图,图 10-6 所示为荧光灯电路接线图。

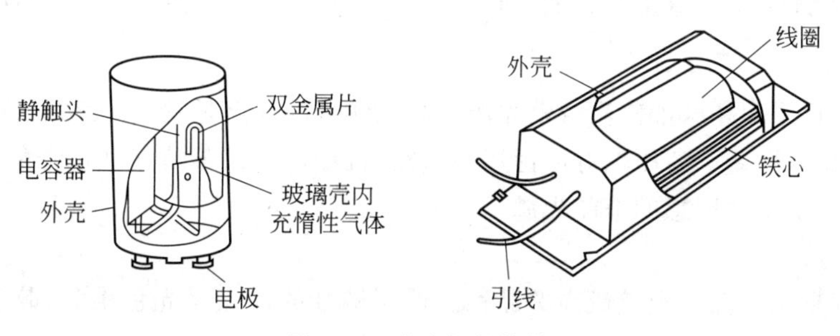

图 10-5　荧光灯的结构

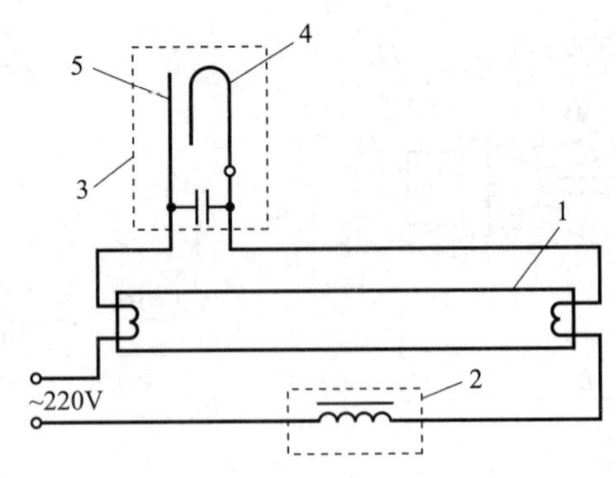

图 10-6 荧光灯电路接线图

1—灯管；2—镇流器；3—启辉器；4—双金属片；5—固定金属片

2）紧凑型高效节能荧光灯

紧凑型高效节能荧光灯是一种新型特种荧光灯，它集白炽灯和荧光灯的优点，具有光效高、寿命长、显色性好、体积小、使用方便的性能。一般用在家庭、宾馆等场所。

3）高压汞灯

高压汞灯又称水银灯，是一种高压气体放电光源。高压汞灯的优点是结构简单、寿命长、耐震性较好；缺点是光效低、显色性差。一般可用在街道、广场、车站、码头、工地和高大建筑的室内外照明，但不推荐应用。图 10-7 所示为高压汞灯结构示意图。

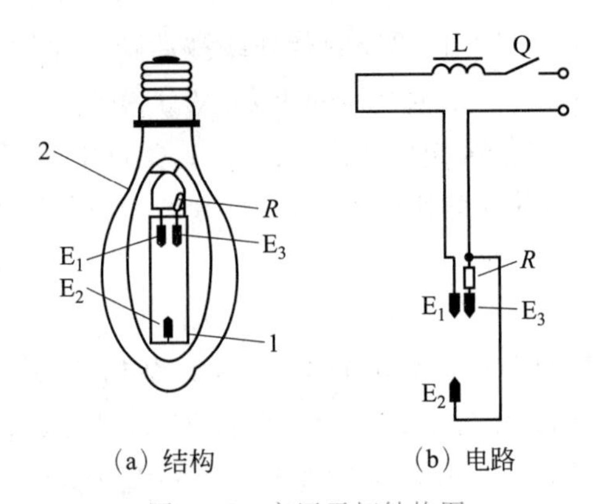

(a) 结构　　(b) 电路

图 10-7 高压汞灯结构图

1—石英放电管；2—玻璃外壳；R—启动电阻；E_1、E_2—主电极；E_3—辅助电极；L—镇流器；Q—开关

4）高压钠灯

高压钠灯是一种高压钠蒸汽放电光源。高压钠灯的优点是发光效率高、寿命长、透雾性能好；缺点是显色性差。高压钠灯广泛用在道路、机场、码头、车站、广场、体育场及工矿企业等场所的照明，是一种理想的节能光源。

5）低压钠灯

低压钠灯是电光源中光效最高的品种。低压钠灯的优点是光色柔和、眩光小、光效高、透雾能力强，适用于公路、隧道、港口、货场和矿区等场所的照明。它的缺点是其光色近似单色黄光，分辨颜色的能力差，不宜用在繁华的市区街道和室内照明。

6）金属卤化物灯

金属卤化物灯是在高压汞灯和卤钨灯工作原理的基础上发展起来的新型高效光源，其特点是发光效率高、寿命长、显色性好。一般用在体育场、展览中心、游乐场所、街道、广场、停车场、车站、码头、工厂等地。

7）管型氙灯

管型氙灯的特点是功率大、发光效率较高、触发时间短、无须镇流器、使用方便。一般用在广场、港口、机场、体育场等照明和老化试验等要求有一定紫外线辐射的场所。

3. LED 光源

LED 光源是利用固体半导体芯片作为发光材料，在半导体中通过载流子发生复合放出过剩的能量而引起光子发射，直接发出红、黄、蓝、绿、青、橙、紫、白色的光。LED 照明产品就是利用 LED 作为光源制造出来的照明器具。随着电子技术的发展，目前这种光源在交通、汽车、建筑领域的应用越来越广泛。

表 10-4 所示为常用光源的电气代号。

表 10-4　常用光源的电气代号

序号	光源种类	代号	序号	光源种类	代号
1	氖	Ne	7	电致发光的	EL
2	氙	Xe	8	弧光	ARC
3	钠	Na	9	荧光的	FL
4	汞	Hg	10	红外线的	IR
5	碘	I	11	紫外线的	UV
6	白炽灯	IN	12	发光二极管	LED

10.3.2　常用照明器

1. 照明器的作用

在照明设备中，灯具的作用有：合理布置电光源；固定和保护电光源；使电光源与电源安全可靠地连接；合理分配光输出；装饰、美化环境。

可见，在照明设备中，仅有电光源是不够的。灯具和电光源的组合称为照明器，有时也把照明器简称为灯具。值得注意的是，在工程预算上不要混淆这两种概念，以免造成较大的错误。

2. 照明器的分类

灯具的类型很多，分类方法也很多，这里介绍几种常用的分类。

1）按照灯具结构分类

（1）开启型。这种灯具的光源裸露在灯具的外面，即灯具是敞口的，这种灯具的效率一般比较高。

（2）闭合型。这种灯具的透光罩将光源包围起来，内外空气可以自由流通，透光罩内容易进入灰尘。

（3）密闭型。这种灯具的透光罩内外空气不能流通，一般用于浴室、厨房、潮湿或有水蒸汽的厂房内等。

(4) 防爆型。这种灯具结构坚实,一般用在有爆炸危险的场所。

(5) 防腐型。这种灯具的外壳用耐腐蚀材料制成,密封性好,一般用在有腐蚀性气体的场所。

2) 按安装方式分类

(1) 吸顶型。吸顶型灯具即灯具吸附在顶棚上。一般适用于顶棚比较光洁且房间不高的建筑物。

(2) 嵌入顶棚型。除了发光面,灯具的大部分都嵌在顶棚内。一般适用于低矮的房间。

(3) 悬挂型。悬挂型灯具即灯具吊挂在顶棚上。根据吊用的材料不同分为线吊型、链吊型和管吊型。悬挂可以使灯具离工作面近一些,提高照明经济性,主要用于建筑物内的一般照明。

(4) 壁灯。壁灯即灯具安装在墙壁上。壁灯不能作为主要灯具,只能作为辅助照明,并且富有装饰效果。一般多用小功率光源。

(5) 嵌墙型。嵌墙型灯具即灯具的大部分或全部嵌入墙内,只露出发光面。一般用于走廊和楼梯的深夜照明灯。

表 10-5 所示为常用灯具安装方式的标注代号。

表 10-5 常用灯具安装方式的标注代号

序号	灯具安装方式的标注代号		
	名 称	旧代号	新代号
1	线吊式	X	SW
2	链吊式	L	CS
3	管吊式	P	DS
4	壁装式	B	W
5	吸顶式	D	C
6	嵌入式	R	R
7	吊顶内安装	DR	CR
8	墙壁内安装	BR	WR
9	支架上安装	J	S
10	柱上安装	Z	CL
11	座装	ZH	HM

3. 照明器的选择

选择灯具应该根据使用环境、房间用途等并结合各种类型灯具特性选用。上面已经介绍了各种类型灯具适用的场所,下面介绍不同环境下选择灯具应遵守的规定。

(1) 在正常环境中,适宜选用开启式灯具。

(2) 在潮湿房间,适宜选用具有防水灯头的灯具。

(3) 在特别潮湿的房间,应选用防水、防尘密闭式灯具。

(4) 在有腐蚀性气体和有蒸汽的场所,以及有易燃、易爆气体的场所,应选用耐腐蚀的密闭式灯具和防爆灯具等。

4. 灯具的布置

合理布置灯具除了会影响到它的投光方向、照度均匀度、眩光限制等，还会关系到投资费用、检修是否方便等问题。在布置灯具时，应该考虑到建筑结构形式和视觉要求等特点。一般灯具的布置方式有以下两种。

1）均匀布置

灯具的均匀布置是指灯具间距按一定的规律（如正方形、矩形、菱形等形式）均匀布置，使整个工作面获得比较均匀的照度。均匀布置适用于室内灯具的布置。

2）选择布置

灯具的选择布置是指为满足局部要求的布置方式。选择布置适用于其他场所。

10.4 电气照明供电

10.4.1 电气照明负荷计算

1. 住宅照明负荷计算

住宅用户的负荷可按以下方法估算。

(1) 普通住宅（小户型）。普通住宅面积为 $60m^2$ 以下，负荷按 4～5kW/户计算。

(2) 中级住宅（中型户）。中级住宅面积为 $60～100m^2$，负荷按 6～7kW/户计算。

(3) 高级住宅和别墅（大套型）。高级住宅和别墅面积为 $100m^2$ 以上，负荷按 8～12kW/户计算。

计算总负荷时，根据住宅用户的数量需用系数取值范围为 0.26～1。

2. 其他建筑物照明负荷计算

其他建筑物照明负荷的计算方法一般采用需用系数法。当接于三相电压的单相负荷三相不平衡时，可按最大相负荷的 3 倍计算。

10.4.2 电气照明供电电源

1. 住宅照明供电电源

住宅照明的电源电压为 380/220V，一般采用三相四线制系统供电。电源引入可采用架空进户和电缆埋地暗敷进户两种，其中架空进户标高应大于或等于 2.5m。

2. 办公楼、学校等建筑物照明供电电源

办公室照明的电源电压为 380/220V，采用三相四线制系统供电，与住宅照明不同的是，办公室照明的电源引入线为 10kV 高压线。因此，需设置单独的变配电室，一般设在地下一层，采用干式变压器变压。电源引入方式为电缆埋地穿管引入。

3. 厂房照明供电电源

在我国电能用户中，工业用电量占电力系统总用电量的 70%左右。而工厂的用电量大部分集中在动力设备中，照明只是其中很小一部分。对于大、中型工厂常采用 35～110kV 电压的架空线路供电，小型工厂一般采用 10kV 电压的电缆线路供电。工厂用电的负荷等级应为一级或二级。

工厂普通照明一般采用额定电压220V，由380/220V三相四线制系统供电。在触电危险性较大的场所采用局部照明和手提式照明灯具，应采用50V及以下的安全电压；在干燥场所不大于50V，在潮湿场所不大于25V。

10.4.3 电气照明配电系统

(1) 住宅内导线应采用铜芯绝缘电线或电缆。导线敷设方式为穿PVC管(或其他管)暗敷。按照规范，住宅照明分支线截面积不得小于1.5m²。配电方式可采用放射式与树干式结合的形式，如图10-8所示。

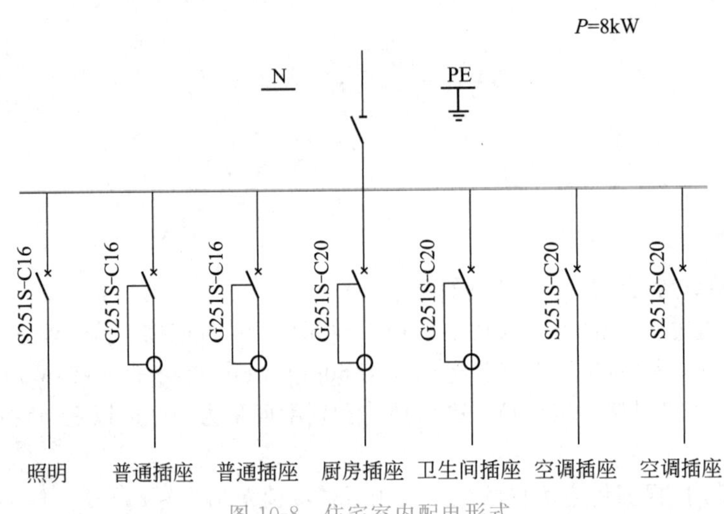

图10-8 住宅室内配电形式

(2) 办公室照明配电干线多采用电缆穿桥架或穿钢管敷设；配电支线可采用BV型绝缘线穿PVC管或线槽敷设。

(3) 学校宿舍楼、教学楼可采用PVC管暗配线；其他实验楼、综合楼干线宜采用钢管暗配，支线采用PVC管暗配。学生宿舍、实验楼、综合楼等配电方式一般采用放射式、树干式。

(4) 工厂变电所及各车间的正常照明，一般由动力变压器供电。如果有特殊需要可考虑用照明专用变压器供电，事故照明应有独立供电的备用电源。

10.4.4 灯与插座的控制电路

1. 灯与开关的控制电路

图10-9所示是一只开关控制一盏灯的电气平面图与接线示意图；图10-10所示是一只开关控制两盏灯的电气平面图与接线示意图；图10-11所示是两只开关控制一盏灯的电气平面图与接线示意图。目前，由于电气技术的进步，声光控延时智能开关在公共建筑和住宅中的公用楼梯间已广泛应用并替代了多地控制一盏灯的电气接线方式。

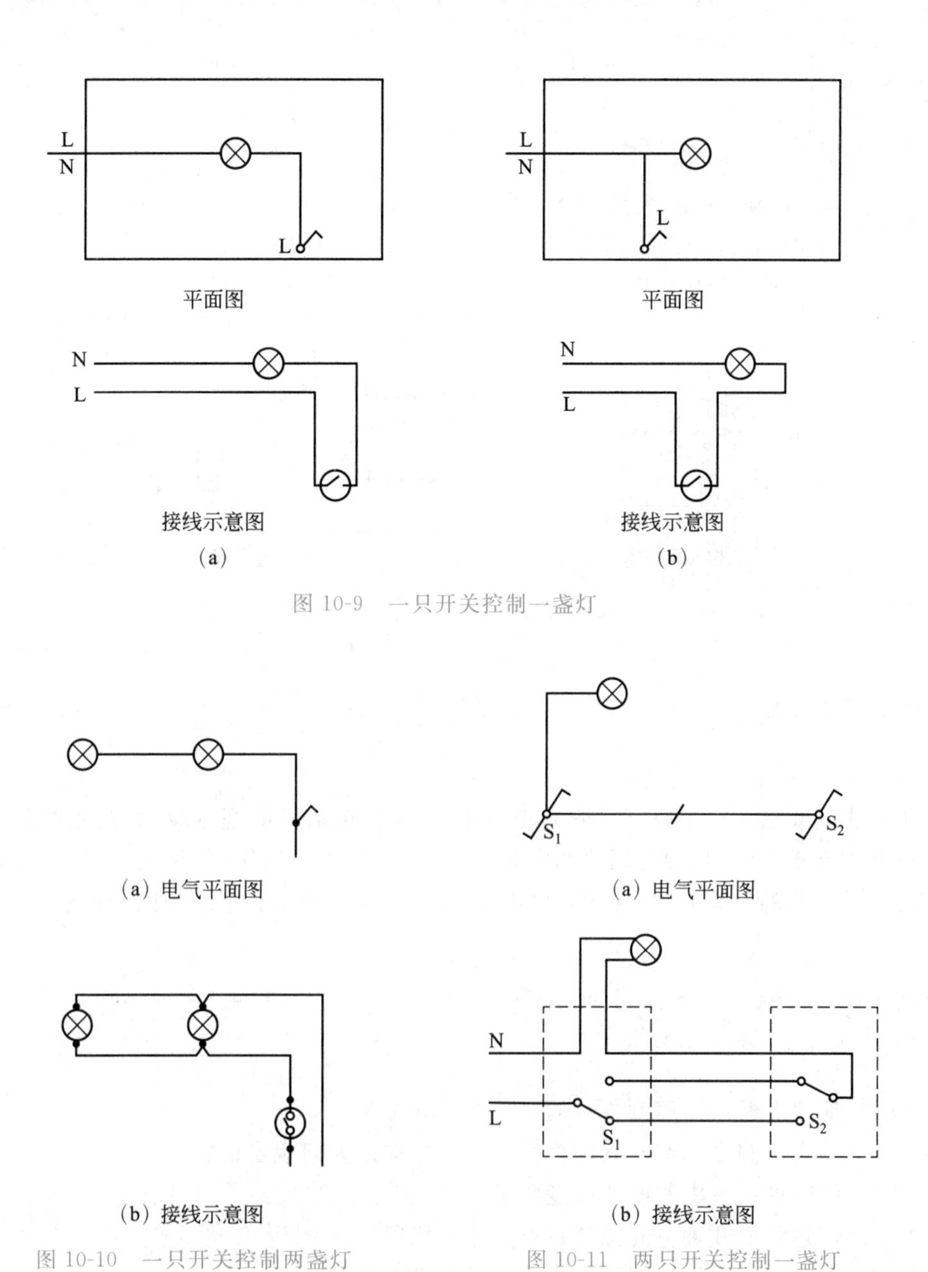

图 10-9 一只开关控制一盏灯

图 10-10 一只开关控制两盏灯

图 10-11 两只开关控制一盏灯

2. 插座的控制电路

对于单相双孔插座，其面对插座的右孔或上孔应与相线连接，左孔或下孔应与零线连接；对于单相三孔插座，其面对插座的右孔应与相线连接，左孔应与零线连接；单相三孔和三相四孔或五孔插座的接地或接零均应在插座的上侧；插座的接地端子不应与零线端子直接连接。插座的接线示意图如图 10-12 所示。

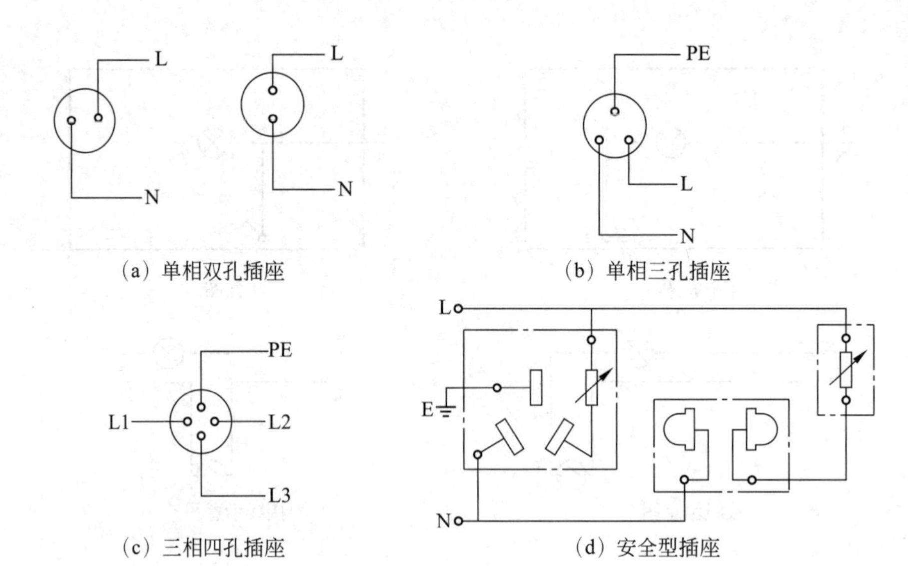

图 10-12 插座的接线示意图

本章小结

本章主要介绍了建筑电气照明的相关知识，其中包括光的基本概念、照明的几种类型、照度标准的基本概念；几种常用照明电光源的特性；照明器的作用、类型、选用及布置方式；建筑物照明负荷的计算方法、照明供电电源、照明配电线路、灯具及插座的线路控制等。

思考题

10.1 简述光通量和照度各自的物理意义和单位。

10.2 什么是照度标准？我国建筑物照度标准是如何规定的？

10.3 举例说明室内照明的照度要求。

10.4 简述常用几种电光源的特点及适用场所。

10.5 住宅楼照明供电电源采用什么样的供电方式？

习题

10.1 试绘出灯与插座的常用控制电路示意图。

10.2 试指出图 10-13 所示螺口灯头四种接线中正确的方式，并指出错误接线方式的错误之处。

10.3 试指出图 10-14 所示荧光灯四种接线中正确的方式，并分析其接线的关键点或优点。

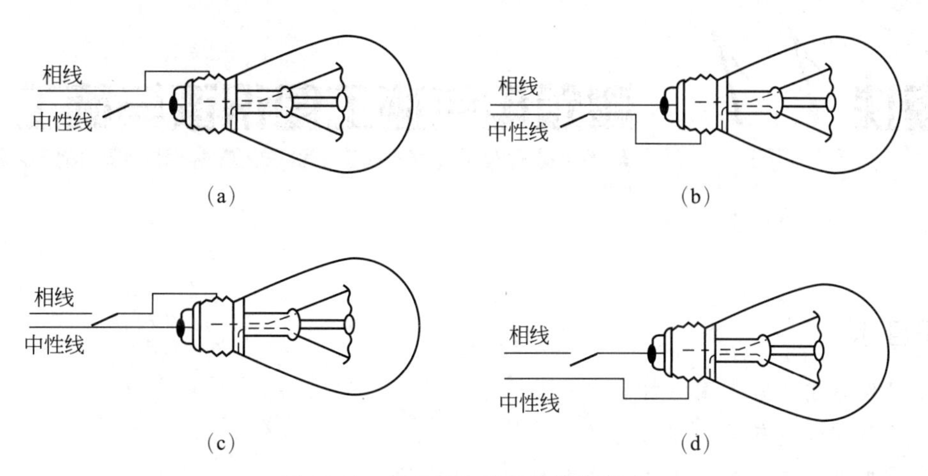

图 10-13 螺口灯头的四种接线方式

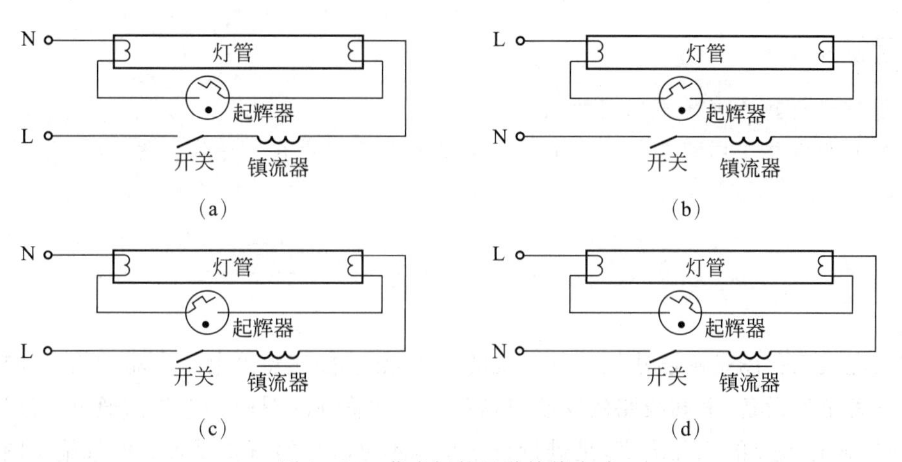

图 10-14 荧光灯的四种接线方式

模块11 建筑电气施工图识读与施工

知识目标

1. 了解常用的电气图例符号。
2. 了解建筑电气施工图的组成。
3. 掌握建筑电气施工图的主要内容和识读方法。
4. 了解电气施工的工艺和要求。

能力目标

1. 能够进行建筑电气施工图的识读。
2. 能够根据施工图配合相关专业进行建筑电气系统的施工安装工作。

11.1 常用建筑电气图例

建筑电气工程图是阐述建筑电气系统的工作原理，描述建筑电气产品的构成和功能，用来指导各种电气设备、电气线路的安装、运行、维护和管理的图样。它是沟通电气设计人员、安装人员、操作人员的工程语言，是进行技术交流不可缺少的重要手段。电气施工图是土建施工图的组成部分，建筑物的土建施工与电气安装施工之间有着密切的联系，土建施工人员也应该了解电气施工图的组成，会阅读简单的电气图。

11.1.1 电气图的基本概念

电气图是用各种电气符号、带注释的图框、简化的外形来表示的系统、设备、装置、元件等之间的相互关系的一种简图。识读电气图时，应了解电气图在不同的使用场合和表达不同的对象时所采用的表达形式。电气图的表达形式分为以下四种。

1. 图

图是用图示法的各种表达形式的统称，即用图的形式来表示信息的一种技术文件，包括用图形符号绘制的图(如各种简图)以及用其他图示法绘制的图(如各种表图)等。

2. 简图

简图是用图形符号、带注释的图框或简化外形表示系统或设备中各组成部分之间相互关系及其连接关系的一种图。在不致引起混淆时，简图可简称为图。简图是电气图的主要表达形式。电气图中的大多数图种，如系统图、电路图、逻辑图和接线图等都属于简图。

3. 表图

表图是表示两个或两个以上变量之间关系的一种图。在不致引起混淆时，表图也可简称为图。表图所表示的内容和方法都不同于简图。经常碰到的各种曲线图、时序图等都属于表图，之所以用“表图”，而不用通用的“图表”，是因为这种表达形式主要是图而不是表。国家标准把表图作为电气图的表达形式之一，也是为了与国际标准取得一致。

4. 表格

表格是把数据按纵横排列的一种表达形式，用以说明系统、成套装置或设备中各组成部分的相互关系或连接关系，或用以提供工作参数等。表格可简称为表，如设备元件表、接线表等。表格可以作为图的补充，也可以用来代替某些图。

11.1.2　电气施工图的图例符号及文字标记

电气施工图只表示电气线路的原理和接线，不表示用电设备和元件的形状与位置。为了使绘图简便、读图方便和图面清晰，电气施工图采用国家统一制定的图例符号及必要的文字标记来表示实际的接线及各种电气设备和元件。

为了能读懂电气施工图，施工人员必须熟记各种电气设备和元件的图例符号及文字标记的意义。根据《建筑电气制图标准》(GB/T 50786—2012)等相关国家标准和规范，选列了部分相关图例和符号。表11-1所示是目前国家标准规定的部分强电图样的图形符号，表11-2所示是电气施工图中导体和线路敷设的文字标注的意义，表11-3所示是电气设备的文字符号标注的意义，表11-4所示是常用弱电施工图的图例符号。

表11-1　部分强电图样的图形符号

名　称	图形符号	名　称	图形符号
导线组	3	架空线路	
中性线		保护线	
保护线和中性线共用线		向上配线或布线	
向下配线或布线		垂直通过配线或布线	
由下引来配线或布线		由上引来配线或布线	
连接盒；接线盒—平面图		电源插座、插孔一般符号	
带保护极的电源插座		单相二、三极电源插座	
开关一般符号		带指示灯双联单控开关	
单极声光控开关	SL	双控单极开关	
单极拉线开关		带指示灯的按钮	
灯的一般符号		应急疏散指示灯	E

续表

名　称	图形符号	名　称	图形符号
应急疏散指示标志灯，向右		荧光灯一般符号	
五管荧光灯	5	投光灯一般符号	⊗
自带电源的应急照明灯		电压表	V

注：① 当电气元件需要说明类型和敷设方式时，宜在符号旁标注下列字母：EX—防爆；EN—密闭；C—暗装。

② □可作为电气箱（柜、屏）的图形符号，当需要区分其类型时，宜在框内标注下列字母：LB—照明配电箱；ELB—应急照明配电箱；PB—动力配电箱；EPB—应急动力配电箱；WB—电度表箱；SB—信号箱；TB—电源切换箱；CB—控制箱、操作箱。当不用图形符号时会采用文字符号 A 表示电气箱（柜、屏），则标注如下：AL—照明配电箱；ALE—应急照明配电箱；AP（或 ZAP）—动力配电箱；APE—应急动力配电箱；AW—电度表箱；AS—信号箱；AT—电源切换箱；AC—控制箱。

③ 当电源插座需要区分不同类型时，宜在符号旁标注下列字母：1P—单相；3P—三相；1C—单相暗敷；3C—三相暗敷；1EX—单相防爆；3EX—三相防爆；1EN—单相密闭；3EN—三相密闭。

④ 当灯具需要区分不同类型时，宜在符号旁标注下列字母：ST—备用照明；SA—安全照明；LL—局部照明灯；W—壁灯；C—吸顶灯；R—筒灯；EN—密闭灯；G—圆球灯；EX—防爆灯；E—应急灯；L—花灯；P—吊灯；BM—浴霸。

表 11-2　电气施工图中导体和线路敷设的文字标注的意义

类型	名　称	文字符号	
		设备端子标志	导体和导体终端标识
交流导体	第 1 线	U	L1
	第 2 线	V	L2
	第 3 线	W	L3
	中性导体	N	N
保护导体		PE	PE
PEN 导体		PEN	PEN
线缆	名　称	旧代号	新代号
线缆敷设方式	穿低压流体输送用焊接钢管（钢导管）敷设	G	SC
	穿普通碳素钢电线套管敷设	DG	MT
	穿可挠金属电线保护套管敷设	SPG	CP
	穿硬塑料导管敷设	VG	PC
	穿阻燃半硬塑料导管敷设		FPC
	穿塑料波纹电线管敷设		KPC
	电缆托盘敷设		CT
	电缆梯架敷设		CL
	金属槽盒敷设		MR
	塑料槽盒敷设	XC	PR
	钢索敷设		M
	直埋敷设		DB
	电缆沟敷设		TC
	电缆排管敷设		CE

续表

类型	名　称	文字符号	
		设备端子标志	导体和导体终端标识
线缆敷设部位	沿或跨梁(屋架)敷设	LM	AB
	沿或跨柱敷设	ZM	AC
	沿吊顶或顶板面敷设	PM	CE
	吊顶内敷设		SCE
	沿墙面敷设	QM	WS
	沿屋面敷设		RS
	暗敷设在顶板内	PA	CC
	暗敷设在梁内	LA	BC
	暗敷设在柱内	ZA	CLC
	暗敷设在墙内	QA	WC
	暗敷设在地板或地面下	DA	FC

表 11-3　电气设备的文字符号标注的意义

序号	标注方式	说　明
1	$\frac{a}{b}$	用电设备标注 a 为参照代号;b 为额定容量(kW 或 kV·A)
2	$-a+\frac{b}{c}$	系统图电气箱(柜、屏)标注 a 为参照代号;b 为位置信息;c 为型号
3	$-a$	平面图电气箱(柜、屏)标注 a 为参照代号
4	a　b/c　d	照明、安全、控制变压器标注 a 为参照代号;b/c 为一次电压/二次电压;d 为额定容量(kW 或 kV·A)
5	$a-b\frac{c\times d\times L}{e}f$	灯具标注 a 为数量;b 为型号;c 为每盏灯具的光源数量;d 为光源安装容量(W 或 kW 或 kV·A);e 为安装高度(m);“—”表示吸顶安装;L 为光源种类,参见表 10-4;f 为安装方式,参见表 10-5
6	$\frac{a\times b}{c}$	电缆梯架、托盘和槽盒标注 a 为宽度(mm);b 为高度(mm);c 为安装高度(m)
7	a/b/c	光缆标注 a 为型号;b 为光纤芯数;c 为长度(m)

续表

序号	标注方式	说　明
8	ab－c(d×e＋f×g) i－jh	线缆的标注 a为参照代号；b为型号；c为电缆根数；d为相导体根数；e为相导体截面(mm^2)；f为N,PE导体根数；g为N,PE导体截面(mm^2)；i为敷设方式和管径(mm)，参见表11-2；j为敷设部位，参见表11-2；h为安装高度(m)
9	a－b(c×2×d)e－f	电话线缆的标注 a为参照代号；b为型号；c为导体对数；d为导体直径(mm)；e为敷设方式和管径(mm)，参见表11-2f为敷设部位，参见表11-2

注：① 序号2、3中，前缀"－"在不会引起混淆时可省略。

② 序号8中，当电源线缆N和PE分开标注时，应先标注N后标注PE(线缆规格中的电压值在不会引起混淆时可省略)。

③ 参照代号的应用应根据实际工程的规模确定，同一个项目其参照代号可有不同的表示方式。以照明配电箱为例，如果一个建筑工程楼层超过十层，一个楼层的照明配电箱数量超过十个，每个照明配电箱参照代号的编制规则有四种(如下所示)，该四种参照代号的表示方式，可供设计人员选用，但同一项工程使用参照代号的表示方式应一致。

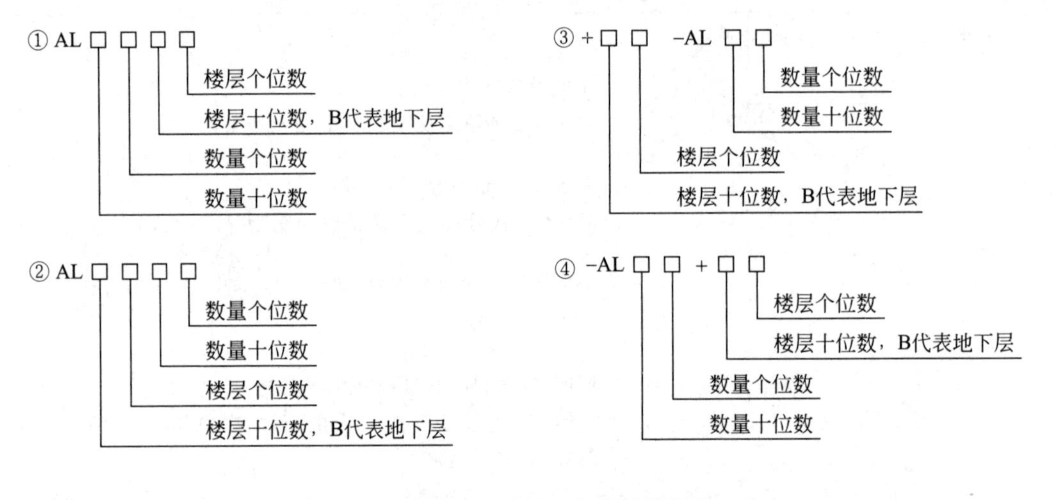

表 11-4　常用弱电施工图的图例符号

名　称	图形符号	名　称	图形符号
电话插座	(TP) TP	信息插座	(TO) TO
电视插座	(TV) TV	数据插座	(TD) TD
建筑物配线架(柜)	BD BD	楼层配线架(柜)	FD FD
用户一分支器		用户二分支器	

续表

名 称	图形符号	名 称	图形符号
用户三分支器		用户四分支器	
二路分配器		三路分配器	
室内分线盒		分线盒一般符号	
集线器	HUB	光纤连接盘	LIU
天线一般符号		放大器、中继器一般符号	
监视器		彩色监视器	
保安巡查打卡器		紧急按钮开关	
门磁开关		玻璃破碎探测器	B
被动红外/微波双技术探测器	IR/M	对讲系统主机	
对讲电话分机		可视对讲机	
可视对讲户外机		电控锁	EL

11.2 建筑电气施工图的基本内容及识读方法

11.2.1 电气施工图的组成及内容

电气工程图是阐述电气工程的结构和功能，描述电气装置的工作原理，提供安装接线和维护使用信息的施工图。由于每一项电气工程的规模不同，所以反映该项工程的电气图种类和数量也不尽相同，通常一项工程的电气工程图由以下几部分组成。

微课：建筑电气图纸基本内容及识图方法

1. 首页

首页主要内容包括图纸目录、图例、设备材料表和电气设计说明等。

电气设计说明主要阐述该电气工程设计的依据、基本指导思想与原则，补充那些在图样中不易表达的或可以用文字统一说明的问题，如工程的土建概况，工程的设计范围，工程的类别、防火、防雷、防爆及符合级别，导线、照明电器、开关及插座选型，电气保护措施，自编图形符号，施工安装要求和注意事项等。

2. 电气系统图

电气系统图又称配电系统图,主要表示整个工程或其中某一项的供电方式和电能输送之间的关系,有时也用来表示某一装置各主要组成部分间的电气关系。电气系统图有变配电系统图、动力系统图、照明系统图、弱电系统图等。电气系统图通常不表明电气设备的具体安装位置,但通过系统图可以清楚地看到整个建筑物内配电系统的情况与配电线路所用导线的型号与截面、管径以及总的设备容量等,可以了解整个工程的供电全貌和接线关系。

3. 电气平面图

电气平面图是表示各种电气设备与线路平面位置的,是进行建筑电气设备安装的重要依据。电气平面图包括外电总平面图和各专业电气平面图。外电总平面图以建筑总平面图为依据,绘出架空线路或地下电缆的位置,并注明有关施工方法。图中还注明了各幢建筑物的面积及分类负荷数据(光、热、力等设备安装容量),注明总建筑面积、总设备容量、总需要系数、总计算容量及总电压损失。此外,图中还标注了外线部分的图例及简要做法说明。对于建筑面积较小、外线工程简单或只是做电源引入线的工程,就没有外线总平面图。专业电气平面图有动力电气平面图、照明电气平面图、变配电所电气平面图、防雷与接地平面图、弱电平面图等。专业电气平面图是在建筑平面图的基础上绘制的,由于电气平面图缩小的比例较大,因此不能表示电气设备的具体位置,只能反映电气设备之间的相对位置关系。

4. 设备布置图

设备布置图表示各种电气设备平面与空间的位置、安装方式及其相互关系。一般由平面图、立面图、断面图、剖面图及各种构件详图组成。设备布置图一般都是按照三面视图的原理绘制的。

5. 电气原理图

电气原理图又称电路图或原理接线图,用来表示电气设备的工作原理及各电气元件的作用和相互间的关系。在图中将各电气设备及电气元件之间的连接方式,按动作原理采用功能布局法展开绘制出来,便于看清动作顺序。原理图分为一次回路(主回路)图和二次回路(控制回路)图。二次回路包括控制、保护、测量、信号等线路。电气原理图是指导设备制作、施工和调试的主要图样。

6. 安装图

安装图又称安装大样图或安装接线图,用来表示电气设备和电气元件的实际接线方式、安装位置、配线场所的形状特征等,是与电路图相对应的一种图。对于某些电气设备或电气元件在安装过程中有特殊要求或无标准图的部分,设计者绘制了专门的构件大样图或安装大样图,并详细地标明施工方法、尺寸和具体要求,指导设备制作和施工。

11.2.2 建筑电气施工图的识读方法

阅读建筑电气施工图必须熟悉电气图的基本知识和建筑电气工程图的特点,同时掌握一定的阅读方法,才能比较迅速、全面地读懂图样,以完全实现读图的意图和目的。

(1) 熟悉电气图例符号,弄清图例、符号所代表的内容。

(2) 一般应先按以下顺序阅读一套电气施工图,然后再对某部分内容进行重点识读。

① 看标题栏及图纸目录。了解工程名称、项目内容、设计日期及图样内容、数量等。

② 看设计说明。了解工程概况、设计依据等，了解图样中未能表达清楚的各有关事项。

③ 看设备材料表。了解工程中所使用的设备、材料的型号、规格和数量。

④ 看系统图。了解系统基本组成，主要电气设备、元件之间的连接关系以及它们的规格、型号、参数等，掌握该系统的组成概况。

⑤ 看平面布置图。如照明平面图、防雷接地平面图等。了解电气设备的规格、型号、数量及线路的起始点、敷设部位、敷设方式及导线根数等。平面图的阅读可按照以下顺序进行：电源进线→总配电箱→干线→支线→分配电箱→电气设备。

⑥ 看控制原理图。了解系统中电气设备的电气自动控制原理，以指导设备安装调试工作。

⑦ 看安装图。了解电气设备的布置、部件的具体尺寸及接线等。

(3) 抓住电气施工图要点进行识读。在识图时，应抓住以下几个要点进行识读。

① 在明确负荷等级的基础之上，了解供电电源的来源、引入方式及路数。

② 了解电源的进户方式，是由室外低压架空引入还是电缆直埋引入。

③ 明确各配电回路的相序、路径、管道敷设部位、敷设方式以及导线的型号和根数。

④ 明确电气设备、器件的平面安装位置。

(4) 结合土建施工图进行阅读。电气施工与土建施工结合得非常紧密，施工中常常涉及各工种之间的配合问题。电气施工平面图只反映出电气设备的平面布置情况，结合土建施工图的阅读还可以了解电气设备的立体布设情况。

(5) 熟悉施工顺序，便于阅读电气施工图，例如识读配电系统图、照明与插座平面图时，应先了解室内配线的施工顺序。

① 根据电气施工图确定设备安装位置、导线敷设方式和路径及导线穿墙过楼板的位置。

② 结合土建施工进行各种预埋件、线管、接线盒、保护管的预埋。

③ 装设绝缘支持物、线夹等，敷设导线。

④ 安装灯具、开关、插座及电气设备。

⑤ 进行导线绝缘测试、检查及通电试验。

⑥ 工程验收。

(6) 识读时，施工图中各图样应协调配合阅读。对于一具体工程来说，为说明配电关系时需要有配电系统图；为说明电气设备、器件的具体安装位置时需要有平面布置图；为说明设备工作原理时需要有控制原理图；为表示元件连接关系时需要有安装接线图；为说明设备、材料的特性、参数时需要有设备材料表等。这些图样各自的用途不同，但相互之间是有联系并协调一致的。在识读时应根据需要，将各图样结合起来识读，以达到对整个工程或分部项目全面了解的目的。

11.3　建筑电气施工图识读

图 11-1～图 11-12 为某公司新建食堂的电气施工图，在设计过程中将火灾自动报警系统进行了单列。其中，图 11-1～图 11-4 为配电箱系统图，图 11-5、图 11-6 为插座及配电干线平面图，图 11-7、图 11-8 为照明平面图，图 11-9、图 11-10 为弱电平面图(火灾自动报警系统单列)，图 11-11、图 11-12 为防雷接地平面图。

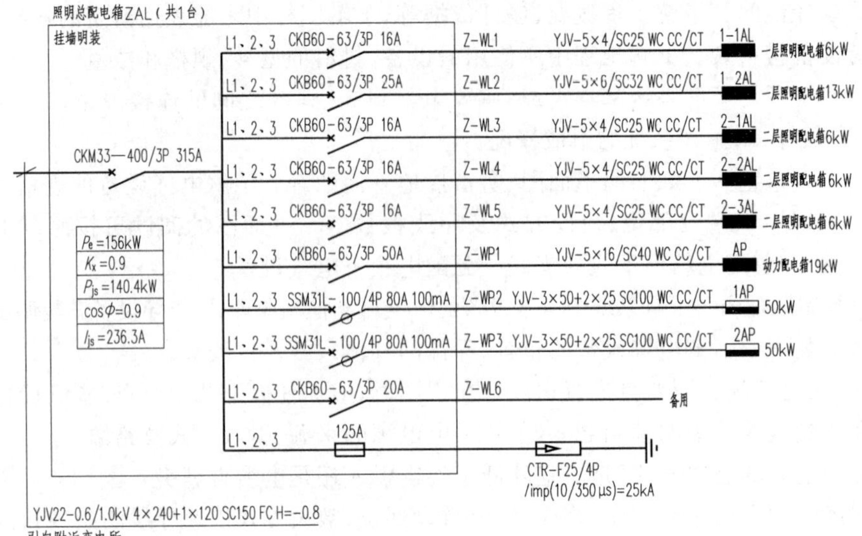

引自附近变电所。

注:1AP、2AP为厨房设备控制箱,由专业厂家确定,本设计仅预留其进线管道及所需电源。

总回路增设分励脱扣器(DC24V),配合消防模块实现火灾时非消防电源切除。

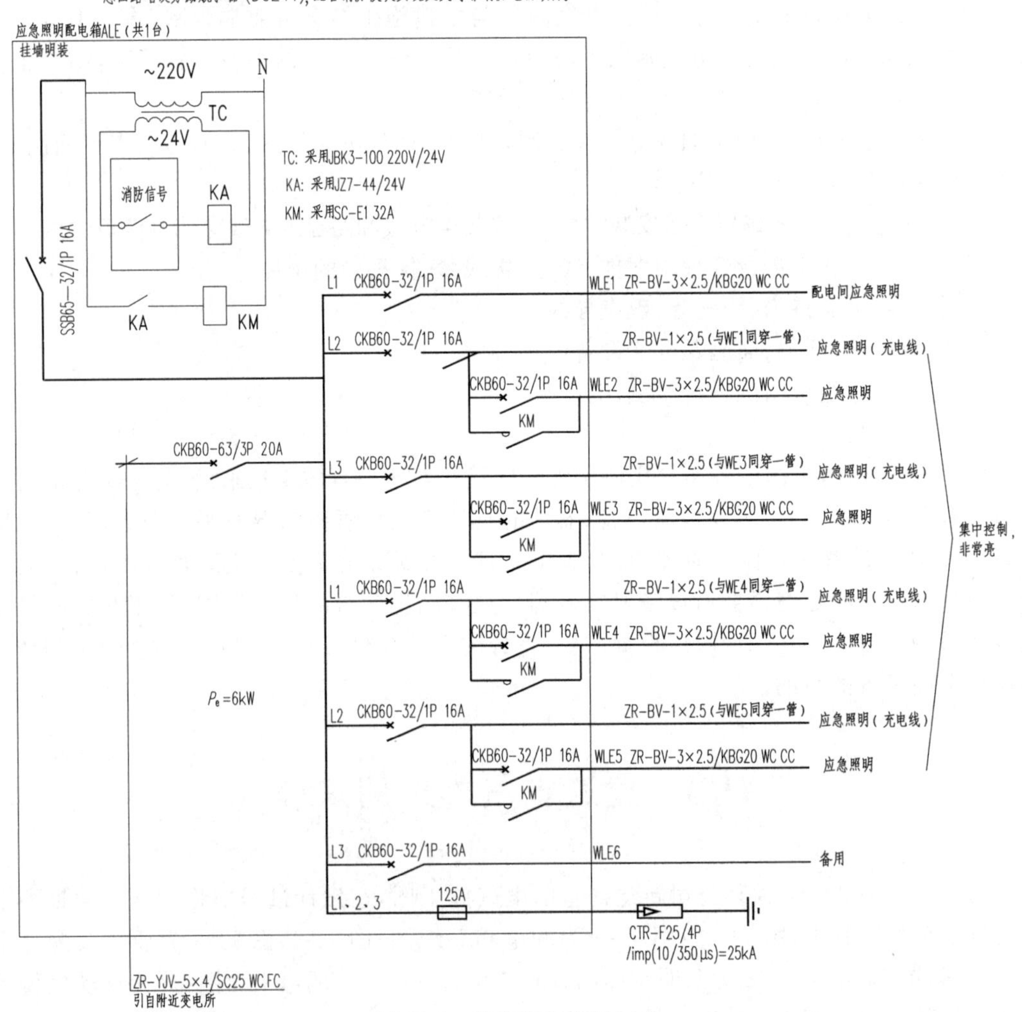

图 11-1 配电箱系统图(一)

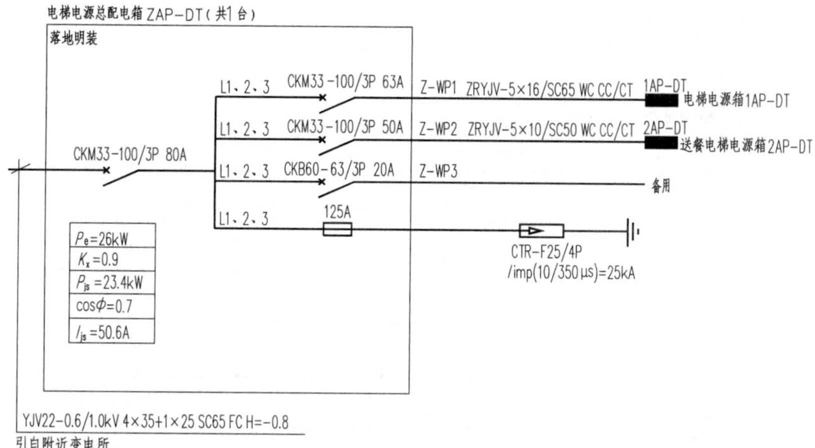

图 11-1(续)

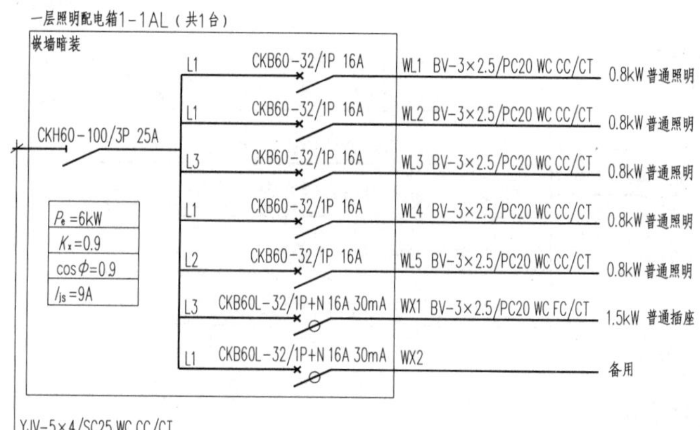

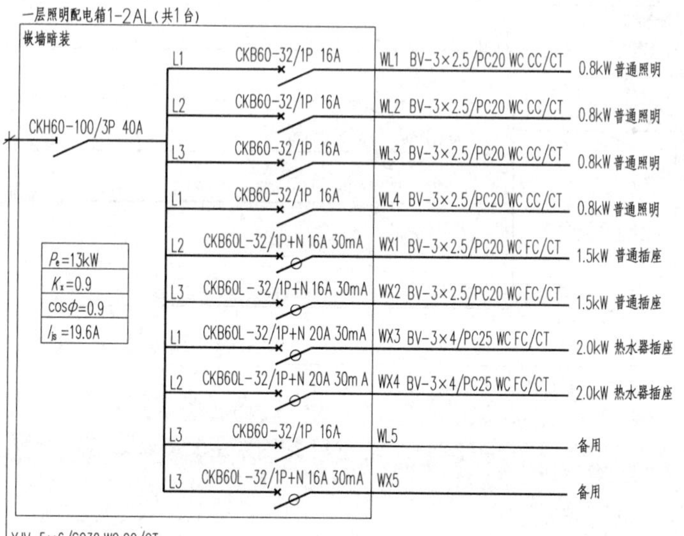

图 11-2 配电箱系统图(二)

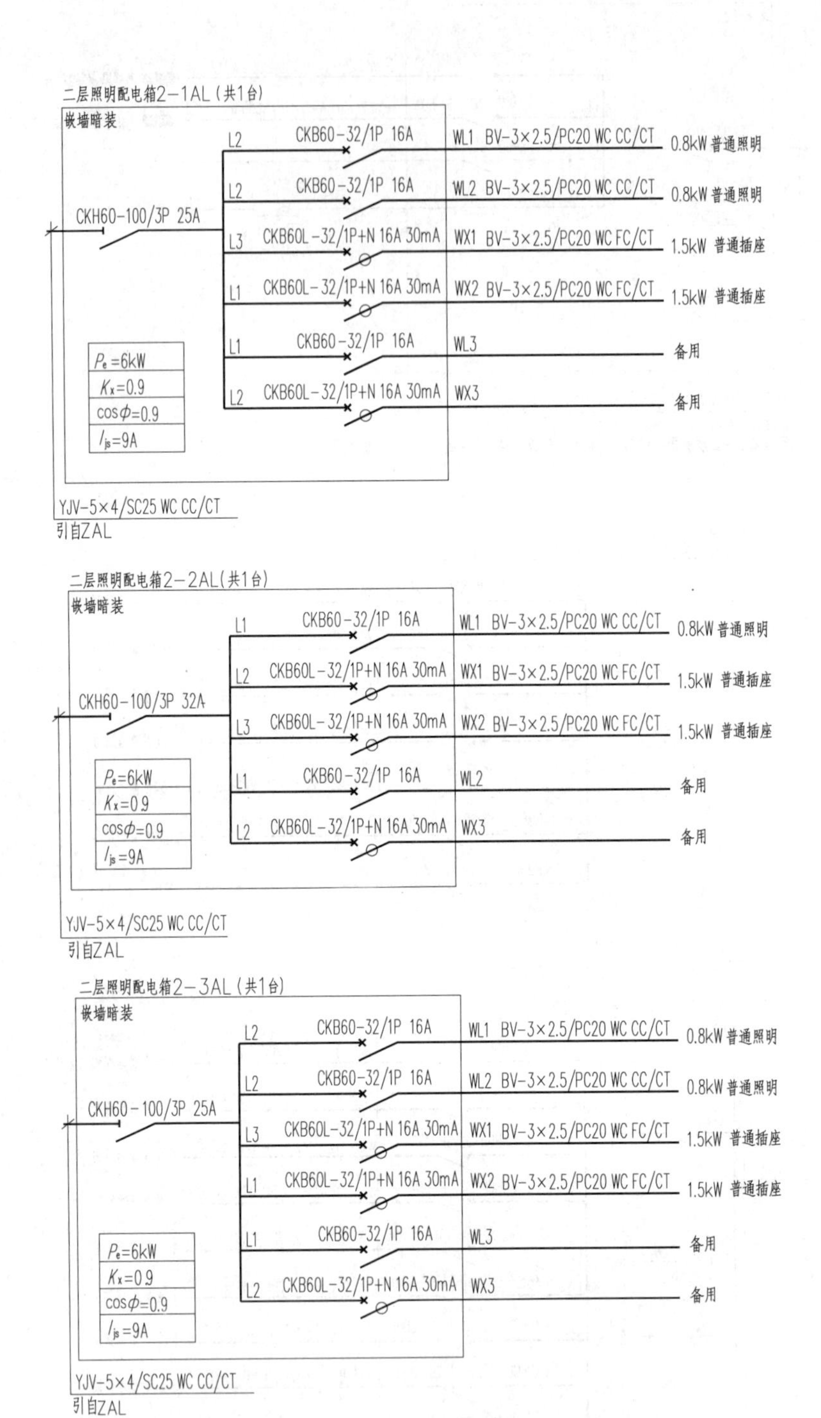

图 11-3　配电箱系统图(三)

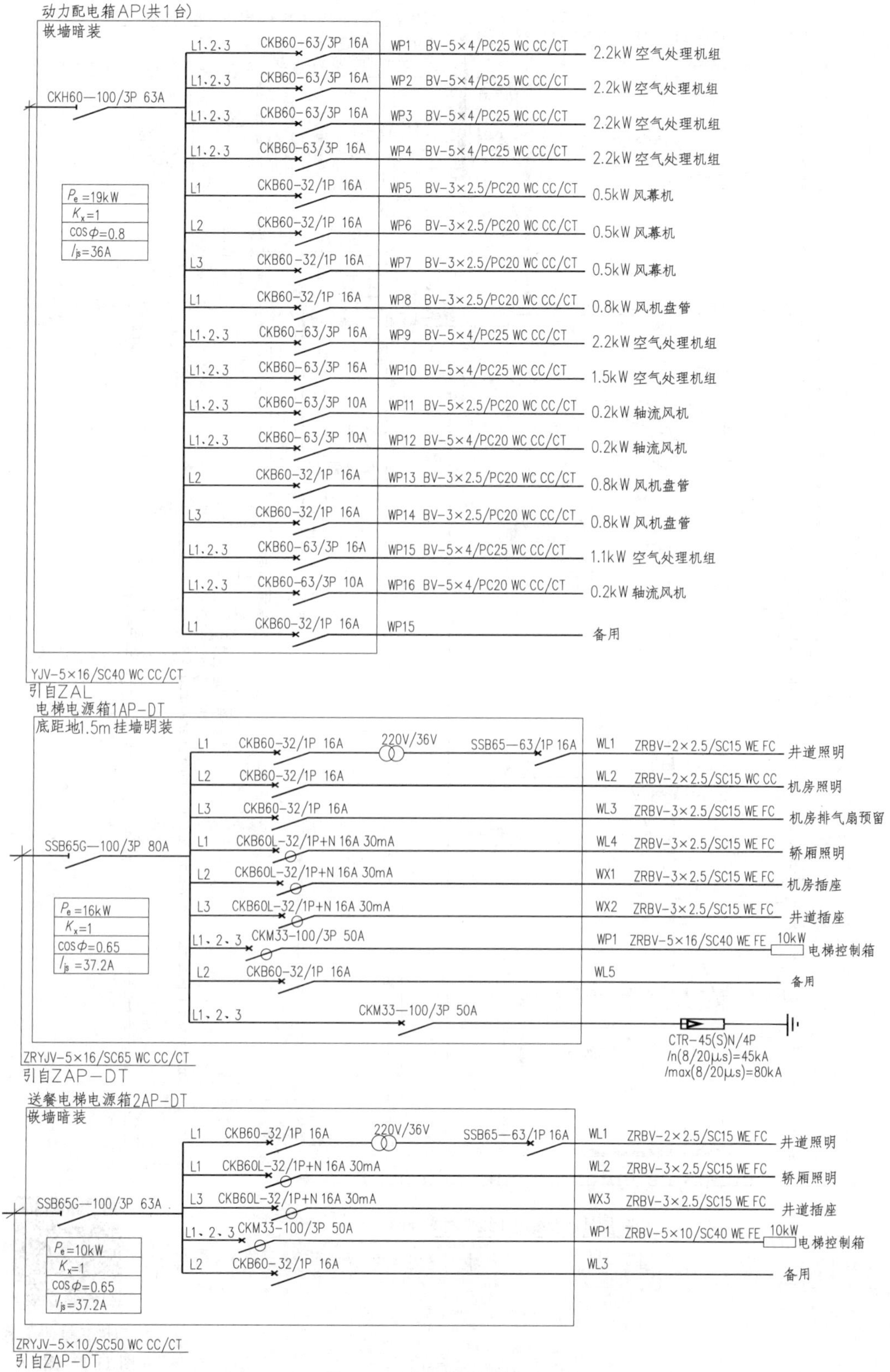

动力配电箱AP(共1台)
嵌墙暗装

CKH60—100/3P 63A

P_e=19kW
K_x=1
cosϕ=0.8
I_{js}=36A

L1.2.3 CKB60-63/3P 16A WP1 BV-5×4/PC25 WC CC/CT 2.2kW空气处理机组
L1.2.3 CKB60-63/3P 16A WP2 BV-5×4/PC25 WC CC/CT 2.2kW空气处理机组
L1.2.3 CKB60-63/3P 16A WP3 BV-5×4/PC25 WC CC/CT 2.2kW空气处理机组
L1.2.3 CKB60-63/3P 16A WP4 BV-5×4/PC25 WC CC/CT 2.2kW空气处理机组
L1 CKB60-32/1P 16A WP5 BV-3×2.5/PC20 WC CC/CT 0.5kW风幕机
L2 CKB60-32/1P 16A WP6 BV-3×2.5/PC20 WC CC/CT 0.5kW风幕机
L3 CKB60-32/1P 16A WP7 BV-3×2.5/PC20 WC CC/CT 0.5kW风幕机
L1 CKB60-32/1P 16A WP8 BV-3×2.5/PC20 WC CC/CT 0.8kW风机盘管
L1.2.3 CKB60-63/3P 16A WP9 BV-5×4/PC25 WC CC/CT 2.2kW空气处理机组
L1.2.3 CKB60-63/3P 16A WP10 BV-5×4/PC25 WC CC/CT 1.5kW空气处理机组
L1.2.3 CKB60-63/3P 10A WP11 BV-5×2.5/PC20 WC CC/CT 0.2kW轴流风机
L1.2.3 CKB60-63/3P 10A WP12 BV-5×4/PC20 WC CC/CT 0.2kW轴流风机
L2 CKB60-32/1P 16A WP13 BV-3×2.5/PC20 WC CC/CT 0.8kW风机盘管
L3 CKB60-32/1P 16A WP14 BV-3×2.5/PC20 WC CC/CT 0.8kW风机盘管
L1.2.3 CKB60-63/3P 16A WP15 BV-5×4/PC25 WC CC/CT 1.1kW空气处理机组
L1.2.3 CKB60-63/3P 10A WP16 BV-5×4/PC20 WC CC/CT 0.2kW轴流风机
L1 CKB60-32/1P 16A WP15 备用

YJV-5×16/SC40 WC CC/CT
引自ZAL

电梯电源箱1AP-DT
底距地1.5m挂墙明装

SSB65G—100/3P 80A

P_e=16kW
K_x=1
cosϕ=0.65
I_{js}=37.2A

L1 CKB60-32/1P 16A 220V/36V SSB65—63/1P 16A WL1 ZRBV-2×2.5/SC15 WE FC 井道照明
L2 CKB60-32/1P 16A WL2 ZRBV-2×2.5/SC15 WC CC 机房照明
L3 CKB60-32/1P 16A WL3 ZRBV-3×2.5/SC15 WE FC 机房排气扇预留
L1 CKB60L-32/1P+N 16A 30mA WL4 ZRBV-3×2.5/SC15 WE FC 轿厢照明
L2 CKB60L-32/1P+N 16A 30mA WX1 ZRBV-3×2.5/SC15 WE FC 机房插座
L3 CKB60L-32/1P+N 16A 30mA WX2 ZRBV-3×2.5/SC15 WE FC 井道插座
L1、2、3 CKM33-100/3P 50A WP1 ZRBV-5×16/SC40 WE FE 10kW 电梯控制箱
L2 CKB60-32/1P 16A WL5 备用
L1、2、3 CKM33—100/3P 50A

CTR-45(S)N/4P
$In(8/20\mu s)$=45kA
$Imax(8/20\mu s)$=80kA

ZRYJV-5×16/SC65 WC CC/CT
引自ZAP-DT

送餐电梯电源箱2AP-DT
嵌墙暗装

SSB65G—100/3P 63A

P_e=10kW
K_x=1
cosϕ=0.65
I_{js}=37.2A

L1 CKB60-32/1P 16A 220V/36V SSB65—63/1P 16A WL1 ZRBV-2×2.5/SC15 WE FC 井道照明
L1 CKB60L-32/1P+N 16A 30mA WL2 ZRBV-3×2.5/SC15 WE FC 轿厢照明
L3 CKB60L-32/1P+N 16A 30mA WX3 ZRBV-3×2.5/SC15 WE FC 井道插座
L1、2、3 CKM33-100/3P 50A WP1 ZRBV-5×10/SC40 WE FE 10kW 电梯控制箱
L2 CKB60-32/1P 16A WL3 备用

ZRYJV-5×10/SC50 WC CC/CT
引自ZAP-DT

图 11-4 配电箱系统图(四)

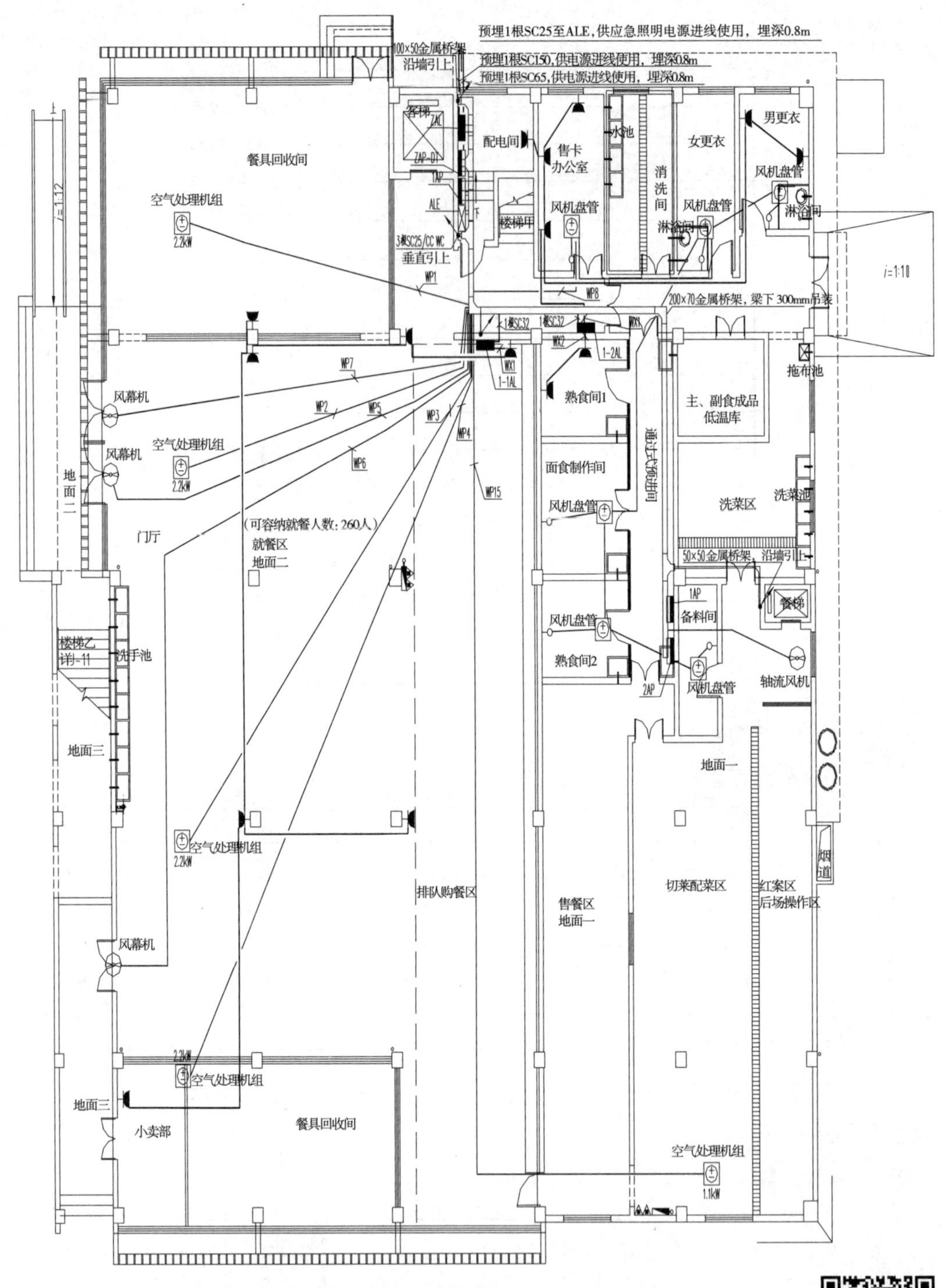

图 11-5　一层插座及配电干线平面图

扫描二维码下载

图 11-5～图 11-12

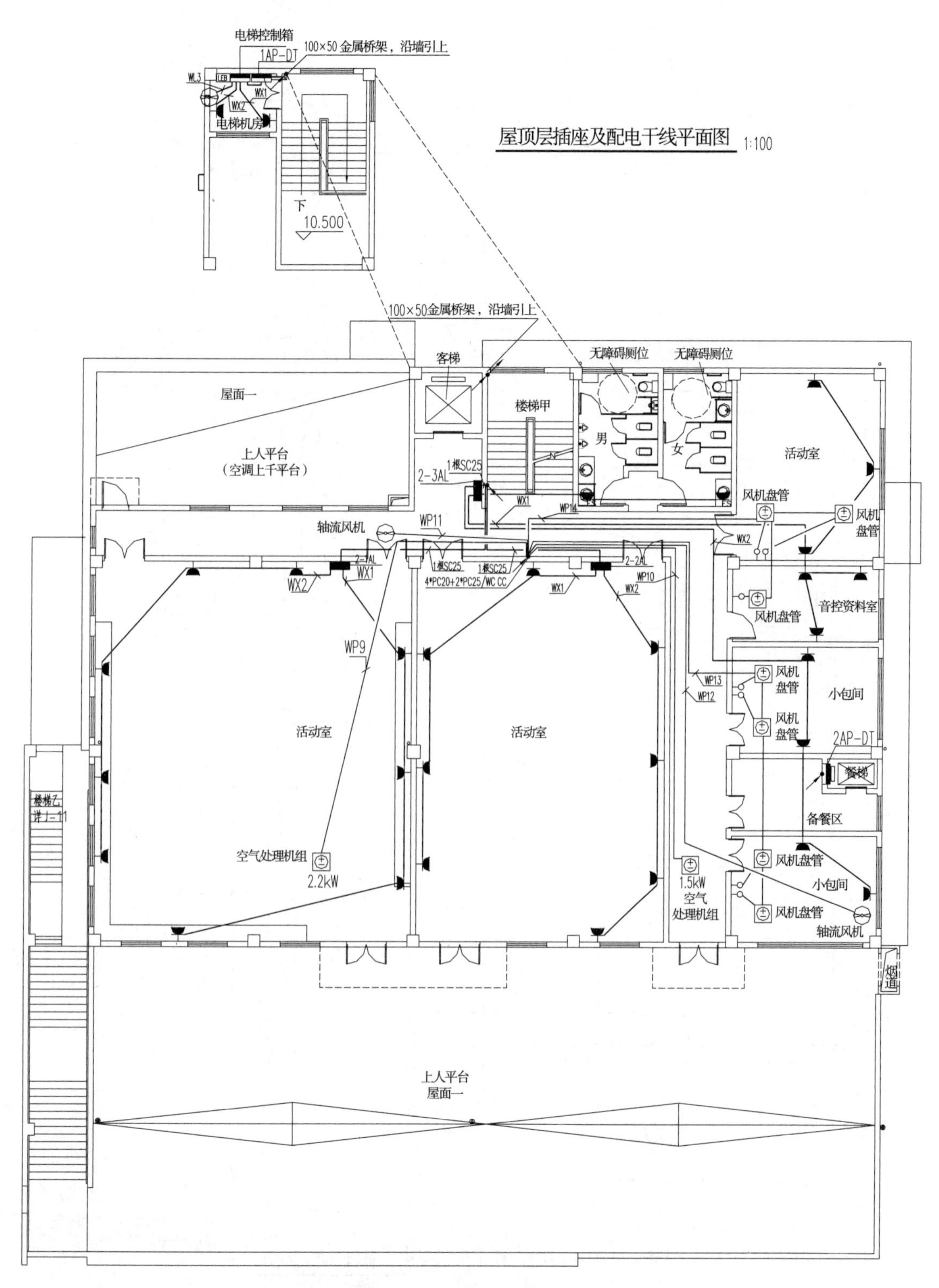

图 11-6 二层及顶层插座及配电干线平面图

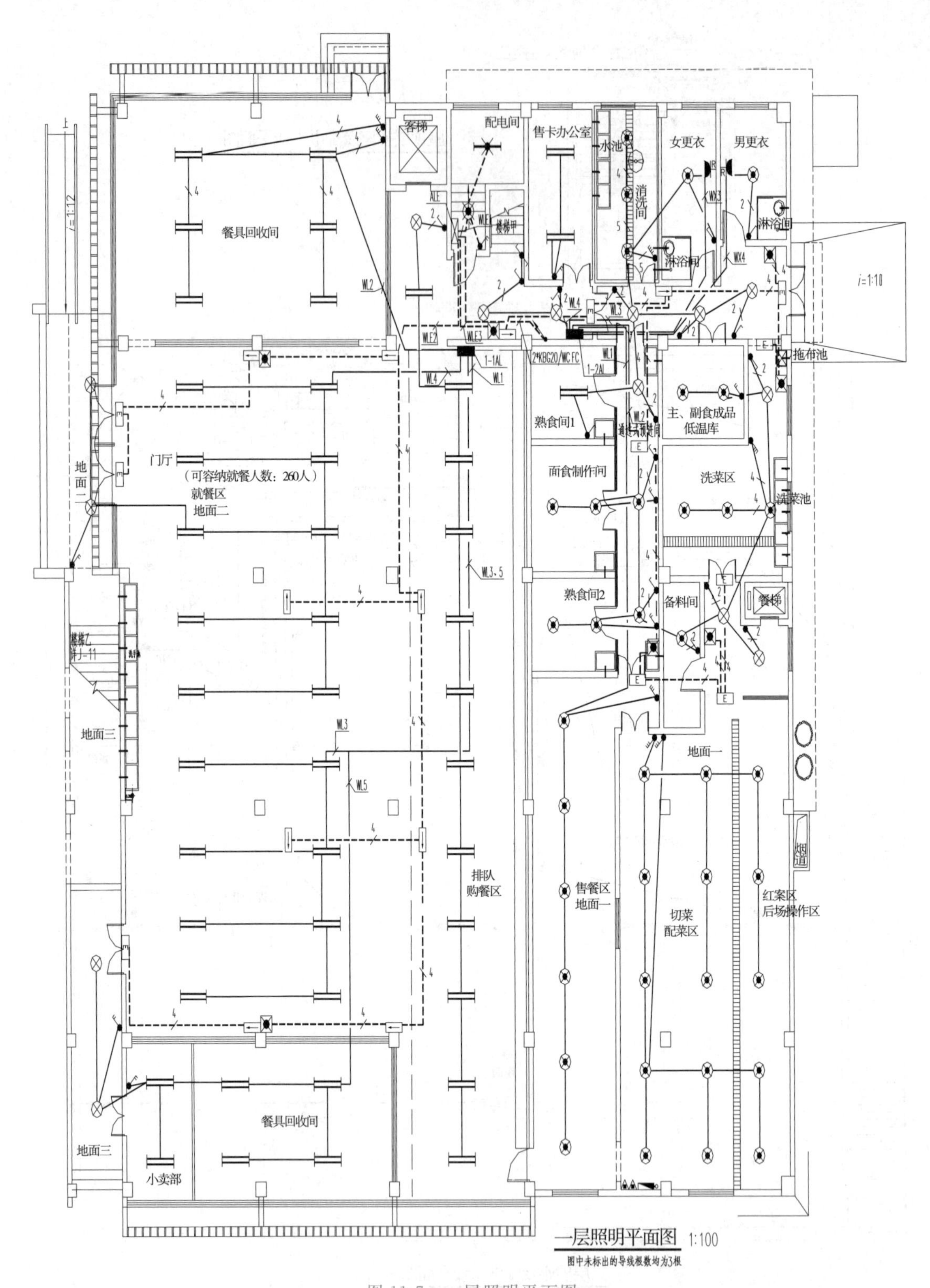

图 11-7 一层照明平面图

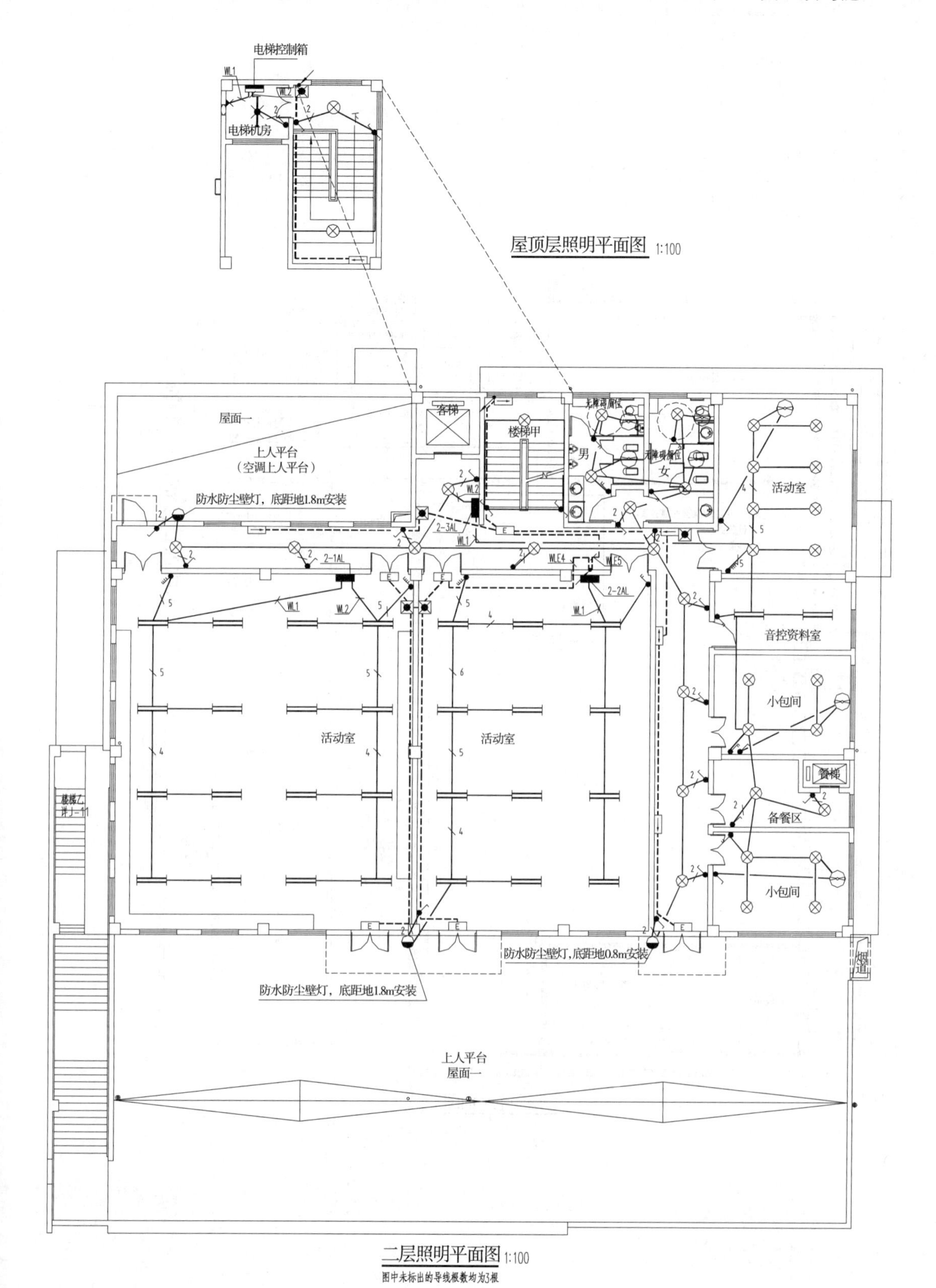

图 11-8 二层及顶层照明平面图

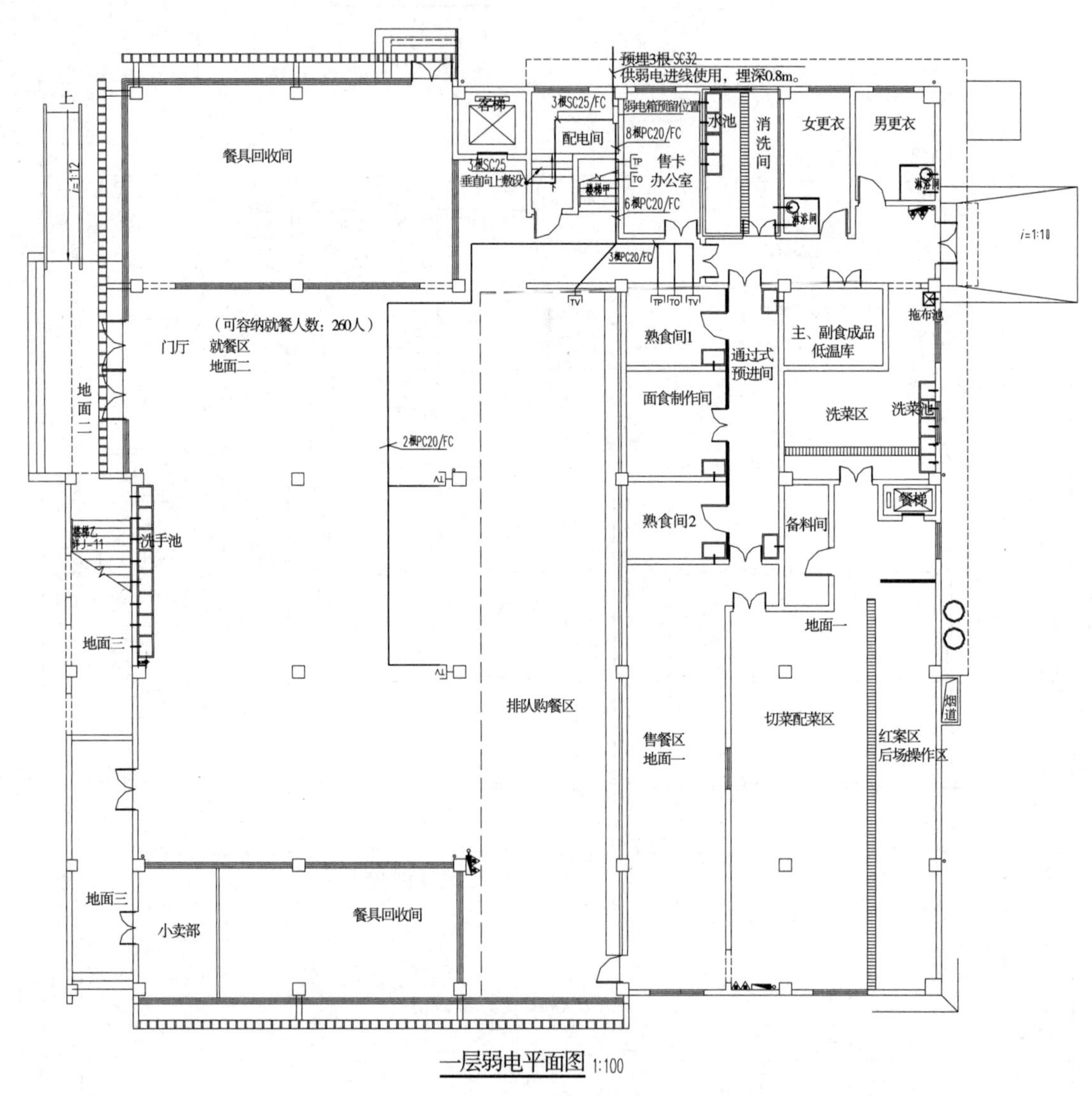

图 11-9　一层弱电平面图

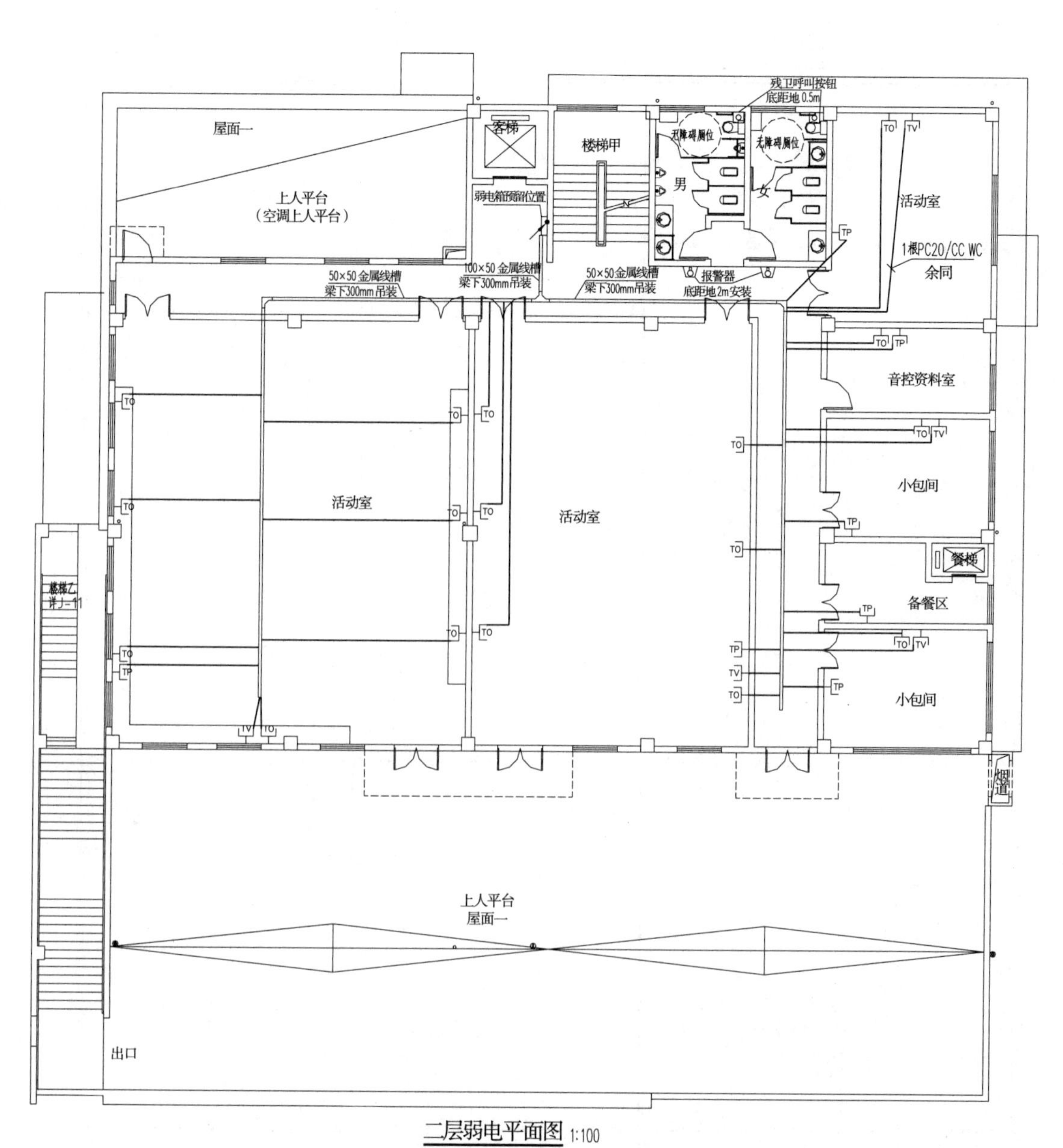

图 11-10 二层弱电平面图

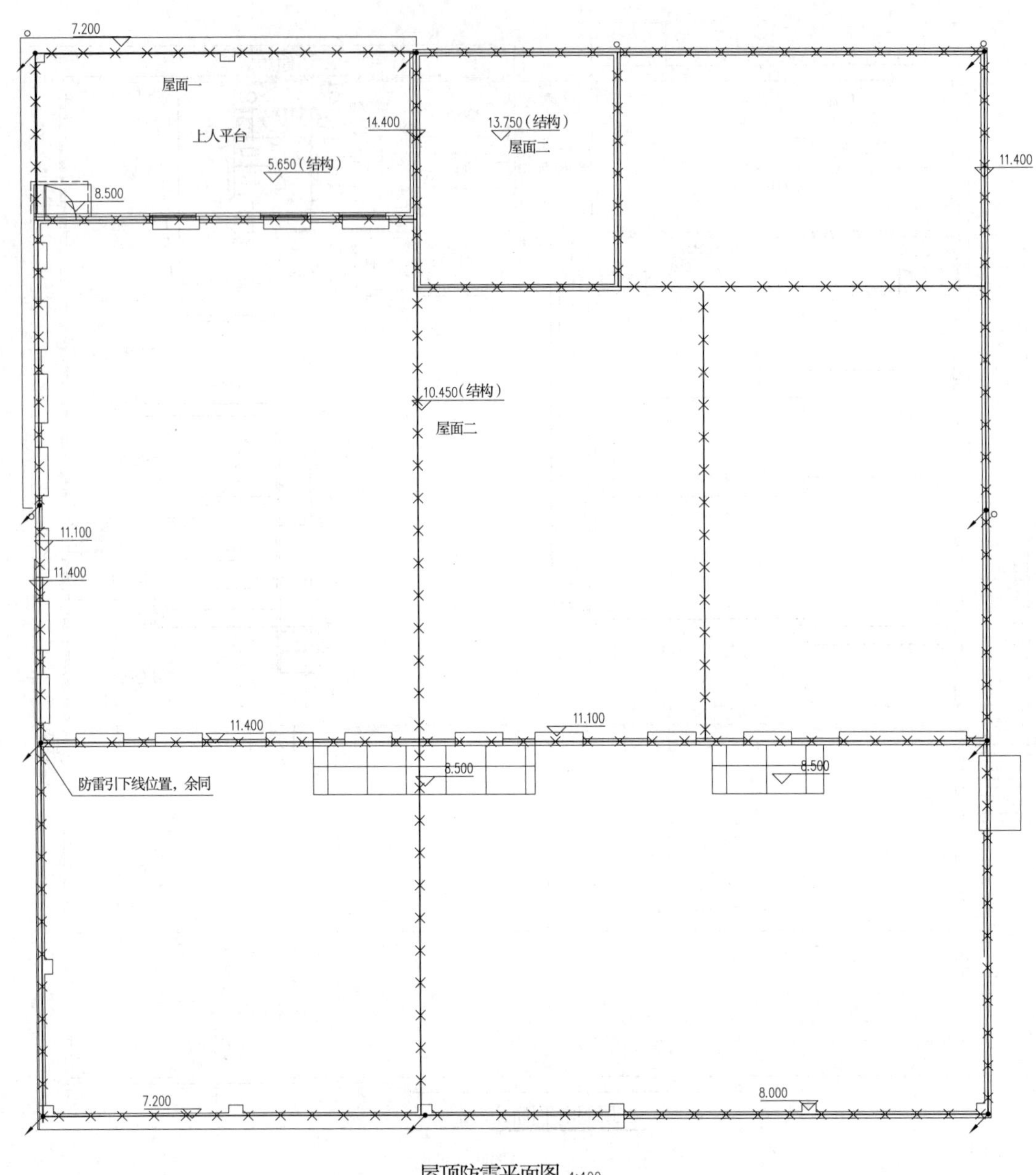

图 11-11 屋顶防雷平面图

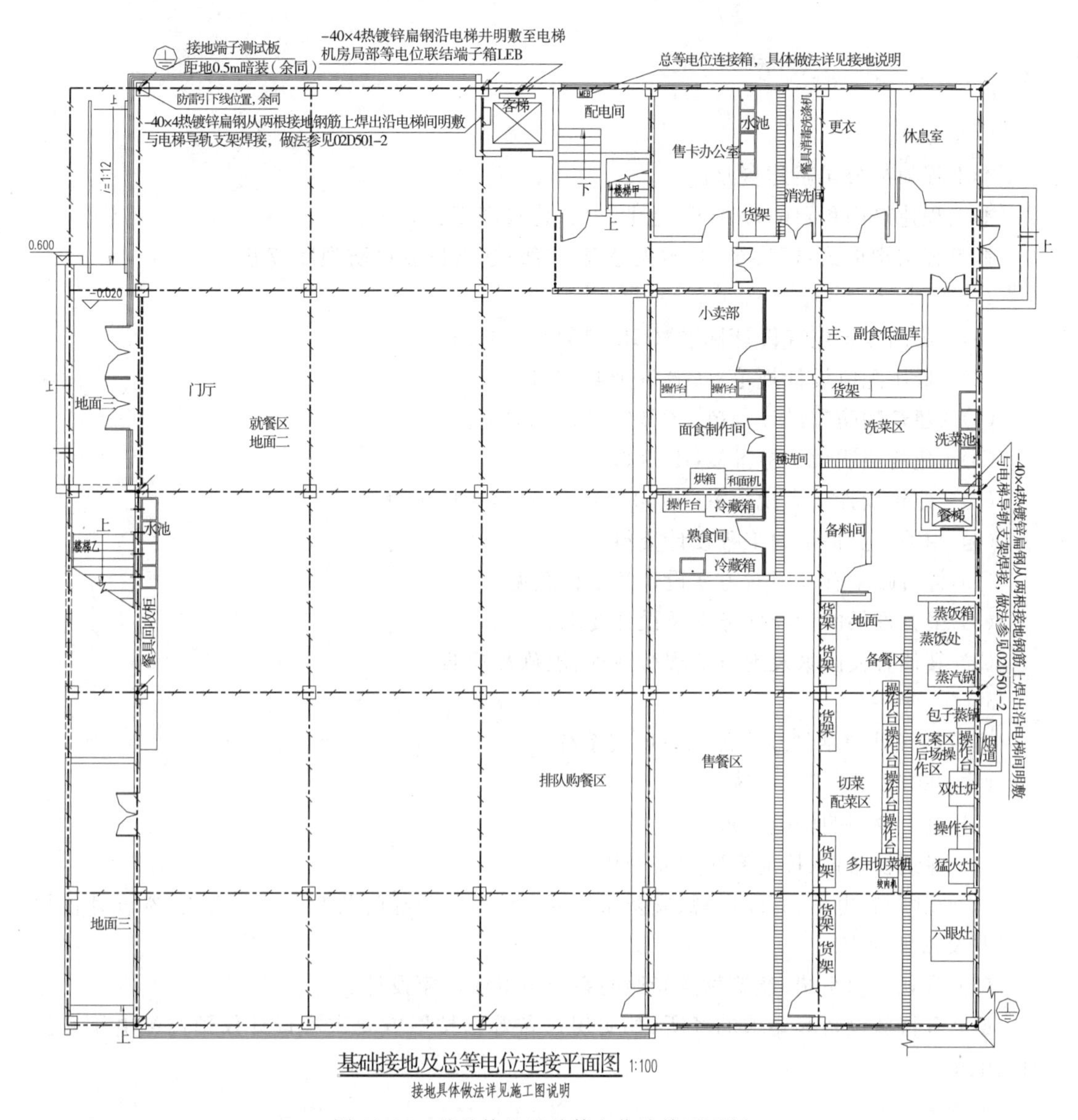

图 11-12 基础接地及总等电位连接平面图

根据设计说明及以上图样可以知道本工程从附近变电所引入低压电源，电源进线电缆穿 SC 管保护，室外埋地敷设，埋深 800mm；配电干线采用桥架或穿管敷设，采用树干式和放射式混合的配电方式；电表箱在电井或配电间内为明装，其他为暗装，暗装时安装高度为底边距地 1.5m；餐厅部分照明控制采用配电箱集中控制，其余场所采用就地设置照明开关控制；按二类防雷建筑设置防雷措施，在屋檐、屋脊采用明装避雷带连成封闭环状，防雷引下线采用混凝土柱内的钢筋，引下线上端与避雷带焊接，下端与接地极焊接，接地极为建筑物基础底梁上的上下两层钢筋中的两根主筋通长焊接形成的基础接地网，并设置总等电位连接；本工程采用区域报警控制系统，引自本建筑物的厂区消防控制室，在办公室、会议室、门厅、楼梯间、楼道、食堂、餐厅等场所设置感烟探测器。

11.3.1 电气施工图设计说明

1. 建筑概述

本工程为某公司新建食堂。

本工程建筑面积:1627.84m^2;地上二层;建筑高度:10.5m。

本工程结构形式:框架结构;耐火等级:二级;建筑抗震设防烈度:7度。

2. 设计依据

(1)《民用建筑电气设计标准》(GB 51348—2019)。

(2)《低压配电设计规范》(GB 50054—2011)。

(3)《建筑物防雷设计规范》(GB 50057—2010)。

(4)《建筑照明设计标准》(GB 50034—2013)。

(5)《建筑设计防火规范》(GB 50016—2014),2018年版。

(6) 相关专业提供的工程设计资料。

(7) 各市政主管部门对方案设计的审批意见。

(8) 甲方提供的设计任务书及设计要求。

(9) 其他有关国家及地方的现行规程、规范及标准。

3. 设计范围

本工程设计包括红线内的以下电气系统。

(1) 380/220V配电系统。

(2) 电力及照明配电系统。

(3) 建筑物防雷、接地系统及安全措施。

(4) 宽带网、电话、有线电视、安防系统的设计由有关部门及专业公司负责,本设计仅预留竖井及预埋管道。

(5) 景观照明系统、建筑物泛光照明系统由专业厂家设计。

(6) 有特殊设备和要求的场所(如厨房设备等),按甲方要求本设计仅预留配电箱并注明用电量。

4. 配电系统

(1) 本工程为饮食公共建筑。

(2) 负荷分级及容量:本工程照明、动力负荷等级均为三级,采用单回路电源供电。

(3) 供电电源:本工程从附近变电所引入低压电源,电源电压等级为380/220V。

5. 照明系统

(1) 餐厅、办公室、会议室等场所均采用节能型荧光灯,荧光灯灯管采用T5型灯管,光源显色指数$Ra \geqslant 80$,色温范围为3300～5300K,采用电子镇流器,功率因数大于0.9。

(2) 主要场所节能照度具体要求为:会议室、办公室照度为300lx(0.75m水平面),LPD:9W/m^2;餐厅、厨房照度为200lx(地面),LPD:6W/m^2;楼梯间照度为50lx(地面),LPD:5W/m^2。

(3) 照明控制:餐厅部分采用配电箱集中控制,其余场所采用就地设置照明开关控制。

(4) 应急照明具体要求如下。

① 在楼梯间及其前室、内走廊等处设置疏散照明，疏散照明照度值不低于 0.5lx。

② 在配电间设置备用照明，照度值按 100%正常照明设计，应急照明持续供电时间大于 30min。

③ 应急灯具应符合《消防安全标志》(GB 13495—2015)和《消防应急灯具》(GB 17945—2010)的合格产品。安全出口和疏散门的正上方采用“安全出口”作为指示标志，应急灯具应设玻璃或其他不燃材料制作的保护罩。

④ 各种功能性灯具：如悬挂灯、荧光灯、出口标志灯、疏散指示灯等，须有国家主管部门的检测报告，达到设计要求的方可投入使用。

6. 设备选择及安装

(1) 电表箱在电井或配电间内为明装，其他为暗装，暗装时安装高度为底边距地 1.5m；其他箱体安装方式详见系统图和平面图。

(2) 采用封闭式桥架或线槽电缆桥架水平安装时支架间距不大于 1.5m，垂直安装时支架间距不大于 2m；桥架施工时应注意与其他专业的配合。电缆桥架穿过防烟分区、防火分区、楼层时应在安装完毕后用防火材料封堵。

(3) 出口标志灯在门上方安装时，底边距门框 0.2m，当门上无法安装时，在门旁墙上安装，顶距吊顶 50mm；出口标志灯明装，管吊时底边距地 2.5m；疏散诱导灯暗装，底边距地 0.5m。

7. 电缆、导线的选型及敷设

(1) 配电干线采用桥架或穿管敷设，采用树干式和放射式混合的配电系统。

(2) 本工程低压电缆选用耐压等级为 0.6/1kV 的电缆，电线选用耐压等级为 0.45/0.75kV的电线。

(3) 电源进线电缆穿 SC 管保护，管壁厚度大于 2.5mm。室外埋地敷设，埋深 800mm。

(4) BV—2.5 穿管规格：1～2 根穿 PC16，3～4 根穿 PC20，5～6 根穿 PC25；当配电线超过 6 根时分管敷设，平面图中用斜线或斜线加数字表示管道数量。

(5) 各回路均按回路单独穿管，不应共管敷设，各回路 N、PE 线均从配电箱内单独引出；线路敷设标注说明如表 11-5 所示。

表 11-5 线路敷设标注说明

线路敷设方式		线路敷设部位
SC 穿焊接钢管敷设	CP 可挠金属软管	WC 暗敷在墙面内
MT 穿电线管敷设	CT 电缆桥架敷设	CC 吊顶内敷设
PC 穿阻燃硬塑料管敷设	MR 金属线槽敷设	FC 暗敷在地坪或地面下

注：所有 PC 管均采用难燃型，其氧指数应在 27 以上。

(6) 与消防相关的电力、照明、自控采用交联阻燃耐火电线，穿金属管保护，暗敷在非燃烧体结构内且保护层厚度不小于 30mm；明敷时应涂防火涂料。非消防线路采用暗敷设在楼板、墙体、柱内时，其保护管的覆盖层不应小于 15mm。

(7) 在吊顶内从灯头接线盒引到灯具的线路应加金属软管或可挠电气导管保护。

(8) 所有穿过建筑物伸缩缝、沉降缝、后浇带的管道做法，电缆穿过防烟分区、防火分区、楼层时,在安装完毕后用防火材料封堵的做法,参见国家建筑标准图集 03D603—73～78。

(9) 穿保护管布线的管道较长或有弯时,宜适当加装拉线盒或适当加大管径。

(10) PE线必须用绿/黄导线或标识。

8. 防雷接地与安全措施

(1) 本工程预计年平均雷击次数 01 栋为 0.0318 次/a,雷电防护等级为 D 级,按二类防雷建筑设置防雷措施,建筑物的防雷装置应能满足直击雷、侧击雷、雷电感应及雷电波的侵入,并设置总等电位连接。

(2) 接闪器。在屋檐、屋脊采用设明装避雷带连成封闭环状,并与引下线可靠焊通,避雷带支架高出屋檐、屋脊 0.15m,直线距离为 1m,转角处应为 0.25～0.3m。避雷带采用 ϕ10mm 热镀锌圆钢,屋面及不同标高避雷带采用 ϕ10mm 热镀锌圆钢相连。在屋面上设不大于 20m×20m 或者 24m×16m 的避雷带网格。

(3) 引下线。防雷引下线采用混凝土柱内的钢筋,当钢筋的直径为 16mm 以上时,应利用两根钢筋作为一组引下线;当钢筋的直径为 10mm 以上时,应利用四根钢筋作为一组引下线,引下线的间距不应超过 18m,并在距地 0.5m 处设测试卡,在引下线外侧预埋 60×6 热镀锌扁钢一块;所有外墙引下线在室外地面下 1m 处引出一根 40×4 不锈钢,不锈钢伸出室外,距外墙皮的距离不小于 1m,以备人工接地体连接用。

(4) 接地极。接地极为建筑物基础底梁上的上下两层钢筋中的两根主筋通长焊接形成的基础接地网。

(5) 引下线上端与避雷带焊接,下端与接地极焊接,凡突出屋面的所有金属构件、金属通风管、金属屋面、金属屋架等均与避雷带可靠焊接。不同标高平面的避雷带须有不少于两处焊接。

(6) 建筑物四角的外墙引下线在室外地坪 0.5m 处做接地电阻测试卡子;在室外地坪 −0.8m处做预埋接地端子,做法参见 14D504《接地装置安装》。

(7) 施工时按照建筑电气施工及验收规范进行。以上做法参照国家建筑标准设计图集《防雷与接地》(2016 年合订本 D500～505)施工。

(8) 过电压保护。室内总配电箱内装一级电涌保护器,屋顶配电箱采用二级电涌保护器。

(9) 本工程接地形式采用 TN—S 系统,电源进线处做重复接地。

(10) 本工程采用联合接地方式,工程防雷接地、保护接地、通信设备接地等共用同一接地体。具体做法是:将构造柱内四根主筋与基础钢筋焊接成可靠的电气通路,作为本工程的接地体,要求其不大于 1Ω,否则补打接地极至满足要求。

(11) 凡正常不带电,当绝缘破坏有可能呈现电压的一切电气设备金属外壳、构架、插座接地极、电缆金属外皮、金属配管、桥架、自带蓄电池组应急照明灯具外壳等应与 PE 线连接。PE 支线应单独与 PE 干线连接,不得串联连接。

(12) 垂直敷设的金属管道和其他金属物的顶端及底端应与防雷装置连接。

(13) 本工程采用总等电位联结。由接地体焊接出一根 40×5 的热镀锌扁钢至 MEB 内,总等电位联结板由紫铜板制成,应将建筑物内 PE 干线、设备进线总管、电缆的金属外护层、建筑物金属构件、各类金属门框和金属风管、水管等做等电位联结。总等电位联结均采用各种型号的等电位卡子,详见国家标准设计图集《连接线与各种管道的连接(抱箍法)》

(02D501—2)。

(14) 室外接地凡焊接处均应刷沥青防腐。

9. 弱电设备安装

(1) 本工程弱电系统设计主要包括各弱电系统的管道及基本需求设计，系统集成商在系统深化设计时应充分考虑并利用。

(2) 系统集成商在设计弱电系统时，应在其信号进建筑物处装设电涌保护器，以满足信息系统雷电防护等级的要求。

(3) 通信、网络插座及电视插座底边距地 0.3m。

(4) 通信及网络设备箱、有线电视设备箱在电井内明装，在其他处暗装，安装高度底边距地不低于 1.8m。

10. 其他说明

(1) 对于所有设备和线路用的预埋件、预埋管及安装用的支架预埋件等，请电气施工人员在土建施工过程中与土建施工人员密切配合进行预埋。

(2) 因弱电系统施工需与专业单位配合，请施工单位在施工前注意协调，保证安装质量。

(3) 凡与施工有关而又未说明之处，参见国家、地方标准图集施工或与设计院协商解决。

(4) 本工程所选设备、材料必须具有国家级检测中心的检测合格证书(3C 认证)，必须满足与产品相关的国家标准；供电产品应具有入网许可证。

(5) 为设计方便，所选设备型号仅供参考，招标所确定的设备规格、性能等技术指标，不应低于设计图的要求，所有设备确定厂家后均需建设、施工、设计、监理四方进行技术交底。

(6) 选用以下国家建筑标准设计图集。

①《防雷与接地》(2016 年合订本)(上册 D500～502，下册 D503～505)。

②《室内管道安装》(D301—1～2)。

③《常用低压配电设备安装》(04D702—1)。

④《建筑电气工程设计常用图形和文字符号》(09DX001)。

⑤《常用电机控制电路图》(16D303—2)，常用水泵控制电路图(16D—303—2)。

⑥《建筑电气常用数据》(19DX101—1)。

主要设备及材料表如表 11-6 所示。

表 11-6　主要设备及材料

序号	符 号	设 备 名 称	型号规格	单位	备　注
1	▬	照明配电箱	详见系统图	台	底边距地 1.5m 嵌墙暗装
2	⊟	动力配电箱	详见系统图	台	落地明装
3	├═┤	双管荧光灯	2×36W	盏	吸顶

续表

序号	符 号	设 备 名 称	型号规格	单位	备　注
4		防水防尘灯	1×36W	盏	吸顶安装
5		疏散指示灯	2W(T=1h)	盏	悬挂 2.4m 或走道 0.3m
6	E	安全出口标志灯	2W(T=1h)	盏	门头上方 0.2m
7		自带电源事故照明灯	～220V,40W	盏	应急照明用,采用玻璃罩
8		带应急照明双管荧光灯	1×22W	盏	吸顶
9		吸顶灯	22W(节能灯)	盏	吸顶安装
10		暗装单联开关	AP86K11—10	个	底距地 1.3m 嵌墙暗装
11		暗装双联开关	AP86K21—10	个	底距地 1.3m 嵌墙暗装
12		暗装三联开关	AP86K31—10	个	底距地 1.3m 嵌墙暗装
13		暗装单极双控开关	H86K12—10	个	底距地 1.3m 嵌墙暗装
14		二孔、三孔单相组合插座	交流 220V,10A(安全型)	个	底距地 0.3m(普通)嵌墙暗装
15	TV	有线电视插座		个	底距地 0.3m 嵌墙暗装
16	TO	电话及数据插座		个	底距地 0.3m 嵌墙暗装
17	TP	电话插座		个	底距地 0.3m 嵌墙暗装
18	MEB	总等电位联结端子箱		只	底距地 0.3m 嵌墙暗装
19	LEB	局部等电位联结端子箱		只	底距地 0.3m 嵌墙暗装

11.3.2 火灾报警系统说明

(1) 本工程为二级保护对象,设火灾自动报警系统。

(2) 系统组成:火灾自动报警。

(3) 本工程采用区域报警控制系统,引自本建筑物的厂区消防控制室。

(4) 火灾自动报警系统。

① 探测器:在办公室、会议室、门厅、楼梯间、楼道、食堂、餐厅等场所设置感烟探测器。

② 探测器与灯具的水平净距应大于 0.2m,与墙或其他遮挡物的距离应大于 0.5m。

③ 在适当位置设手动报警按钮,手动报警按钮底距地 1.4m。

(5) 电源及接地要求如下。

① 区域火灾自动报警控制器主电源采用单回路市电供电,直流备用电源采用火灾自动报警控制器的专用蓄电池供电。

② 消防系统接地利用综合接地装置作为其接地极,设独立引下线,引下线采用 BV—0.45/0.75kV1x6—PC20,要求其综合接地电阻不大于 1Ω。

(6) 消防系统线路敷设要求如下。

① 消防设备的有关线路穿 SC 管敷设,应急照明穿 KBG 管敷设。

② 严禁消防电话与其他各种线路穿入同一金属管内。

③ 设备安装高度(下口距地):火灾报警控制器落地安装;火灾探测器均吸顶安装;手动报警按钮距地 1.4m;接线端子箱距地 1.5m。

④ 消防用电设备的配电线路采用暗敷设时,应敷设在不燃烧结构体内,且保护层厚度不宜小于 30mm;采用明敷设时,应采用金属管或金属线槽上涂防火涂料保护。

(7) 其他要求如下。

① 火灾自动报警系统的每个回路地址编码总数预留 15%~20%的余量。

② 系统的成套设备均由承包商成套供货并负责安装、调试。

③ 所有穿过建筑物伸缩缝、沉降缝、后浇带的管道做法,电缆穿过防烟分区、防火分区时,在安装完毕后用防火材料封堵。做法参见国家建筑标准设计图集 12D×603《住宅小区建筑电气设计与施工》。

④ 火灾自动报警系统设备材料表如表 11-7 所示。

表 11-7 火灾自动报警系统设备材料表

序号	图例	名 称	型号规格	备 注
1		编码型感烟探测器	JTY—GD—JBF—3100	吸顶暗装
2		手动报警按钮	JBF—101F—N/P	底距地 1.4m 暗装
3		编码型消火栓按钮	VM3332A	安装在消火栓箱内

续表

序号	图例	名　称	型号规格	备　注
4	SM	输出模块	JBF—141F—N	就地安装
5	IM	总线隔离模块	JBF—171F—N	安装在接线箱内
6		编址型声光报警器	JBF—VM3372B	底距地 1.8m 壁挂
7		火灾报警电话		底距地 1.4m 挂墙明装
8		点型感温探测器	JTW—ZD—JBF—3110	
9	Z	区域型火灾自动报警控制器	XF JBF—11S	底距地 1.6m 暗装

11.3.3 火灾自动报警系统电气施工图

火灾自动报警系统电气施工图如图 11-13～图 11-15 所示。

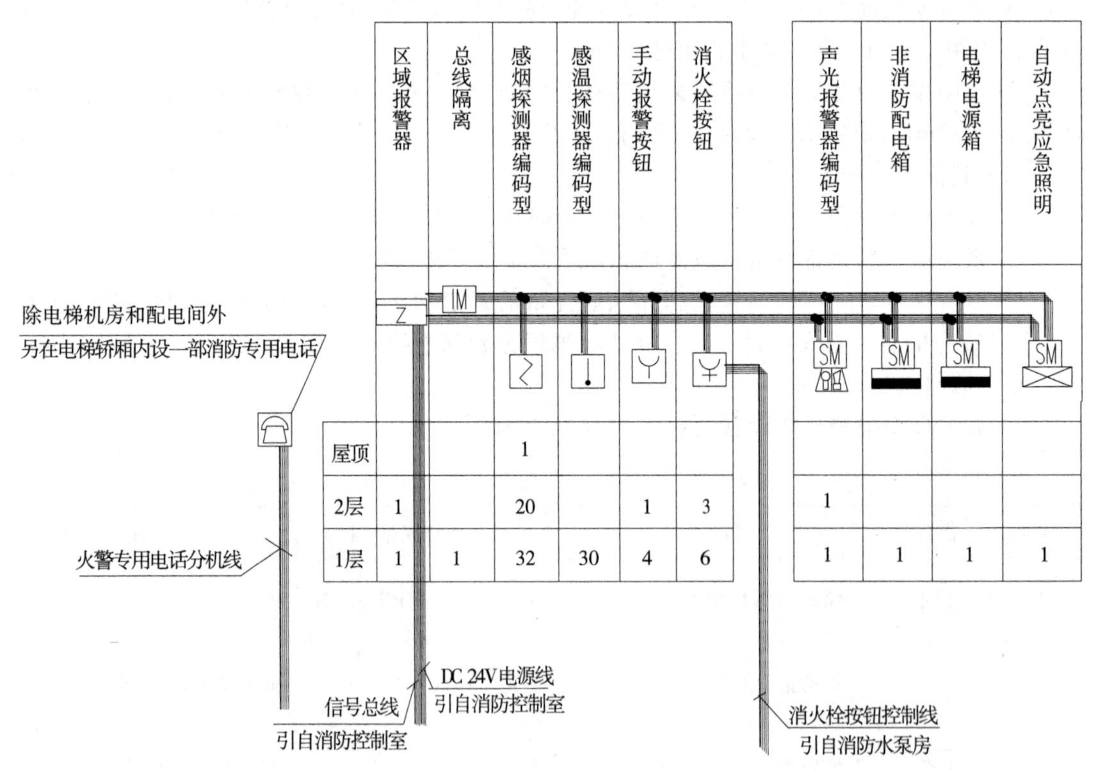

	区域报警器	总线隔离	感烟探测器编码型	感温探测器编码型	手动报警按钮	消火栓按钮	声光报警器编码型	非消防配电箱	电梯电源箱	自动点亮应急照明
屋顶			1							
2层	1		20		1	3	1			
1层	1	1	32	30	4	6	1	1	1	1

注：DC 24V 电源线采用 ZR—RVB—2×2.5mm^2；信号总线采用 ZR—RVS—2×1.0mm^2；消防电话线采用 RVS—2×1.5mm^2；消火栓按钮控制线采用 ZR—BV—4×2.5mm^2。

图 11-13　火灾自动报警系统图

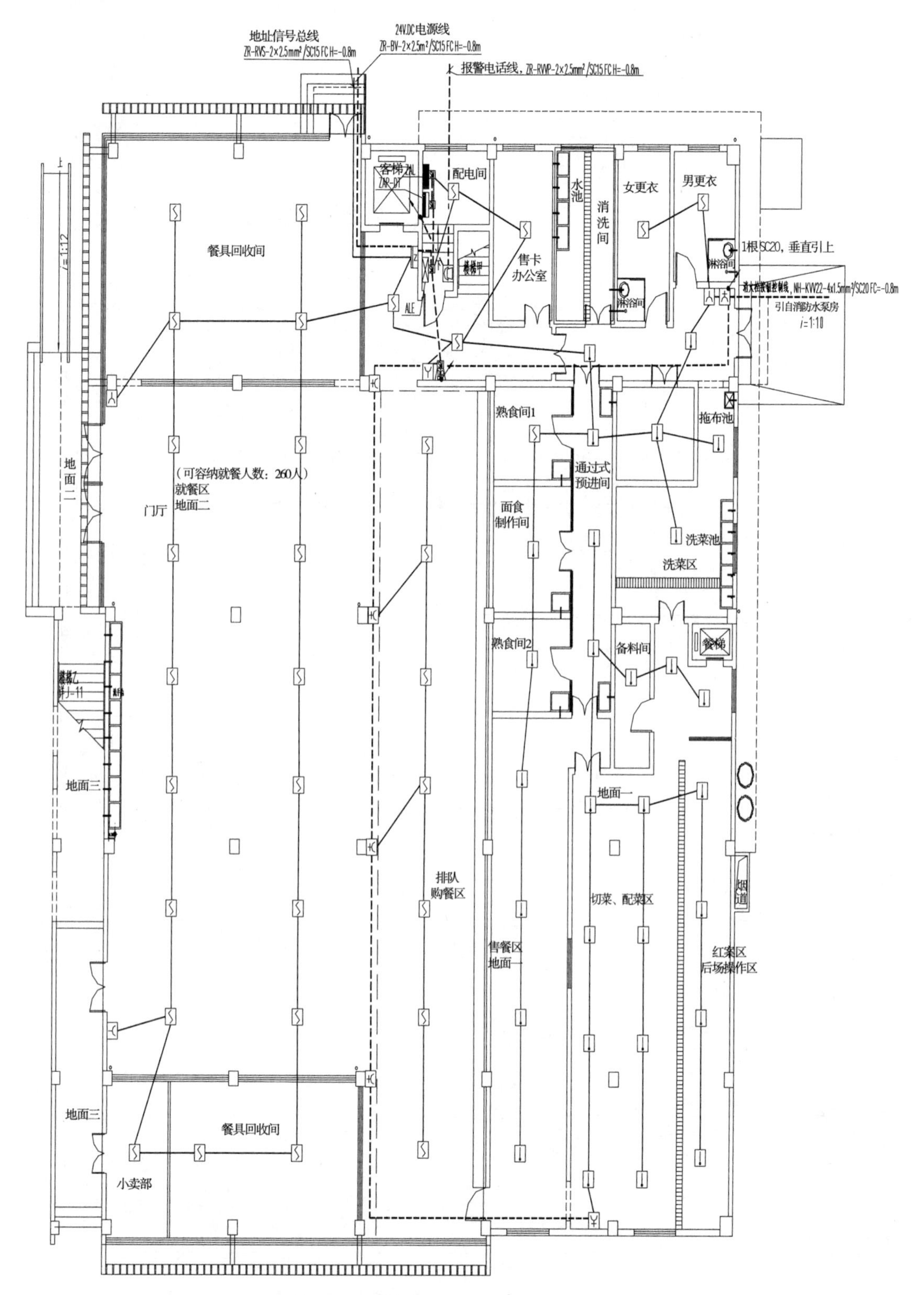

图 11-14 一层火灾自动报警平面图

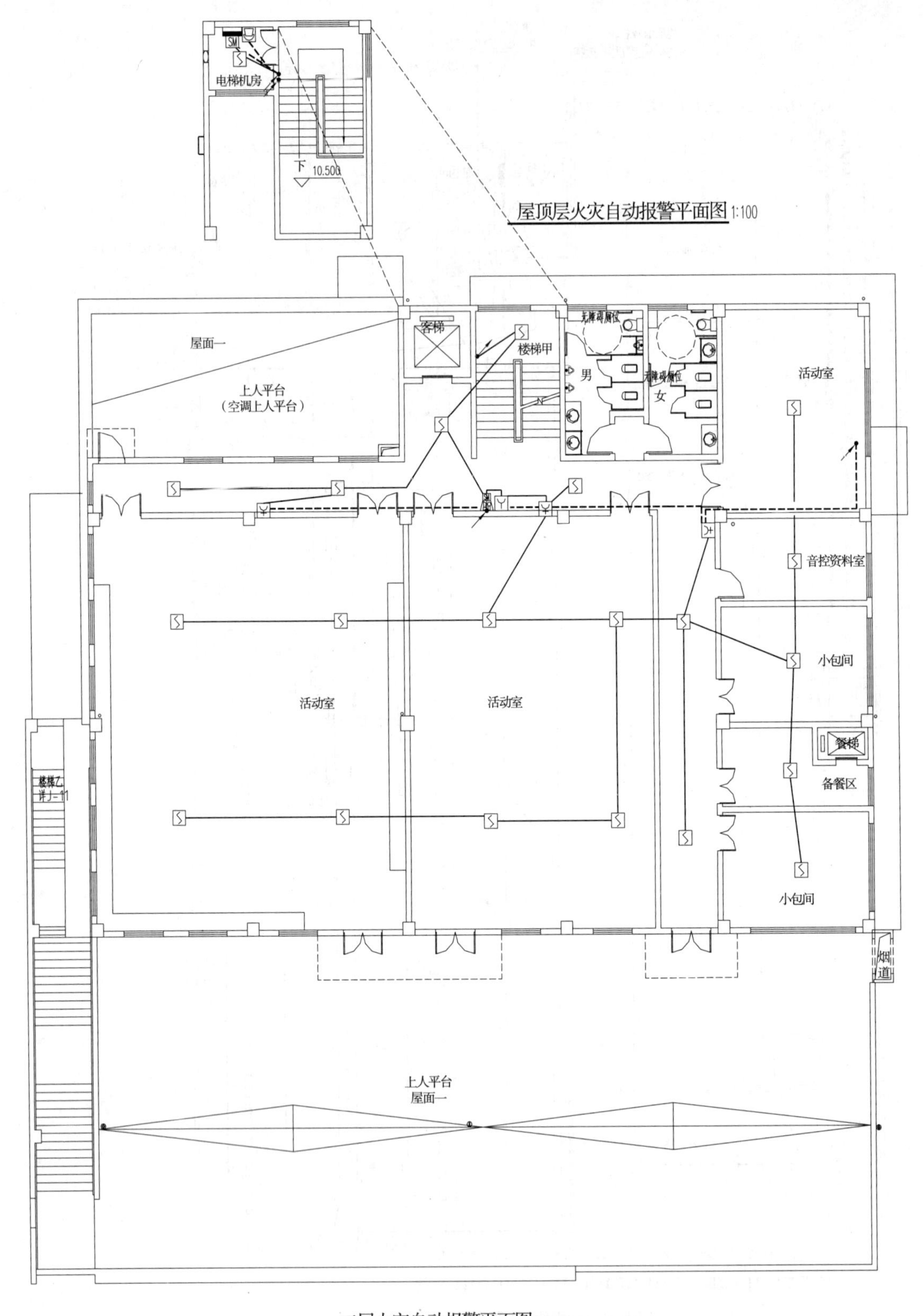

图 11-15　二层及顶层火灾自动报警平面图

11.4　建筑电气施工

建筑电气施工应按照已经批准的设计图纸进行施工安装工作，在施工过程中应该严格按照《建筑电气工程施工质量验收规范》(GB 50303—2019)及其他现行国家规范和规程的要求，保证施工进程和质量。

11.4.1　室内配线

室内配线即将电气线路敷设在构筑物内，其配线方法有导管配线、槽板配线、线槽配线和塑料护套配线等。

把导线穿入保护管内的导线敷设方法称为导管配线，而把导线放入线槽内的导线敷设方法称为线槽配线。目前，在公用建筑、住宅建筑、工业厂房及现代高层建筑中，这两种方法得到了广泛应用，其中，在一般民用建筑中导管暗配线是经常采用的室内配线方式。

1. 室内配线的施工工序

室内配线施工一般按以下步骤进行：定位画线→预埋预留→装设绝缘支持物、线夹、支架或保护管→敷设导线→安装灯具及电器设备→测试导线绝缘，连接导线→校验、自检、试通电。

2. 导管和线槽敷设要求

(1) 金属的导管和线槽必须接地(PE)或接零(PEN)可靠，并符合规定。

(2) 金属导管严禁对口熔焊连接；镀锌和壁厚小于或等于 2mm 的钢导管不得套管熔焊连接。

(3) 当绝缘导管在砌体上剔槽埋设时，应采用强度等级不小于 M10 的水泥砂浆抹面保护，保护层厚度应大于 15mm。

(4) 室外埋地敷设的电缆导管，埋设深度不应小于 0.7m。壁厚小于或等于 2mm 的钢电线导管不应埋设于室外土壤内。

(5) 室外导管的管口应设置在盒、箱内。所有管口在穿入电线、电缆后应做密封处理。由箱式变电所或落地式配电箱引向建筑物的导管，建筑物一侧的导管管口应设在建筑物内。

(6) 电缆导管的弯曲半径不应小于电缆最小允许弯曲半径，电缆最小允许弯曲半径应符合表 11-8 的规定。

表 11-8　电缆最小允许弯曲半径

序号	电缆种类	最小允许弯曲半径
1	无铅包钢铠护套的橡皮绝缘电力电缆	$10D$
2	有钢铠护套的橡皮绝缘电力电缆	$20D$
3	聚氯乙烯绝缘电力电缆	$10D$
4	交联聚氯乙烯绝缘电力电缆	$15D$
5	多芯控制电缆	$10D$

注：D 为电缆外径。

(7) 暗配的导管，埋设深度与建筑物、构筑物表面的距离不应小于 15mm；明配的导管应排列整齐，固定点间距均匀，安装牢固；在终端、弯头中点或柜、台、箱、盘等边缘的距离 150～500mm 范围内设有管卡，中间直线段管卡间的最大距离应符合表 11-9 的规定。

表 11-9 管卡间的最大距离

敷设方式	导管种类	导管直径				
		15～20mm	25～32mm	32～40mm	50～65mm	65mm 以上
支架或沿墙明敷	壁厚大于 2mm 刚性钢导管/m	1.5	2.0	2.5	2.5	3.5
	壁厚小于或等于 2mm 刚性钢导管/m	1.0	1.5	2.0	—	—
	刚性绝缘导管/m	1.0	1.5	1.5	2.0	2.0

(8) 绝缘导管敷设应注意管口平整光滑；管与管、管与盒(箱)等器件采用插入法连接时，连接处结合面涂专用胶合剂，接口牢固密封；埋地刚性绝缘导管穿出地面或楼板应采取保护措施；沿建筑物、构筑物表面和在支架上敷设的刚性绝缘导管，按设计要求装设温度补偿装置。

(9) 柔性导管的长度在动力工程中不大于 0.8m，在照明工程中不大于 1.2m；可挠性金属导管和柔性导管不能做接地(PE)或接零(PEN)的接续导体。

(10) 导管和线槽在建筑物变形缝处，应设补偿装置。

3. 暗设导管的施工流程

暗设导管的施工流程为：弹线定位→加工管弯→稳埋盒箱→暗敷管道→扫管穿带线。

稳埋盒箱一般可分为砖墙稳埋盒箱和模板混凝土墙板稳埋盒箱。在现浇混凝土构件内敷设导管时，可用钢丝将导管绑扎在钢筋上，也可先用钉子将导管钉在木模板上，再将管道用垫块垫起，用钢丝绑牢。

暗配的管道，其埋设深度与建筑物、构筑物表面的距离不应小于 15mm。地面内敷设的管道，其露出地面的管口距地面高度不宜小于 200mm；进入配电箱的管道，其管口高出基础面的距离不应小于 50mm。

管道敷设完毕后应及时清扫线管，堵好管口，封好盒口，为土建完工后穿线做好准备工作。

4. 管内穿线

管内穿线的工艺流程为：选择导线→扫管→穿带线→放线及断线→导线与带线的绑扎→管口带护口→导线的连接→线路的绝缘摇测。

在管内穿线施工时首先要根据设计图选择导线，当采用多相供电时，同一建筑物、构筑物的电线绝缘层颜色选择应一致，即保护地线(PE 线)应是黄绿相间色的线，零线用淡蓝色的线，相线用：A 相—黄色、B 相—绿色、C 相—红色。管内穿线一般应在支架全部架设完毕及建筑抹灰、粉刷及地面工程结束后进行。三相或单相的交流单芯电缆，不得单独穿于钢导管内；不同回路、不同电压等级和交流与直流的电线，不应穿于同一导管内；同一交流回路的电线应穿于同一金属导管内，且管内电线不得有接头；爆炸危险环境照明线路的电线和电缆额定电压不得低于 750V，且电线必须穿于钢导管内。电线、电缆穿管前，应清除管内杂物和积水；导线穿管时应先穿一根直径为 1.2～2.0mm 的钢丝作为带线，并在管道的两端都留有

10～15mm 的余量，当管道较长或弯曲较多时，也可在配管时就将带线穿好。放断线时应该注意，在接线盒、开关盒、插座盒及灯头盒内的导线预留长度应为 15cm，配线箱内导线的预留长度应为配电箱体周长的 1/2，出户线的预留长度应为 1.5m，当公用导线在分支处时，可不剪断而直接穿过。当管道较长或转弯较多时，在管内穿线的同时应往管内吹入适量的滑石粉；拉线时应由两人操作，由较熟练的人送线，另一人拉线，送拉动作要协调，不可硬送硬拉，以防拉断引线或导线；管口应有保护措施，不进入接线盒（箱）的垂直管口穿入电线、电缆后，管口应密封；同一回路的导线应穿入同一根保护管内；导线的接头应放在接线盒（箱）内；管内导线（含绝缘层）的总截面积不应大于管道内径截面积的 40%。线路穿线完毕，照明电路一般选用 500V、0～500MΩ 的兆欧表进行线路绝缘电阻值的摇测，检验是否达到设计规定的电阻值，一般低压电线和电缆线间及线对地间的绝缘电阻值必须大于 0.5MΩ。

5. 绝缘导线的连接

导线与导线间的连接及导线与电器间的连接称为导线的连接。在室内配线工程中，当设计没有特殊要求时，经常采用焊接、压板压接或套管套接。导线连接的程序为：剥切绝缘层→芯线的连接（焊接或压接）→恢复绝缘层。

1）绝缘层剥切方法

绝缘层的剥切方法有单层剥法、分段剥法和斜削法三种，一般塑料绝缘线多采用单层剥法和斜削法。剥切绝缘时，不应损伤线芯。常用的剥削绝缘线的工具有电工刀、钢丝钳和剥线钳，一般 $4mm^2$ 以下的导线原则上使用剥线钳。

2）导线的连接

单股铜导线截面积小于或等于 $4mm^2$ 的一般采用铰接连接法连接，截面积大于或等于 $6mm^2$ 的则采用缠卷法连接，如图 11-16 所示。多芯铜导线的连接有单卷法、缠卷法和复卷法三种，多根单股线的并接如图 11-17 所示。三根以上单股导线在接线盒内连接时，应将连接线端相并合，在距导线绝缘层 15mm 处应在其中一根芯线的连接端缠绕 5～7 圈后剪断，再把余线头折回压在缠绕线上。

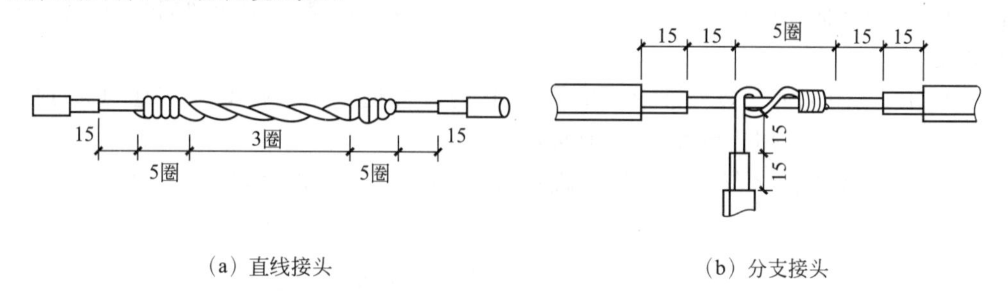

(a) 直线接头　　(b) 分支接头

图 11-16　单股铜导线的铰接连接方法

在室内配线工程中，截面积在 $10mm^2$ 及以下的单股铝导线的连接主要采用压接钳进行铝套管局部压接的方法。

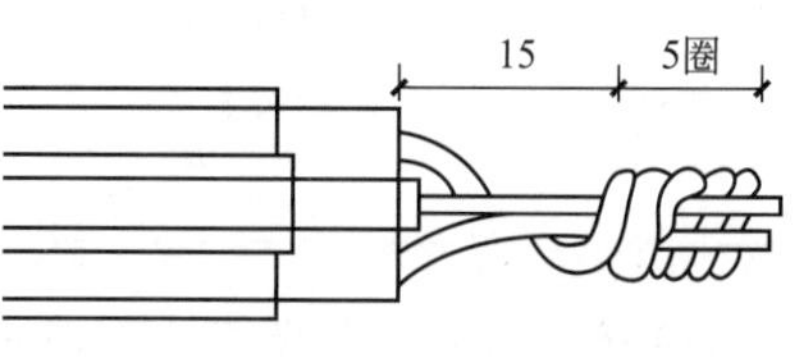

图 11-17　多根单股铜导线的并接方法

3）导线的绝缘恢复

导线连接好后应用黑胶带、自黏性橡胶带或塑料带等绝缘带包缠均匀和紧密，使其绝缘强度不低于导线的原绝缘强度。

此外，芯线与电器设备的连接应符合下列规定：截面积在 $10mm^2$ 及以下的单股铜芯线和单股铝芯线直接与设备、器具的端子连接；截面积在 $2.5mm^2$ 及以下的多股铜芯线拧紧搪锡或接续端子后与设备、器具的端子连接；截面积大于 $2.5mm^2$ 的多股铜芯线，除设备自带插接式端子外，接续端子后与设备或器具的端子连接；多股铜芯线与插接式端子连接前，端部拧紧搪锡；多股铝芯线接续端子后与设备、器具的端子连接；每个设备和器具的端子接线不多于两根电线；电线、电缆的芯线连接金具（连接管和端子），规格应与芯线的规格适配，且不得采用开口端子。

11.4.2 电气照明装置及设施的安装

1. 普通灯具安装

1）灯具安装的相关规定

（1）灯具的固定应符合下列规定：灯具质量大于 3kg 时，固定在螺栓或预埋吊钩上；软线吊灯，灯具质量在 0.5kg 及以下时，采用软电线自身吊装；质量大于 0.5kg 的灯具采用吊链，且软电线编叉在吊链内，使电线不受力；灯具固定牢固可靠，不使用木楔。每个灯具固定用螺钉或螺栓应不少于两个；当绝缘台直径在 75mm 及以下时，采用一个螺钉或螺栓固定。

（2）花灯吊钩圆钢直径不应小于灯具挂销直径，且不应小于 6mm。大型花灯的固定及悬吊装置应按灯具质量的两倍做过载试验。

（3）当钢管做灯杆时，钢管内径不应小于 10mm，钢管厚度不应小于 1.5mm。

（4）当设计无要求时，灯具的安装高度和使用电压等级应符合下列规定。一般敞开式灯具，灯头对地面距离不小于下列数值（采用安全电压时除外）：室外 2.5m（室外墙上安装）；厂房 2.5m；室内 2m；软吊线带升降器的灯具在吊线展开后，0.8m。危险性较大及特殊危险场所，当灯具距地面高度小于 2.4m 时，使用额定电压为 36V 及以下的照明灯具，或有专用保护措施。

（5）当灯具距地面高度小于 2.4m 时，灯具的可接近裸露导体必须接地（PE）或接零（PEN）可靠，并应有专用接地螺栓，且有标识。

（6）引向每个灯具的导线线芯最小截面积应符合表 11-10 的规定。

表 11-10 导线线芯最小截面积 单位：mm^2

灯具安装的场所及用途		线芯最小截面积		
		铜芯软线	铜 线	铝 线
灯头线	民用建筑室内	0.5	0.5	2.5
	工业建筑室内	0.5	1.0	2.5
	室外	1.0	1.0	2.5

（7）安装在室外的壁灯应有泄水孔，绝缘台与墙面之间应有防水措施。

2）常用灯具的安装

常用灯具的安装方式如图 11-18 所示。

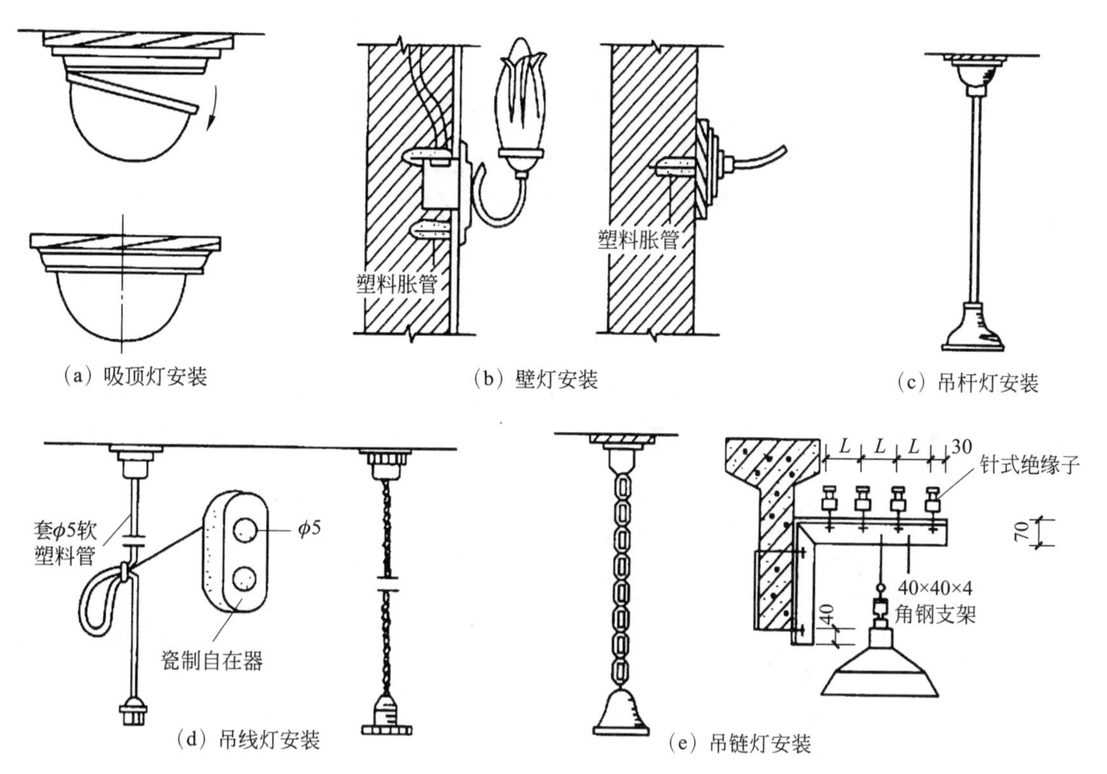

(a) 吸顶灯安装　(b) 壁灯安装　(c) 吊杆灯安装

(d) 吊线灯安装　(e) 吊链灯安装

图 11-18　常用灯具的安装方式

常用吊灯的安装包括吊线灯和吊链灯的安装，其主要配件有吊线盒、木台和灯座等。图 11-19 所示为吊灯在混凝土顶棚上的安装示意图，图 11-20 所示为吊灯在吊顶上的安装示意图。

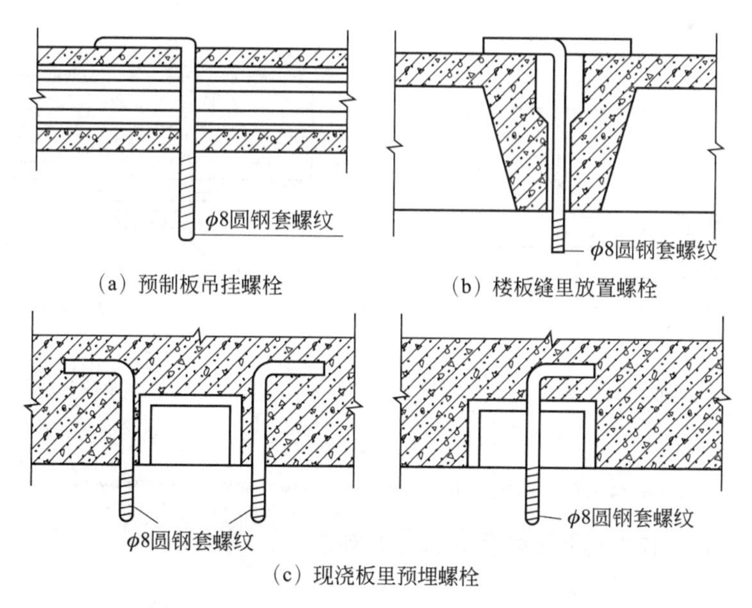

(a) 预制板吊挂螺栓　(b) 楼板缝里放置螺栓

(c) 现浇板里预埋螺栓

图 11-19　吊灯在混凝土顶棚上的安装示意图

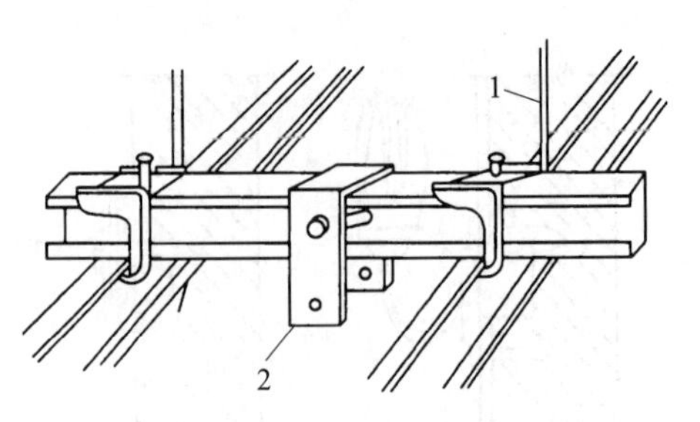

图 11-20 吊灯在吊顶上的安装示意图

1—加设吊杆；2—固定吊灯

吸顶灯的安装包括圆球吸顶灯、半圆球吸顶灯和方形吸顶灯等的安装。图 11-21 所示为吸顶灯在混凝土顶棚上的安装示意图，图 11-22 所示为吸顶灯在吊顶上的安装示意图。

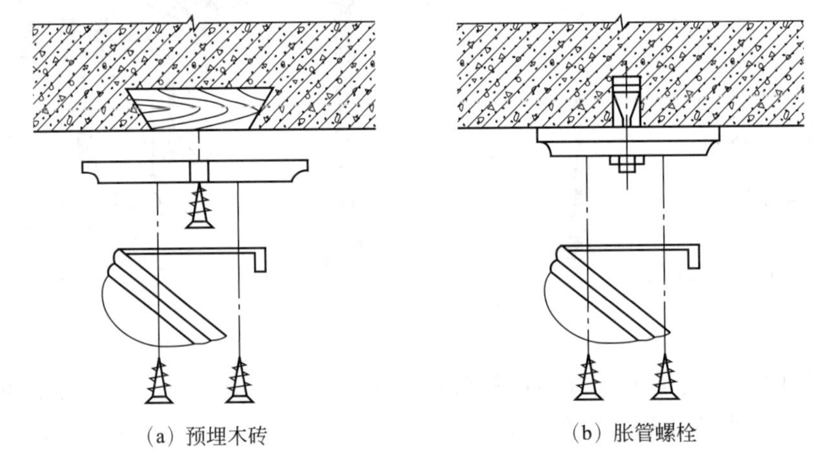

(a) 预埋木砖　(b) 胀管螺栓

图 11-21 吸顶灯在混凝土顶棚上的安装示意图

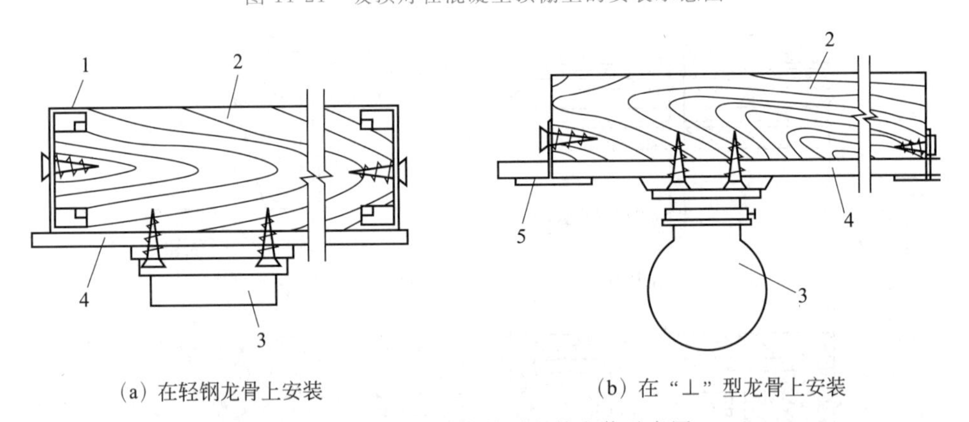

(a) 在轻钢龙骨上安装　(b) 在“⊥”型龙骨上安装

图 11-22 吸顶灯在吊顶上的安装示意图

1—轻钢龙骨；2—加设木方；3—灯具；4—吊棚罩面板；5—“⊥”型龙骨

荧光灯主要有吸顶安装和吊链式安装等几种形式。

2. 插座、开关、风扇的安装

1) 插座的安装

当交流、直流或不同电压等级的插座安装在同一场所时，应有明显的区别，且必须选择不同结构、不同规格和不能互换的插座；配套的插头应按交流、直流或不同电压等级区别使用。

插座接线应符合下列规定：单相两孔插座，面对插座的右孔或上孔与相线连接，左孔或下孔与零线连接；单相三孔插座，面对插座的右孔与相线连接，左孔与零线连接；单相三孔、三相四孔及三相五孔插座的接地(PE)或接零(PEN)线接在上孔。插座的接地端子不与零线端子连接。同一场所的三相插座，接线的相序一致。接地(PE)或接零(PEN)线在插座间不串联连接。

特殊情况下插座的安装应符合下列规定：当接插有触电危险家用电器的电源时，采用能断开电源的带开关插座，开关断开相线；潮湿场所采用密封型并带保护地线触头的保护型插座，安装高度不低于 1.5m。

一般插座安装应符合下列规定：当不采用安全型插座时，托儿所、幼儿园及小学等儿童活动场所的插座安装高度不小于 1.8m；暗装的插座面板紧贴墙面，四周无缝隙，安装牢固，表面光滑整洁、无碎裂、划伤，装饰帽齐全；车间及试(实)验室的插座安装高度距地面不小于 0.3m；特殊场所暗装的插座高度不小于 0.15m；同一室内插座安装高度一致；地插座面板与地面齐平或紧贴地面，盖板固定牢固，密封良好。

2) 开关的安装

照明开关安装应符合下列规定：同一建筑物、构筑物的开关采用同一系列的产品，开关的通断位置一致，操作灵活、接触可靠；相线经开关控制；民用住宅无软线引至床边的床头开关；开关安装位置便于操作，开关边缘距门框边缘的距离为 0.15～0.2m，开关距地面高度为 1.3m；拉线开关距地面高度为 2～3m，层高小于 3m 时，拉线开关距顶板不小于 100mm，拉线出口垂直向下；相同型号并列安装，同一室内开关安装高度一致，且控制有序不错位；并列安装的拉线开关的相邻间距不小于 20mm；暗装的开关面板应紧贴墙面，四周无缝隙，安装牢固，表面光滑整洁、无碎裂、划伤，装饰帽齐全。

3) 风扇的安装

吊扇安装应符合下列规定：吊扇挂钩安装牢固，吊扇挂钩的直径不小于吊扇挂销直径，且不小于 8mm；有防振橡胶垫；挂销的防松零件齐全、可靠；吊扇扇叶距地面高度不小于 2.5m；吊扇组装不改变扇叶角度，扇叶固定螺栓防松零件齐全；吊杆间、吊杆与电机间螺纹连接，啮合长度不小于 20mm，且防松零件齐全紧固；吊扇接线正确，当运转时扇叶无明显颤动和异常声响；涂层完整，表面无划痕、无污染，吊杆上下扣碗安装牢固到位；同一室内并列安装的吊扇开关高度一致，且控制有序不错位。

壁扇安装应符合下列规定：壁扇底座采用尼龙塞或膨胀螺栓固定；尼龙塞或膨胀螺栓的数量不少于两个，且直径不小于 8mm；固定牢固可靠；壁扇防护罩扣紧，固定可靠，当运转时扇叶和防护罩无明显颤动和异常声响；壁扇下侧边缘距地面高度不小于 1.8m；涂层完整，表面无划痕、无污染，防护罩无变形。

3. 配电箱的安装

1) 配电箱的安装程序

民用建筑中一般采用定型成套铁制配电箱，其安装程序为：配电箱体的现场预埋→导管与箱体的连接→安装盘面→装盖板(箱门)。图 11-23 所示为常见配电箱的安装示意图。

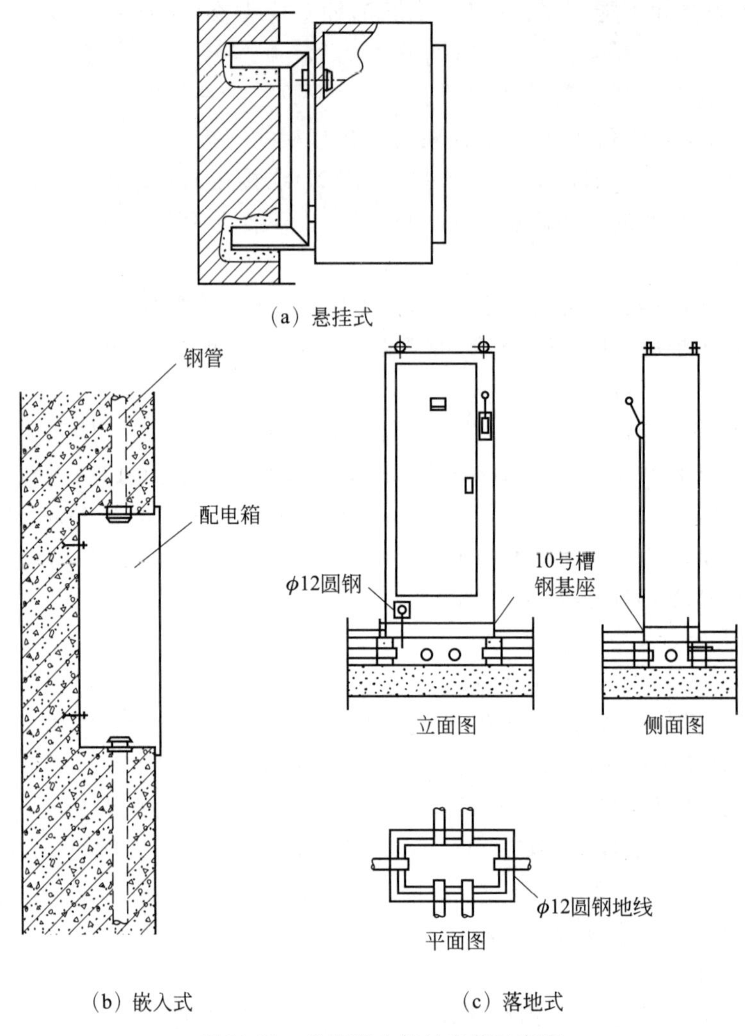

图 11-23　常见配电箱的安装示意图

2) 配电箱的安装要求

(1) 箱(盘)安装牢固,垂直度允许偏差为 0.15%;底边距地面为 1.5m,照明配电板底边距地面不小于 1.8m。

(2) 箱(盘)内配线整齐,无铰接现象。导线连接紧密,不伤芯线,不断股。垫圈下螺钉两侧压的导线截面积相同,同一端子上导线连接不多于两根,防松垫圈等零件齐全。

(3) 箱(盘)内开关动作灵活可靠,带有漏电保护的回路,漏电保护装置动作电流不大于 20mA,动作时间不大于 0.1s。

(4) 照明箱(盘)内,分别设置零线(N 线)和保护地线(PE 线)汇流排,零线和保护地线经汇流排配出。

4. 建筑物照明通电试运行

照明系统通电,灯具回路控制应与照明配电箱及回路的标识一致;开关与灯具控制顺序相对应,风扇的转向及调速开关应正常。

公用建筑照明系统通电连续试运行时间应为 24h，民用住宅照明系统通电连续试运行时间应为 8h。所有照明灯具均应开启，且每 2h 记录运行状态一次，连续试运行时间内无故障。

11.4.3 防雷接地装置的安装

1. 避雷针的安装

避雷针属于接闪器，它是用镀锌圆钢或焊接钢管制成的，头部呈尖形，为保证足够的雷电流流通量，其直径应不小于表 11-11 给出的数值。

表 11-11 避雷针接闪器最小直径

单位：mm

针型＼直径	圆钢	钢管
针长 1m 以下	12	20
针长 1～2m	16	25
烟囱顶上的针	20	40

避雷针在山墙上和屋面上的安装示意图如图 11-24 和图 11-25 所示。

2. 避雷线的安装

避雷线是截面积为 35mm^2 的镀锌钢线，分为单根和双根两种，双根的保护范围大一些。避雷线一般架设在架空线路导线的上方，用引下线与接地装置连接，以保护架空线路免受直接雷击。

3. 避雷网和避雷带的安装

避雷网和避雷带采用直径不小于 12mm 的圆钢或截面积不小于 100mm^2、厚度不小于 4mm 的扁钢，沿屋顶周围装设，支持卡间距为 1～1.5m。避雷网则除了沿屋顶周围装设外，屋顶上面还用圆钢或扁钢纵横连接成网状。避雷带、避雷网必须经 1～2 根引下线与接地装置可靠连接。图 11-26 所示为避雷带在天沟、屋面、女儿墙上的安装示意图，图 11-27 所示为避雷带在屋脊上的安装示意图。

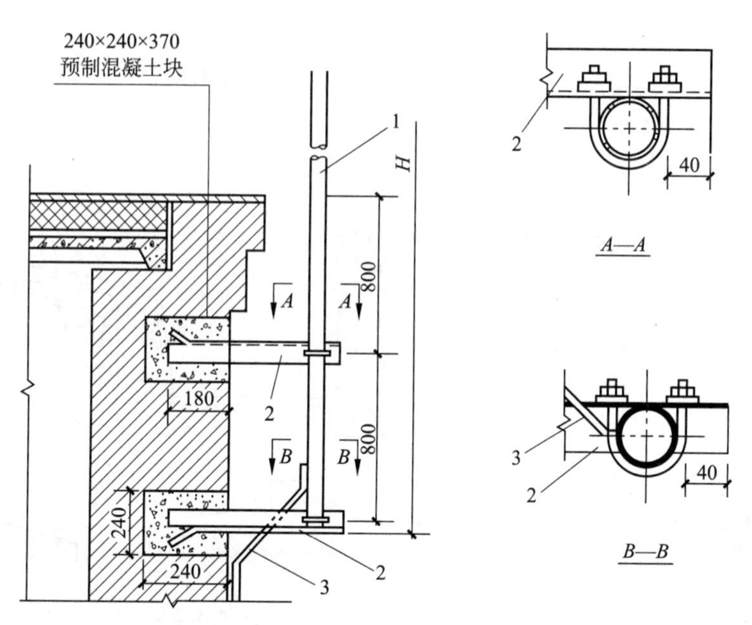

图 11-24 避雷针在山墙上的安装示意图

1—避雷针；2—支架；3—引下线

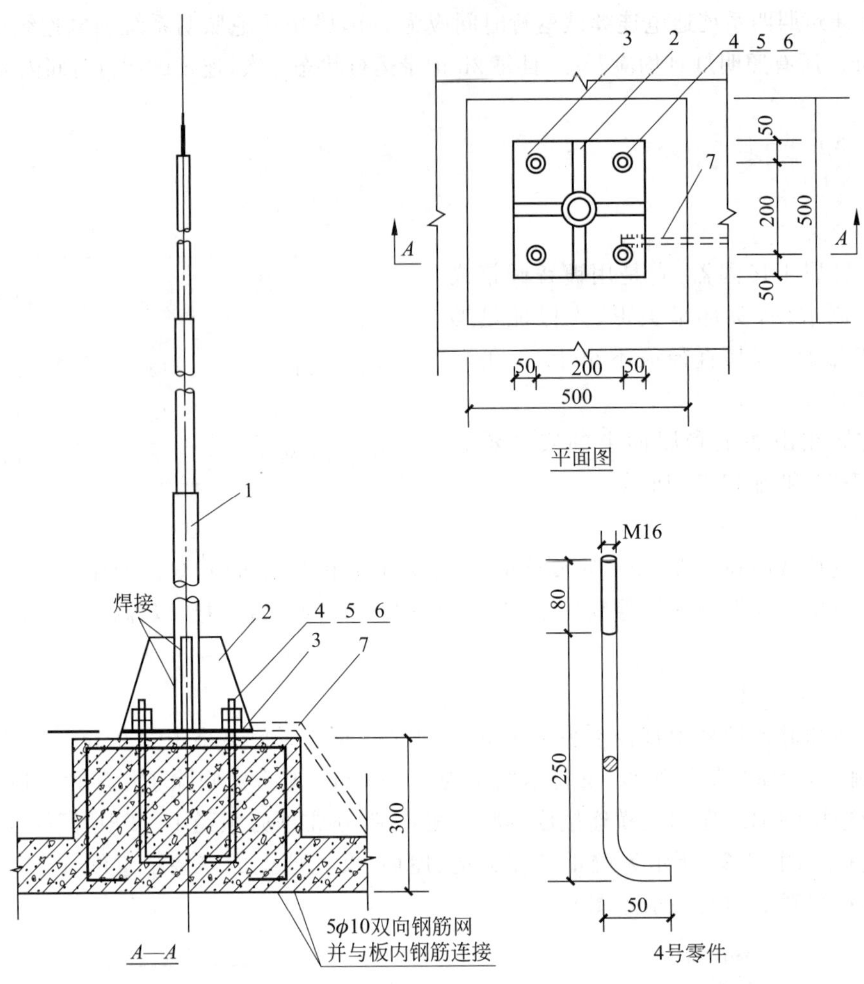

图 11-25　避雷针在屋面上的安装示意图

1—避雷针；2—肋板；3—底板；4—底脚螺栓；5—螺母；6—垫圈；7—引下线

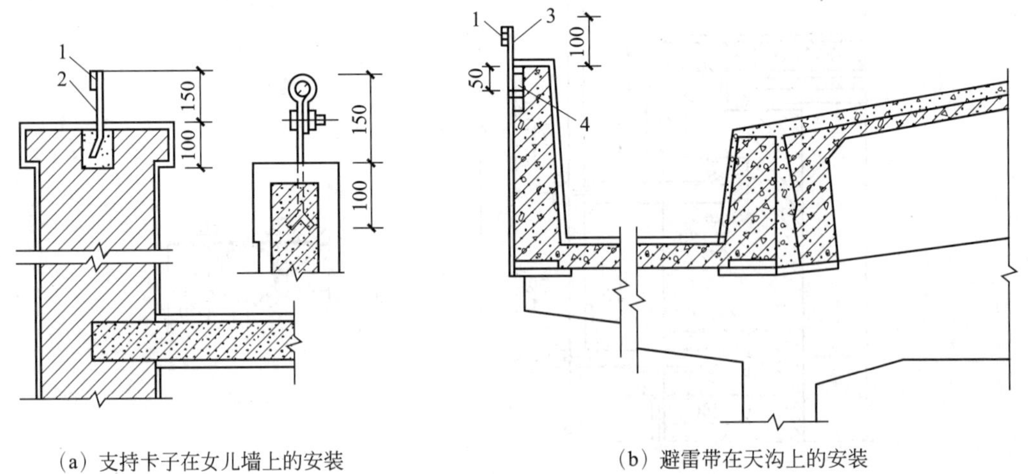

(a) 支持卡子在女儿墙上的安装　　(b) 避雷带在天沟上的安装

图 11-26　避雷带在天沟、屋面、女儿墙上的安装示意图

1—避雷带；2—支持卡子；3—支架；4—预埋件

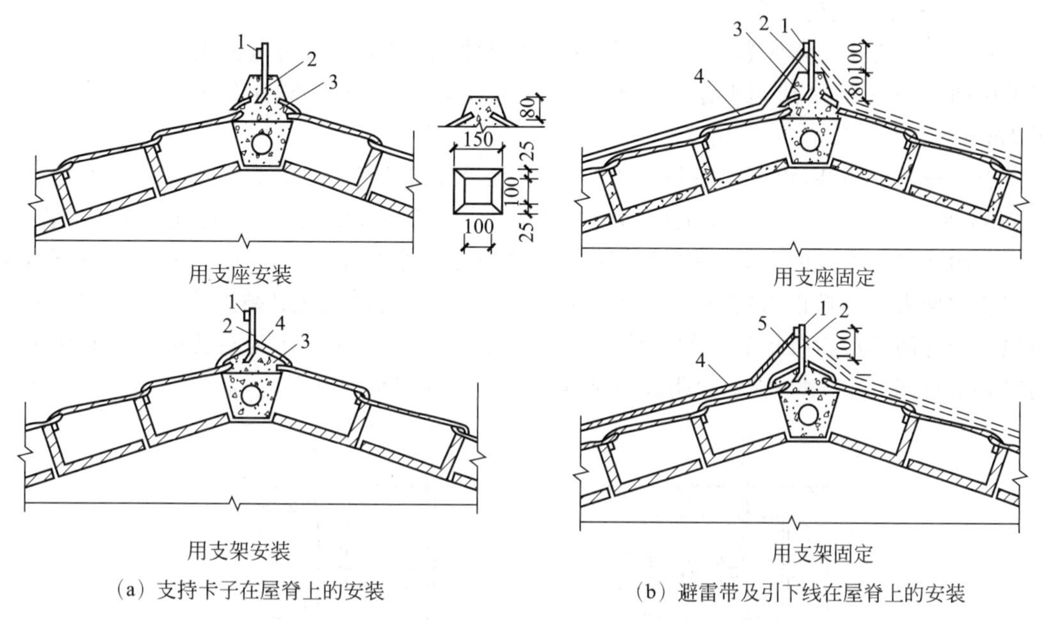

(a) 支持卡子在屋脊上的安装

(b) 避雷带及引下线在屋脊上的安装

图 11-27 避雷带在屋脊上的安装示意图

1—避雷带;2—支架;3—支座;4—引下线;5—1∶3 水泥砂浆

4. 避雷器的安装

避雷器装设在被保护线的引入端,用于保护电力线路。图 11-28 所示为阀式避雷器在墙上的安装及接线示意图。

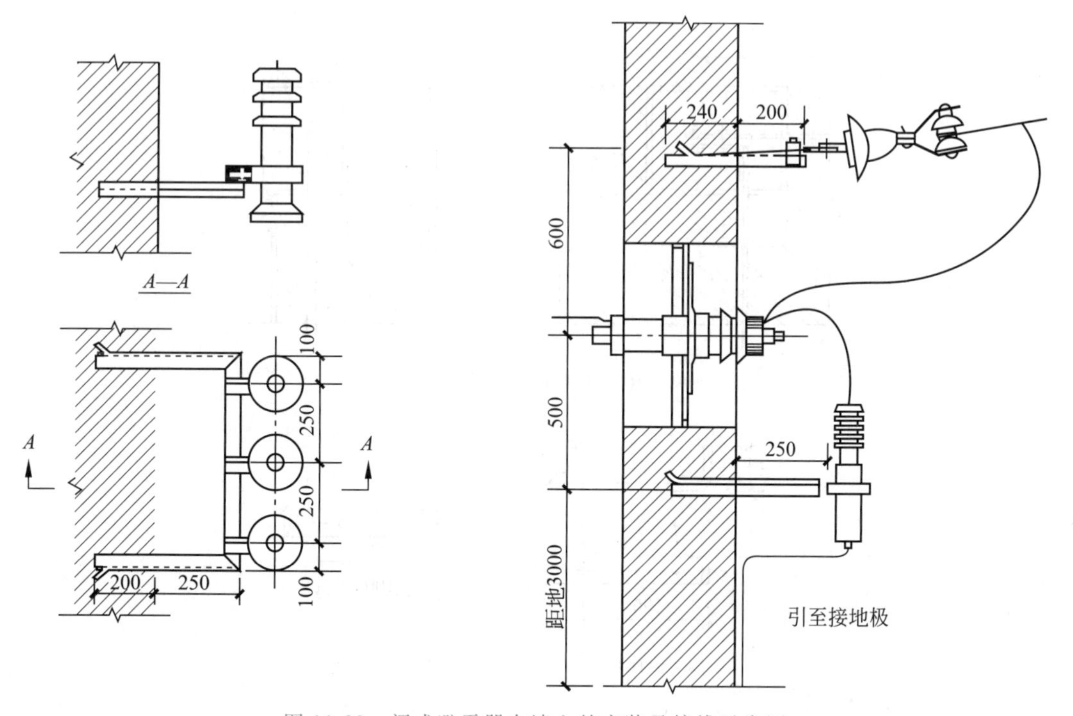

图 11-28 阀式避雷器在墙上的安装及接线示意图

5. 引下线的安装

引下线是连接防雷装置与接地装置的一段导线，其作用是将雷电流引入接地装置。一般可用圆钢或扁钢制成，圆钢直径不小于 8mm；扁钢截面积不小于 48mm^2，厚度不小于 4mm。

引下线可以明装，也可以暗装。明装时，必须沿建筑物的外墙敷设。引下线应在地面上 1.7m 和地面下 0.3m 的一段线上用钢管或塑料管加以保护；在 1.8m 处设断接卡。暗装时，可以利用建筑物本身的金属结构，如钢筋混凝土柱子的主筋作为引下线，但暗装的引下线应比明装时增大一个规格，每根柱子内要焊接两根主筋，各构件之间必须连成电气通路。屋内接地干线与防感应雷接地装置的连接不应少于两处。图 11-29 所示为暗装引下线断接卡子的安装示意图，图 11-30 所示为明装引下线断接卡子的安装示意图。

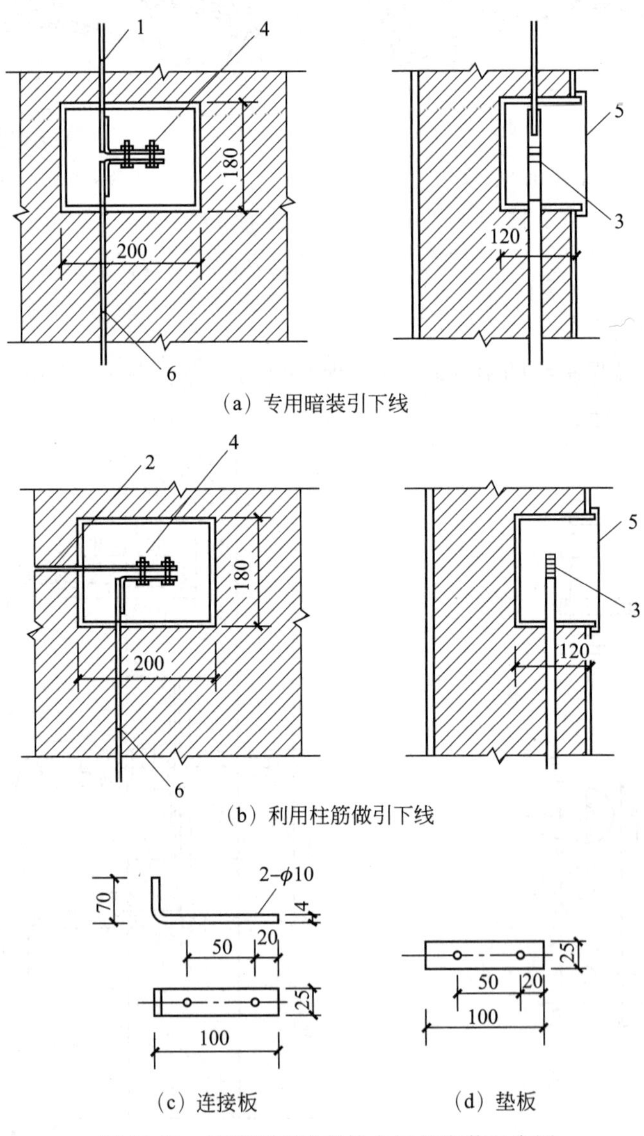

图 11-29 暗装引下线断接卡子的安装示意图

1—专用引下线；2—至柱筋引下线；3—断接卡子；4—M10×30 镀锌螺栓；5—断接卡子箱；6—接地线

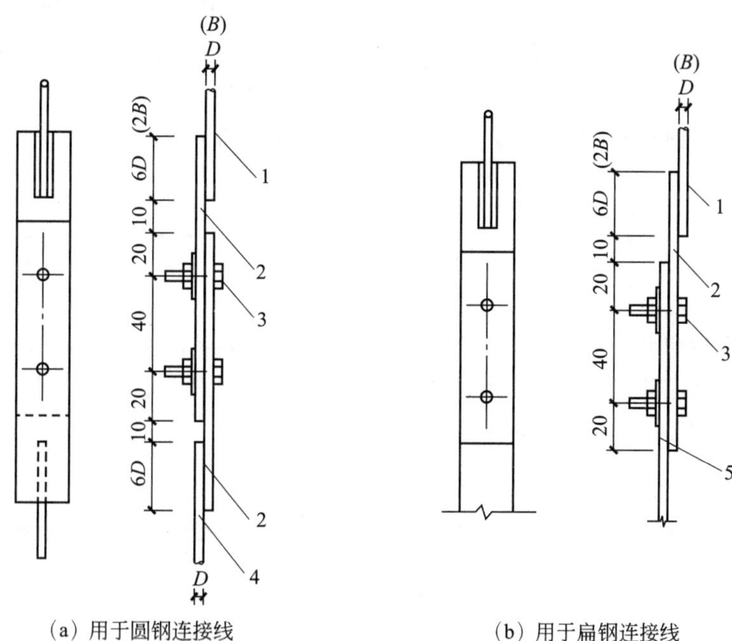

（a）用于圆钢连接线　　（b）用于扁钢连接线

图 11-30　明装引下线断接卡子的安装示意图

1—圆钢引下线；2—25×4，$L=90\times6D$ 连接板；3—M8×30 镀锌螺栓；
4—圆钢接地线；5—扁钢接地线；D—圆钢直径；B—扁钢宽度

6. 接地装置的安装

接地装置由接地体和接地线组成。接地线是连接引下线和接地体的导线，一般用直径为 10mm 的圆钢组成。接地体包含人工接地体和自然接地体（埋入建筑物的钢结构和钢筋；行车的钢轨；埋地的金属管道、水管，但可燃液体和可燃气体管道除外；敷设于地面下而数量不少于两根的电缆金属外皮等）。在装设接地装置时，首先应充分利用自然接地体，以节约投资；当实地测量所利用的自然接地体电阻不能满足规范要求时才考虑添加装设人工接地体作为补充。人工接地体可用圆钢、扁钢、角钢或钢管等材料，其最小尺寸不小于下列数值：圆钢直径为 10mm；扁钢截面积为 $100mm^2$，厚度为 4mm；角钢厚度为 4mm；钢管管壁厚度为 3.5mm。人工接地体有垂直埋设和水平埋设两种基本结构，如图 11-31 所示。垂直埋设时，为了减小相邻接地体的屏蔽效应，各接地体之间的距离一般为 5m。

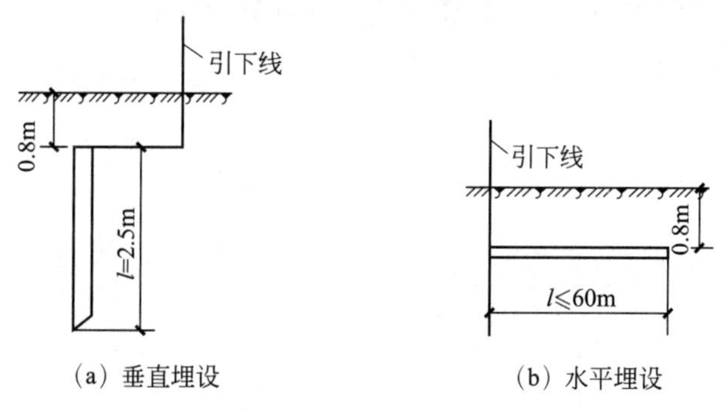

（a）垂直埋设　　（b）水平埋设

图 11-31　人工接地体的垂直埋设和水平埋设

接地装置安装完毕后，应用接地电阻测量仪(俗称接地摇表)测量接地电阻。人工接地装置或利用建筑物基础钢筋的接地装置必须在地面以上按设计要求位置设测设点。测试接地装置的接地电阻必须符合设计要求，当实测电阻值不能满足设计要求时，可考虑采取置换土壤、增加接地体埋设深度及向土壤中加入降阻剂等措施降低接地电阻。

本章小结

本章主要介绍了常用建筑电气施工图的图例符号和文字标注方法，对建筑电气施工图的组成及内容进行了说明，结合实例阐述了建筑电气施工图的识读方法和技巧，并进行了建筑电气设备安装和施工验收的基础知识介绍。

思考题

11.1 电气施工图由哪几部分组成？各部分分别包含哪些内容？

11.2 如何对电气照明施工图和弱电施工图进行识读？

11.3 室内配线施工遵循什么样的程序？

11.4 怎样进行管内穿线？

11.5 绝缘导线的连接有哪些步骤？需要注意哪些事项？

11.6 配电箱的安装程序和注意事项有哪些？

11.7 防雷接地装置的安装包括哪些内容？

11.8 建筑物照明通电试运行有哪些要求？

习题

图 11-32 所示为某六层住宅的竖向配电系统图。

(1) 请指出图中 ALZ 及 ALZ1 配电箱出线及系统的配线方式。

(2) 试分析图中电源进线及 L1 线路标记的各符号的含义。

(3) 该工程应绘制哪几种配电箱系统图？